21世纪高等学校计算机应用技术规划教材

"十二五"江苏省高等学校重点教材(编号：2015-1-016)

多媒体技术与应用(第二版)

黄纯国　习海旭　主　编
殷常鸿　王晓跃　副主编

清华大学出版社
北京

内 容 简 介

本书是江苏省高等学校重点教材。本书系统而全面地介绍多媒体技术及其应用的基本概念、基本原理、关键技术及最新发展，理论与实践结合紧密。全书共9章，主要内容包括多媒体技术概述、多媒体计算机系统、数字音频处理技术、图形图像处理技术、动画制作技术、视频处理技术、多媒体数据压缩技术、多媒体网络技术与应用，以及多媒体应用系统的设计与开发等，附录为实验指导。

本书秉承"能力本位，知行并举"理念，优化了内容设计，理论原理和实际应用并重，实用性强。教材内容取舍符合卓越工程师教育培养计划的要求，既注重多媒体技术的基本理论和最新发展，更注重多媒体技术的实际应用。本书内容新颖，结构合理，概念清晰，原理简明，可读性强。每章都配有丰富的练习题，便于学生理解该章内容。

本书既可作为高等学校计算机类、电子信息类及教育技术学等相关专业的多媒体技术基础教材，也可供有关技术人员和自学人士进行学习参阅。

本书封面贴有清华大学出版社防伪标签，无标签者不得销售。
版权所有，侵权必究。举报：010-62782989，beiqinquan@tup.tsinghua.edu.cn。

图书在版编目(CIP)数据

多媒体技术与应用/黄纯国，习海旭主编.--2版.--北京：清华大学出版社，2016(2023.2重印)
21世纪高等学校计算机应用技术规划教材
ISBN 978-7-302-43886-1

Ⅰ.①多… Ⅱ.①黄… ②习… Ⅲ.①多媒体技术－高等学校－教材 Ⅳ.①TP37

中国版本图书馆CIP数据核字(2016)第110976号

责任编辑：黄　芝　赵晓宁
封面设计：杨　兮
责任校对：时翠兰
责任印制：宋　林

出版发行：清华大学出版社
　　　网　　址：http://www.tup.com.cn，http://www.wqbook.com
　　　地　　址：北京清华大学学研大厦A座　　　　邮　编：100084
　　　社 总 机：010-83470000　　　　　　　　　　邮　购：010-62786544
　　　投稿与读者服务：010-62776969，c-service@tup.tsinghua.edu.cn
　　　质量反馈：010-62772015，zhiliang@tup.tsinghua.edu.cn
　　　课件下载：http://www.tup.com.cn，010-62795954
印 装 者：三河市少明印务有限公司
经　　销：全国新华书店
开　　本：185mm×260mm　　印　张：21.75　　字　数：552千字
版　　次：2011年6月第1版　2016年8月第2版　　印　次：2023年2月第11次印刷
印　　数：7301～8100
定　　价：59.80元

产品编号：064074-02

出版说明

随着我国改革开放的进一步深化,高等教育也得到了快速发展,各地高校紧密结合地方经济建设发展需要,科学运用市场调节机制,加大了使用信息科学等现代科学技术提升、改造传统学科专业的投入力度,通过教育改革合理调整和配置了教育资源,优化了传统学科专业,积极为地方经济建设输送人才,为我国经济社会的快速、健康和可持续发展以及高等教育自身的改革发展做出了巨大贡献。但是,高等教育质量还需要进一步提高以适应经济社会发展的需要,不少高校的专业设置和结构不尽合理,教师队伍整体素质亟待提高,人才培养模式、教学内容和方法需要进一步转变,学生的实践能力和创新精神亟待加强。

教育部一直十分重视高等教育质量工作。2007年1月,教育部下发了《关于实施高等学校本科教学质量与教学改革工程的意见》,计划实施"高等学校本科教学质量与教学改革工程(简称'质量工程')",通过专业结构调整、课程教材建设、实践教学改革、教学团队建设等多项内容,进一步深化高等学校教学改革,提高人才培养的能力和水平,更好地满足经济社会发展对高素质人才的需要。在贯彻和落实教育部"质量工程"的过程中,各地高校发挥师资力量强、办学经验丰富、教学资源充裕等优势,对其特色专业及特色课程(群)加以规划、整理和总结,更新教学内容、改革课程体系,建设了一大批内容新、体系新、方法新、手段新的特色课程。在此基础上,经教育部相关教学指导委员会专家的指导和建议,清华大学出版社在多个领域精选各高校的特色课程,分别规划出版系列教材,以配合"质量工程"的实施,满足各高校教学质量和教学改革的需要。

本系列教材立足于计算机公共课程领域,以公共基础课为主、专业基础课为辅,横向满足高校多层次教学的需要。在规划过程中体现了如下一些基本原则和特点。

(1) 面向多层次、多学科专业,强调计算机在各专业中的应用。教材内容坚持基本理论适度,反映各层次对基本理论和原理的需求,同时加强实践和应用环节。

(2) 反映教学需要,促进教学发展。教材要适应多样化的教学需要,正确把握教学内容和课程体系的改革方向,在选择教材内容和编写体系时注意体现素质教育、创新能力与实践能力的培养,为学生的知识、能力、素质协调发展创造条件。

(3) 实施精品战略,突出重点,保证质量。规划教材把重点放在公共基础课和专业基础课的教材建设上;特别注意选择并安排一部分原来基础比较好的优秀教材或讲义修订再版,逐步形成精品教材;提倡并鼓励编写体现教学质量和教学改革成果的教材。

(4) 主张一纲多本,合理配套。基础课和专业基础课教材配套,同一门课程可以有针对不同层次、面向不同专业的多本具有各自内容特点的教材。处理好教材统一性与多样化,基本教材与辅助教材、教学参考书,文字教材与软件教材的关系,实现教材系列资源配套。

(5) 依靠专家,择优选用。在制定教材规划时依靠各课程专家在调查研究本课程教材建设现状的基础上提出规划选题。在落实主编人选时,要引入竞争机制,通过申报、评审确定主题。书稿完成后要认真实行审稿程序，确保出书质量。

繁荣教材出版事业，提高教材质量的关键是教师。建立一支高水平教材编写梯队才能保证教材的编写质量和建设力度，希望有志于教材建设的教师能够加入到我们的编写队伍中来。

21 世纪高等学校计算机应用技术规划教材

联系人：魏江江 weijj@tup.tsinghua.edu.cn

《多媒体技术与应用》编委会

主　　编　黄纯国　习海旭
副主编　　殷常鸿　王晓跃
编　　委　（按姓氏笔画排名）
　　　　　习海旭　王晓跃　叶品菊
　　　　　张　旻　吴超凳　郭庆军
　　　　　殷常鸿　黄纯国　薛庆文

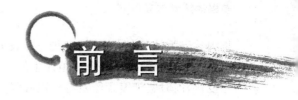

前言

国内多所高校和广大读者选择使用了本书第一版。教材修订的原因主要包括三个方面：

(1) 多媒体技术的发展和变化。随着网络技术、通信技术和多媒体技术的融合发展，使得多媒体技术的革新日新月异。因此，需要更新本教材的内容，紧跟时代发展。

(2) 卓越工程师培养工程的要求。"卓越工程师教育培养计划"是我国高等教育工程人才培养模式改革的重大工程，对全面提高工程教育人才培养质量具有十分重要的示范和引导作用。多媒体技术基础作为相关专业的基础课程，教学内容需要进行调整，以满足卓越工程师培养对学校按通用标准和行业标准培养工程人才、强化培养学生的工程能力和创新能力的要求。

(3) 原有教材的使用反馈需求。随着高等教育的大众化，应用型本科人才培养越来越受人重视。根据应用型本科高校人才培养需求和学生的认知和学习特点，第一版教材在内容取舍等方面表现出一定的不足，需要优化内容设计以更好地激发学生的阅读兴趣，引导学生自主学习，开展相关的探究实践。

本书对第一版教材的修订主要包括以下几个方面：

(1) 根据多媒体技术的最新发展更新了各章节的相关内容和实验指导。

(2) 完善了第 1、第 4 和第 5 章的知识体系，使得理论体系更为完整。

(3) 第 3~第 6 章增加了综合案例，使读者学以致用，理实一体化。

(4) 重构了第 8 章的理论架构并增加了实用案例，使得理论和实践的结合更为紧密。

本教材面向应用型本科院校学生，以卓越工程师培养为出发点，具有如下特色：

(1) 编写指导思想鲜明。教材秉承"能力本位，知行并举"理念：在课程功能的定位上注重"能力本位"，以培养多媒体作品设计与开发能力为核心目标；在课程内容的构成上要求"知行并举"，以理论性与应用性兼备为特征；在课程内容的序化组织上以面向实际问题的解决为主线，旨在使学生达到知识学习与能力提高的和谐统一。

(2) 优化了内容设计，理论原理和实际应用并重，实用性强。教材内容取舍既注重多媒体技术的基本理论和最新发展，更注重多媒体技术的实际应用，以满足学校按通用标准和行业标准培养工程人才、强化培养学生的工程能力和创新能力的需求。

(3) 面向应用型本科院校，适用面广。教材内容的组织和阐述都充分考虑了应用型本科院校学生的认知心理和阅读习惯。教材内容循序渐进，从多媒体素材的处理到多媒体应用系统的设计，以典型案例和项目驱动，理论原理融入其中，以培养学生解决实际问题的能力。

(4) 教材内容新颖，体系完整，结构清晰。教材充分吸收了新理论、新技术、新标准、新成果，反映了多媒体技术相关领域的最新研究成果和发展趋势。

在本书的编写过程中，参考、引用了大量的国内外资料及相关文献，其中的主要来源均已在书末参考文献中列出。在此谨向这些文献的著作者表示敬意和感谢！本书作为江苏省高等学校重点教材，在出版过程中得到了江苏省教育厅、江苏省高等教育学会、江苏理工学院和清华大学出版社的大力支持,在此一并表示衷心的感谢。

本书由黄纯国和习海旭担任主编。由于多媒体技术涉及的知识面广,综合性强,更新发展速度快,同时鉴于编者经验与学识有限,书中难免存在疏漏和不足之处,恳请有关专家及广大读者不吝批评和指教(我们的 E-mail:562507122@qq.com)。

编 者

2016 年 6 月

目　录

第1章　多媒体技术概论 ... 1
1.1　多媒体技术基本概念 ... 1
1.1.1　媒体的概念与分类 ... 1
1.1.2　多媒体与多媒体技术 ... 1
1.1.3　多媒体技术的主要特征 ... 2
1.1.4　多媒体信息的类型 ... 2
1.2　多媒体技术的研究内容 ... 4
1.2.1　多媒体软硬件平台技术 ... 4
1.2.2　多媒体数据处理技术 ... 5
1.2.3　多媒体网络技术 ... 6
1.3　多媒体技术的研究热点 ... 7
1.4　多媒体技术的发展 ... 9
1.5　多媒体技术的应用 ... 10
练习题 ... 14

第2章　多媒体计算机系统 ... 16
2.1　MPC系统概述 ... 16
2.1.1　MPC系统组成 ... 16
2.1.2　MPC性能指标 ... 17
2.2　MPC常用多媒体板卡 ... 20
2.2.1　音频卡 ... 20
2.2.2　视频卡 ... 21
2.2.3　显示卡 ... 23
2.3　MPC常用I/O设备 ... 25
2.3.1　MPC输入设备 ... 25
2.3.2　MPC输出设备 ... 32
2.3.3　常用接口与应用 ... 37
2.4　MPC辅助存储设备 ... 38
2.4.1　磁性辅助存储器 ... 38
2.4.2　光存储 ... 39
2.4.3　半导体存储 ... 46
2.4.4　新型存储模式及存储介质 ... 47
2.5　虚拟现实交互设备 ... 52

2.5.1　虚拟现实交互领域最新技术 …………………………………… 52
　　　2.5.2　虚拟现实交互设备 ……………………………………………… 53
　　　2.5.3　虚拟现实交互设备的最新发展 ………………………………… 55
　练习题 ………………………………………………………………………………… 56

第3章　数字音频处理技术 …………………………………………………………… 58

3.1　数字音频概述 ………………………………………………………………… 58
　　　3.1.1　声音的基本特点 ………………………………………………… 58
　　　3.1.2　模拟录音 ………………………………………………………… 60
　　　3.1.3　音频数字化 ……………………………………………………… 60

3.2　声音的输出与识别 …………………………………………………………… 62
　　　3.2.1　语音输出 ………………………………………………………… 62
　　　3.2.2　语音识别 ………………………………………………………… 63
　　　3.2.3　语音合成 ………………………………………………………… 67

3.3　音频素材的获取与存储 ……………………………………………………… 68
　　　3.3.1　录音 ……………………………………………………………… 68
　　　3.3.2　网络及素材库 …………………………………………………… 68
　　　3.3.3　转换及效果合成 ………………………………………………… 69
　　　3.3.4　数字音频文件 …………………………………………………… 69
　　　3.3.5　音质与数据量 …………………………………………………… 73

3.4　音频编辑 ……………………………………………………………………… 73
　　　3.4.1　GoldWave 软件介绍 …………………………………………… 73
　　　3.4.2　简单音频编辑 …………………………………………………… 73
　　　3.4.3　高级音频编辑 …………………………………………………… 76

3.5　综合实例 ……………………………………………………………………… 83
　　　3.5.1　录音设置 ………………………………………………………… 83
　　　3.5.2　录音 ……………………………………………………………… 84
　　　3.5.3　消除噪声 ………………………………………………………… 85
　　　3.5.4　声音的修饰 ……………………………………………………… 86
　　　3.5.5　混音 ……………………………………………………………… 89

　练习题 ………………………………………………………………………………… 90

第4章　图形图像处理技术 …………………………………………………………… 92

4.1　图形图像处理概述 …………………………………………………………… 92
　　　4.1.1　图形与图像 ……………………………………………………… 92
　　　4.1.2　矢量图与位图 …………………………………………………… 92
　　　4.1.3　图形图像处理研究 ……………………………………………… 93

4.2　图形图像处理相关原理 ……………………………………………………… 93
　　　4.2.1　光、色特性 ……………………………………………………… 93
　　　4.2.2　人的视觉特性 …………………………………………………… 94

4.2.3 颜色科学 …… 95
4.3 数字图像处理基础 …… 99
　4.3.1 图像的数字化 …… 99
　4.3.2 分辨率和颜色深度 …… 100
4.4 计算机图形学基础 …… 102
　4.4.1 图形的生成 …… 102
　4.4.2 图形的变换 …… 103
　4.4.3 真实感图形的生成 …… 104
4.5 图像的获取与存储 …… 104
　4.5.1 扫描图像 …… 104
　4.5.2 捕捉屏幕图像 …… 106
　4.5.3 数码拍摄 …… 108
　4.5.4 网络获取 …… 109
　4.5.5 图像文件格式 …… 109
　4.5.6 图像文件数据量 …… 110
4.6 图像处理技术 …… 110
　4.6.1 图像的变换 …… 110
　4.6.2 图像增强 …… 111
　4.6.3 图像复原和重建 …… 111
　4.6.4 图像分割和特征提取 …… 111
　4.6.5 图像识别 …… 111
4.7 图像处理软件 Photoshop …… 112
　4.7.1 Photoshop 简介 …… 112
　4.7.2 图像选区 …… 113
　4.7.3 图层 …… 116
　4.7.4 图像操作基础 …… 119
　4.7.5 图像修饰技术 …… 123
　4.7.6 图像颜色、色调处理技术 …… 125
　4.7.7 图像合成技术 …… 128
　4.7.8 图像特殊效果技术 …… 132
　4.7.9 图形创作技术 …… 134
　4.7.10 图像制作综合实例 …… 136
练习题 …… 140

第 5 章 动画制作技术 …… 142

5.1 动画概述 …… 142
　5.1.1 动画的相关概念 …… 142
　5.1.2 动画的发展历史 …… 143
　5.1.3 视觉暂留原理 …… 144
5.2 计算机动画基础 …… 145

		5.2.1 计算机动画的分类 ………………………………………… 145

- 5.2.1 计算机动画的分类 ………………………………………… 145
- 5.2.2 计算机动画的制作软件 ……………………………………… 145
- 5.2.3 计算机动画制作过程 ………………………………………… 146
- 5.2.4 计算机动画文件的格式 ……………………………………… 148

5.3 二维动画制作软件 SWiSH Max …………………………………… 149
- 5.3.1 SWiSH Max 软件介绍 ……………………………………… 149
- 5.3.2 绘图工具 ……………………………………………………… 151
- 5.3.3 动画特效 ……………………………………………………… 153
- 5.3.4 精灵 …………………………………………………………… 156
- 5.3.5 按钮及动作脚本 ……………………………………………… 157
- 5.3.6 SWiSH Max 动画制作实例 ………………………………… 159

5.4 三维对象动画制作软件 COOL 3D ………………………………… 164
- 5.4.1 COOL 3D 软件介绍 ………………………………………… 164
- 5.4.2 动画片头的制作 ……………………………………………… 167

练习题 ……………………………………………………………………… 169

第 6 章 视频处理技术 ……………………………………………………… 170

6.1 视频基础知识 ……………………………………………………… 170
- 6.1.1 视频概述 ……………………………………………………… 170
- 6.1.2 视频的分类 …………………………………………………… 171

6.2 电视技术基础 ……………………………………………………… 172
- 6.2.1 电视基础 ……………………………………………………… 172
- 6.2.2 电视制式 ……………………………………………………… 172
- 6.2.3 电视扫描原理 ………………………………………………… 173
- 6.2.4 模拟黑白视频信号 …………………………………………… 175
- 6.2.5 彩色电视基础 ………………………………………………… 178

6.3 模拟视频信号的数字化 …………………………………………… 179
- 6.3.1 视频信号数字化 ……………………………………………… 179
- 6.3.2 视频信号数字化的传输码率 ………………………………… 181

6.4 视频获取 …………………………………………………………… 181
- 6.4.1 视频获取方法 ………………………………………………… 181
- 6.4.2 视频文件格式 ………………………………………………… 183
- 6.4.3 视频格式转换 ………………………………………………… 184

6.5 视频编辑 …………………………………………………………… 186
- 6.5.1 基础入门 ……………………………………………………… 186
- 6.5.2 高级操作 ……………………………………………………… 189

练习题 ……………………………………………………………………… 193

第 7 章 多媒体数据压缩技术 ……………………………………………… 195

7.1 多媒体数据压缩概述 ……………………………………………… 195

	7.1.1 多媒体数据压缩的必要性	195
	7.1.2 多媒体数据压缩的可能性	196
	7.1.3 数据压缩编码方法分类	197

7.2 常用的数据压缩方法 198
    7.2.1 统计编码 198
    7.2.2 预测编码 204
    7.2.3 变换编码 206
    7.2.4 分析-合成编码 208

7.3 数据压缩国际标准 211
    7.3.1 音频压缩技术标准 211
    7.3.2 图像压缩编码标准 212
    7.3.3 视频压缩编码标准 213

练习题 219

第8章 多媒体网络技术与应用 221

8.1 多媒体网络信息概述 221
    8.1.1 多媒体网络信息的基本特点 221
    8.1.2 多媒体网络信息的传输特性 222
    8.1.3 多媒体网络信息传输的技术指标 222

8.2 多媒体网络和通信技术 223
    8.2.1 多媒体网络的性能要求 223
    8.2.2 多媒体通信网络 224
    8.2.3 多媒体网络通信的关键技术 226

8.3 多媒体通信系统 228
    8.3.1 可视电话 228
    8.3.2 视频会议 230
    8.3.3 视频点播/交互式电视系统 233
    8.3.4 IP 电话 235
    8.3.5 即时通信系统 237

8.4 基于 HTTP 的 Web 系统 238
    8.4.1 Web 概述 238
    8.4.2 HTML 240
    8.4.3 XML 244
    8.4.4 IIS 245

8.5 流媒体技术 249
    8.5.1 概述 249
    8.5.2 Windows Media 流媒体开发 252
    8.5.3 Real 流媒体开发 269
    8.5.4 SMIL 实现 Real 流媒体 275

练习题 279

第 9 章　多媒体应用系统的设计与开发 …… 281

9.1　多媒体应用系统设计原理 …… 281
9.1.1　软件工程概述 …… 281
9.1.2　多媒体软件开发模型 …… 282
9.1.3　多媒体应用系统开发步骤 …… 283

9.2　多媒体教学软件的制作 …… 287
9.2.1　多媒体教学软件的特点 …… 287
9.2.2　多媒体教学软件的类型 …… 287
9.2.3　多媒体教学软件的开发过程 …… 288

9.3　多媒体作品设计美学基础 …… 293
9.3.1　平面构图规则 …… 293
9.3.2　色彩构成与视觉效果 …… 298
9.3.3　多媒体元素的美学基础 …… 300

9.4　多媒体著作工具 …… 308
9.4.1　多媒体著作工具的种类 …… 308
9.4.2　常用多媒体著作工具介绍 …… 309

9.5　多媒体作品的发布 …… 314

练习题 …… 317

附录　实验指导 …… 319

实验 1　调查 MPC 外设性能指标及市场行情 …… 319
实验 2　电子书的制作 …… 319
实验 3　音频素材的获取与语音识别 …… 320
实验 4　GoldWave 的使用 …… 321
实验 5　图形/图像素材的获取及图文教程的制作 …… 322
实验 6　Photoshop 的使用 …… 323
实验 7　SWiSH Max 的使用 …… 323
实验 8　COOL 3D 的使用 …… 324
实验 9　视频素材的获取及视频教程的制作 …… 325
实验 10　Premiere 的使用 …… 326
实验 11　Authorware 的使用 …… 326
实验 12　VOD 点播系统的实现 …… 327
实验 13　流媒体作品的制作 …… 328
实验 14　多媒体应用系统光盘的制作 …… 328

参考文献 …… 330

第1章 多媒体技术概论

随着信息技术的发展,传统的信息处理方式和表现手段已经难以适应社会的需要。作为现代科学技术发展的新产物,多媒体技术为信息的集成和传播提供了丰富的手段,其应用已经渗透到社会文化生活的各个方面,并成为计算机技术应用和发展的一个主要方向。

1.1 多媒体技术基本概念

1.1.1 媒体的概念与分类

媒体(Media)即媒介、媒质,是指承载或传播信息的载体。在计算机领域中媒体有两层含意:一是指承载信息的物理载体,如磁盘和光盘等;二是指表述信息的逻辑载体,如文字、图像和声音等。通常人们称报纸、电视、电影和各种出版物为大众传播媒体。

按照国际电信联盟(International Telephone and Telegraph Consultative Committee,CCITT)标准的定义,媒体可分为以下5种:

(1) 感觉媒体(Perception Medium)。是指能直接作用于人的感官、使人能直接产生感觉的一类媒体,如声音、图形、静止图像、动画、活动图像和文本等。

(2) 表示媒体(Representation Medium)。为能更有效地加工、处理和传输感觉媒体而人为研究和构造出来的一种媒体。它以编码的形式反映不同的感觉媒体,如文本编码、声音编码、图像编码、动画和视频编码等。

(3) 显示媒体(Presentation Medium)。是指感觉媒体和用于通信的电信号之间转换的物理设备,可分为两种:一种是输入显示媒体,如键盘、鼠标、扫描仪、数码照相机及摄像机等输入设备;另一种是输出显示媒体,如电视机、显示器、打印机及音箱等输出设备。

(4) 存储媒体(Storage Medium)。用于存储表示媒体的物理介质,如磁盘和光盘等。

(5) 传输媒体(Transmission Medium)。又称为传输介质,是指能够传输数据信息的物理载体,如同轴电缆、双绞线、光纤和无线电波等。

1.1.2 多媒体与多媒体技术

"多媒体"译自英文单词 multimedia,该词由 multiple(多)和 media(媒体)复合而成,是指融合两种或两种以上媒体的一种人机交互式信息交流和传播的媒体。一般来说,多媒体的"多"是指多种媒体表现,多种感官作用,多种设备组合,多学科交汇,多领域应用;"媒"是指人与客观事物的中介;"体"是指其综合、集成一体化。

多媒体技术在不同的时间段和从不同的角度有着不同的定义,目前被广泛采用的是

Lippincott 和 Robinson 发表在《Byte》杂志上的两篇文章中所给出的定义:"多媒体技术就是计算机交互式综合处理多种媒体信息——文本、图形、图像和声音,使多种信息建立逻辑连接,集成为一个系统并具有交互性"。简言之,多媒体技术就是一种基于计算机科学的综合技术,它把文字、图形、图像、音频、动画及视频等多种媒体信息通过计算机进行数字化采集、获取、压缩/解压缩、编辑和存储等加工处理,再以单独或合成形式表现出来的一体化技术。它包括数字化信息处理技术、音频和视频技术、计算机软件和硬件技术、人工智能和模式识别技术、通信和网络技术等。或者说,以计算机为中心,把多种媒体处理技术集成在一起的技术即计算机多媒体技术。具有这种功能的计算机通常被称为多媒体计算机。

1.1.3 多媒体技术的主要特征

多媒体技术的内涵、范围和所涉及的技术极其广泛,其特征主要包括信息媒体的多样性、集成性、交互性和同步性几个方面。

1. 多样性

多媒体技术涉及多样化的信息,信息载体自然也随之多样化。多种信息载体使信息在交换时有更灵活的方式和更广阔的自由空间。多样性使得计算机处理的信息空间范围扩大,不再局限于数值、文本或特殊对待的图形和图像,而是可以借助于视觉、听觉和触觉等多感觉形式实现信息的接收、产生和交流,进而能够根据人的构思和创意,进行交换、组合和加工来综合处理文字、图形、图像、声音、动画和视频等多种形式的媒体信息,以达到生动、灵活和自然的效果。

2. 集成性

多媒体的集成性主要表现在多媒体信息(文字、图形、图像、语音及视频等信息)的集成和操作这些媒体信息的软件和设备的集成。多媒体不仅仅是媒体形式的多样性,而且各种媒体形式在计算机内是相互关联的,如文字、声音和画面的同步等。多媒体计算机系统应具有能够处理多媒体信息的高速 CPU、大容量的存储设备及适合多媒体数据传输的输入输出设备等。

3. 交互性

交互性是多媒体技术的关键特征。它使用户可以更有效地控制和使用信息,增加对信息的关注和理解。众所周知,一般的电视机是声像一体化的、把多种媒体集成在一起的设备。但它不具备交互性,因为用户只能使用信息,不能自由地控制和处理信息。当引入多媒体技术后,借助于交互性,用户可以获得更多的信息。借助于交互性,人们不是被动地接受文字、图形、声音和图像,而是可以主动地进行检索、提问和回答,这种功能是一般的家用电器所不能实现的。

4. 同步性

由于多媒体系统需要处理各种复合的信息媒体,因此多媒体技术必然要支持实时处理。接收到的各种信息媒体在时间上必须是同步的,其中语音和活动的视频图像必须严格同步,因此要求实时性。

1.1.4 多媒体信息的类型

在多媒体信息的表示中含有多种不同的数据类型,基本类型包括文本、音频、图像、图形、动画和视频。本书中的音频、图像、动画和视频处理技术等章节研究的对象就是这6种多媒体信息。

1. 文本

文本是用的最多的一种符号媒体形式,是最简单的数据类型,其占用的存储空间最少。文本也是文档的基本构成,其属性主要包括字符风格、段落风格、文字种类和大小,以及文字在语言文档中的相对位置。

超文本是索引文本的一个应用,它能在一个或多个文档中快速地搜索特定的文本串。超文本是超媒体文档不可缺少的部件。从多媒体应用的角度看,超媒体文档是基本的复合对象,文本是它的子对象。

2. 音频

音频对象包括音乐、语音、语音命令、电话交谈等。音频对象具有与之相关的时间维。

为使音频让人听起来正常,保持最初录音时的频率和音高是很重要的。以比录音时快的速度播放音频,会使它听起来音调更高而不正常。如果播放速度太慢,就会使音调低的难以听懂。以正确的速度回放,要求回放必须保持一个固定的速度。

一个音频对象需要存储与声音片段有关的信息,如声音片段的长度、它的压缩算法、回放特性及与原始片段相关的任何声音注释,这些注释必须作为叠加内容与原始片段同时播放。

由此可见,声音具有过程性,适合在一个时间段中表现。可以这样说,没有时间也就没有声音。由于时间性,声音数据具有很强的前后相关性,数据量相对于文本而言要大得多,实时性要求也比较高。因为声音是连续的,所以又称为连续型时基媒体类型。

3. 图像

图像对象是除了文本和与时间相关数据(即随时间改变而变化的数据)之外的所有数据形式,即所有图像对象都以图形或编码的形式表现。图像在一定的时间间隔内以完整位图形式存在,位图中包括由输入设备捕获的每个像素。每个像素包括颜色和强度信息。一般情况下,都需要使用某种类型的压缩方法来减少图像的整体容量。除此之外,还需要存储其所使用的压缩算法类型,压缩算法取决于图像的类型和来源。

图像除了采集、存储以外,还有处理、传递、输出等复杂的过程。就图像处理而言,包括有图像数据压缩、优化、编辑及格式转换。因此,图像的处理是一个十分复杂的问题。

4. 图形

图形是一种抽象化的图像,是对图像依据某个标准进行分析而产生的结果。它不直接描述数据的每一点,而是描述产生这些点的过程及方法。

图形具有如下特征:

(1)图形是对图像进行抽象的结果,即用图形指令取代了原始图像,去掉不相关的信息,也就是在格式上做了一次变换。

(2)图形的矢量化使得有可能对图中的各个部分分别进行控制。

(3)图形的产生需要计算时间。

5. 动画

动画可以认为是运动的图画,具有时间连续性、数据量大、相关性和对实时性要求高的特点。计算机动画就是利用计算机生成一系列可供实时演播的画面的技术。它可辅助传统卡通动画片的制作,也可通过对三维空间中虚拟摄像机、光源及物体运动和变化的描述,逼真地模拟客观世界中真实或虚构的三维场景随时间而演变的过程。由计算机生成的一系列画面可在显示屏上动态演示,也可将它们记录在电影胶片上或转换成视频信息输出到录像带上。计算机动画分为计算机辅助动画和模型动画(又称为三维计算机动画)。用计算机实现动画的方法主要有造型动画和帧动画两种。造型动画是对每一个活动的对象分别进行设计，赋予每个对象一些特征（如形状、大小、颜色等），然后用这些对象组成完整的画面，这些对象在设计要求下实时变换，最后形成连续的动画过程。帧动画是由一幅幅连续的画面组成的图形或图像序列，这是产生各种动画的基本方法。

计算机制作的动画画面仅仅是二维的透视效果，就是二维动画。创作的具有立体形象的画面就是三维动画，如果再有真实的光照效果和质感，就是三维真实感动画。通常来说，二维动画可由计算机实时变换生成并演播，三维动画由于其数据计算量大，需要事先生成连续的帧图像序列，然后再播放该图像序列，有明显的生成和播放两个不同过程。

6. 视频

视频是影像视频的简称，大多数用于与电视、图像处理有关的技术中。与动画一样，视频是由连续的随着时间变化的一组图像（或称为画面）组成。视频信号是连续的、随着时间变化的一组图像。视频图像是自然景物的图像，因为在计算机中使用，所以就必须是全数字化的，但在处理过程中免不了受到电视技术的各种影响。

电视有三大制式，每种制式规定了在 1 秒内播放的画面帧数。因此，当计算机对其进行数字化时，必须在规定的时间内（一个画面显示的时间内）完成量化、压缩和存储等多项工作。反过来，将计算机画面送上电视，会由于扫描线的不同而出现有一带状区域无显示的情况。

动态视频的颜色空间表示方法主要有 RGB 三维彩色和 YUV 彩色。对于动态视频的操作和处理，除了播放过程的动作与动画相同之外，还可以增加特技效果，如淡入淡出、复制和镜像等，用于增加表现力。与动画类似，视频序列也是由节段构成，关键帧作为随机访问操作的起点。视频播放的方向取决于压缩时对帧序的处理方式，如果有明显的前后帧压缩关系，则只能单向播放；如果压缩时只有帧压缩而无帧间压缩，则一般可以双向播放。

1.2 多媒体技术的研究内容

概括地说，多媒体技术的研究内容主要包括两大部分：第一部分研究的是如何利用计算机技术模拟表达和处理多媒体信息；第二部分研究的是网络设备如何实现多媒体的接收、存储、转发、传递和输出等问题。多媒体技术的研究领域涉及计算机软硬件技术、计算机体系结构、数值处理技术、信息编辑及分析处理技术、人工智能、计算机网络和高速通信技术等很多方面。

1.2.1 多媒体软硬件平台技术

多媒体软件是多媒体系统的灵魂。多媒体涉及各种各样的硬件，要处理各种各样的多媒体数据，如何将不同的硬件组合在一起，使得用户方便地使用多媒体数据，这些工作都必须由多媒体软件完成。

1. 硬件平台技术

硬件平台是实现多媒体系统的物质基础，它的相关技术的研究和发展影响着多媒体技术的发展和应用进程。例如，大容量光盘、数字视频卡（DVI）等直接推动了多媒体技术的发展。多媒体硬件平台技术要解决的是如何建立能够支持软件的设备，这些设备包括多媒体的基本处理设备、输入输出设备、转换设备和通信设备等。

1）多媒体基本处理设备

其目的是为了提高多媒体系统的多媒体数据处理能力和速度。例如，在多媒体计算机系统的 CPU 芯片中应用了 MMX 技术，提高了 CPU 处理多媒体数据的能力；大规模集成电路（VLSI）制造技术中加强了总线的设计，提高了多媒体数据的传输速度；USB 接口的实现使得在不断电的情况下连接各种多媒体外部设备，使得多媒体信息可以从外部输入进行处理及处理后方便地输出。

2）多媒体输入输出设备

根据多媒体数据所表现的丰富形式，目前多媒体数据的输入和输出设备涉及键盘、鼠标、图形版、扫描仪器、磁/光存储设备、照相机、摄像机、屏幕、打印机、电视机等多种设备。其中，大容量的磁/光存储技术是解决多媒体应用的关键技术之一，多媒体输入输出设备在仿真技术方面的研究也更加趋于人性化。

3）多媒体转换设备

在多媒体模拟信号和多媒体数字信号并存的时代，根据多媒体信号存在的不同模式，多媒体设备分为模拟设备和数字设备。要使数字设备和模拟设备协同工作，必须要进行多媒体信号模式的转换，即模/数转换和数/模转换。能够实现这两类转换的设备就是多媒体转换设备，如图形显示卡、音频卡、视频卡、调制解调器等。这些转换设备不仅可以实现信号的模数转换，同时还具有多媒体数据压缩、格式转换和特效处理的功能。

4）多媒体通信设备

在网络应用中，通信子网的构成需要传输介质和控制设备。例如，在有线连接中使用的双绞线、同轴电缆和光纤，在网络节点处使用的交换器、路由器、网关等控制设备。传递介质和网络控制设备性能的提高，以及新型介质和设备的研究将会使网络应用进入一个崭新的阶段。

2．软件平台技术

多媒体软件包括多媒体操作系统、多媒体数据压缩软件、各种硬件的接口驱动程序、各种多媒体应用软件等。

1）多媒体操作系统

多媒体操作系统建立在多媒体设备的基础上，研究的是如何组织管理设备、如何调度多媒体设备、如何帮助用户使用计算机。所以，多媒体操作系统技术主要涉及计算机系统硬件资源管理、软件资源管理、计算机语言环境的支持、操作环境的设置、提供基本的操作工具及支持多种多媒体软件运行，从而使用户能够方便地调用多媒体设备和数据资源，达到应用多媒体的目的。

由于多媒体具有多格式、多流、同步及实时等特点，因此多媒体操作系统不仅要支持多媒体数据格式，还要实现对多媒体数据的同步功能。

2）多媒体驱动软件

多媒体软件中直接和硬件打交道的软件是多媒体驱动程序。它完成设备的初始化，各种设备操作及设备的打开、关闭，各种硬件功能的调用。

3）多媒体创作工具软件

多媒体创作工具软件是多媒体专业人员在多媒体操作系统上开发的，供特定应用领域的专业人员组织编排多媒体数据，并把它们连接成完整的多媒体应用系统的工具。

4）多媒体应用系统软件

多媒体应用系统是在多媒体软硬件平台上开发的面向应用的软件系统。如多媒体数据库系统和终端用户的应用软件。

1.2.2 多媒体数据处理技术

多媒体数据处理技术研究的是多媒体数据的编码、媒体的创作、多媒体集成、数据的管理、信息的产出和多媒体使用等技术。

(1) 编码技术:研究的是如何对多媒体数据进行编码,这些编码是多媒体数据得以输入、保存和输出的基础。例如,文字编码有输入码、存储码和输出码,对于数据量特别大的音频、图像和视频类数据还需要建立压缩码。编码的性能直接关系到处理和使用多媒体数据的效果。

(2) 媒体创作技术:研究的是如何开发媒体素材的创作工具,以便用户利用这些工具制作音频、视频、动画等各种表示媒体。例如 GoldWave、Photoshop 等。许多多媒体创作工具都提供了丰富的创作功能和便捷的操作方法。

(3) 多媒体集成技术:研究如何合理地组织多媒体素材,使合成后的信息的效果表达更清楚、吸引力更强,并提供给用户和多媒体素材交互的方式方法。例如 Authorware 等。

(4) 数据管理技术:要解决的是数据的组织、维护和检索的问题。数据管理常常建立在数据库的基础上,数据库的类型就是组织数据的一种方式。例如关系数据库就是以二维表的形式组织数据,更适合多媒体数据的是面向对象的数据库,而超文本、超媒体式的数据组织方式是网状链接模式的。多媒体信息管理中最大的难点是实现基于多媒体数据内容的检索。

(5) 信息产出技术:属于数据分析方法的设计,就是在计算机上通过科学计算的过程获得具有指导意义的分析结果。例如在视频数据挖掘领域,根据视频中人物出现的时间关系,通过计算可预测群体事件冲突发生的可能性。

(6) 多媒体使用技术:研究的是如何调用和展示多媒体信息。媒体播放器就是使用技术下的一个实例,它能提取 CD 音乐、DVD 数字影片和 Internet 上的广播,能自行编排节目单、控制播放等。

1.2.3 多媒体网络技术

多媒体网络技术包括网络构建技术、网络通信技术和网络应用技术,涉及互联网的组件技术、多媒体中间件技术、多媒体交换技术、超媒体技术、多媒体通信中 QoS 管理技术、多媒体会议系统技术、多媒体视频点播与交互电视技术及 IP 电话技术等。

目前的多媒体网络分为电话网、电视网和计算机网三种,并且在业务上已经互相渗透。随着数字化技术的不断进步,这三种网络将在数据化的前提下逐步统一起来。所以多媒体网络技术研究的主要是如何组织多媒体设备和网络设备实现跨地区的实时应用,具体的任务是能有效地控制网间多媒体信息的接收、存储、转发、传递和输出等实际过程。

(1) 网络构建技术:要解决的问题包括软/硬件两个方面,在网络硬件的构建方面主要研究的是网络的结构、布线和实际连接。在软件方面研究的是如何提供支持网络多媒体应用的多媒体网络操作系统。

(2) 网络通信技术:解决如何实现网络之间高速、高效和高质量的多媒体通信问题。其中能够解决在不同设备之间进行信息传递的技术称为多媒体中间件技术。例如,实现计算机应用程序和电话之间的信息传递、实现两个或多个交换机之间互相交换数据、回复接收的电子邮件信息、回应 Web 站点上访问者的申请表格或文字信息等。而网络通信中多媒体数据包的传递需要多媒体交换技术的支持,从而使所传递多媒体数据的组合能够在物理介质上得到高效的传递,例如 ATM 技术就是以信元方式进行传递的一种交换技术。由于多媒体数据具有依赖于时间的特性,如何保证即时性多媒体网络应用的质量是 QoS 管理技术所研究的中心课题。

(3) 网络应用技术:网络应用的特点主要体现在分布式的多机应用,例如以超媒体技术为基础的万维网应用,以多媒体会议系统技术为基础的即时应用,以多媒体视频点播与交互电视技术为基础的流媒体应用等。

除此之外,随着云计算、大数据及人机交互技术的发展,多媒体技术开始和这些技术融合发展,形成了许多新的研究方向,多媒体技术的研究内容得到了丰富和拓展。例如,流媒体技术、多媒体数字水印技术、虚拟现实技术、多媒体数据挖掘技术和跨媒体技术等。

1.3 多媒体技术的研究热点

多媒体信息的处理和应用需要一系列相关技术的支持,以下几个方面的关键技术是多媒体研究的热点,也是未来多媒体技术发展的趋势。

1. 数据存储技术

早期计算机处理的信息主要是文本文件和数据文件,数据的类型比较单一,数据量也有限。随着多媒体技术应用的普及,图像、音频、视频等多媒体信息数据量大,需要相当大的存储空间,解决这一问题的关键即是数据存储技术。高速大容量的存储技术是对多媒体技术发展的有力支持。

2. 多媒体数据的压缩和解压缩技术

在多媒体系统中,由于涉及大量的图像、声音甚至视频信息,数据量非常巨大。为了获得满意的视听效果,必须实时地处理大量的音频和视频数据,如果不经过压缩技术的处理是不可能办到的。多媒体数据压缩编码技术是解决大数据量存储与传输问题行之有效的方法。采用先进的压缩编码算法对数字化的音频和视频信息进行压缩,既节省了存储空间,又提高了通信介质的传输效率,同时也使计算机实时处理和播放视频、音频信息成为可能。计算机技术的发展离不开标准。数据压缩技术目前已经制定了 JPEG 和 MPEG 等标准,并形成了各种压缩算法。人们还在继续寻求更加有效的压缩算法和用软件或硬件实现的方法。

3. 多媒体数据库技术

传统的数据库管理系统(DBMS)不能有效地处理复杂的多媒体数据,因而要求使用新的多媒体索引和检索技术。关系数据库的理论与方法推动了数据库技术的研究与发展,在信息管理领域发挥了关键作用,但它在处理非格式化数据方面不理想,而多媒体数据大多是非格式化数据。多媒体数据库除了要处理结构化的数据外,还要处理大量非结构化数据。随着多媒体技术的发展、面向对象技术的成熟及人工智能技术的发展,多媒体数据库、面向对象的数据库及智能化多媒体数据库的发展越来越迅速,它们将进一步发展或取代传统的关系数据库,形成对多媒体数据进行有效管理的新技术。

4. 多媒体信息检索技术

多媒体数据呈爆炸性增长,文本、图像、语音和视频等各种形式的多媒体信息都将被放到网上,这些信息的无序使用户在其搜索和管理上都非常不方便。如何建立多媒体信息的检索和查询系统,迅速找到人们所需要的信息,目前主要集中在基于内容的多媒体信息检索和内容查询上。基于内容的检索就是根据媒体对象的语义和感知特征进行检索,具体实现就是从媒体数据中提取出特定的信息线索(或特征指标),然后根据这些线索从大量存储在多媒体数据库中的媒体中进行查找,检索出具有相似特征的媒体数据。

基于内容的多媒体信息检索是一门涉及面很广的交叉学科,需要利用图像处理、模式识别、计算机视觉及图像理解等领域的知识作为基础,还需从认知科学、人工智能、数据库管理系统、人机交互等领域引入新的媒体数据表示和数据模型,从而设计出可靠、有效的检索算法、系统结构及友好的人机界面。

5. 多媒体网络通信技术

近年来,多媒体技术蓬勃发展,各类通信网络上出现了越来越多的多媒体应用,多媒体技术与有线和无线通信网络、广播和闭路电视网络、微波和卫星通信网络、计算机远程和地区性局域网络等各种通信技术相结合,产生了多媒体网络通信技术。多媒体网络通信技术是当前世界科技领域中最有活力、发展最快的高新技术,它时时影响着世界经济的发展和科学进步的速度,并不断改变着人类的生活方式和生活质量。

流媒体技术是多媒体技术和网络传输技术的结合,是宽带网络应用发展的产物。随着网络技术的发展,一些高质量的流媒体应用已经出现,如 IPTV(网络电视)将向用户传输标准清晰度的数字电视节目。另外,随着第三代移动通信网络和多功能手持终端设备的出现,移动流媒体的应用也变得越来越重要。

6. 虚拟现实技术

虚拟现实(Virtual Reality,VR)是利用计算机生成的一种模拟环境(如飞机驾驶),通过多种传感设备使用户"投入"到该环境中,实现用户与该环境直接进行自然交互的技术。虚拟现实是计算机软件和硬件技术、传感技术、人工智能及心理学等技术的综合。它通过计算机生成一个虚拟的现实世界,人可与该虚拟现实环境进行交互,在各方面都显示出诱人的前景。交互性(Interaction)、沉浸性(Immersion)和想象性(Imagination)是所有虚拟现实系统的本质特性。根据沉浸程度的不同,虚拟现实可以分为桌面虚拟现实、增强型虚拟现实、投入型虚拟现实和分布式虚拟现实等。

7. 多媒体数字水印技术

多媒体技术的广泛应用,使得需要进行加密、认证和版权保护的声像数据也越来越多。数字化的声像数据从本质上看就是数字信号,如果对这类数据也采用密码加密方式,则其本身的信号属性就被忽略。最近几年,许多研究人员放弃了传统密码学的技术路线,尝试用各种信号处理方法对声像数据进行隐藏加密,并将该技术用于制作多媒体的"数字水印"。

数字水印技术是指用信号处理的方法,在数字化的多媒体数据中嵌入隐藏的标记,这种标记通常是不可见的,只有通过专门的检测器或阅读器才能提取。目前,数字水印应用领域主要有数字作品的知识产权保护,商务交易中的票据防伪,声像数据的隐藏标识和篡改提示,隐蔽通信及其对抗等。

8. 多媒体数据挖掘技术

随着信息技术的迅猛发展,现在可以从因特网、数字图书馆、数字出版物中获得越来越多的多媒体数据。但是人们并不满足于信息存取这个层次,因为信息检索只能获取用户需求的相关"信息",而不能从大量多媒体数据中找出和分析出蕴含的有价值的"知识"。为此,需要研究比多媒体信息检索更高层次的新方法,也就是多媒体数据挖掘。

数据挖掘是从大量的、不完全的、有噪声的、模糊的、随机的实际应用数据中提取隐含在其中的、人们事先不知道的、但又是潜在有用的信息和知识的过程。

多媒体数据挖掘就是从大量多媒体数据中,通过综合分析视听特性和语义,发现隐含的、有效的、有价值的、可理解的模式,进而发现知识,得出事件的趋向和关联,为用户提供问题求解层次的决策支持能力。

9. 跨媒体技术

近年来人们研究的跨媒体技术是建立在多媒体技术基础上,寻求平面媒体、立体媒体和网络媒体相结合的多媒体资源整合与信息融合，最大限度获取不同媒体间的关联性和协同效应、互补性和多维互动性，从而达到需求的识别、检测、检索、发布，以及发现重构、共生新用等，高效地使用各种媒体。

跨媒体涉及大量学科的交叉性研究，如智能信息处理、数据挖掘与知识发现、机器学习、多媒体处理、模式识别、检索引擎和数据库技术等。

目前存在的主要技术难点有，跨媒体知识的发现与表达技术；跨媒体知识的推理与重构技术；跨媒体统一的表示结构；跨媒体信息的融合、识别技术；各种媒体特别是视频、动画等复杂媒体的信息挖掘、智能处理与高效检索技术；跨媒体海量信息的综合检索等。跨媒体技术将会在许多领域得到广泛的应用。

1.4 多媒体技术的发展

多媒体技术的一些概念和方法起源于20世纪60年代。1965年，泰德纳尔逊（Ted Nelson）在计算机上处理文本文件时提出了一种把文本中遇到的相关文本组织在一起的方法，即Hypertext（超文本）。与传统的方式不同，超文本以非线性的方式组织文本，使计算机能够响应人的思维及能够方便地获取所需要的信息。万维网上的多媒体信息正是采用了超文本思想与技术，才组成了全球范围的超媒体空间。

多媒体技术实现于20世纪80年代中期。1984年，美国Apple公司研制Macintosh计算机，使得计算机具有统一的图形用户界面（GUI），增加了鼠标，完善了人机交互的方式，大大方便了用户的操作。1987年，Apple公司又引入"超级卡（HyperCard）"，使Macintosh计算机成为更容易使用和学习并且能处理多媒体信息的机器。

1985年，美国Commodore公司将世界上首台多媒体计算机系统展现在世人面前，该计算机系统被命名为Amiga。并在随后的Comdex'89展示会上展示了该公司研制的多媒体计算机系统Amiga的完整系列。

1986年，荷兰Philips（飞利浦）公司和日本SONY（索尼）公司共同制定了CD-I（Compact Disc Interactive）交互式激光盘系统标准，使多媒体信息的存储规范化和标准化。CD-I标准允许一片直径5inch（英寸）的激光盘上存储650MB的信息。

1987年，美国无线电公司（RCA）制定了DVI（Digital Video Interactive）技术标准，该技术标准在交互式视频技术方面进行了规范化和标准化，使计算机能够利用激光盘以DVI标准存储静止图像和活动图像，并能存储声音等多种信息模式。DVI标准的问世，使计算机处理多媒体信息具备了统一的技术标准。

1990年，美国Microsoft（微软）公司和包括荷兰Philips公司在内的一些计算机技术公司成立"多媒体个人计算机市场协会（Multimedia PC Marketing Council）"，以对计算机多媒体技术进行规范化管理和制定相应的标准。1991年，该组织制定了多媒体个人计算机标准MPC 1.0，对多媒体个人计算机及相关的多媒体硬件规定了必要的技术规格，要求所有使用MPC标志的多媒体设备都必须符合该标准的要求。

1992年，Microsoft公司推出了Windows 3.1，成为计算机操作系统发展的一个里程碑。Windows 3.1是一个多任务的图形化操作环境，使用图形菜单，能够利用鼠标对菜单命令进行操作，极大地简化了操作系统的使用。它综合了原有操作系统的多媒体技术，还增加了多个具有多媒体功能的软件，使得Windows成为真正的多媒体操作系统。

随着计算机和多媒体设备性能的不断提高,多媒体个人计算机市场协会(现已改名为多媒体PC工作组)分别于1993年和1995年发布了MPC 2.0和MPC 3.0。

1995年,Windows 95操作系统问世,使多媒体计算机更容易操作,功能更为强劲。

1998年发行的Windows 98,速度更快,稳定性更佳,并全面集成了Internet标准。通过提供全新自我维护和更新功能,Windows 98可以免去用户的许多系统管理工作,使用户专注于工作或游戏。

2001年发行的Windows XP,用户界面设计焕然一新,用户使用起来非常得心应手。Windows XP的媒体播放器软件已经与操作系统完全融为一体,就像是Windows 98和IE浏览器一样。2014年4月史上最受欢迎的桌面操作系统Windows XP正式"退休"。尽管系统仍可以继续使用,但微软公司不再提供官方服务支持。

2009年发布的Windows 7,可供家庭及商业工作环境、笔记本电脑、平板电脑和多媒体中心等使用。Windows 7是一个集办公、娱乐、管理和安全于一体的操作系统。2015年,微软公司宣布,除了企业版外,所有版本的Windows 7均可以免费升级至Windows 10。

自20世纪90年代以来,随着视频音频压缩技术日趋成熟,操作系统的更新,高速处理器的发展及计算机技术和网络通信技术的结合,多媒体技术得到了空前的普及和推广,极大地推动了多媒体产业的发展。为使多媒体技术能更加有效地集成与综合,构架在一个统一的平台上,未来的发展方向是实现"三电合一"和"三网合一"。三电合一是指将电信、计算机和电器通过多媒体数字化技术相互渗透融合;三网合一是指因特网、通信网和电视网合为一体,形成综合数字业务网,朝着智能化和三维化方向发展。

1.5 多媒体技术的应用

多媒体技术的应用领域非常广泛,几乎遍布各行各业及社会生活的各个方面。由于多媒体技术具有直观、信息量大、易于接受和传播迅速等显著的特点,因此多媒体应用领域的拓展十分迅速。

1. 教育与培训

多媒体系统的形象化和交互性可为学习者提供全新的学习方式,使接受教育和培训的人能够主动地、创造性地学习,具有更高的效率。传统的教育和培训模式通常是听教师讲课或者自学,两者都有其自身的不足之处。多媒体的交互教学改变了传统的教学模式,不仅学习资源丰富生动、教育形式灵活,而且有真实感,更能激发人们学习的积极性。

图1-1所示是《计算机图形学基础》在线多媒体教学系统,课程的讲解是文字、PPT和教师视频的组合。用户将教师视频拖曳到某个时间点,当前的知识点目录文字自动加亮,PPT页面也切换到当前内容页面;用户单击知识点目录文字后,PPT切换显示对应内容页面,同时教师视频也自动跳转到对应的时间点上。

2. 咨询服务与广告宣传

在旅游、邮电、医院、交通、商业、博物馆和宾馆等公共场所,通过多媒体技术可以提供高效的咨询、展示服务。在销售、宣传等活动中使用多媒体技术能够图文并茂地展示产品,使客户对商品能够有一个感性、直观的认识。

图1-2所示是触摸屏展示机上介绍如皋的多媒体作品。该作品以图文并茂的方式向游客介绍如皋的地理位置、文化渊源、特色小吃及人文环境等,让游客能够自主地了解如皋。

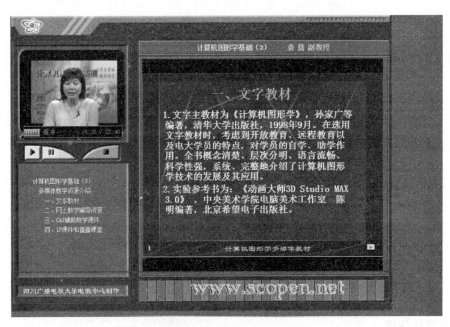

图 1-1　在线多媒体教学系统

图 1-2　如皋的特色饮食

3．娱乐和游戏

计算机游戏深受年轻人的喜爱，游戏者对游戏不断提出的要求极大地促进了多媒体技术的发展，许多最新的多媒体技术往往首先应用于游戏软件。目前因特网上的多媒体娱乐活动更是多姿多彩，从在线音乐、在线影院到联网游戏，应有尽有，可以说娱乐和游戏是多媒体技术应用最为成功的领域。

如图 1-3 所示的隧道开掘工程模拟游戏是一款工程模拟类益智游戏，该游戏以开挖隧道工程为游戏任务，让玩家体验工程建设项目中复杂的工艺，数量众多的施工环节。游戏中，玩家要调配好所有的工程车辆，合理分布施工环境，完成高质量的隧道开掘任务，获得更多的分数。

图 1-3 《隧道开掘工程》游戏界面

4. 多媒体通信

多媒体通信是随着各种媒体对网络的应用需求而迅速发展起来的一项技术。一方面，多媒体技术使计算机能同时处理文本、音频和视频等多种信息，提高了信息的多样性；另一方面，网络通信技术取消了人们之间的地域限制，提高了信息的实时性。两者结合所产生的多媒体通信技术把计算机的交互性、通信的分布性和视频的实效性有机地融为一体，成为当前信息社会的一个重要标志。

图 1-4 所示是网络多媒体会议系统，在该系统中，用户可以共享文件，使用电子白板，即时留言讨论，并进行音视频的多人交流。

图 1-4 网络多媒体会议系统

5. 模拟训练

利用多媒体技术丰富的表现形式和虚拟现实技术,研究人员能够设计出逼真的仿真训练系统,如飞行模拟训练和航海模拟训练等。训练者只需要坐在计算机前操作模拟设备,就可得到如同操作实际设备一般的效果。不仅能够有效地节省训练经费,缩短训练时间,也能够避免一些不必要的损失。

图 1-5 所示是 Tactus 科技公司的 V-Frog 软件系统。该系统应用于生物教育,学生在个人计算机上通过鼠标拾取解剖刀,对青蛙进行解剖,并探索青蛙的生理结构。整个过程就像在真实世界中解剖青蛙一样。

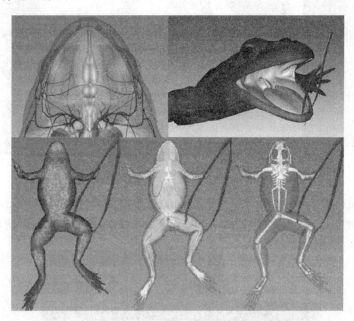

图 1-5 虚拟青蛙解剖实验系统

6. 电子出版物

光盘具有存储量大、使用收藏方便及数据不易丢失等优点,它将在某些领域取代传统的纸质出版物,成为图文并茂的电子出版物,尤其适合大容量的出版物,如字典、辞典、百科全书、年鉴、大型画册和电子图书等。多媒体电子出版物与传统出版物除了阅读方式不同外,更重要的是它具有集成性、交互性等特点,可以配有声音解说、音乐、三维动画和彩色图像,再加上超文本技术的应用,使它表现力强,信息检索灵活方便,能为读者提供更有效的获取知识、接受训练的方法和途径。

图 1-6 所示是介绍虚拟现实技术的电子杂志,在该电子杂志中,通过图片、文字、音频、视频和 Flash 动画等多媒体表现形式,全面介绍虚拟现实技术的基本概念、分类和应用领域。用户可以像看书一样翻页查看,并控制动画和视频的播放方式。

7. 工业领域

现代化企业的综合信息管理和生产过程的自动化控制都离不开对多媒体信息的采集、监视、存储、传输及综合分析处理和管理。应用多媒体技术来综合处理多种信息,可以做到信息处理综合化、智能化,从而提高工业生产和管理的自动化水平。多媒体技术在工业生产实时监控系统中,尤其在生产现场设备故障诊断和生产过程参数监测等方面有着重大的实际应用价值。特别是在一些危险环境中,多媒体实时监控系统起到越来越重要的作用。

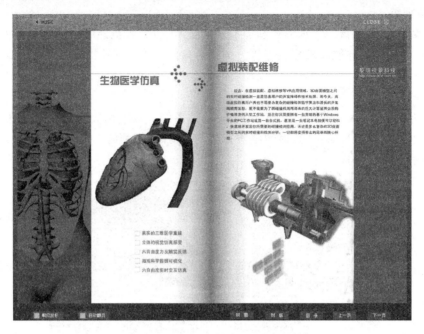

图 1-6 《虚拟现实技术》电子出版物

图 1-7 所示是从事全球通信、监控和工业自动化控制的美国红狮控制公司为改善工作环境的可视性和管理与控制水平而开发的两款高清宽屏的多媒体操作控制系统面板。

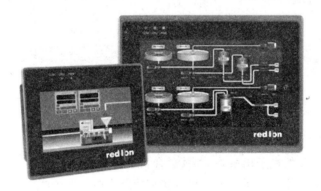

图 1-7 工业自动化控制系统操作面板

练习题

1. 名词解释

媒体，多媒体，多媒体技术，虚拟现实技术

2. 单项选择题

(1) 按照 CCITT 对媒体的定义，打印机属于五大媒体中的（　　）媒体。

　　A. 传输　　　　　　B. 表示　　　　　　C. 显示　　　　　　D. 存储

(2) 解决多媒体数据的存储和传输问题的关键在于（　　）。

　　A. 提高系统的运行速度　　　　　　B. 多媒体数据的压缩技术

C. 声图的同步技术　　　　　　　　D. 全部

(3) 多媒体计算机的(　　)表现在可以将不同媒体信息有机地同步组合成为一个完整的多媒体信息。

　　A. 集成性　　　B. 交互性　　　C. 实时性　　　D. 压缩性

(4) 媒体中的(　　)指的是能直接作用于人们的感觉器官,从而能使人产生直接感觉的媒体。

　　A. 感觉媒体　　B. 表示媒体　　C. 显示媒介　　D. 存储媒介

(5) 下列特性中不属于多媒体特性的是(　　)。

　　A. 媒体多样性　B. 可视性　　　C. 集成性　　　D. 交互性

(6) 请根据多媒体的特性判断以下(　　)属于多媒体的范畴。

　　① 交互式视频游戏　② 有声图书　③ 彩色画报　④ 立体声音乐

　　A. 仅①　　　　B. ①②　　　　C. ①②③　　　D. 全部

(7) 下列(　　)媒体属于感觉媒体。

　　① 语音　　　② 图像　　　③ 语音编码　　　④ 文本

　　A. ①②　　　　B. ①③　　　　C. ①②④　　　D. ②③④

(8) 把媒体分成很多类别的原因是(　　)。

　　① 不同类型媒体的表现能力不同　　② 不同类型媒体的特性不同

　　③ 不同类型媒体的处理方法不同　　④ 这只是人为划分,没什么理由

　　A. ①③　　　　B. ①②　　　　C. ①②③　　　D. ②③

(9) 下面(　　)说法是不正确的。

　　A. 电子出版物存储容量大,一张光盘可存储几百本书

　　B. 电子出版物可以集成文本、图形、图像、动画、视频和音频等多媒体信息

　　C. 电子出版物不能长期保存

　　D. 电子出版物检索快

3. 填空题

(1) 多媒体特性主要包括信息载体的多样性、_____、_____和同步性等几方面。

(2) 多媒体信息的集成性主要表现在两个方面,即多媒体信息媒体的集成和处理这些媒体的_____的集成。

(3) 虚拟现实的英文全称和缩写分别是_____、_____。

(4) 多媒体是英语单词_____的译文,所以可以直译为"多种媒体"。

(5) 目前的多媒体网络分为_____、_____和_____三种。

(6) 多媒体技术的研究内容包括_____、多媒体数据处理技术和_____三个方面。

(7) 多媒体软件包括_____、_____、各种硬件的接口驱动程序、各种多媒体应用软件等。

4. 问答题

(1) 按照CCITT的定义,媒体是如何分类的?

(2) 多媒体应用领域主要包括哪些方面?

(3) 多媒体信息的类型有哪些?

(4) 简述多媒体技术的研究内容。

(5) 简述多媒体技术的研究热点。

(6) 通过查找相关文献,简述多媒体技术的发展趋势。

第 2 章 多媒体计算机系统

具有多媒体功能的计算机有大型计算机系统、中型计算机系统、小型计算机系统和微型计算机系统。其中，人们最为熟识的、使用最广泛的是微型计算机系统。具有多媒体功能的微型计算机系统被称为多媒体个人计算机(MPC)。本章将重点介绍 MPC 硬件系统及其工作原理。多媒体软件及其应用将在后面的章节中陆续介绍。

2.1 MPC 系统概述

2.1.1 MPC 系统组成

MPC 系统由硬件系统和软件系统两部分构成。硬件系统包括计算机主机、各种外部设备及与外部设备连接的各种控制接口卡等。软件系统包括多媒体操作系统、多媒体驱动软件、多媒体数据处理软件、多媒体编辑和创作软件及多媒体应用软件等。

1. 硬件系统

经过多年的研究与发展，MPC 体系已经成熟，其硬件系统体系结构如图 2-1 所示。

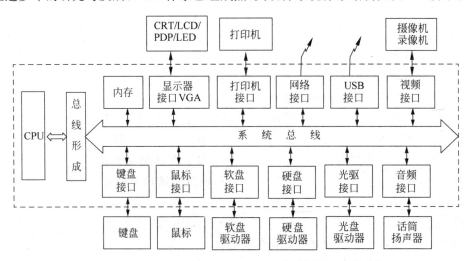

图 2-1 多媒体个人计算机硬件系统体系结构

MPC 输入端可接入音频、视频等信号，以及能够提供这些信号的设备，如 CD-ROM、扫描仪和录像机等。MPC 输出端可连接各种网络通信设备、视频设备、音频设备及打印设备等。伴随着科技及制造工艺的发展，MPC 能够处理的媒体种类不断增加，处理手段和方法不断更新。在输入信号方面出现了很多新的形式,如语音输入、手写输入及文字自动识别输入等;在输出方面,有语音输出、影像实时输出、投影输出及网络数据输出等。

2. 软件系统

多媒体计算机软件系统按功能可分为多媒体系统软件和多媒体应用软件。多媒体计算机软件系统的层次结构如图 2-2 所示。

1) 多媒体系统软件

多媒体系统软件是多媒体系统的核心,它不仅具有综合使用各种媒体、灵活传输和处理多媒体数据的能力,而且还要协调各种媒体硬件设备的工作,将种类繁多的硬件有机地组织到一起,使用户能灵活控制多媒体硬件设备,进行多媒体数据的组织和操作。

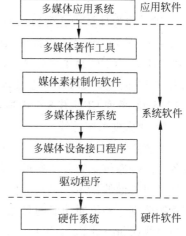

图 2-2 多媒体计算机软件系统结构

多媒体系统软件按照功能可分为以下几种:

(1) 多媒体驱动软件。

它是多媒体计算机系统最底层硬件的软件支撑环境,直接与计算机硬件接触,完成各种设备的初始化、管理及基于硬件的压缩/解压缩、图像快速变换和功能的调用等。一般来说,每一种多媒体硬件都需要一个相应的软件驱动程序。

(2) 驱动器接口程序。

它是高层软件与驱动程序之间的接口软件,为高层软件建立虚拟设备,是提高整个系统性能的重要部分。

(3) 多媒体操作系统。

它具有对硬件设备的相对独立性、可操作性和较强的可扩展能力,能实现多任务的调度,提供多媒体信息的各种基本操作和管理,保证多媒体环境下音频和视频等信息的同步控制和处理的实时性。

(4) 媒体素材制作软件及多媒体库函数。

这层软件是为多媒体应用程序进行数据处理准备的程序,主要包括多媒体数据采集和处理软件,如数字化音频、视频的录制、编辑及动画制作等软件。多媒体库函数主要为开发者提供工具库,使开发过程更加方便快捷。

(5) 多媒体创作工具和开发环境。

多媒体创作工具和开发环境主要用于编辑、生成多媒体特定领域的应用软件或系统,是多媒体设计人员在多媒体操作系统上进行开发的软件工具,如 Authorware、Flash、Director 等。

2) 多媒体应用软件

多媒体应用软件是在多媒体创作平台上设计、开发的面向应用领域的软件系统,通常由应用领域的专家与多媒体开发人员共同协作、配合完成。开发人员利用开发平台、创作工具制作、组织各种多媒体素材,生成最终的多媒体应用程序,并在应用中测试、完善,最终形成多媒体产品,诸如各种多媒体教学系统、学习系统及培训软件等。

2.1.2 MPC 性能指标

MPC 作为多媒体应用的重要组成部分,可根据多媒体数据及信息的特性,从以下几个方面来衡量其性能。

1. 数据处理能力

影响 MPC 处理大量、实时数据性能的关键部件主要有 CPU(Central Processing Unit)、系统总线、内存及主板等。

1) CPU

CPU 作为计算机处理数据的核心部件,直接影响到计算机整体的性能,其性能指标主要包括主频、外频、前端总线频率、运算字长、缓存,以及 CPU 的制作工艺、封装技术、工作电压和指令集等。CPU 制作工艺复杂,种类众多。如 Intel 的酷睿 i7 990X 系列 CPU 有 6 个内核,主频 3.46GHz,外频 133MHz,总线频率 6.4GT/s,最大缓存 12MB,支持三通道 DDR3 内存;AMD 的 FX-8300 系列 CPU 有 8 个内核,主频 3.3GHz,最大缓存 8MB,支持三通道 DDR3 内存。

2) 计算机系统总线

系统总线(System Bus)是连接计算机内各个部件的一组物理信号线,也是计算机与外部设备之间传递信息的公用通道。作为计算机内部数据流通的通道,其性能对数据的处理速度起到了很关键的作用。总线上传送的信息包括数据信息、地址信息、控制信息。因此,可将系统总线分成三种不同功能的总线,即数据总线(Data Bus,DB)、地址总线(Address Bus,AB)和控制总线(Control Bus,CB)。

由于制造工艺及生产设备的发展,总线设计及系统结构都发生了很大的变化。常见的总线结构有 ISA(Industrial Standard Architecture)总线、EISA(Extended Industry Standard Architecture)总线、VESA(Video Electronics Standard Association)总线、PCI(Peripheral Component Interconnect)总线、PCI-X(PCI eXtended)总线、SCSI(Small Computer System Interface)总线、AGP(Accelerated Graphics Port)总线、PCI-E(PCI Express)总线、HT(Hyper Transport)总线等。其中,ISA 总线属于第一代总线结构,目前已被淘汰;SCSI 总线属于小型计算机的总线接口标准,现在主要用于服务器中;PCI 总线属于第二代总线结构,曾是计算机最重要的接口,不仅用于 PC,还用于许多数字设备上;PCI-E 总线和 HT 总线作为第三代总线结构,现已基本取代 PCI 总线和 AGP 总线,并不断升级换代,成为 PC 的主流接口标准。

3) 内存

作为计算机的主存储器,内存容量要足够大,并且要求存取速度快、工作可靠。多媒体信息的数据量大,在制作与编辑时数据读写频繁,内存的使用频率非常高。目前,一台 MPC 的内存容量标配一般在 4GB、8GB 和 16GB。

随着制造工艺及技术的发展,内存的分类标准各异,种类繁多。从标准上可分为 SIMM(Single In-line Memory Module,单边接触内存模块)和 DIMM(Dual Inline Memory Module,双列直插内存模块)两种;从外观上可分为 30 线、64 线、72 线、100 线、144 线、168 线、200 线和卡式、插座式等;从整体性能上可分为普通(无任何特殊功能)、带校验(自动检错)和带纠错(自动纠错)等;从芯片类别上可分为 FPM(Fast Page Mode)、EDO(Extended Date Out)、SDRAM(Synchronous Dynamic Random Access Memory)、RAMBUS、DDR(Double Date Rate SDRAM)等。DDR 内存历经 DDR1、DDR2、DDR3、DDR4,现已发展到 DDR5,DDR5 是目前计算机内存的主流技术。

4) 主板

主板(Main Board)有时也称为系统板(System Board)或母板(Mother Board),它安装在计算机机箱内,是计算机主要的电路系统集成,一般有 BIOS 芯片、I/O 控制芯片、内存插槽、硬盘接口、键盘和面板控制开关接口、指示灯插接件、扩充插槽、主板及插卡的直流电源供电接插件等元件。主板是计算机最基本的也是最重要的部件，通常为矩形电路板，是电路印制板(Print Circuit Board，PCB)的一种。

相对于 CPU 而言，主板的生产厂家更多，种类更多，因此在购买主板时应选择制造工艺成熟、声誉较好的厂商，如 Intel、华硕(ASUS)、技嘉(GIGABYTE)、微星(MSI)等，同时还要考虑主板所采用的芯片组(南北桥)、支持 CPU 的能力、支持内存和高速缓存的能力、CPU 电源调节器、I/O 及 I/O 扩展系统、主板自身 BIOS 模块的功能等。可以说，主板的选择是影响 MPC 扩展功能的关键因素。例如，连接数字化仪器、扫描仪、声音合成器、手写识别装置、触摸屏驱动卡及通信网络等，往往需要在主机板的扩展插槽内插入相应的功能卡，若插槽数量不够，则会限制 MPC 功能的扩展。

2．存储能力及数据传输速度

硬盘存储器作为计算机辅助存储设备，大容量、高转速、低噪声、价格适中是非常必要的。早期的 MPC，如在 Windows 95 时代，硬盘通常只有几百兆字节，大的也只有几吉字节。现在普通 MPC 的硬盘容量都已经达到几百吉字节，甚至是几太字节。硬盘按盘径大小可分为 3.5 英寸、2.5 英寸、1.8 英寸等。目前大多数 MPC 上使用的硬盘都是 3.5 英寸的。由于硬盘生产厂商、功能和用途的不同，使得硬盘的种类繁多，因此在选购时应注意如下指标：

(1) 主轴转速：主轴速度是影响硬盘性能最重要的因素。目前市场上流行的是 5400rpm(每分钟转数)和 7200rpm 的硬盘。串行 SATA 接口是 10000rpm。高低速硬盘的性能差距比较明显，通常采用高速硬盘。

(2) 平均寻道时间：是指磁头从得到指令到寻找到数据所在磁道的时间，一般以它来描述硬盘读取数据的能力。平均寻道时间越小，硬盘的运行速率相应也就越快。

(3) 数据传输率：是指计算机从硬盘中准确找到相应数据并传输到内存的速率，单位为 MB/s，目前 IDE 接口的最高速率是 133MB/s，而 SATA 接口已经达到了 150MB/s，SATA 3.0 的硬盘峰值数据传输率为 600MB/s。

(4) 缓存(Cache Memory)：是硬盘控制器上的一块内存芯片，具有极快的存取速度，是硬盘内部存储和外界接口之间的缓冲器。硬盘缓存的具体作用为：一是预读取；二是对写入动作进行缓存；三是临时存储最近访问过的数据。缓存能够大幅度地提高硬盘整体性能。缓存越大越好，但其成本较高，早期为 256KB。目前主流硬盘已采用 2MB 或 8MB 缓存，而在服务器或特殊应用领域中硬盘缓存容量甚至达到了 16MB 或 64MB。

(5) 接口方式：硬盘常用接口类型有 IDE、SCSI、SATA、光纤通道和外置 USB 接口等。

3．输入手段丰富

MPC 具备很多用于输入各种媒体内容的手段。除了常用的键盘和鼠标以外，一般还具备扫描输入、手写输入、语音输入、数码照相、数码摄像及文字识别输入等设备。

4．输出种类多、质量高

MPC 可通过多种形式输出多媒体信息，如音频输出、投影输出和视频输出等。

5．显示质量高

由于 MPC 通常配备先进的高性能图形显示卡和质量优良的显示器，因此图像的显示质量比较高。高质量的显示品质为图像、视频信号、多种媒体的加工和处理提供了不失真的参照基准。

6．软件资源丰富

MPC 的软件资源及素材库必须丰富，才能满足设计和开发多媒体应用系统的需求。

2.2 MPC 常用多媒体板卡

2.2.1 音频卡

1. 音频卡简介

音频卡又称为声卡,是处理各种类型数字化声音信息的主要硬件。1984 年第一块声卡问世(Adlib 公司),由于技术和性能上有许多不足,当时主要用于电子游戏。20 世纪 80 年代后期,新加坡 Creative 公司的 SB(Sound Blaster)系列声卡问世,功能大大增强,特别是兼顾了音乐和音效双重处理功能,因而被全世界计算机厂商广泛采用,并逐渐形成标准。早期的声卡采用 ISA 接口总线,由于其低速的数据传输能力,使其成为声卡发展的瓶颈。而 PCI 总线的声卡极大地提升了数据传输的能力,实现了三维音效。2001 年 Intel 公司提出了新一代的总线接口 PCI Express,它逐渐成为目前声卡所采用的主流接口方式。外置式声卡是创新公司独家推出的一个新兴事物,它通过 USB 接口与 PC 连接,具有使用方便、便于移动等优势。

1) 声卡的主要功能

声卡的主要功能包括录制与播放、编辑与合成处理、MIDI 接口等。

(1) 录制与播放。声卡可录制与播放数字化声音文件,实现单声道或立体声道的采样和重放,通常采样频率在 4～44kHz 之间。

(2) 编辑与合成处理。可以用硬件或软件对声音文件进行多种特技效果的处理,包括加入回声、倒放、淡入淡出、往返放音及左右两个声道交叉放音等。可以控制各种声源的音量、混音和数字化处理。声卡中包含功能强大的调频(FM)音乐合成芯片(具有 128 种音色),具有立体声合成功能。

(3) MIDI 接口、光盘驱动器接口和游戏杆端口。可用于外部电子乐器、激光唱片等多种声源输入(麦克和 CD 等)与计算机之间通信,实现对多台带 MIDI 接口的电子乐器的控制和操作。

(4) 实时、动态地处理数字化声音信号。可控制数字与模拟音量的混声器芯片,通过语音合成技术使计算机朗读文本。通过语音识别功能,让用户通过语音指挥计算机等。

(5) D/A 转换。将数字化声音还原为模拟量的自然声送到输出端口,驱动声音还原设备,如耳机、带功放的音箱等。随声卡配置的声卡软件功能也很丰富,有声卡驱动程序、音频播放器、音频处理软件及声音特殊效果软件等。其主要功能包括丰富的声音编辑与合成、文声转换、语音识别及乐曲文件播放与合成等。对数字化声音文件的压缩和解压缩既可以使用固化在声卡硬件上的压缩算法,也可以使用以软件形式提供的程序。

2) 声卡的分类

根据数据转换(采样量化)的位数,声卡一般分为 8 位、16 位、32 位等。位数越高,量化精度越高,音质越好。

根据处理声音通道的数目,声卡可分为单声道、双声道、四声道环绕(4 个发音点:前左、前右、后左、后右)、5.1 声道及 7.1 声道等。

根据是否为单独一块扩展卡,声卡可分为扩展卡型声卡(ISA、PCI 及 PCI-E 声卡)与板载声卡(集成声卡),其中板载声卡又分为硬声卡和软声卡。

2. 声卡的工作原理

声卡是数字音频输入的关键设备,其构造和工作原理复杂,如图 2-3 所示。

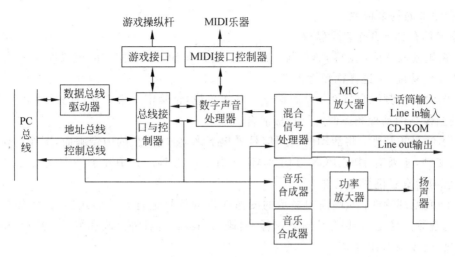

图 2-3　声卡工作原理图

其中数字声音处理器、音乐合成器、MIDI 接口控制器组成了声卡的核心——声音合成与处理部分,其主要任务是音频信号 A/D、D/A 转换及声音的音调、音色和幅度的控制。混合信号处理器是将多个低频声波信号混合成复音,最后经过功率放大器到扬声器输出。声卡通过地址总线、数据总线和控制总线的控制器与主机交换信息。声卡的电路结构体系概括地讲可分为音频输入输出接口、音频处理芯片组和参数设置跳线三大部分。音频处理芯片组是声卡的核心电路,它的功能是对数字化的声音信号进行各种处理。音频处理功能有两种:一是混音,即将多个不同的音频数据流合二为一,再播放出来;二是特殊音效处理,如简单的高低音调调节功能或较复杂的 3D 声响扩展功能。

3. 声卡的性能指标

声卡性能的衡量指标主要有:

(1) 数据转换位数:分为 8 位、16 位、32 位等,MPC 建议采用 16 位以上声卡。

(2) 采样频率:指单位时间对声音信号的采样次数。采样频率越高,声音失真度越小,但产生的数据量越大,建议采用支持 44.1kHz 采样频率的声卡。

(3) 声道数:目前有双声道(2.1)、4 声道(4.1)、5.1 声道、6.1 声道和 7.1 声道。其中".1"是指低音炮,声道数越多,音质效果越好。

(4) 内置混音芯片、数字信号处理器(Digital Signal Processor,DSP):内置混音芯片能完成对各种声音进行混合与调节的工作;数字信号处理器能直接将模拟信号转换成数字信号,能实现各种繁杂的计算、解压缩和编译码,可以提供更好的音质和更高的速度,从而减轻 CPU 的工作负担,提高 MPC 的性能。

(5) MIDI 接口:能实现音乐的数字化输入以扩展 MPC 功能,是衡量声卡的重要指标。

(6) 兼容性:兼容性好的声卡可与各种软件较好地配合工作。

2.2.2　视频卡

视频接口卡是专门用于视频信号实时处理的板卡,即视频信号处理器。视频卡插在主机板的扩展插槽内,通过配套驱动程序和视频处理软件工作,其任务是对来自录像机、摄像机、激光视盘的视频信号进行数字化转换、编辑和处理,最后形成数字化视频文件保存。

1. 视频卡的基本特性

视频卡具有如下几个基本特性：

（1）视频输入特性：支持 PAL 制式、NTSC 制式和 SECAM 制式的模拟视频信号输入，利用驱动程序的功能，可选择视频输入端口。

（2）图像与视频混合特性：以像素点为基本单位，精确定义编辑窗口的尺寸和位置，将各种模式的图像与活动视频图像进行叠加混合。

（3）图像采集特性：将活动的视频信号采集下来，生成静止的图像画面，图像可保存为多种格式的文件，主要有 JPG、PCX、TIF、BMP、GIF、TGA 等。其中除了 GIF 为 256 色图像文件外，其余均为真彩色图像文件。

（4）画面处理特性：对画面中显示的图像或视频信号进行多种形式的处理，如按比例进行缩放、对视频图像定格、保存或调入图像、对画面内容进行各种修改和编辑，也可调整图像色调、饱和度、亮度及对比度等。

2. 视频卡的类型及其功能

视频卡由于需求与性能的不同，其分类标准各异。

（1）按照视频信号源的编码方式，可分为数字采集卡（使用数字接口）和模拟采集卡。

（2）按照安装连接方式，可分为外置采集卡（盒）和内置式板卡。

（3）按照视频压缩方式，可分为软压卡（消耗 CPU 资源）和硬压卡（自带处理功能）。

（4）按照视频信号输入输出接口，可分为 1394 采集卡、USB 采集卡、HDMI 采集卡、VGA 视频采集卡、PCI 视频卡、PCI-E 视频采集卡等。

（5）按照其性能作用，可分为电视卡、图像采集卡、DV 采集卡、计算机视频卡、监控采集卡、多屏卡、流媒体采集卡、分量采集卡、高清采集卡、笔记本采集卡、DVR 卡、VCD 卡、视频转换卡、非线性编辑卡等。

（6）按照其用途，可分为广播级视频采集卡、专业级视频采集卡、民用级视频采集卡。它们档次的高低主要是采集图像的质量和压缩算法及编码的不同。

广播级视频采集卡的最高采集分辨率一般为 768×576（均方根值）/720×576（CCIR-601 值）PAL 制 25 帧/秒，或 640×480/720×480 NTSC 制 30 帧/秒，最小压缩比一般在 4∶1 以内。这一类产品的特点是采集的图像分辨率高，视频信噪比高；缺点是视频文件庞大，每分钟数据量至少为 200MB。

专业级视频采集卡的性能比广播级视频采集卡的性能稍微低一些，它们的分辨率是相同的，但前者的压缩比稍微大一些。

民用级视频采集卡的动态分辨率一般最大为 384×288，PAL 制 25 帧/秒。

大多数视频卡具有多种功能，例如视频采集卡可将静态、动态图像采集功能集一体，也可以将硬压缩与软压缩结合在一起。

选择视频卡需要注意以下几方面的问题：

（1）视频卡的输入输出信号模式。为追求较高图像品质，一般采用 NTSC 制式。

（2）画面分辨率。应与电视画面扫描线接近，多采用 640×480 或 800×600 分辨率。

（3）色彩模式。图像色彩数量与视频卡的帧缓冲存储（Video RAM，VRAM）容量有关，容量大、彩色数量多、失真少，才能使图像画质高。

（4）支持的图像文件格式。视频卡支持的图像文件格式越多，适用性越强。

（5）采集及压缩的效率及质量。在实际购买中，通常选择压缩速度快、压缩比大、图像压缩质量好的视频卡。

3. 视频卡的工作原理

视频卡是视频处理技术的硬件实现。MPC 视频芯片分为两类：一类是专用固定功能芯片，主要围绕数据压缩标准 JPEG、MPEG 等开发的；另一类是可编程多媒体处理器，如 Intel750、TMS320 等系列高效可编程的多媒体处理器。视频采集卡原理结构如图 2-4 所示。

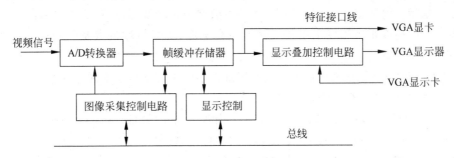

图 2-4 视频采集卡原理结构

可以看出，视频采集卡主要由 A/D 转换器、帧缓冲存储器、显示叠加控制电路、图像采集控制电路与显示控制几部分组成。对于采集卡的硬件电路，使用时应注意的接口有：

(1) MONITOR OUT：显示卡信号输出信号接口，用于连接显示器。
(2) 显示卡输入接口：分别连接显示卡和复合视频输入信号源（如摄像机等）。
(3) 视频信号源输入接口：用于连接盒式录像机等输出端口的视频信号源。
(4) 显卡特征连线接口：通过相应信号电缆与显示卡特征插头相连。
(5) 跳线设置：用于参数的设置，以避免与主机的其他板卡发生冲突。

2.2.3 显示卡

显示卡是工作在 CPU 和显示器之间的显示适配器（Display Adapter）的简称。通常显示卡是以附加独立卡的形式安装在计算机主板的扩展槽中，或集成在主板上。与集成在主板上的显示卡相比，独立显示卡性能优越、工作稳定。

1. 显示卡的作用、工作原理与组成

显示卡的主要作用是执行图形函数，对图形函数进行加速和控制计算机的图形输出，其工作原理如图 2-5 所示。

在早期的计算机中，CPU 和标准的 EGA 或 VGA 显示卡及帧缓存（用于存储图像）就可以对大多数图像进行处理，但它们只起到一种传递作用，用户所看到的内容由 CPU 提供。这对早期操作系统环境（如 DOS）及文本文件的显示是足够的，但对复杂图形和高质量的图像进行处理就显得不够了，特别是在 Windows 操作环境下，CPU 已无法对众多的图形函数进行处理，而采用图形加速卡是行之有效的解决方法。图形加速卡拥有自己的图形函数加速器和显存，专门用来执行图形加速任务，从而大大减少 CPU 所必须处理的图形函数。这样 CPU 就可以执行其他更多的任务，进而提

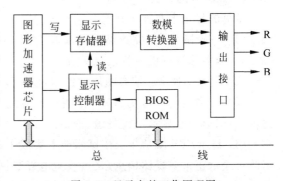

图 2-5 显示卡的工作原理图

高计算机整体性能。

显示卡通常由4部分组成：

(1) ROM(BIOS)芯片：存储固化的只读驱动程序，显示卡的特征参数、基本操作保存在其中。驱动程序对于显卡来说是极其重要的，它指挥芯片集对每个绘图函数进行加速。

(2) RAM显存(也称为帧缓存)：用来存储显示芯片(组)所处理的数据信息。当显示芯片处理完数据后会将数据输送到显存中，然后由数字模拟转换器(RAMDAC)将信号输出到显示屏。显示卡的速度很大程度上受所使用的显存速度、数据传输带宽及BIOS中驱动程序的影响。数据传输带宽是指显存一次可以读入的数据量，它决定着显示卡是否可以支持更高的分辨率、更大的色深和合理的刷新率。显存容量大小则决定了显示卡颜色数量和分辨率，高档MPC显存容量甚至超过了2GB。

(3) 控制电路芯片集：控制显示状态、进行显示指令的处理。芯片集可以通过其数据传输带宽来划分，目前的芯片多为64位或128位，而早期的显卡芯片为32位或16位。更多的带宽可以使芯片在一个时钟周期中处理更多的信息。但是128位芯片不一定就比64位芯片快两倍，更大的带宽带来的是更高的解析度和色深。

(4) 信号输出端：要显示的数字信号从帧缓存中送入RAMDAC，将数字信号转换为模拟信号输出到显示器，并提供能够达到的刷新频率和图像质量等控制信号。刷新频率是指RAMDAC向显示器传送信号，使其每秒重绘屏幕的次数，它的标准单位是Hz。有两个方面影响刷新率：一是显卡每秒可以产生的图像数目；二是显示器每秒能够接收并显示的图像数目。刷新频率有56Hz、60Hz、……、120Hz等数个档次。过低的刷新率会使用户感到屏幕严重的闪烁，使眼睛感到疲劳，所以刷新率应该大于72Hz。要求屏幕上的图像质量好，就要增大显卡所要处理的数据量，而随之带来的是速度的降低或是屏幕刷新率的降低。

2．显示卡的显示模式与接口

显示卡的接口是连接显示卡和CPU的通道。按照图像显示模式，目前的显示卡可分为4类，即VL模式、PCI模式、AGP模式及PCI-E模式。其中，PCI模式显卡以PCI总线速度的一半工作。AGP模式显示速度快，是Intel公司在1996年提出的、为提高显示卡整体性能及与计算机系统数据传输率而设计的一种接口标准。PCI Express是Intel公司在2001年推出的用于取代AGP接口的一种接口标准，其上、下行传输速率均能达到4GB/s，采用点对点串行连接的PCI-E总线规格，包括X1、X4、X8及X16几种标准。PCI Express接口双向数据传输带宽达8GB/s之多，远远超过AGP 8X的2.1GB/s的带宽。PCI-E相比AGP而言最大的优势就是数据传输速率，目前PCI-E显卡已基本普及。

3．显示卡的分类

常见的显示卡有如下几类：

(1) 一般显示卡：完成显示的基本功能，其性能由品牌、工艺质量、显存容量等若干因素确定，目前多为计算机主板系统集成。

(2) 图形加速：带有图形加速器，显示复杂图像、三维图像等，多为独立显示卡。

(3) 3D图形卡：专为带有3D图形的应用(如高档游戏)而开发的显示卡，三维坐标变换速度快，图形动态显示反应灵敏、清晰。

(4) 显示/TV集成卡：在显示卡上集成了TV电视高频头和视频处理电路，使用该显示卡既可显示正常多媒体信息，又可收看电视节目。

(5) 显示/视频输出集成卡：显示卡上集成了视频输出电路，在把信号送到显示器显示正常信号的同时,还可以把信号转换为视频信号,送到视频输出端子,供电视、录像机接收、录制和播放。

4. GPU

图形处理器(Graphic Processing Unit,GPU)是相对于 CPU 的一个概念,由于在现代计算机中图形的处理变得越来越重要,因此需要一个专门的图形核心处理器。简单地说,GPU 就是能够从硬件上支持 T&L(Transform and Lighting,多边形转换与光源处理)的显示芯片,T&L 是 3D 渲染中的一个重要部分,其作用是计算多边形的 3D 位置和处理动态光线效果,即"几何处理"。以往的 2D 显示芯片在处理 3D 图像和特效时主要依赖 CPU 的处理能力,称为"软加速",这样极大地损耗了 CPU 性能,降低了计算机的整体效率。而 GPU 是将三维图像和特效处理功能集中在显示芯片内,即所谓的"硬件加速",使得 CPU 数据处理和图像显示数据处理分开,让显示卡减少了对 CPU 的依赖,有效地提高了图像的处理速度。

2.3 MPC 常用 I/O 设备

2.3.1 MPC 输入设备

针对多媒体应用设计的需要,用 MPC 进行多媒体制作时常用的输入设备包括图像扫描仪、数码相机、数字摄像机、触摸屏及语音输入设备等。

1. 图像扫描仪

1) 图像扫描仪简介

扫描仪(Scanner)是一种可将静态图像输入到计算机的图像采集设备,由上盖、原稿台、光学成像部分、光电转换部分、机械传动部分及电子逻辑部件组成。扫描仪内部具有一套光电转换系统,可把各种图片信息转换成计算机图像数据,并传送给计算机,再由计算机进行图像处理、编辑、存储、打印输出或传送给其他设备。如配上文字识别(OCR)软件,用扫描仪可快速方便地把各种文稿录入计算机内,从而提高计算机的文字录入速度。扫描仪种类很多,若按基本构造和操作方式可分为平板式、台式、手持式、立式、多功能式和滚筒式;按色彩方式分为灰度扫描仪(扫描黑白图像)和彩色扫描仪(扫描彩色图像);按扫描原理还可分为反射式和透射式等。扫描仪与 MPC 的接口形式一般有 EPP、SCSI、USB 及 IEEE 1394 等。

2) 扫描仪的主要性能指标

(1) 扫描分辨率。以每英寸扫描像素点数(dpi)表示,分辨率越高,图像越清晰。

(2) 扫描灰度和色彩精度。扫描灰度是指图像亮度层次范围。级数越多图像层次越丰富,目前扫描仪可达 256 级灰度。色彩精度是指彩色扫描仪支持的色彩范围,用像素的数据位表示。例如,经常提到的真彩色是指每个像素以 24 位表示,可产生超过 16M 种颜色。

(3) 扫描速度及幅面。扫描速度是指在指定的分辨率和图像尺寸下的扫描时间,时间越短越好。扫描仪支持的幅面大小有 A4、A3、A1、A0 等多种。其中 A1 和 A0 幅面的扫描仪主要用于大幅面工程图纸的输入,大都采用了滚筒式走纸结构。

(4) 内置图像处理能力。不同扫描仪内置图像处理能力不同。内置图像处理能力主要体现在对色彩偏差补偿和校正、亮度调整、优化扫描等功能上。高档扫描仪内置图像处理能力很强,一般无须人为干预。

(5) 缓存。用来暂存扫描仪所扫描的图像数据,是影响扫描速度的重要指标。目前普通扫描仪的高速缓存为512KB,高档扫描仪的高速缓存可达2MB甚至更高。

2. 三维扫描仪

三维扫描仪(3D Scanner)是一种科学仪器,用来侦测并分析现实世界中物体或环境的形状(几何构造)与外观数据(如颜色、表面反照率等性质)。搜集到的数据常被用来进行三维重建计算,在虚拟世界中创建实际物体的数字模型,在工业设计、医学信息、生物信息等领域具有相当广泛的用途。三维扫描仪分为接触式和非接触式两类,非接触式又分为光栅三维扫描仪(也称为拍照式三维扫描仪)和激光扫描仪,光栅三维扫描又分为白光扫描和蓝光扫描等,激光扫描仪又有点激光、线激光和面激光的区别。

3. 数码相机

1) 数码相机简介

数字照相机简称数码相机,它可简单分为单反相机、卡片相机、长焦相机和家用相机。使用数码相机时,只要对着被摄物体按动快门按钮,图像便会被分成红、绿、蓝三种光线,然后投影在电耦合器件上并将光信号转为电信号,再经过模数转换,图像的数字信号就存在存储器中。根据制造工艺的不同,目前数码成像系统的核心部件有两种,分别为CCD(Charge Coupled Device,电荷耦合组件)和CMOS(Complementary Metal-Oxide Semiconductor,附加金属氧化物半导体组件)。

2) 数码相机的性能指标

数码相机的性能指标可分为两部分:一部分指标是数码相机特有的;而另一部分指标则与传统相机的指标类似,如镜头形式、快门速度、光圈大小及闪光灯工作模式等。下面简单介绍数码相机特有的性能指标。

(1) CCD/CMOS像素数量。像素数量越多,图像清晰度越高,色彩越丰富。目前数码相机的CCD/CMOS像素数量一般都在1000万像素以上。

(2) CCD/CMOS尺寸。是指感光器件的面积大小,面积越大,捕获的光子越多,感光性能越好,信噪比越低,成像效果越好。消费级数码相机主要有2/3英寸、1/1.8英寸、1/2.7英寸和1/3.2英寸4种。

(3) 光学镜头的规格和性能。该指标主要有焦距、变焦范围、调焦方式及光圈范围等。对于数码相机来说,变焦范围有两种:一种是光学变焦,另一种是数码变焦。光学变焦其实是真实的变焦结果,它依靠光学镜头结构来实现变焦,在变化焦距时相机镜头会在相机体内伸缩,以获得最好的拍摄效果。光学变焦倍数越大,能拍摄的景物就越远。数码变焦实际上是画面的电子放大,即把原来CCD/CMOS影像感应器上的一部分像素使用"插值"处理的手段做放大。通过数码变焦,虽然拍摄的景物放大了,但是它的清晰度会有一定程度的下降,而且变焦倍数越大,清晰度越低,所以数码变焦并没有太大的实际意义。

(4) 内部结构及取景方式。根据相机内部结构及取景方式是否失真可分为两种:一种为数码单反相机;另一种就是通常意义上所说的数码相机。数码单反是指光线透过镜头到达反光镜后,折射到上面的对焦屏并形成影像,透过接目镜和五棱镜,可以在观景窗中看到外面的景物。拍摄时,当按下快门钮,反光镜便会往上弹起,感光元件(CCD或CMOS)前面的快门幕帘便同时打开,通过镜头的光线便投影到感光元件上感光,然后反光镜便立即恢复原状,观景窗中可以再次看到影像。单镜头反光相机的这种构造确定了它是完全透过镜头对焦拍摄的,它能使观景窗中所看到的影像和感光器件上永远一样,取景范围和实际拍摄范围基本上一致,消除了旁轴平视取景照相机的视差现象。而一般数码相机只能通过LCD屏或者电子取景器

(EVF)看到所拍摄的影像。显然,直接看到的影像比通过处理看到的影像更利于拍摄,因此数码单反所拍摄的速度更快,成像质量更高。

(5) 照片分辨率和拍摄数量。分辨率是数码相机最重要的性能指标。数码相机的工作原理虽然与扫描仪类似,但其分辨率的衡量标准却与扫描仪不同。扫描仪的分辨率标准与打印机类似,使用 DPI(Dot Per Inch,每英寸点数)作为衡量标准,而数码相机的分辨率标准却与显示器类似,使用图像的绝对像素数进行衡量。通常以 VGA 显示分辨率(640×480)和 XGA 显示分辨率(1024×768)作为两个界限,将数码相机加以分类。

相机的分辨率还直接反映打印出的照片大小。分辨率越高,在同样的输出质量下可打印的照片尺寸越大。VGA 级分辨率可打印的尺寸约为 3×5 英寸,而 XGA 分辨率可打印 5×7 英寸的照片。如打印尺寸超过这一范围,图像质量会下降。与分辨率有关的另一个功能是能否提供不同的分辨率,并在不同的分辨率间切换。

(6) 存储卡类型和容量。在数码相机中感光与保存图像信息是由两个部件来完成的。虽然这两个部件都可反复使用,但在一个拍摄周期内,相机可保存的数据却是有限制的,因此数码相机内存的容量及是否具有扩充功能就成为重要的指标。

(7) 数据记录类型。是指数码相机以什么格式的图像文件存储。一般数码相机采用 JPEG 格式,专业数码相机既可采用 JPEG 格式,又可采用 TIFF 格式。

(8) 数据输出方式。是指数码相机提供的数据输出接口。一般来说,数码相机提供的输出接口支持的种类越多越好。

另外,能否连续拍摄、有无液晶显示屏也是选择数码相机时要考虑的指标。彩色液晶显示屏类型的区别主要是尺寸和像素数量的不同。

4. 数字摄像机

1) 数字摄像机简介

数字摄像机即通常所说的 DV(Digital Video),与传统的摄像机不同,它的图像处理及信号的记录全部使用数字信号记录在磁带上,而非模拟信号。数字摄像机在摄取图像信号时经 CCD 或者 CMOS 转化为电信号后,立即经电路进行数字化,这样在记录到磁带之前的所有处理全部为数字处理,最终将处理完的数字信号直接记录到磁带上。与数码相机类似,数字摄录机也可以与计算机或数字电信网直接相连,将影音数据输入计算机或通过电信网传送。它还可以与彩色打印机相连,按帧打印出静止画面。

2) 数字摄像机的分类

按照不同的分类标准,数字摄像机可分为不同的类型。

按使用用途分类:广播级、专业级与民用级数字摄像机。

按存储方式分类:磁带式、光盘式、硬盘式与存储卡式数字摄像机。

按感光器件分类:CCD 与 CMOS 数字摄像机。

3) 数字摄像机的性能指标

(1) 摄像机灵敏度。它是在标准摄像状态下,摄像机光圈的数值。标准摄像状态指的是,灵敏度开关设置在 0 位置,2000 勒克司①的照度,标准白光(碘钨灯)的照明条件。通常灵敏度可达到 F11.0,新型优良的摄像机灵敏度可达到 F12 以上。

(2) 水平分解力。其分解力又称为清晰度,含义是在水平宽度为图像屏幕高度的范围内

---

① 照度(illuminance)单位,1 流明(lumen)的光通量(luminous flux)均匀照在 1 平方米表面上产生的照度。

可以分辨多少根垂直黑白线条的数目。例如,水平分解力为850线,其含义是在水平方向,在图像的中心区域可以分辨的最高能力是相邻距离为屏幕高度的1/850的垂直黑白线条。

(3) 信噪比。表示在图像信号中包含噪声成分的指标。在显示的图像中,表现为不规则的闪烁细点。噪声颗粒越小越好。信噪比的数值以分贝(dB)表示。

(4) CCD的规格、尺寸及数量。目前,CCD主要有IT CCD(行间转移)、FT CCD(帧转移)、FIT CCD(帧行间转移)、M-FIT CCD(多通道,帧行间转移)及Power HAD CCD(空穴积累二极管)几种类型。

CCD的大小与摄像效果有着非常密切的关系。大尺寸CCD在低照度下表现得比较好,图像的感光越大,像素数越多,图像细节越丰富,画面更清晰明亮。

CCD的片数越多清晰度越高,一般的民用数字摄像机只有一片CCD,专业级、广播级数字摄像机多采用三片CCD,即三棱镜将摄入镜头的光源分为三原色(红、绿、蓝),将它们输进不同的CCD,由于每一个CCD都有一个很大的光线采集区域,因此形成图像的颜色比单片准确程度要高,色彩还原要好。

(5) 镜头、数/模转换比特数、压缩比和最低照度等都是衡量数字摄像机的重要指标。

5. 数字摄像头

随着计算机的普及和网络带宽的提高,数字摄像头成为MPC的重要配件。数字摄像头和数字摄像机类似,所不同的是它不能提供存储功能,而是通过USB接口与计算机相连,直接将影像资料传入计算机,经常用在网络视频、拍摄图像及实时监控等方面。

6. 触摸屏

1) 触摸屏简介

触摸屏是指点式输入设备。触摸屏作为一种新型计算机输入设备,是目前最简单、方便、自然的一种人机交互方式,赋予了多媒体崭新的面貌。

从技术原理来区别触摸屏可分为以下5个基本种类:

(1) 红外线触摸屏。利用红外线传感技术的触摸屏,在屏幕周边成对安装红外线发射器和接收器,构造红外线矩阵。其清晰度高、不易磨损,但触摸次数受传感器制约,分辨率低,且要避强光使用。

(2) 电容触摸屏。利用人体可改变电容量的原理,使用电容传感器的触摸屏。即用透明的金属层涂在玻璃板上,当手指触摸时产生电容的变化,使与之相连的振荡器频率也发生变化,从而确定位置,获得信息。触摸屏触摸次数可达两千万次,但怕硬性碰撞和金属导体靠近,抗干扰性差,清晰度一般。

(3) 电阻触摸屏。用两层高透明的导电层(电阻膜传感器)组成触摸屏,手指按在触摸屏上,引起电阻变化,在X和Y两个方向产生的信号送到控制器中。这种触摸屏对环境要求不太苛刻,触摸次数达百万次,不需要日常维护,但怕锐器碰撞、刮,不能用有腐蚀性的液体擦拭,清晰度一般。

(4) 表面声波触摸屏。由声波传感器和反射器及接收器构成。由声波发生器发出声波在触摸屏传递,经反射器传递给接收器,通过声波的频率特性识别坐标,转换成电信号送到主机。这种触摸屏性能稳定,受外界干扰小,清晰度高,触摸次数达5千万次,效果比较好,目前应用比较广泛。

(5) 矢量压力触摸屏。通过对矢量压力敏感的传感器进行检测。这是一种全方位检测触摸屏,可检测触摸点在空间的各项参数。目前能感受压力大小的触摸屏并不多见,这种触摸屏分辨率较低。

2) 触摸屏的主要性能指标

(1) 清晰度。指屏幕图像各细部影纹及其边界的清晰程度,清晰度越高越好。

(2) 分辨率。表面声波触摸屏分辨率最高,可达 4096×4096,分辨率越高越好。

(3) 色彩失真。屏幕上模拟再现的色彩与物体色彩不一致的现象,色彩失真越小越好。

(4) 反应速度。反应速度越快越好,红外线式为 50～300ms,表面声波式仅为 10ms。

(5) 感应力度。是指触摸屏在手指触摸下是否可以感应到并正确反应的范围,只要力度在这个范围之内,触摸屏都可以正常感应和工作。

(6) 定位精度。触摸屏是绝对坐标系统,每次触摸的数据通过校准转为屏幕上的坐标,这就要求触摸屏这套坐标系统不管在什么情况下,同一点的输出数据是稳定的,如果不稳定,那么触摸屏就不能保证绝对坐标定位的精确。

(7) 抗干扰性。是指抗击外界的电磁信号及电流变化等原因的能力。

另外,触摸屏的触摸次数及易磨损性也是影响触摸屏使用的重要的性能指标。触摸屏能否正常使用,其安装和调试很重要,不仅要按使用说明正确安装,还要对新安装的触摸屏进行硬校准和软校准。硬校准是对硬件装置本身附带的校准驱动程序,定义其标准工作模式;软校准是通过交互方式定义显示器的有效显示区域的大小和位置。

7. 麦克风

麦克风又名传声器或者话筒,是 MPC 的语音输入设备。一般声卡不带麦克风,要制作多媒体音响节目需配备麦克风。

1) 麦克风的分类标准及类型

(1) 按换能原理分为电动式(动圈、铝带式)、电容式(直流极化式)、压电式(晶体式、陶瓷式)、电磁式、碳粒式及半导体式等。

(2) 按声场作用力分为压强式、压差式、组合式及线列式等。

(3) 按电信号的传输方式分为有线和无线。

(4) 按用途分为测量话筒、人声话筒、乐器话筒及录音话筒等。

(5) 按指向性分为心形、锐心形、超心形、双向(8 字形)及无指向(全向性)。

此外,还有驻极体和最近新兴的硅微传声器、液体传声器和激光传声器等。动圈传声器音质较好,但体积庞大。驻极体传声器体积小巧,成本低廉,在电话、手机等设备中广泛使用。硅微麦克风基于 CMOS MEMS 技术,体积更小。其一致性将比驻极体电容器麦克风的一致性好 4 倍以上,所以 MEMS 麦克风特别适合高性价比的麦克风阵列应用,其中匹配的更好的麦克风将改进声波形成并降低噪声。

2) 麦克风的主要性能指标

(1) 灵敏度。在 1kHz 的频率下,0.1Pa 规定声压从话筒正面 0°主轴上输入时,话筒的输出端开路输出电压,单位为 10mV/Pa。灵敏度与输出阻抗有关。有时以分贝表示,并规定 10V/Pa 为 0dB。因话筒输出一般为毫伏级,所以其灵敏度的分贝值始终为负值。

(2) 频响特性。话筒 0°主轴上灵敏度随频率而变化的特性。要求有合适的频响范围,且该范围内的特性曲线要尽量平滑,以改善音质和抑制声反馈。同样的声压,而频率不同的声音施加在话筒上时的灵敏度就不一样,频响特性通常用通频带范围内的灵敏度相差的分贝数来表示。通频带范围越宽,相差的分贝数越少,表示话筒的频响特性越好,也就是话筒的频率失真小。

(3) 指向性。话筒对于不同方向来的声音灵敏度会有所不同,这称为话筒的方向性。方向性与频率有关,频率越高则指向性越强。为了保证音质,要求传声器在频响范围内应有比较一致的方向性。方向性用传声器正面0°方向和背面180°方向上灵敏度的差值来表示,差值大于15dB者称为强方向性话筒。产品说明书上常常给出主要频率的方向极坐标响应曲线图案,一般的类型有单方向性"心形"、双方向性"8字形"、无方向性"圆形"和单指向性"超心形"。

话筒灵敏度的方向性是选择话筒的一项重要因素。有的话筒是单方向性的,有的则是全方向性,也有一些是介于两者之间,其方向性是心形的。全方向性话筒从各个方向拾取声音的性能一致,当说话者要来回走动时采用此类话筒较为合适,但在环境噪声大的条件下不宜采用;心形指向话筒的灵敏度在水平方向呈心脏形,正面灵敏度最大,侧面稍小,背面最小,这种话筒在多种扩音系统中都有优秀的表现;单指向性话筒又称为超心形指向性话筒,它的指向性比心形话筒更尖锐,正面灵敏度极高,其他方向灵敏度急剧衰减,特别适用于高噪音的环境。

(4) 输出阻抗。从话筒的引线两端看进去的话筒本身的阻抗称为输出阻抗。目前常见的话筒有高阻抗与低阻抗之分。高阻抗的数值约为1000~20 000Ω,它可直接和放大器相接;而低阻抗型为50~1000Ω,要经过变压器匹配后才能和放大器相接。高阻抗的输出电压略高,但引线电容所起的旁路作用较大,使高频下降,同时也易受外界的电磁场干扰,所以话筒引线不宜太长,一般以10~20m为宜。低阻抗输出无此缺陷,所以噪音水平较低,传声器引线可相应的加长,有的扩音设备所带的低阻抗传声器引线可达100m。如果距离更长,就应加前级放大器。

3) 麦克风的应用

语音输入是最简单、自然、直接的输入方法,对于麦克风输入信号通常有两种处理方式:一种是直接将输入的声音转换成数字信号记录并保存,并不关心其具体的内容含义,这种方式简单,主要的技术衡量指标就是信号的保真度;另一种则是语音识别,这也是多媒体技术发展的一个重要方向。语音输入识别系统由话筒、模数转换等预处理硬件及语音识别程序构成,其核心是语音识别。语音识别的基本原理是模式匹配。为此,要建立丰富的信号样本库,将输入的语音与样本比较,满足匹配,给予识别,其目标是实现计算机对自然语言的正确识别和准确理解,最终实现真正的人机会话。

8. 其他输入设备

1) 中文联机手写输入板

手写板通常是使用一只专门的笔,或者用手指在特定的区域内书写文字,通过各种方法将笔或者手指走过的轨迹记录下来,然后识别为文字。已有的品牌有清华同方、紫光和汉王等。手写输入技术的关键是汉字手写体的识别方法和输入板的技术原理。

2) 跟踪球

跟踪球(Track Balls)是用以操纵显示屏上光标移动的设备,包含用手自由推动的球和两个对应于x方向及y方向的轴角编码器。跟踪球转动时送出相应的x方向与y方向的编码,控制屏幕上光标随球的移动方向移动,与鼠标功能相仿,主要配置在便携机上。

3) 光笔

光笔也是一种指点输入设备。光笔结构简单、价格低廉、响应速度快、操作简便,常用于交互式计算机图形系统中,利用光笔能直接在显示屏幕上对所显示的图形进行选择或修改。光笔指点要比手指精度高,光笔外形似钢笔,一端装有光敏器件,另一端用导线连到计算机上。当光敏端笔尖接触屏幕时,产生光电信号经计算机处理识别位置并进行操作。通常光笔有三种用途:

(1) 利用光笔可以完成作图、改图、使图形旋转、移位放大等多种复杂功能,这在工程设计中非常有用。

(2) 进行"菜单"选择,构成人机交互接口。

(3) 辅助编辑程序,实现编辑功能。在计算机辅助出版等系统中,光笔是重要的输入设备。

4) 游戏操作杆

游戏操作杆是用于控制游戏程序运行的一种输入设备,只有操作方向和简单的几个按钮,其结构是在一个小盒上伸出一个万向头样的小棒,其倾斜度控制盒内两个电位器,从而操纵光标在 X 坐标和 Y 坐标移动。

5) 光学识别系统

光学识别系统是可以直接阅读字符、标记和文字的扫描输入设备。常用的有条形码设备、光学标记识别设备、光学字符识别设备及手写体文字识别设备。

(1) 条形码设备。

条码识别技术是集光电技术、通信技术、计算机技术和印刷技术为一体的自动识别技术。条码识别设备广泛应用于金融、商业、外贸、海关和医院等领域。

条码由一组宽度不同、平行相邻的黑条和白条,按照规定的编码规则组合起来,用来表示某种数据的符号,这些数据可以是数字、字母或某些符号。条码是人们为了自动识别和采集数据,人为制造的中间符号,以供机器识别,从而提高数据采集的速度和准确度。条形码中的黑条代表 1,白条代表 0,它们可以通过光来识别。当一束光扫过条形码时,只有白条会将光反射回来,反射的光用光探测器来接收,当探测器探测到反射光时就产生电脉冲,这样就把黑白条形码转换成为以二进制表示的电脉冲。阅读条码符号所包含的信息,需要一个扫描装置和译码装置,即条码阅读器。当扫描器扫描条码符号时,根据光的反射原理和光电转换原理,黑条和白条的宽度就变成了电信号,由译码器译出,转换成计算机可读的数据。条码阅读器中扫描器的性能由以下两个指标来衡量:

- 分辨率:指分辨条码符号中最窄元素的宽度,分辨率大小取决于光学系统的聚焦能力。
- 扫描景深:指扫描器可有效识别条码符号的距离范围。

(2) 光学标记识别设备。

光学标记识别设备(Optical-Mark Recognition,OMR)是一种集光、机、电于一体的专用计算机输入设备,它能快速识别信息卡上的涂写内容,并传入计算机中处理。如常见的英语标准化考试试卷,用铅笔将圆圈或条块标记涂黑,答卷经光学标记识别设备扫描输入计算机处理。

(3) 光学字符识别设备。

光学字符识别设备(Optical Character Recognition,OCR)主要对扫描输入的文字(英文及汉字)进行阅读和识别。OCR 系统涉及图像处理、模式识别、人工智能、认知心理学等许多领域。其识别文字的具体过程为:

① 影像输入:通过扫描仪将文字资料以图片的形式扫入计算机并进行保存。

② 影像前处理:将扫入计算机的图片进行影像正规化、去除噪声、影像矫正等影像处理,以及图文分析、文字行与字分离的文件前处理等。

③ 文字特征抽取:是指对第②步中得到的结果进行适当变换,以突出文字具有代表性特征,从而为文字的识别做准备。特征是识别的筹码,可简易地分为两类:

- 统计的特征:如文字区域内的黑/白点数比,当文字区分成几个区域时,这一个个黑/白区域点数比的联合就成了空间的一个数值向量。在比对时,利用基本的数学理论就能解决。
- 结构的特征:如文字影像细线化后,取得字的笔划端点、交叉点的数量及位置,或以笔划段为特征,配合特殊的比对方法进行比对。目前市场上手写输入软件的识别方法多以此方法为主。

④ 对比识别:当输入文字算完特征后,不管是用统计还是结构的特征,都需要与比对数据库或特征数据库进行比对。数据库的内容应包含所有要识别的字集文字,根据与输入文字一样的特征抽取方法所得的特征群组,进而将图像文字转换成文本文字。

⑤ 人工校正:由于印刷质量或者扫描软件的数据库及扫描采用的特征抽取方式的不同,可能会造成扫描结果的错误,因此还需要人工对比原图进行校对。

⑥ 结果输出。通常 OCR 所识别的文字都保存成去掉格式的.txt 文件。

6) IC 卡设备

IC 卡(Integrated Circuit Card,集成电路卡)又称为 Smart Card,它是先将 IC 封装成 Module,然后嵌入到 PVC 等类型的塑料或其他材料中而制成的卡片。由于其用途和功能的不同,使得 IC 卡种类繁多。

(1) 根据其与外部通信方式可分为:

- 接触式 IC 卡:通过触点与外界实现电气接触进行数据交换,如电话 IC 卡等。
- 射频 IC 卡:通过卡内的线圈与外界进行射频通信实现数据交换,如公交 IC 卡等。

(2) 按其组成结构及功能可分为:

- 存储卡:由一个或多个集成电路组成,且具有记忆功能。
- 智能卡:由一个或多个集成电路芯片组成,具有微电脑和存储器,并封装成便于人们携带的卡片。智能卡芯片具有暂时或永久的数据存储能力,其内容可供外部读取,或供内部处理和判断之用,其芯片内还具有逻辑处理功能。
- 超级智能卡:具有自己的键盘、液晶显示器和电源,实际上是一台卡式计算机。

IC 卡是硬件与软件技术高度结合,它的制造技术比磁卡要复杂得多。

2.3.2 MPC 输出设备

输出是把计算机处理的数据转换成用户需要的形式,与输入相比,输出的自动化程度更高。输出设备可分成 5 大类:显示输出、打印机、绘图机、影像输出和语音输出。其中显示器是计算机的基本配置。

1. 显示输出

显示系统包含图形显示适配器(显卡)和显示器(Monitors)两大部分,只有将两者有机地结合起来才能获得良好的显示效果。目前阴极射线管 CRT 显示器已逐步退出市场,而液晶显示器、等离子体显示器等逐渐成为市场的主流产品。

1) CRT 显示器

(1) CRT 显示器简介。

CRT(Cathode Ray Tube,阴极射线管)俗称"显像管",是重要的计算机输出显示设备,或在图像信息系统中用作电视监视器。

CRT 显示器根据显像管的工作机制可分为存储型、随机扫描型及光栅扫描型。光栅扫描型用于家用电视机,而计算机用 CRT 显示器目前大多为随机扫描型。随机扫描型彩色 CRT 一般由电子枪、阳极板、荧光体等构成。从扫描频率的角度看,CRT 显示器主要有固定扫描频率和可变扫描频率两种。20 世纪 80 年代以前生产的 CGA、EGA、VGA 等显示卡配置的显示器都是固定频率,即一个显示器只有一种扫描频率。目前 MPC 配置的 CRT 显示器大多具有多频同步能力,可连接普通的 VGA 和高分辨率的 SVGA、TVGA 等显示适配器,显示器的扫描频率与显示适配器自动同步,特别是带有 GUI 硬件加速器的显示卡可提供更高的显示性能。CRT 显示器屏幕经历了球面、柱面、平面直角及纯平几个类型的发展阶段,从扫描方式上可分为隔行和逐行两种。在色彩还原、亮度调节、控制方式、扫描速度及清晰度等方面,CRT 显示器已经发展得非常成熟。

(2) CRT 显示器的性能指标。

① 屏幕的类型和尺寸:CRT 显示器分为球面显像管和纯平显像管两种。所谓球面是指显像管的断面就是一个球面,这种显像管在水平和垂直方向都是弯曲的。而纯平显像管无论在水平还是垂直方向都是完全的平面,失真会比球面管小一点。常见的 CRT 显示器尺寸有 12、14、17、19 英寸不等。

② 点距:点距是同一像素中两个颜色相近的磷光体间的距离。点距越小,显示出来的图像越细腻。点距指标有 0.39mm、0.33mm、0.31mm、0.28mm、0.26mm、0.25mm、0.23mm 等多种。如今大多数采用 0.25mm 的点距。

③ 扫描频率:扫描频率有水平扫描频率和垂直刷新频率。水平扫描频率是指电子束逐点横向扫描频率,垂直刷新频率是指整个屏幕重写的频率,均以 Hz 为单位。刷新频率越低,图像闪烁和抖动越厉害。70Hz 的刷新频率是显示器稳定工作时的最低要求。

④ 带宽:带宽决定一台显示器可以处理的信息范围,即指特定电子装置能处理的频率范围。每种分辨率都对应着一个最小可接受的带宽值,如果带宽小于该值,显示出来的图像会因损失和失真而模糊不清。

⑤ 显示分辨率:显示分辨率指的是在屏幕上所显现出来的像素数目,它由水平行的像素点数和垂直行的像素点数两部分来计算。例如,显示分辨率为 800×600 的图像由 800 个水平点和 600 个垂直点组成。常见的 MPC 显示器分辨率有 640×480、800×600、1024×768、1280×1024、1600×1200 或更高。显示分辨率与显示卡的显存容量有关。

⑥ 颜色数量:指显示器同屏显示的颜色数量,主要决定于显示卡的显存容量及显示分辨率。颜色数量表示方法可用颜色数据位数(如 8 位和 16 位等)或直接用颜色数量(256 种和 65 536 种等)描述。

最后要提及的是显示器的健康新概念,即购买显示器时要看其是否符合环保标准,即应具有防辐射、省电、不产生有害物质,设计是否符合人体工程学,保持舒适度,保护健康。因此产生了 TCO 环保标准,新型显示器要符合该标准。

2) 液晶显示器

液晶显示器(Liquid Crystal Display,LCD)是一种低电压、低功耗的液晶器件。

液晶显示器按其构造原理分为无源矩阵驱动和有源矩阵驱动两类。无源矩阵驱动用电阻代替有源晶体管扫描阵列,使显示效果存在色彩饱和度差、对比度低、速度较慢且视角较窄,当从侧面看屏幕时,图像会丢失等问题。而有源晶体管矩阵驱动使显示效果显著提高,不仅色彩鲜艳、视角宽、图像质量较高,而且随着分辨率的提高,效果更好。早期 LCD 的成品率低,成本过高,从而导致价格极为昂贵(一台有源矩阵驱动显示器的价格大约是同尺寸 CRT 显示器的 10 倍)。但是在薄膜型有源矩阵液晶显示器开发成功后,因其具有反应时间快等特性,使显示器进入到高画质、真彩色显示阶段,被广泛用于电视投影机、彩色电视机、摄录像机及便携式计算机等产品上,成为发展的主要方向。显示器一直是向着大尺寸、低成本和高质画面的方向发展的。液晶显示器的图形更清晰,不存在刷新频率和画面闪烁的问题。近年来,随着低温多晶硅技术的发展,使液晶显示器的色彩亮丽、无闪烁、辐射低,并降低了LCD产品价格,因而使LCD逐渐取代CRT显示器并成为MPC主流产品。

3) 等离子体显示器

等离子体显示器(Plasma Display Panel,PDP)也称为电浆显示器,是继CRT和LCD后的新一代显示器,其最大特点是厚度极薄、占用空间极小、分辨率高。

等离子体显示器最突出的优点有两个:一是可制造出超大尺寸的平面显示器,如50英寸甚至更大的,而成本却不高,这是LCD无法相比的;二是与阴极射线管不同,没有弯曲的视觉平面,使视角扩大到160°以上。另外,等离子体显示器的分辨率也超过传统的显示器,显示的图像质量更好。

4) LED显示器

LED显示器(Light Emitting Diode Panel)的全称为LED背光源液晶显示器,是一种通过控制半导体发光二极管的显示方式,用来显示文字、图形、图像、动画、视频和录像信号等各种信息的显示屏幕。LED在亮度、功耗、可视角度和刷新速率等方面都比LCD显示器更具优势。LED与LCD的功耗比大约为1:10,而且更高的刷新速率使得LED在视频方面有更好的性能表现,能提供宽达160°的视角。LED显示器已成为显示器的主流。

5) 视网膜显示屏

视网膜屏幕(Retina)是分辨率超过人眼识别极限的高分辨率屏幕,由苹果公司在2010年iPhone 4发布会上首次推出。是一种具备超高像素密度的液晶屏,可以将960×640的分辨率压缩到一个3.5英寸的显示屏内。也就是说,该屏幕的像素密度达到326像素/英寸(ppi)。通常计算机显示屏幕的分辨率为72ppi,iPhone 4的分辨率为计算机的4倍多。由于其具备超高像素密度的液晶屏,因此屏幕显示异常清晰和锐利。

6) 3D显示器

3D显示器是一种可以显示三维立体影像的设备。该种设备主要包括需佩戴立体眼镜和不需佩戴立体眼镜两大立体显示技术体系。需佩戴立体眼镜的立体显示技术显示具有视差的左右图像,然后采用立体眼镜使两只眼睛分别接受不同的图像来形成立体效果,它包含不闪式3D技术和快门式3D技术。不需佩戴立体眼镜的立体显示技术利用"视差栅栏",使得双眼分别看到各自的图像,形成立体效果,它包括光屏障式3D技术、柱状透镜式3D技术和指向光源式3D技术。

2. 打印输出设备

1) 打印机简介

打印机经历了击打式到非击打式的发展历程。击打式打印机是一种以机械撞击方式使打印头通过色带在纸上印刷计算机输出结果的设备,其中一种是点阵打印机,内装汉字库构成中文打印机,但点阵打印机打印速度较慢,噪声大,于是非击打式打印机应运而生。喷墨打印机和激光打印机是目前市场上MPC计算机配置中最主要的两种非击打式打印机。

喷墨打印机是利用特殊技术的换能器将带电的墨水喷出,由偏转系统控制很细的喷嘴喷出微粒射线在纸上扫描,并绘出文字与图像。喷墨打印机体积小、重量轻、噪音低、打印精度较高,特别是其彩色印刷能力很强,但打印成本较高,适于小批量打印。

激光打印机是用激光扫描主机送来的信息,将要输出的信息在磁鼓上形成静电潜像,并转换成磁信号,使碳粉吸附在纸上,经显影后输出。激光打印机打印速度高、印字质量好、无噪声。近年来,彩色喷墨打印机和彩色激光打印机已日趋成熟,其图像输出质量已达到照片级的质量水平。激光打印机因其价格在不断下跌,已经成为主流打印机。

2）彩色激光打印机

彩色激光打印机的工作原理与普通黑白激光打印机相同，仅在结构上是采用4个鼓（对应印刷色彩模式 CMYK 的4种颜色）进行彩色打印，打印处理复杂，尖端技术含量高，价格也贵，一般用于精密度很高的彩色样稿和图像输出。

3）彩色喷墨打印机

近年来，彩色喷墨技术发展很快，新型彩喷打印机不断面世，价格也不断下跌，家用彩喷多在千元以下。加之这种打印机结构紧凑、体积小巧、适应性强，因此应用广泛，成为 MPC 基本配置。按照使用场合，彩色喷墨打印机有家用型、办公型、专业型和照片专用型之分，它们有各自的特点和性能。

彩色喷墨打印机的打印质量受到墨水质量、打印纸类型及驱动程序中提供的打印模式选择的影响，也与打印机本身的性能指标参数密不可分。

4）彩色热升华打印机

彩色热升华打印机是一种专业高档打印机，输出图像色调连续、有透明感，质量和照片一致，由于价格较贵，以往一直用于专业照片级输出。近年来，随着打印技术的发展，成本逐步降低，其开始走向 MPC 应用市场。

5）打印机的主要性能指标

由于多媒体应用领域的不断扩展，打印机已成为 MPC 常用的输出设备，而不同类型的打印机功能和用途不同，价格相差较大。表 2-1 列举了几种打印机的技术指标及应用范围。

表 2-1　打印技术指标

打印机 项目	针打	喷墨	激光	彩色喷墨	彩色激光
技术	9～24 针矩阵	喷墨	激光扫描	彩色喷墨	彩色激光
印制类型	文本	文本、图形、图像	文本、图形、图像	文本、图形、图像	文本、图形、图像
文档类型	格式、校验	所有文档类型	所有文档类型	所有文档类型	所有文档类型
打印速度	50～300csp	50～200csp	4～16ppm	1 ppm	5～45ppm
分辨率		300dpi	300～1600dpi	300～2000dpi	600～2400dpi
输出质量	一般	较高	完美	一般	完美
选项	页供给器可打印标签、信封	页供给器	不同尺寸的纸可打印标签、信封	页供给器	不同尺寸的纸可打印标签、信封

6）多媒体应用对彩色打印机的要求

范围从 600dpi 到 1200dpi 或更高分辨率的打印技术适合多媒体应用，高分辨率的打印机可以用来打印高质量的图像，如医学用的 CT 扫描等图像，激光打印机输出已替代了摄影输出。由于激光打印机的高度灵活性，使其有些分辨率损失也认为是可以接受的。在打印时，优先级和打印时间会成为重要的设计问题，特别是当打印内容包括很多图形时，图形会花费很多时间。因此，要设置好打印机驱动程序和一些自带的控制软件。

购买彩色喷墨打印机时，应根据应用场合来选择其特性，如家用打印机主要考虑低成本、良好的性能价格比，打印质量为主，速度和噪音其次。办公型则要坚固耐用、纸盒容量大、速度快、噪音低，打印成本要低。专业型和照片型则注重彩色质量、打印精度、使用厂家规定的彩色喷墨专用纸，特别要注意正确选择打印模式。

7）彩色打印机技术问题

各种彩色打印技术近年来发展很快，新机型不断推出，性能指标也不断提高，但准确的彩色复制依然是要解决的关键问题之一。由于以下一些技术问题,使得彩色打印技术仍需要不断改进和完善。

(1) 打印机的色彩模式与显示器的色彩模式不匹配。因为显示器一般使用 RGB 色彩模式,显示器荧光屏色彩通过红、绿、蓝三种色彩相加混合产生各种颜色,而打印机使用 CMYK 色彩模式,通过青、品红、黄、黑 4 色相减混合产生纸上颜色。

(2) 设备的彩色范围也随着技术的不同而变化,因为每种设备有自己的色彩范围。

(3) 彩色打印机往往需要多次扫描,有时会造成颜色重合现象。

(4) 打印的混合彩色并非每次都能提供精确的结果,某些颜色混合,如青色和品红,有时会产生重复图案。

因此,除了不断改进设备技术外,在打印时要注意保持显示器屏幕的彩色与输出到打印机上的一致性,定期校正打印设备以确保打印机彩色显示尽量与显示器屏幕输出相匹配。

3. 彩色投影仪

彩色投影机简称投影仪,是一种数字化输出设备,主要用于大屏幕显示输出,所以使用时配有大尺寸幕布。投影机在数字化、高亮度显示方面有鲜明的特点,目前被广泛用在教学、广告展示、会议和旅游等领域。

按照结构原理分,投影机有 CRT、LCD(液晶)、DLP(数字光处理)、LCOS(硅液晶)4 种类型。最常见的是 LCD 液晶投影机,其主要性能指标有亮度、对比度、均匀度、分辨率、行频(水平扫描频率)、场频(垂直扫描频率)、光源寿命、遥控器性能及接口形式。

投影机的接口形式主要有以下几种:

(1) 显示器接口。一般有两个,一个用于接收计算机送来的显示信号;另一个用于输出显示信号。

(2) 视频输入接口。接收来自于视频设备的信号,如录像机、VCD 机及电视机等。

(3) 音频输入接口。接收音频信号,如计算机声卡、录像机、VCD 机、电视机、收音机及音响等的音频信号。

(4) 音频输出接口。输出音频信号至音频放大器或扬声器。

根据机型的不同,还有 S-video 接口和帧频输入接口(可连接有线电视)等。

4. 音箱

音箱也称为扬声器,作为 MPC 声音输出的主要设备,其性能指标主要有:

(1) 阻抗。扬声器的阻抗虽然在商品中都有标示,如 4Ω、8Ω、16Ω、32Ω 等,但扬声器的阻抗并非常数,它与频率有关。

(2) 频率特性。扬声器的频率特性不可能做到像放大器那样平坦,一般规定不均匀度不超过 10dB 即可。总的来说,扬声器的频率特性曲线越平坦,其重放频率失真就越小。

(3) 灵敏度。即向扬声器输入 1W 电功率,在扬声器正面 1m 距离处所测得的声压级(SPL)。通常此声压级是指有效频率范围内各点平均值,所以也叫平均声压级,单位为 dB/w/m。

(4) 失真度。主要是指谐波失真,一般的扬声器失真度≤7%。

(5) 指向性。扬声器在空间各个方向辐射的声压分布不同,形成扬声器的指向特性。一般来说,高频扬声器的指向性较尖锐。

(6) 功率。扬声器的功率是一个很重要的指标,因为所使用功率放大器的输出功率必须与扬声器的功率相匹配才能安全而有效地运行。

5. 绘图仪

绘图仪是一种用于图形硬复制的输出设备，也是计算机辅助设计的主要输出设备。绘图仪有平板式和滚筒式两种。台式绘图仪幅面受平台尺寸限制，但对图纸无特殊要求，绘图精度高，使用较广泛。滚筒式绘图仪幅面较大，仅受筒长限制，占地面积也小，速度快，但对纸张有一定要求，否则影响绘图的准确度。

2.3.3 常用接口与应用

接口是 MPC 与外部设备进行连接的主要通道，也是 MPC 功能扩充的主要途径，具备接口的多少往往是衡量 MPC 性能的指标。常见的有串口、并口、1394 接口及 USB 接口等。

1. 串口

串口的全称是串行接口，也称为串行通信接口，按电气标准及协议来分，包括 RS-232-C、RS-422、RS485、USB 等。RS-232-C、RS-422、RS-485 标准只对接口的电气特性做出规定，不涉及接插件、电缆或协议。USB 是近几年发展起来的新型接口标准，主要应用于高速数据传输领域。RS-232-C 接口也称为标准串口，是目前最常用的一种串行通信接口。现在的 MPC 一般有两个串行口：COM1 和 COM2，从设备管理器的端口列表中就可以看到。通信距离较近时(小于 12m)，可以用电缆线直接连接标准 RS-232 端口(RS-422 和 RS-485 较远)。若距离较远，需附加调制解调器。

2. 并口

并口的全称是并行接口，采用 25 针 D 形接头。"并行"是指 8 位数据同时通过并行线进行传送，这样数据传送速度大大提高。但并行传送的线路长度受到限制，因为长度增加，干扰就会增加，数据也就容易出错。并口通常用来接入老式的针式打印机和喷墨打印机等。

3. PS/2 接口

PS/2 接口用来连接 PS/2 鼠标和 PS/2 键盘，绿色接口接入鼠标，紫色接口接入键盘。

4. IEEE 1394 接口

IEEE 1394 接口是一个串行接口，但它能提供同并联 SCSI 接口一样的服务，而其成本低廉。它的特点是传输速度快，目前其传输速率为 400Mb/s，以后可望提高到 800Mb/s、1.6Gb/s 甚至 3.2Gb/s。IEEE 1394 接口有 6 针和 4 针两种类型。六角形的接口为 6 针，小型四角形接口则为 4 针。

5. RJ45 接口

RJ45 接口通常用于数据传输，最常见的应用是作为网卡、交换机和路由器等的接口。该接口在用于网络设备间网线(称为五类线或双绞线)连接时，RJ45 型插头和网线有两种连接方法(线序)，即 T568A 线序(直连线)和 T568B 线序(交叉线)，如表 2-2 所示。

6. USB 接口

USB(Universal Serial Bus，通用串行总线)是众多计算机公司为简化 MPC 与 I/O 设备之间的互联而研发的一种标准化连接接口，不仅支持多种 MPC 与 I/O 设备连接，还支持实现数字多媒体集成。

1) USB 的结构

USB 接口由主控器(Host)、集线器(Hub)和功能设备三个基本部分组成。主控器集成在主板上或作为适配卡安装在计算机上，它控制 USB 总线上的数据和控制信息流。集线器是 USB 中的特定组成，提供端口把设备连到 USB 总线上，并检测连接在总线上的设备为其提供电源管理，负责总线故障检测和恢复。功能设备通过端口与总线连接。

表 2-2 RJ-45 连接方法

插头脚号	T568A 线序（直连线）网线颜色	T568B 线序（交叉线）网线颜色
1	绿白	橙白
2	绿	橙
3	橙白	绿白
4	蓝	蓝
5	蓝白	蓝白
6	橙	绿
7	棕白	棕白
8	棕	棕

2）USB 的数据传输

USB 支持 4 种基本的数据传输模式，即控制传输、等时传输、中断传输和数据块传输。每种传输模式应用到其终端具有以下不同的性质。

（1）控制传输：为 I/O 设备与主机间提供一个控制通道，支持其间的控制命令、状态和配置等信息的传输，每种 I/O 设备都支持这种传输模式。

（2）等时传输：支持周期性、有限时延和带宽，而且数据传输速率不变的外设与主机间的数据传输，如计算机电话集成系统和音频系统与主机的传输。由于这种模式传输无差错校验，因此不能保证数据传输的正确性。

（3）终端传输：支持像鼠标、键盘和游戏杆等输入设备，它们与主机间的数据传输量小，无周期性，但要求马上响应。

（4）数据块传输：支持与主机传输数据量大的外设，如打印机、扫描仪和数码相机等。目前有 USB1.1、USB2.0 和 USB3.0 三个规范。USB1.1 是早期 USB 规范，其高速方式的传输速率为 12Mb/s，低速方式的传输速率为 1.5Mb/s。USB2.0 是由 USB1.1 规范演变而来，传输速率达到了 480Mb/s（60MB/s）。USB3.0 支持双向并发数据流传输，最大传输带宽高达 5.0Gb/s，也就是 625MB/s。USB3.0 还引入了新的电源管理机制，支持待机、休眠和暂停等状态，并同时使用 A 型接口实现后向兼容，并兼具传统 USB 技术的易用性和即插即用功能。目前 USB3.0 已成为主流的 USB 接口。

2.4 MPC 辅助存储设备

大容量存储技术作为支撑技术为信息科技的发展提供了动力，同时也为数据信息量巨大的多媒体技术发展提供了基础。常见的大容量存储设备有半导体存储器、旋转磁盘存储器、旋转光盘驱动器及非易失性闪烁存储器等，它们的存储技术在不同层次上各具特色。

2.4.1 磁性辅助存储器

通常一台计算机系统的辅助存储器由一种或多种存储设备组成。目前应用于辅助存储器的存储设备主要是磁表面存储器，它以涂覆于非磁性材料表面的磁性薄层作为存储介质，包括磁鼓、固定头磁盘、移动头磁盘、磁卡片和磁带等存储设备。

1. 磁鼓

磁鼓是利用铝鼓筒表面涂覆的磁性材料来存储数据的。磁鼓最大的缺点是利用率不高，一个大圆柱体只有表面一层用于存储,而磁盘的两面都可存储。因此,当磁盘出现后,磁鼓就被淘汰了。

2. 磁盘

磁盘存取时间短,存储容量大,是辅助存储器中的主要存储设备。为了扩大存储容量,一个辅助存储器常常配有几台甚至几十台磁盘存储器。在计算机发展的早期,由于制造工艺技术的限制,MPC 常用的外部磁性辅助存储器多为软盘存储器(Floppy Disk),简称软盘。在磁盘上信息是按磁道和扇区来存放的,软盘的每一面都包含许多看不见的同心圆,盘上一组同心圆环形的信息区域称为磁道,它由外向内编号。每道被划分成相等的区域,称为扇区。5.25 英寸的软盘片容量为 1.2MB,3.5 英寸的软盘片容量为 1.44MB。以 3.5 英寸磁盘片为例,上、下两面各被划分为 80 个磁道,每个磁道被划分为 18 个扇区,每个扇区的存储容量固定为 512 字节,其容量计算如下:

$$80 \times 18 \times 512 \text{bytes} \times 2 = 1440 \times 1024 \text{bytes} = 1440 \text{KB} = 1.44 \text{MB}$$

尽管其容量只有 1.44MB,但在当时却发挥了重要的作用。随着技术的发展,硬盘(Hard Disc Drive,HDD)出现了,它有效地增加了 MPC 的存储容量。

1) 硬盘尺寸

硬盘根据尺寸可以分为如下几种:

(1) 5.25 英寸硬盘:早期用于台式机,已退出历史舞台。

(2) 3.5 寸台式机硬盘:目前的主流产品,广泛用于各式计算机。

(3) 2.5 寸笔记本硬盘:广泛用于笔记本、桌面一体机、移动硬盘及便携式硬盘播放器中。

(4) 1.8 寸微型硬盘:广泛用于超薄笔记本式计算机、移动硬盘及苹果播放器中。

(5) 1.3 寸微型硬盘:产品单一,三星独有技术,仅用于三星的移动硬盘中。

(6) 1.0 寸微型硬盘:最早由 IBM 公司开发,MicroDrive 微硬盘(MD)。因符合 CFII 标准,所以广泛用于单反数码相机。

(7) 0.85 寸微型硬盘:产品单一,日立独有技术。

2) 外存的扩展方式

对于目前普通的 MPC 来说,辅助外存的扩展主要通过两种方式实现:

(1) 内接式:直接通过 I/O 接口附加辅助的 3.5 寸台式机硬盘进行扩容。

(2) 外挂式:通过 USB 转接口挂接 3.5 寸硬盘或 2.5 寸笔记本硬盘实现移动存储扩容。

3. 磁带

磁带是所有存储媒体中单位存储信息成本最低、容量最大、标准化程度最高的常用存储介质之一。它的互换性好,易于保存。近年来,由于采用了具有高纠错能力的编码技术和即写即读的通道技术,大大提高了磁带存储的可靠性和读写速度。根据读写磁带的工作原理可分为螺旋扫描技术、线性记录(数据流)技术、DLT 技术及比较先进的 LTO 技术。磁带库不仅数据存储量大得多,而且在备份效率和人工占用方面拥有无可比拟的优势。在网络系统中,磁带库通过 SAN(Storage Area Network,存储区域网络)系统可形成网络存储系统,为企业存储提供有力保障,很容易完成远程数据访问、数据存储备份或通过磁带镜像技术实现多磁带库备份,无疑是数据仓库、ERP 等大型网络应用的良好存储设备。

2.4.2 光存储

光存储是指采用激光技术在盘片上存储数据的系列技术、设备和产品的总称,如光盘(Optical Disc)、激光驱动器、相关算法和软件等。从 1960 年发明红宝石激光器,到 1981 年推出CD唱盘、1993年推出VCD、1995年推出DVD,再到2006年推出BD和HD DVD,光存储技术得到了快速发展和广泛使用,这不仅为计算机和多媒体技术的发展和应用提供了条件,同时也在很大程度上改变了人们的文化娱乐方式。

在光存储技术中,是利用光盘上的凹坑或变性来保存数据,用带激光头的光驱来读写数据。为了充分利用盘面空间,光盘采用了螺旋线光道和恒定线速度电机,这与采用同心环磁道和恒定角速度电机的普通磁盘有着很大的不同。为了能正确、有效地读取光盘中的数据,光盘的数据存储采用了位调制型通道编码和错误检测与校正技术。

1. 光盘的构成及读写原理

1) 光盘的组成

光盘主要由保护层、反射激光的(铝、银和金等)金属反射层、刻槽层和(聚碳酸酯)塑料基衬垫组成,如图2-6所示。

光盘的外径一般为120mm(4.75英寸),内径为15mm,厚1.2mm。CD-DA(激光唱盘)分为三个区:导入区、导出区和声音数据记录区,如图2-7所示。

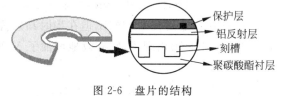

图2-6 盘片的结构

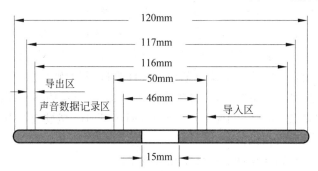

图2-7 CD盘的尺寸和结构

光盘在驱动马达的带动下高速旋转,光头发射的激光束经透明的塑料基后被金属反射层反射,反射的光经棱镜分光后被光头所接收。存储的数据用光盘刻槽层上的凹坑(Pit)和岸台(Land)表示,光驱利用坑台交界处反射光强的突变来读取数据,如图2-8所示。

2) 光道结构

光盘光道的结构与磁盘磁道的结构不同:磁盘存放数据的磁道是多个同心环,而光盘的光道则是一条螺旋线(CD盘光道长度大约为5km),如图2-9所示。

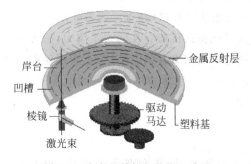

图2-8 光盘的结构与数据的读取

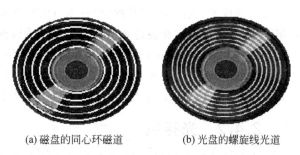

图2-9 磁道与光道

3)数据的表示和读写

(1) 数据表示

磁盘利用磁铁的两个极性(南极和北极)来记录 1 和 0 这种二进制数据,使用磁头来读取数据。光盘则是利用在盘上压制凹坑的机械办法,利用凹坑的边缘来记录 1,而用凹坑和岸台的平坦部分记录 0,使用激光来读出,如图 2-10 所示。需要注意的是,除了普通光盘外,还有磁光盘(Magneto Optical Disc,MOD)和相变光盘(Phase Change Disc,PCD),它们记录和读写数据的方式与普通光盘不同。MOD 利用磁的记忆特性,借助激光来写入和读出数据;PCD 则是利用一些特殊的材料,这些材料在激光加热前后的反射率不同,利用它们的反射率不同来记忆 1 和 0。

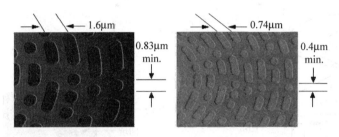

图 2-10 CD(左)与 DVD(右)盘片上的凹坑和岸台

(2) 数据读出

光盘上的数据要用光驱来阅读。光驱由光学读出头、光学读出头驱动机构、光盘驱动机构、控制线路及处理光学读出头读出信号的电子线路等组成。

光学读出头是光盘系统的核心部件之一,它由光电检测器、透镜、激光束分离器、激光器等元件组成,它的结构如图 2-11 所示。激光器(一般采用激光二极管)发出的激光经过几个透镜聚焦后到达光盘,从光盘上反射回来的激光束沿原来的光路返回,到达激光束分离器后反射到光电二极管检测器,由其把光信号变成电信号,再经过电子线路处理后还原成原来的二进制数据。

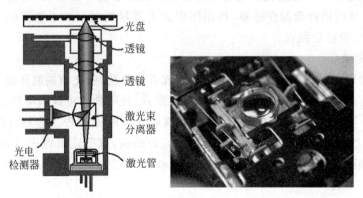

图 2-11 光学读出头的基本结构(左)与 CD 光驱的激光镜头(右)

图 2-12 所示是 CD 光盘的读出原理简化图。光盘上压制了许多凹坑,激光束在跨越凹坑的边缘时反射光的强度有突变,光盘就是利用这个极其简单的原理来区分 1 和 0 的。凹坑的边缘代表 1,凹坑和岸台的平坦部分代表 0,一定长度的凹坑和岸台都代表着若干个 0。从图 2-12 中可以看到,光驱在工作时,光学读出头与盘之间是不接触的,因此不必担心光头和盘

之间的磨损问题。但是光盘与光头之间的缝隙是有要求的,如果盘面不平和倾斜,轻者会导致数据读取错误,重者会损坏光头。

(3) 数据写入

根据发行的数量不同,光盘的数据写入方式通常有两种:一种就是压膜,另一种是使用刻录机进行刻录。

① 压膜制作

对于大量发行的只读型光盘(如 CD-DA、CD-ROM、DVD-Video、DVD-ROM 等)音像制品,光盘上的数据通常是采用压膜(Stamper)冲压而成的,而压膜是用原版的主盘(Master Disc)制成的。图 2-13 所示是制作原版盘的示意图。

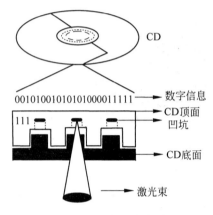

图 2-12 CD 盘的读出原理

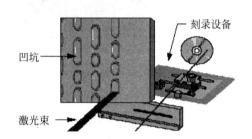

图 2-13 光盘压膜制作示意图

在制作原版盘时,是用编码后的二进制数据去调制聚焦激光束,如果写入的数据为 0,就不让激光束通过;写入 1 时,就让激光束通过,或者相反。在制作原版盘的玻璃盘上涂有感光胶,曝光的地方经化学处理后就形成凹坑,没有曝光的地方保持原样,二进制信息就以这样的形式刻录在原版盘上。在经过化学处理后的玻璃盘表面上镀一层金属,用这种盘去制作母盘(Mother Disc),然后用母盘制作压膜,再用压膜去大批量复制。成千上万的 CD 盘就是用压膜压出来的,所以价格很便宜。

② 刻录机刻录

如果需求量很小,只是对数据进行备份存储或者简单复制,光盘的制作通常是利用光盘刻录机进行数据写入。光盘刻录机是一种数据写入设备,利用激光将数据写到空光盘上,从而实现数据的储存。其写入过程可以看作普通光驱读取光盘的逆过程。它是由高精度对准工作台、双目分离视场立式显微镜、双目分离视场卧式显微镜、数字式摄像头、计算机成像记忆系统、多点光源(蝇眼)曝光头、PLC 控制系统、气动系统、真空系统、直联式真空泵、二级防震工作台和附件箱等组成。

2. 光盘的分类

光盘只是一个统称,它分成两类:一类是只读型光盘,包括 CD-Audio、CD-Video、CD-ROM、DVD-Audio、DVD-Video、DVD-ROM 等;另一类是可记录型光盘,包括 CD-R、CD-RW、DVD-R、DVD+R、DVD+RW、DVD-RAM、Double layer DVD+R 等各种类型。不同类型光盘的技术指标不同,表 2-3 列出了典型光盘的基本情况和技术指标。

表 2-3 主要光盘技术的比较

指标	CD	VCD	SVCD	DVD	EVD	AD	HD DVD	BD
制定者	Philips	JVC 等	CVD	DVD 论坛	阜国数字	AVS 产业联盟	DVD 论坛	BDA
推出时间	1979	1993.10	1998.10	1995.10	2005.2	2008.12	2006.3	2006.6
激光波长/nm		780			650		405	
分辨率	44.1kHz	352×288	480×576	720×576	1920×1080i	1920×1080p		
编码标准	PCM	MPEG-1	MPEG-2			AVS	AVC、CV1、MPEG-2	MPEG-2、AVC、CV1
尺寸/cm		12/8		12/8	12	12/8	12/8	
盘面		单面		单面/双面	单面	单面/双面	单面/双面	
层数		单层		单层/双层	单层/双层	1~3 层	1~8 层	
容量	650MB	650MB	650MB	4.7~17GB	4.7/8.5GB		15~90GB	25~200GB
播放时间/分	74	74	60	133~480	50/105		120~720	180~1440
传输速率/Mb/s	1.2	1.5	2.25	4.69	7		36.55	36

1) CD 系列产品

CD 原来是指激光唱盘,即 CD-DA(Compact Disc-Digital Audio,紧凑光盘-数字音频),用于存放数字化的音频数据,主要是音乐节目。从 1981 年 CD 激光唱盘上市以来,已经开发了一系列 CD 产品,包括被计算机广泛使用的 CD-ROM 和在中国曾十分流行的 VCD。尽管 CD 系列产品很多,但是它们的底层都是 CD-DA,所以它们的大小、重量、材料、制造工艺和设备等都是相同的。只是根据它们应用目的的不同,各自所存放的数据类型不同罢了。

2) DVD

DVD 的主要特点是采用了比 CD(780nm)更短波长的激光(650nm)和双层/双面存储设计,虽然 DVD 的尺寸与 CD 相同,但是其存储容量可达到 4.7(单面单层)~17GB(双面双层),比 650MB 的 CD 盘大得多(7~25 倍),盘片容量如表 2-4 所示。

表 2-4 DVD 的存储容量

DVD 盘的类型	存储容量/GB	别　名	MPEG-2 视频的播放时间/分钟
单面单层(只读)	4.7	DVD-5	133
单面双层(只读)	8.5	DVD-9	240
双面单层(只读)	9.4	DVD-10	266
双面双层(只读)	17	DVD-18	480

随着 HDTV 的出现,只有 4.7~8.5GB 容量的 DVD 已经满足不了存放 MPEG-2 Video 高清节目(1920×1080/1152)的要求,从而促成了 BD 和 HD DVD 等蓝光技术的问世。

3) BD

BD(Blu-ray Disc)蓝光盘于 2002 年由蓝光盘创立者(Blu-ray Disc Founders,BDF)共同推出,并于 2004 年成立了范围更广泛的联盟——蓝光光盘协会(Blu-ray Disc Association,BDA),以制定和发布相关的 BD 标准。BD 采用 405nm 的紫色激光,数据传输率为单倍速 36Mb/s,盘片容量如表 2-5 所示。

表 2-5　BD 盘片容量

直径/cm	单面单层容量/GB	单面双层容量/GB	双面单层容量/GB	双面双层容量/GB
8	7.8	15.6	16.5	31.2
12	25	50	50	100

BD 盘采用的是 MPEG-2、MPEG-4/AVC(H.264) 和 VC-1 视频编码,音频则采用了 Dolby Digital(AC-3)、DTS 和 LPCM(可达 7.1 声道) 编码,可选 Dolby Digital Plus 和无损的 Dolby TrueHD 与 DTS HD。

4) HD DVD

HD DVD 是由 DVD 论坛成员在蓝光盘创立者组织成立后不久推出的一套完全不同的另一个高密度光盘标准 AOD(Advanced Optical Disc,高级光盘)。该标准与 DVD 兼容,并于 2003 年 11 月更名为 HD DVD(High-Definition DVD,高清晰 DVD)。HD DVD 也采用 405nm 紫色激光,数据传输率为单倍速 36.55Mb/s,结构与现有 DVD 相同,盘片容量如表 2-6 所示。

表 2-6　HD DVD 盘片容量

直径/cm	单面单层容量/GB	单面双层容量/GB	双面单层容量/GB	双面双层容量/GB
8	4.70	9.40	9.40	18.8
12	15	30	30	60

HD DVD 采用 MPEG-4/AVC、VC-1 和 MPEG-2 视频编码,音频采用 Dolby Digital Plus、DTS、Dolby Digital(AC-3) 和 MPEG Audio 等有损编码及 LPCM、MLP(TRUE HD) 和 DTS HD 等无损编码。

5) HD DVD、BD 及 DVD 的关系

HD DVD 兼容现有 DVD,生产成本也较低,但是容量比蓝光盘小,且保护性也处于劣势;蓝光盘的容量大,添加了硬质塑料或聚合物外壳,盘片的保护性好,但与现有 DVD 不兼容,而且制作成本较高,播放机的销售价格也较贵。表 2-7 列出了这几种盘片的技术指标。

表 2-7　DVD、HD DVD 与 BD 的技术参数比较

规　　格		DVD	HD DVD	BD
容量(单/双层)	-ROM(只读)	4.7/8.5	15/30	25/50
	-R(可写一次)	4.7/8.5	15/30	25/50
	-RW(可重写)	4.7/--	20/32	25/50
激光波长/nm		650	405	405
数值孔径/NA		0.6	0.65	0.85
最小凹坑长度/μm		0.4	0.204	0.149
光道间距/μm		0.74	0.4	0.32
盘片结构		0.6mm×2	0.6mm×2	1.1mm+0.1mm
保护层厚度/mm		0.6	0.6	0.1/0.075
数据传输率/Mb/s		11.08	36.55	36
信道脉冲频率/MHz		26.2	64.8	66
调制方式		EFMplus	ETM	17PP
记录位置		沟槽	沟槽/岸台	沟槽
旋转方式		CLV	Z-CLV	CLV

续表

规　　格	DVD	HD DVD	BD
单位线速度(m/s)	3.5	5.6～6.1	4.6～5.3
纠错方式	RSPC	RSPC	LDC+BIS
保护层误差极限	30	12.7	2.9
聚焦深度/mm	0.37	0.187	0.097
盘片倾斜误差极限	6.9	3.2	6.4
视频编码	MPEG-2	MPEG-4/AVC、VC-1、MPEG-2	MPEG-4/AVC、VC-1、MPEG-2
音频编码 有损	AC-3、DTS、MUS-ICAM、AAC	Dolby Digital Plus、AC-3、DTS、AAC	AC-3、DTS、[Dolby Digital Plus]
音频编码 无损	LPCM	LPCM、TrueHD、DTS HD	LPCM[TrueHD、DTS HD]
版权保护	CPRM/CSS	AACS	BD+/ROM-Mark

3．光驱的分类及性能指标

1) 光驱的分类

光驱作为读取光盘数据的关键设备，也是 MPC 比较常见的一个配件。随着多媒体的应用越来越广泛，光驱已经成为 MPC 的标准配置。目前，光驱可分为 CD-ROM 驱动器、DVD 光驱(DVD-ROM)、康宝(COMBO)和刻录机等几种。

(1) CD-ROM 光驱。又称为致密盘只读存储器，只能读取容量很小的 CD 盘。它是利用原本用于音频 CD 的 CD-DA(Digital Audio)格式发展起来的。

(2) DVD 光驱。一种可以读取 DVD 盘片的光驱，除了兼容 DVD-ROM、DVD-VIDEO、DVD-R、CD-ROM 等常见的格式外，对于 CD-R/RW、CD-I、VIDEO-CD、CD-G 等都能很好地支持。

(3) COMBO 光驱。"康宝"光驱是人们对 COMBO 光驱的俗称。COMBO 光驱是一种集 CD 刻录、CD-ROM 和 DVD-ROM 为一体的多功能光存储产品。

(4) 刻录光驱。包括 CD-R、CD-RW、DVD、BD(蓝光)刻录机等，其中 DVD 刻录机又分为 DVD+R、DVD-R、DVD+RW、DVD-RW(W 代表可反复擦写)和 DVD-RAM。刻录机的外观和普通光驱差不多，只是其前置面板上通常都清楚地标识着写入、复写和读取三种速度。

2) 性能指标

光驱种类繁多，品牌纷杂，在选购时应注意如下几个性能指标：

(1) 数据传输率。

数据传输率是标志光盘刻录机性能的主要技术指标，包括数据的读取传输率和数据的写入速度。传输率是指光驱在 1s 内所能读取的数据量，用千字节/秒(KB/s)表示，光驱读取数据的基准为 150KB/s，即 X1 倍速。依此类推，双倍速、四倍速、八倍速光驱的数据传输率分别为 300KB/s、600KB/s 和 1.2MB/s。

对于普通光驱而言，理论上速度越快性能就越好。但对于刻录机而言，由于技术的限制，光盘刻录机的写入速度远比它的读取速度要低得多。以 CD-R 为例，它的写入速度通常只有 2 速、4 速、6 速、8 速等选择，速度越高，它的写入时间越少，优势是显而易见的。但实际由于盘片、刻录软件及兼容性的限制，高速的写入速度很可能引起"飞盘"现象，导致刻录失败，所以在选购刻录机时无须刻意追求它的高写入速度。

(2) 平均访问时间。

平均访问时间又称为平均寻道时间,是指光驱的激光头从原来位置移动到一个新指定的目标(光盘的数据扇区)位置并开始读取该扇区上的数据这个过程所花费的时间。一般来说,四速及更高速度光驱的平均访问时间至少应低于 250ms。

(3) 缓冲区的大小。

缓存的大小是衡量光驱性能的重要技术指标之一。在读取数据时,由于计算机的读取速度远大于光盘的读取速度,为了提高 CPU 的利用率,将光盘数据读入缓存,然后再由 CPU 一次性读入内存;在刻录时,数据必须先写入缓存,刻录软件再从缓存区调用要刻录的数据,在刻录的同时后续的数据再写入缓存中,以保证要写入数据良好的组织和连续传输。如果后续数据没有及时写入缓冲区,传输的中断将导致刻录失败,因而缓冲的容量越大,读取速度越快,刻录的成功率就越高。

(4) 接口方式。

光驱接口一般有三种方式:SCSI 接口、IDE 接口和并口。SCSI 接口在 CPU 资源占用和数据传输的稳定性方面要好于其他两种接口。SCSI 接口价格较高,还必须另外购置 SCSI 接口卡。IDE 接口价格较低,兼容性较好,可以方便地使用主板的 IDE 设备接口,数据传输速度也不错,在实用性上要好于其他接口,但对系统和软件的依赖性较强。并口有 SPP、EPP 和 ECP 三种模式,其中 EPP 和 ECP 为高速模式,在这两种状态下刻录机能达到 6 速读 2 速写的要求,而 SPP 模式下只能达到 2 速读 1 速写。目前采用并口方式的刻录机除了 HP 公司的部分产品外,其余基本趋于淘汰,选购时须加以注意。

4. 磁光盘

磁光盘又叫 MO 光盘(Magneto-Optical Disc)。磁光盘从 20 世纪 80 年代初开始研制,1989 年投入使用,是传统的磁盘技术与现代的光学技术结合的产物,具有体积小、携带方便、容量大等优点。磁光盘由对温度敏感的磁性材料制成,其读取方式是基于克尔效应(Kerr Effect),Sony 推出的用于音乐的 MiniDisc 实际上就是一种小型化的磁光盘。MO 盘片大小类似三寸软盘,MO 驱动器采用光磁结合的方式来实现数据的重复写入,可重复读写一千万次以上,目前 3.5 英寸磁光盘常见的容量有 650MB、1.3GB 和 2.3GB 几种。虽然 MO 的速度还比不上硬盘,但磁光盘保存寿命延长至 50 年以上,因而获得了"永久性"光盘之赞誉,凭着超高的安全性和稳定性,它在图形、图像和大型数据库存储方面起着重要的作用。

2.4.3 半导体存储

1. RAM

RAM(Random Access Memory,随机存取记忆体)是一种在计算机中用来暂时保存数据的元件。RAM 可以分为静态随机存储(Static RAM,SRAM)和动态随机存储(Dynamic RAM,DRAM)两大类。

2. CF 卡

CF(Compact Flash)卡最早是由美国 SanDisk 公司于 1994 年推出的,大小为 $43 \times 36 \times 3.3$mm,重量大约在 15g 以内,采用 ATA 协议的 CF 接口针脚数为 50。起初 CF 卡的容量为 8MB、16MB,目前主流 CF 卡的容量为 256MB。

3. MMC 卡

MMC(Multimedia Card)卡是一种小巧大容量的快闪存储卡,由西门子公司和 SanDisk

公司于 1997 年推出,其外形尺寸大约为 32×24×1.4mm,重量在 2g 以下,7 针引脚,可反复读写记录 30 万次。目前 MMC 卡已广泛用于移动电话、数码相机、数码摄像机和 MP3 等多种数码产品上。

4. SD 卡

SD(Secure Digital)卡意为"安全数码",是由松下电器、东芝和 SanDisk 联合推出的,1999 年 8 月首次发布。由于 SD 卡数据传送和物理规范皆由 MMC 发展而来,因此大小和 MMC 差不多,尺寸为 32×24×2.1mm。仅比 MMC 厚了 0.7mm,以容纳更大容量的存储单元,重量上也秉承了 MMC 的轻重量,仅重约 1.6g。重要的是,SD 卡与 MMC 卡保持着向上兼容,也就是说,MMC 可以被新的 SD 设备存取,但 SD 卡却不可以被 MMC 设备存取。从外观上的区别来看,SD 接口除了保留 MMC 的 7 针外,还在两边加多了 2 针作为数据线,并且带了物理写保护开关。目前市场上已经有 64MB 的 SD 卡,东芝公司已有 128MB 的产品。为了适应小型化,SD 卡新近出现了 Mini SD 卡,主要用于手机、PDA 和掌上计算机等信息终端。

5. Micro SDHC 卡

SDHC(Secure Digital High Capacity Card,微型安全数字高容量卡)是专为高阶数码相机、数字录像机及高画质录像装置等需求超大存储空间的专业设备所设计的闪存卡。Micro SDHC 卡的外形尺寸为 15.0×11.0×1.0mm,质量约为 0.4g,其存储容量高达 2～32GB。

6. MS 卡

MS(Memory Stick)卡,也称为记忆棒,由 SONY 公司开发。目前 MS 卡已经在 SONY 全系列产品上得到充分应用,容量从 4MB 到 128MB,大小为 50×21.5×0.28mm,重量为 4g,具有写保护开关。

7. 微硬盘

1998 年,IBM 公司使用 CFII 接口标准将微硬盘(Micro Drive)推向市场,存储容量从起初的 340MB、512MB,到后来的 8GB、16GB、30GB 等。微硬盘的外形与 CFII 相同,大小为 42.8×36.4×5mm,50-pin,可反复读写记录 30 万次,但比 CF 卡略重,为 16g。微硬盘给数码相机等带来了大容量的解决方案,相对于同等容量的 Flash Memory 卡,性价比几乎高一倍,缺点是比起电子存储方式的 Flash Memory 更怕震动。目前市面上高端 IBM 微硬盘的容量已经达到 4GB,应用于数码摄像机中足可以录制一部 DVD 影片了。

8. 优盘

优盘即 U 盘,全称为"USB 闪存盘(USB Flash Disk)",是一种无须物理驱动器的微型高容量移动存储产品,可通过 USB 接口与计算机连接,实现即插即用。该产品的数据删除不是以单个的字节为单位,而是以固定的区块为单位,区块大小一般为 256KB～20MB。U 盘是电子可擦除只读存储器(EEPROM)的变种,但更新和存储的速度比 EEPROM 快。U 盘体积小,重量轻,内部无任何机械式装置,抗震性能极强,特别适合随身携带。目前主流优盘的容量是 32GB 和 64B,有些品牌的优盘存储容量已达到几百吉字节。

2.4.4 新型存储模式及存储介质

随着网络多媒体的不断发展,数据资料呈几何级数增长,传统的存储设备发展速度却落后于网络带宽的发展,传统的以服务器为中心的存储架构面对源源不断的数据流无法适应。因此,以服务器为中心的存储模式开始向以数据为中心的存储模式转化,这种新的数据存储模式是独立的存储设备,且具有良好的扩展性和可靠性。NAS、SAN 及磁盘阵列柜等就是这些新型存储模式的具体体现。同时,随着科技的发展,一些新兴的存储介质如固态硬盘和纳米存储也相应出现,并逐渐成为存储的发展趋势。

1. NAS、SAN 和 DAS 存储模式

NAS(Network Attached Storage)称为网络附加存储,被定义为特殊的专用数据存储服务器,是一种通过 RJ-45 网络接口与网络交换机相连接的存储设备,主要用于局域网环境中多台计算机主机共享存储空间和为局域网中的计算机提供文件共享服务,因此又称为文件服务器。一台 NAS 存储设备至少包括硬件和针对文件共享应用优化过的操作系统两个基本组成部分。硬件包括 CPU、内存、主板和包含 RAID 功能的多块硬盘。NAS 可用于任何网络环境中,主要特点包括独立于操作平台、共享各种类型的文件、主服务器和客户端可方便地读取任意格式的数据等。

SAN(Storage Area Network)称为存储局域网,是一种将磁盘阵列(Disk Array)或磁带库(Tape Library)与相关服务器(Server)连接起来的高速专用光纤网,是以数据存储为中心,采用可伸缩的网络拓扑结构,通过高速率的光通道直接连接,提供 SAN 内节点间的多路数据交换。SAN 结构允许服务器连接任何存储磁盘阵列或磁带库,这样不管数据放置在哪里,服务器都可直接存取所需的数据。SAN 实现了在多种操作系统下最大限度的数据共享和数据优化管理,以及系统的无缝扩充。

DAS(Direct-Attached Storage,直连存储)这种存储方案的服务器结构如同 PC 架构,外部数据存储设备(如磁盘阵列、光盘机、磁带机等)都直接挂接在服务器内部总线上,数据存储设备是整个服务器结构的一部分,同样服务器也担负着整个网络的数据存储职责。直连式存储与服务器主机之间的连接通常采用 SCSI 连接或者 FC(Fibre Channel)技术,带宽为 10MB/s、20MB/s、40MB/s、80MB/s 等,随着服务器 CPU 的处理能力越来越强,存储硬盘空间越来越大,阵列的硬盘数量越来越多,SCSI 通道将会成为 IO 瓶颈,服务器主机 SCSI ID 资源有限,能够建立的 SCSI 通道连接有限。DAS 这种直连方式能够解决单台服务器的存储空间扩展、高性能传输需求,并且单台外置存储系统的容量已经发展到了 2TB,随着大容量硬盘的推出,单台外置存储系统容量还会上升。此外,DAS 还可以构成基于磁盘阵列的双机高可用系统,满足数据存储对高可用的要求。

2. 磁盘阵列柜

磁盘阵列(Disk Array)是由一个硬盘控制器来控制多个硬盘的相互连接,使多个硬盘的读写同步,减少错误,增加效率和可靠度的技术。冗余磁盘阵列(Redundant Array of Independent Disks,RAID)技术是 1987 年由加州大学伯克利分校提出,最初的研制目的是为了组合小的廉价磁盘来代替大的昂贵磁盘,以降低大批量数据存储的费用(当时 RAID 称为 Redundant Array of Inexpensive Disks,廉价的磁盘阵列),同时也希望采用冗余信息的方式,使得磁盘失效时不会使对数据的访问受损失,从而开发出一定水平的数据保护技术。RAID 技术根据不同应用可分成不同的等级(RAID Level),不同等级具有不同的速度、安全性和性价比。常用的 RAID 级别有 NRAID、JBOD、RAID0、RAID1、RAID0+1、RAID3、RAID5 等,目前经常使用的是 RAID5 和 RAID(0+1)两种。磁盘阵列的样式有三种:一是外接式磁盘阵列柜;二是内接式磁盘阵列卡;三是利用软件来仿真。外接式磁盘阵列柜常被使用在大型服务器上,具有可热抽换(Hot Swap)的特性,这类产品的价格通常都很贵。内接式磁盘阵列卡的价格便宜,但需要较高的安装技术,适合技术人员使用操作。

采用磁盘阵列技术将若干能挂接硬盘的接口及相应磁盘控制器封装在一起而形成的一个

容器,里面可以根据需要随时进行磁盘的插拔操作,将之形象地称为磁盘阵列柜。这种技术有效地实现了 MPC 的大容量存储扩容及数据的备份,使数据的安全得到了保证。

3. 固态硬盘与纳米存储

所谓固态硬盘(Solid State Disk 或 Solid State Drive),是指由控制单元和固态存储单元(DRAM 或 Flash 芯片)组成的硬盘,有时也被称为电子硬盘或者固态电子盘。由于固态硬盘没有普通硬盘的旋转介质,因而抗震性极佳。固态硬盘的接口规范、定义、功能及使用方法上与普通硬盘相同,在产品外形和尺寸上也与普通硬盘一致。现有的固态硬盘产品有 3.5 英寸、2.5 英寸、1.8 英寸等多种类型。目前主流的固态硬盘容量一般在 960GB 或者 1TB,最大可见 2.2TB 容量的,接口规格与传统硬盘一致,有 UATA、SATA、SCSI 等。常见的固态硬盘存储介质有两种:即闪存(Flash 芯片)和 DRAM。采用 Flash 芯片作为存储介质的固态硬盘(IDE Flash DISK 和 Serial ATA Flash Disk)就是通常所说的 SSD,它的外观可以被制作成多种模样,例如笔记本硬盘、微硬盘、存储卡和优盘等样式。采用 DRAM 作为存储介质的固态硬盘目前应用范围较窄,它仿效传统硬盘的设计,可被绝大部分操作系统的文件系统工具进行卷设置和管理,并提供工业标准的 PCI 和 FC 接口用于连接主机或者服务器。

"纳米存储"是一种新型的数据存储系统,它以纳米技术作为制造工艺,以有机分子为基础,具有替代目前广泛应用的半导体存储器件的趋势。目前有两种"分子"被潜在地应用于"纳米存储":一种是分子电子器件,包括分子导线、分子整流器、分子开关及分子晶体管;另外一种应用了纳米结构的材料,如纳米管、纳米导线及纳米粒子等。计算机中的纳米存储器实际上就是一个将纳米颗粒封装到多层碳纳米管之中的异质纳米存储结构,通过移动纳米颗粒来存储数据,利用纳米颗粒位置读取数据。存储设备采用这种技术后可以实现在每平方英寸上存储 10TB 数据,这是目前能达到的存储密度的 15 倍,而且没有坏点。如果按照这个存储密度来计算的话,保存在 250 张 DVD 上的数据只需要一个硬币大小的地方就可以存储下来,直径也只有 25.26mm。

4. IP 存储

通过 Internet 协议(IP)或以太网的数据存储称为 IP 存储。在 IP 网络中传输块级数据,使得服务器可以通过 IP 网络连接 SCSI 设备,并且像使用本地的设备一样,无须关心设备的地址或位置。随着网络存储技术的飞速发展,各种存储设备和技术正趋于融合。总有一天,现在的光纤和 SCSI 磁盘阵列、NAS 文件服务器、磁带库等设备都可以运行在一个统一标准的架构 IP 存储中(Storage over IP,SoIP)。目前 IP 存储主要有存储隧道技术(Storage Tunneling)和本地 IP 存储(Native IP-Based Storage)两种。

存储隧道技术是将 IP 协议作为连接异地两个光纤 SAN 的隧道,用以解决两个 SAN 环境的互联问题。这种技术提供的是两个 SAN 之间点到点的连接通信,从功能上讲,这是一种类似于光纤的专用连接技术。光纤通道协议帧被包裹在 IP 数据包中传输。数据包被传输到远端 SAN 后,由专用设备解包,还原成光纤通道协议帧。这种技术也被称为黑光纤连接(Dark Fiber Optic Links),其最大的优势在于可以利用现有的城域网和广域网。目前的存储隧道产品还有待完善,与光纤通道 SAN 相比,只能提供很小的数据传输带宽。例如,一个在光纤 SAN 上,用 2~3 个小时可以完成的传输过程,在两个光纤 SAN 之间以 OC-3 标准传输大约需要 14 个小时,这是目前存储隧道产品比较典型的传输速度。

本地 IP 存储技术是将现有的存储协议,例如 SCSI 和光纤通道直接集成在 IP 协议中,以使存储和网络可以无缝的融合。这并不是把存储网络和传统的 LAN 物理上合并成一个网络，而是指在传统的 SAN 结构中，以 IP 协议替代光纤通道协议来构建结构上与 LAN 隔离，而技术上与 LAN 一致的新型 SAN 系统 IP-SAN。这种 IP-SAN 中，用户不仅可以在保证性能的同时有效地降低成本，而且以往用户在 IP-LAN 上获得的维护经验、技巧都可以直接应用在 IP-SAN 上。本地 IP 存储技术更进一步地模糊了本地存储和远程存储的界限。在 IP-SAN 中，只要主机和存储系统都能提供标准接口，任何位置的主机就都可以访问任何位置的数据，无论是在同一机房中相隔几米，还是数公里外的异地。访问的方式可以是类似 NAS 结构中，通过 NFS、CIFS 等共享协议访问，也可以是类似本地连接和传统 SAN 中，本地设备级访问。

与存储隧道技术相比，本地 IP 存储技术具有显著的优势。首先，一体化的管理界面使得 IP-SAN 可以和 IP 网络完全整合。其次，用户在这一技术中面对的是非常熟悉的 IP 协议和以太网技术；而且各种 IP 通用设备保证了用户可以具有非常广泛的选择空间。事实上，由于本地 IP 存储技术的设计目标就是充分利用现有设备，传统的 SCSI 存储设备和光纤存储设备都可以在 IP-SAN 中利用起来。随着带有 IP 标准接口的存储设备的出现，用户可以单纯使用本地 IP 存储技术来扩展已有的存储网络，或者构建新的存储网络。以千兆以太网甚至万兆以太网为骨干的网络连接保证了本地 IP 存储网络，能够以令人满意的效率工作。

5. 虚拟存储

全球网络存储工业协会将虚拟存储定义为：通过抽象、隐藏或隔离存储（子）系统或存储服务的内部功能，使存储或数据的管理与应用、服务器、网络资源的管理分离，从而实现应用和网络的独立管理。对存储服务和设备进行虚拟化，能够在对下一层存储资源进行扩展时进行资源合并，降低实现的复杂度。存储虚拟化可以在系统的多个层面实现，例如建立类似于分级存储管理(HSM)的系统。虚拟存储的主要理论依据是建立在数据镜像、数据复制、存储备份等概念的基础上。几种常见的虚拟存储主要有：

1) 虚拟磁盘和块

磁盘和块虚拟是目前普遍使用的虚拟存储技术。磁盘机的虚拟一般通过物理磁盘机上的固件实现。块虚拟是通过控制软件为系统提供一个类似于磁盘机的虚拟设备，这个虚拟设备构建于一个或者多个物理磁盘机之上。控制软件向下协调所管理的物理磁盘设备的工作，完成系统和具体物理设备间的地址映像，性能平衡，以及一些其他的后台数据保护机制；向上对系统提供一个虚拟的块设备，系统无须关心某个具体的物理磁盘的管理和操作。块虚拟技术已经广泛地应用于 RAID 系统和虚拟的卷管理系统里面，随着网络存储的发展，也被广泛使用在网络存储系统中。与物理的磁盘机一样，虚拟的块设备也包括了若干的块，数据可以在其上离散地或者连续地读写。但是在物理上并不存在这样一个设备，只不过在系统中看上去管理软件为系统提供了一个磁盘机而已，对系统应用程序的读写请求的响应和真实的物理磁盘机一样。虚拟磁盘成功的重要原因就是不必修改应用程序就可以使用。任何软件，只要能够在物理磁盘上稳定运行，就可以在虚拟块设备上运行。

2) 虚拟文件系统

文件系统的虚拟一般可以通过两种方式实现。远端的文件服务器上的文件系统可以被客户端应用程序感知并在客户端计算机上使用。随着虚拟文件系统技术不断的发展，新的技术使单个文件服务器同时支持多种文件系统。不论上述任何方式，应用程序在访问文件的时候再也不需要关心文件具体的物理存储位置是本地的还是异地的。同时，系统管理员仅通过控制文件存储服务器就可以完成多个应用程序和应用服务器的文件数据管理。

3）虚拟文件

等级式存储管理软件可以在一个文件系统内通过透明地移植非经常性访问文件到低速或者离线的存储设备上实现对文件的虚拟。通过这种方式，更加有效地自动化地实现信息生命周期管理的具体操作，并能够降低在线存储对空间的需求，提高备份的自动化和使用效率。

6. 云存储

云存储是在云计算(Cloud Computing)概念上延伸和发展出来的一个新的概念，是指通过集群应用、网格技术或分布式文件系统等功能，将网络中大量各种不同类型的存储设备通过应用软件集合起来协同工作，共同对外提供数据存储和业务访问功能的一个系统。当云计算系统运算和处理的核心是大量数据的存储和管理时，云计算系统中就需要配置大量的存储设备，那么云计算系统就转变成为一个云存储系统，所以云存储是一个以数据存储和管理为核心的云计算系统。

1）云存储系统模型

云存储系统的结构模型由 4 层组成，分别是存储层、基础管理层、应用接口层和访问层。存储层是云存储最基础的部分。云存储中的存储设备往往数量庞大且分布地域很广，彼此之间通过广域网、互联网或者 FC 光纤通道网络连接在一起。存储设备之上是一个统一存储设备管理系统，可以实现存储设备的逻辑虚拟化管理、多链路冗余管理，以及硬件设备的状态监控和故障维护。基础管理层是云存储最核心的部分。基础管理层通过集群、分布式文件系统和网格计算等技术实现云存储中多个存储设备之间的协同工作，使多个存储设备可以对外提供同一种服务，并提供更大更强更好的数据访问性能。CDN 内容分发系统、数据加密技术保证云存储中的数据不会被未授权的用户所访问，同时通过各种数据备份和容灾技术及措施可以保证云存储中的数据不会丢失，保证云存储自身的安全和稳定。应用接口层是云存储最灵活多变的部分。不同的云存储运营单位可以根据实际业务类型开发不同的应用服务接口，提供不同的应用服务。例如视频监控应用平台、IPTV 和视频点播应用平台、网络硬盘引用平台、远程数据备份应用平台等。任何一个授权用户都可以通过标准的公用应用接口来登录云存储系统，享受云存储服务。云存储运营单位不同，云存储提供的访问类型和访问手段也不同。

2）云存储的发展现状

IDC 研究表明，从 2006 年到 2010 年，全球信息总量将增长 6 倍以上，从 161EB 增加到 988EB(1EB=1024PB)。一些新推出的磁盘阵列中已经普遍采用了 750GB 或 1TB 的 SATA 硬盘。目前已知存储密度最高的磁盘阵列可以在 4U 空间内提供高达 42TB 的存储容量，最新一代 LTO-4 磁带的单盒磁带存储容量也达到了 1.6TB(压缩比为 2∶1)。从性能方面看，FC 磁盘阵列已经逐步过渡到 4Gb 时代，而 8Gb FC 又在向数据中心用户招手；万兆 IP 存储不再是纸上谈兵；在 InfiniBand 领域，已经有厂商推出了 40Gb InfiniBand 适配器产品。

面对 PB 级的海量存储需求，传统的 SAN 或 NAS 在容量和性能的扩展上会存在瓶颈，云计算这种新型的服务模式必然要求存储架构保持极低的成本。从谷歌公司的实践来看，它们在现有的云计算环境中并没有采用 SAN 架构，而是使用了可扩展的分布式文件系统 Google File System(GFS)。这是一种高效的集群存储技术。存储公司 3PAR 营销副总裁 Craig Nunes 表示："为了有效支持云计算，基础架构必须具备几个关键特征。首先，这些系统必须是自治的，也就是说，它们必须内嵌自动化技术，消除人工部署和管理，允许系统自己智能地响应应用的要求。如果系统需要人为干预来分配和管理资源，那么它就不能充分地满足云计算的要求。其次，云计算架构必须是敏捷的，能够对需求信号或变化的工作负载做出及时反应。

换句话说，内嵌的虚拟化技术和集群技术必须能够应对业务增长或服务等级要求的快速变化。如果系统需要花几个小时、几天或几个星期的时间来响应新的应用或用户需求，那么这个系统也就不能满足云计算的要求了。"

2.5 虚拟现实交互设备

虚拟现实(Virtual Reality,VR)是一门综合技术，它以计算机技术为主，综合利用计算机三维图形技术、模拟技术、传感技术、人机界面技术、显示技术、伺服技术等来生成一个逼真的三维视觉、触觉及嗅觉等感觉世界，让用户可以从自己的视点出发，利用自身的功能和一些设备对所产生的虚拟世界这一客体进行浏览和交互式考察。虚拟现实中的"现实"泛指在物理意义上或功能意义上存在于世界上的任何事物或环境，它可以是实际上可实现的，也可以是实际上难以实现的或根本无法实现的。而"虚拟"是指用计算机生成的意思。因此，虚拟现实是指用计算机生成的一种特殊环境，人可以通过使用各种特殊装置将自己"投射"到这个环境中，并操作、控制环境，实现特殊的目的，即人是这种环境的主宰。概括地说，虚拟现实是人们通过计算机对复杂数据进行可视化操作与交互的一种全新方式，与传统的人机界面及流行的视窗操作相比，虚拟现实在技术理念上有了质的飞跃。

2.5.1 虚拟现实交互领域最新技术

1. 人机交互的特点

人机交互可以说是 VR 系统的核心。VR 系统中人机交互的特点有：

(1) 观察点(Viewpoint)是用户做观察的起点。

(2) 导航(Navigation)是指用户改变观察点的能力。

(3) 操作(Manipulation)是指用户对其周围对象起作用的能力。

(4) 临境(Immersion)是指用户身临其境的感觉，这在 VR 系统中越来越重要。

2. VR 系统的特征

VR 系统的基本特征有：

(1) 构想性(Imagination)。指用户沉浸在多维信息空间中，依靠自己的感知和认知能力全方位获取知识，发挥主观能动性，寻求解答，形成新的概念。

(2) 沉浸感(Immersion)。指用户感到作为主角存在于模拟环境中的真实程度。

(3) 交互性(Interaction)。指参与者对虚拟环境内物体的可操作程度和从环境中得到反馈的自然程度。

3. VR 交互技术的种类

目前，虚拟现实交互的新技术主要包括以下 6 种：

(1) 支持情感交互(Affective-based HCI)的情感计算(Affective Computing)。它是通过各种传感器获取由人的情感所引起的表情及其生理变化信号，利用"情感模型"对这些信号进行识别，从而理解人的情感并做出适当的响应。其重点就在于创建一个能感知、识别和理解人类情感的能力，并能针对用户的情感做出智能、灵敏、友好反应的个人计算系统。

(2) 支持可穿戴交互(Wearable HCI)的穿戴计算(Wearable Computing)。可穿戴计算机是一类超微型、可穿戴、人机"最佳结合与协同"的移动信息系统。可穿戴计算机不只是将计算机微型化和穿戴在身上，它还实现了人机的紧密结合，使人脑得到"直接"和有效的扩充与延伸,增强了人的智能。这种交互方式由微型的、附在人体上的计算机系统来实现,该系统总是处在工作、待用和可存取状态,使人的感知能力得以增强,并主动感知穿戴者的状况、环境和需求,自主地做出适当响应,从而弱化了"人操作机器",而强化了"机器辅助人"。

(3) 支持人脑交互(Brain-Computer Interaction)的脑计算(Brain Computing)。最理想的人机交互形式是直接将计算机与用户思想和目的进行连接,无须再包括任何类型的物理动作或解释。对"人脑计算机界面(Brain-Computer Interface,BCI)"的初步研究可能是迈向这个方向的一步,它试图通过测量头皮或者大脑皮层的电信号来感知用户相关的大脑活动,从而获取命令或控制参数。人脑交互不是简单的"思想读取"或"偷听"大脑,而是通过监听大脑行为决定一个人的想法和目的,是一种新的大脑输出通道,一个可能需要训练和掌握技巧的通道。

(4) 体感系统 Kinect。Kinect for Xbox 360(简称 Kinect)是由微软公司开发,应用于 Xbox 360 主机的周边设备。它使用户不需要手持或踩踏控制器,而是使用语音指令或手势来操作 Xbox 360 的系统界面,带给用户"免控制器的游戏与娱乐体验"。Kinect 感应器是一个外形类似网络摄影机的装置,有三个镜头,中间的镜头是 RGB 彩色摄影机,左右两边镜头分别为红外线发射器和红外线 CMOS 摄影机所构成的 3D 深度感应器,搭配追焦技术和底座马达随着对焦物体移动而移动。

(5) 远程触摸和操纵实物。该技术现在只能模拟非常基本的动作,例如击掌或是来回拍球。而在未来,一个更复杂的版本或许能够在更大的屏幕上工作,并重现整个人体。简单来说,该技术搭载一种名为 inFORM 的可变形 3D 表面,在电子元件上模拟物理触感,即无须用户亲临现场,都可以来触动并移动某个对象。这种变形的用户界面是由 Daniel Leithinger 和 Sean Follmer 在 Hiroshi Ishii 的指导下设计完成的。该技术的设计者 Sean Follmer 表示,这种形状显示和数字交互技术已经存在了一段时间,但 inFORM 不同,它专注于用户之间的交互,并提供一种远程触摸和操纵,相隔千里仍可接触。

(6) 下一代显示屏技术。一家名为 Bristol 的公司开发了一种称为 UltraHaptics 的技术,无须触摸到屏幕就可以控制屏幕。它利用使用者超声波及空气压力进行相关的操作。第二种技术是由 MIT 媒体实验室带来的,操作者可以在使用者屏幕空间的任何地方进行绘制,数据可以同步到他的屏幕上。

2.5.2 虚拟现实交互设备

虚拟现实系统要求计算机可以实时显示一个三维场景,用户可以在其中自由的漫游,并能操纵虚拟世界中的一些虚拟物体。因此,除了一些传统的控制和显示设备外,虚拟现实系统还需要一些特殊的设备和交互手段来满足虚拟系统中的显示、漫游及物体操纵等任务。这些设备主要分为三维空间定位设备和三维显示设备。

1. 三维空间定位设备

空间跟踪定位器(或称为三维空间传感器)是一种能实时地检测物体空间运动的装置,可以得到物体在 6 个自由度上相对于某个固定物体的位移,包括 X、Y、Z 坐标上的位置值,以及围绕 X、Y、Z 轴的旋转值(转动、俯仰、摇摆)。这种三维空间传感器对被检测的物体必须是无干扰的,也就是说,不论这种传感器是基于何种原理或使用何种技术,它都不应当影响被测物体的运动,因而称为"非接触式传感器"。三维空间跟踪定位器一般与其他 VR 设备结合使用,如数据手套、立体眼镜、数据头盔等。

数据手套一般由很轻的弹性材料构成,紧贴在手上,如图 2-14 所示。整个系统包括位置、方向传感器和沿每个手指背部安装的一组有保护套的光纤导线,它们检测手指和手的运动。数据手套将人手的各种姿势、动作通过手套上所带的光导纤维传感器输入计算机中进行分析。这种手势可以是一些符号表示或命令,也可以是动作。手势所表示的含义可由用户加以定义。在虚拟环境中,操作者通过数据手套可以用手去抓或推动虚拟物体,以及做出各种手势命令。

三维鼠标能够感受用户在 6 个自由度的运动,如图 2-15 所示,包括三个平移参数和三个旋转参数。其装置比较简单:一个盖帽放在带有一系列开关的底座上。转动这个小球或侧方向推动这个小球时,如向上拉、向下压,使它向前或向后等。三维鼠标将用户的这些动作传送给计算机,从而进一步控制虚拟环境中物体的运动。

图 2-14　数据手套

图 2-15　三维鼠标

2. 三维显示设备

头盔式显示器(Head Mounted Display,HMD)是一种立体图形显示设备,可单独与主机相连以接收来自主机的三维虚拟现实场景信息。目前最常用的头盔显示器是基于液晶显示原理的,最早如美国 VPL 公司于 1992 年推出的 Eyephone,它在头上装有一个分辨率为 360×240 像素的液晶显示器,其视野为水平 100°,如图 2-16 所示。Facebook 在 2014 年 3 月花了 20 亿美元买下了 OculusVR,2014 年 Oculus 和三星合作推出了虚拟现实头戴设备 GearVR,让虚拟现实以另一种形式得到廉价化,并且推出了部分对应的游戏,用户只需戴上"头盔"就可以享受游戏。为了让虚拟现实技术有更好的发展,一款名为 Milk VR 的应用也于 2015 年度登场。该款应用将为人们带来沉浸式的 360°视频体验,如图 2-17 所示。

图 2-16　Eyephone

图 2-17　Milk VR

真三维显示是三维显示的最终目标,是一种能够实现 360°视角观察的三维显示技术,是现实景物的最真实再现。在真三维显示场景中,位置各异的用户无须借助其他设备就可以围绕显示区域看到与自身位置相对应的信息,在宽广的视场和视距范围内随心所欲地边走边看,符合人类对真实场景的观看方式。缺点是只能产生半透明的 3D 透视图,而无法显示不透明的三维物体。

2.5.3 虚拟现实交互设备的最新发展

2015 年,在美国拉斯维加斯召开的国际消费电子展上,来自世界各地的数码设备厂商为人们带来了最新的产品和技术,包括 3D 互动桌面、外围投射的互动视觉体验和置换现实头盔等。

1. SpaceTop:3D 互动桌面

来自麻省理工学院和微软公司的研究人员展示了一个 3D 互动桌面环境,称为 SpaceTop。SpaceTop 使用透明显示器,用户把键盘和自己的双手放置在显示器后面。随后,用户可以通过手势来移动显示屏上的数字对象,以操纵现实世界物体的方法去操作网页、文档和视频。这是一场很有未来感的桌面计算演示,如图 2-18 所示。

2. IllumiRoom:外围投射的互动视觉体验

IllumiRoom 由微软公司雷德蒙研究院的研究人员开发。通过使用 Kinect 传感器和投影仪,系统能够把电视屏幕延伸到整个房间里,投射在电视屏幕周围的图像营造了额外的环绕情境,并形成了沉浸式环境,如图 2-19 所示。

图 2-18　SpaceTop

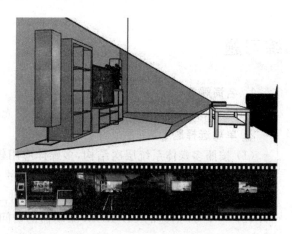

图 2-19　IllumiRoom

3. 置换现实头盔

置换现实是日本理化学研究所的 Naotaka Fujii 博士最近发现的一种混合型现实系统。假定用户一直佩戴 HMD(头戴式显示器),而系统则会记录下他所看到的一切。当场景与过去的录制信息大体上重合时,置换现实就能够在用户无法察觉的情况下在现实和过去之间切换。如果切换的很流畅,用户将无法知道他看到的是现实还是录制影像。这样就能创建一个沉浸式的混合现实环境,如图 2-20 所示。

"全新个人计算体验、智能互联设备的崛起,还有可穿戴设备革命,正在重新定义消费者与技术之间的关系。"英特尔公司首席执行官科再奇在 2015 年 CES 上如是说。虚拟现实的出现,使人们从纷繁复杂的数据中解放出来,提供了一个崭新的信息交流平台,乃至一个全新的世界。虚拟现实技术是许多相关学科交叉集成的产物,VR 技术的不断进步让人们看到了这个领域的巨大潜力和广阔的应用前景。虽然仍存在着许多尚未解决的问题,但是虚拟现实技术将以其独特的优势为各个领域的发展提供一个全新的突破口。

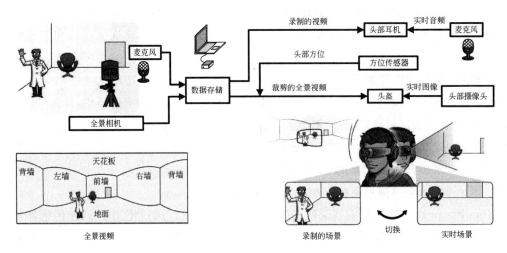

图 2-20 置换现实头盔

练习题

1. 名词解释

MPC,HD DVD,CRT,NAS,SAN,DAS,光存储,平均寻址时间

2. 单项选择题

(1) 按照多媒体系统层次结构,多媒体应用软件位于(　　)之间。
　　A. 多媒体操作系统和多媒体驱动程序　　B. 用户和多媒体驱动程序
　　C. 多媒体操作系统和多媒体压缩软件　　D. 用户和多媒体操作系统

(2) 一个 50 倍速的 CD-ROM 驱动器的访问速度大约为(　　)MB/s。
　　A. 4.5　　　　B. 5.5　　　　C. 6.5　　　　D. 7.5

(3) 扫描仪可在下列(　　)应用中使用。
　　① 拍数字照片　② 图像输入　③ 光学字符识别　④ 图像处理
　　A. ①③　　　　B. ②④　　　　C. ①④　　　　D. ②③

(4) 下列关于数码相机的叙述正确的是(　　)。
　　① 数码相机的关键部件是 CCD 或 CMOS
　　② 数码相机有内部存储介质
　　③ 数码相机拍照的图像可以通过串行口、SCSI 或 USB 接口传送到计算机
　　④ 数码相机输出的是数字或模拟数据
　　A. 仅①　　　　B. ①②　　　　C. ①②③　　　D. 全部

(5) 下列关于 dpi 的叙述正确的是(　　)。
　　① 每英寸的比特数　　　　　　② 描述分辨率的单位
　　③ dpi 越高图像质量越低　　　 ④ 每英寸像素点
　　A. ①③　　　　B. ②④　　　　C. ①②③　　　D. 全部

(6) 常用的扫描仪光学分辨率有(　　)dpi。
　　① 300　　　　② 600　　　　③ 1200　　　　④ 4800
　　A. ①③　　　B. ②④　　　C. ①②③　　　D. 全部
(7) 文本数据的输入方式有(　　)。
　　① 直接输入　　　　　　　　② 语音识别输入
　　③ 利用 OCR 技术，扫描识别输入　　　　④ 手写识别输入
　　A. 仅①　　　B. ①②　　　C. ①②③　　　D. 全部
(8) 一个用途广泛的声音卡应能够支持多种声源输入，下列(　　)是声音卡支持的声源。
　　① 麦克风　　　② 线输入　　　③ CD Audio　　　④ MIDI
　　A. 仅①　　　B. ①②　　　C. ①②③　　　D. 全部

3．填空题

(1) 多媒体计算机软件系统按照功能可分为_____和_____。
(2) 前端总线为 800MHz，数据带宽为 64 位的最大数据传输带宽是_____。
(3) 一般数码相机存储图像文件采用 JPEG 格式，专业数码相机既可采用 JPEG 格式，又可采用_____格式。
(4) 声卡的主要性能指标有_____、_____、_____及兼容性等。
(5) MPC 常见的接口有串口、并口、1394 接口及_____接口等。
(6) 云存储系统的结构模型由 4 层组成，分别是_____、_____、_____和_____。
(7) VR 的基本特征包括_____、_____和交互性。
(8) 虚拟现实系统主要包括_____和三维显示两类设备。

4．问答题

(1) MPC 曾有几个等级标准？简述目前 MPC 标准的基本配置指标。
(2) 声卡、视频卡、显示卡在 MPC 中的作用是什么？
(3) 比较 CRT、LCD 和等离子显示器各自的特点，并对显示器发展趋势作简单分析。
(4) 显示器的分辨率和颜色与哪些因素有关？
(5) 扫描仪的关键部件有哪些？有几种接口方式？简述用户关心的性能指标。
(6) 数字相机采集的是图像还是图形？简述用户关心的性能指标。
(7) 激光打印机和喷墨打印机之间的区别是什么？
(8) 简述 USB 接口的应用特点。
(9) 简述 MPC 主机板上的存储结构并说明各种存储器的主要功能。
(10) 简述 CD-ROM 记录信息原理，说明 CD-ROM、CD-R、CD-RW 分别具有的读写特性。
(11) DVD 与 CD-ROM 有何异同？通常采用什么方法在计算机上观看 DVD？
(12) 本地 IP 存储技术与存储隧道技术相比有哪些优势？
(13) 简述虚拟现实交互的新技术。

第 3 章 数字音频处理技术

声音是人类认识自然和进行交流的主要媒体形式,通常的声音主要是指语音、自然声和音乐。如何将声音数字化转换成数字音频,更加方便地进行传输、存储和处理成为多媒体研究的一个重要领域。数字音频信号的处理主要表现在数据采样和编辑加工两个方面。其中,数据采样的作用是把自然声转换成计算机能够处理的数字音频信号;对数字音频信号的编辑加工则主要表现在剪辑、合成、静音、增加混响及调整频率等方面。

3.1 数字音频概述

声音是指通过一定介质(如空气和水等)传播的一种连续波,其本质是机械振动或气流扰动引起周围弹性媒质发生波动的现象,它是一个随着时间连续变化的模拟信号,在物理学中称为声波。声波具有普通波所具有的特性,即反射(Reflection)、折射(Refraction)和衍射(Diffraction),它有如下几个重要指标,如图 3-1 所示。

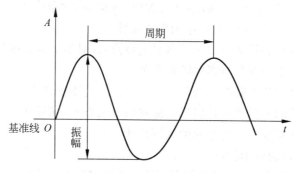

图 3-1 声音关键指标

(1) 基准线:提供模拟信号的基准点。
(2) 振幅(Amplitude):波的高低幅度,表示声音的强弱。
(3) 周期(Period):两个相邻波之间的时间长度。
(4) 频率(Frequency):每秒钟振动的次数,以 Hz 为单位。

通常人耳听力频率范围是 20~20 000Hz,如果物体振动频率低于 20Hz 或高于 20 000Hz 人耳就听不到了,高于 20 000Hz 频率的称为超声波,而低于 20Hz 频率的称为次声波。

3.1.1 声音的基本特点

1. 声音传播方向

声音依靠介质的振动进行传播。声源实际上是一个振动源,它使周围的介质(空气、液体、固体)产生振动,并以波的形式进行传播,人耳如果感觉到这种传播过来的振动,反映到大脑,就意味着听到了声音。

声音以振动波的形式从声源向四周传播,人类在辨别声源位置时,首先对声音到达左、右两耳的微小时间差和强度差异进行辨别,然后经过大脑综合分析而判断出声音来自何方。从声源直接到达人类听觉器官的声音叫作"直达声",直达声的方向辨别最容易。现实生活中,森林、建筑、各种地貌和景物存在于人们周围,声音从声源发出后,需要经过多次反射才能被人们听到,这就是"反射声"。就理论而言,反射声会影响方向的准确辨别。但实际中,反射声不会使人丧失方向感,起关键作用的是大脑的综合分析能力。经过大脑的分析,不仅可以辨别声音的来源,还能丰富声音的层次,感觉声音的厚度和空间效果。

2. 声音的三要素

声音的三要素为音调、音色和音强。就听觉特性而言,这三者决定了声音的质量。

(1) 音调:代表声音的高低。音调与频率有关,频率越高,音调越高,反之亦然。当人们提高唱盘的转速时,声音频率提高,音调也提高。当使用音频处理软件对声音进行处理时,频率的改变可造成音调的改变。

(2) 音强:代表声音的强度,也称为"响度","音量"是指音强。音强与声波的振幅成正比,振幅越大,强度越大。CD音乐盘、MP3音乐及其他形式的声音强度是一定的,可以通过播放设备的音量控制改变聆听的响度,也可使用音频处理软件改变声源的音强。定量描述声音强弱的方式有多种,声压和声压级就是其中的两种形式。声压是指在声场中某处由声波引起的压强的变化值,用 P 表示,单位是"帕斯卡(Pa)"。声压越大,声音也就越大。由于人耳对声音强弱的感觉并不与声压的大小成线性关系,而是大体上与声压有效值的对数成正比,因此为了适应人类听觉的这一特性,通常对声压的有效值取对数,用其对数值来表示声音的强弱即声压级,用 SPL 表示,单位为分贝(dB),表达式如下:

$$SPL = 20\lg \frac{P_{rms}}{P_{ref}}$$

式中 20 为参考常量,P_{rms} 是计量点的声压有效值,P_{ref} 是人为定义零声压级的参考声压值,国际协议规定 $P_{ref} = 2 \times 10^{-5}$(帕),这是大多数具有正常听力的年轻人刚刚能察觉到的 1kHz 单一频率信号(称为简谐音)存在时的声压值。

(3) 音色:它与声波的形状有关,是由混入基音的泛音决定的。通常声音分为纯音和复音两种类型。纯音是指振幅和周期均为常数的声音,一般只会出现在专用的电子设备中。复音是具有不同频率和振幅的混合音,大自然中的声音大部分是复音。复音中最低的频率称为基频,即"基音",它是声音的基调。其他频率复音称为"谐音",也叫泛音。复音中的基频和谐音决定了复音的音质和音色。各种声源都有自己独特的音色,如各种乐器、不同的人和各种生物等,即使在同一音高和同一声音强度的情况下,人们也能根据音色辨别声源种类。

3. 声音的频谱与质量

声音的频谱有线性频谱和连续频谱之分。线性频谱是具有周期性的单一频率声波;连续频谱是具有非周期性的、带有一定频带的所有频率分量的声波。纯粹的单一频率的声波只能在专门的设备中创造出来,声音效果单调而乏味。自然界中的声音几乎全部属于非周期性声波,这种声波具有广泛的频率分量,听起来声音饱满、音色多样且具有生气。

声音的质量简称"音质",音质的好坏与音色和频率范围有关。悦耳的音色、宽广的频率范围(带宽),能够获得非常好的音质。

4. 声音的连续时基性

声音在时间轴上是连续信号,具有连续性和过程性,属于连续时基性媒体形式。构成声音的数据前后之间具有强烈的相关性。除此之外,声音还具有实时性,这对处理声音的硬件和软件提出了很高的要求。

3.1.2 模拟录音

目前记录声音主要有两种技术,即模拟录音技术与数字化音频技术。

模拟磁性录音技术在数字化音频技术以前已使用多年,这一技术被广泛地用于采集和播放各种各样的声音,如音乐、配音及特殊的声音效果,至今在某些领域还被广泛应用。模拟磁性录音过程就是声→电→磁的转换过程。以录音机为例,其工作过程如图 3-2 所示。

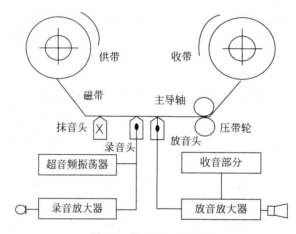

图 3-2 录音机工作过程

这种模拟录音方式是直接记录音频信号的波形,重放时用唱针扫描唱片槽纹或者用放音磁头拾取信号。模拟磁性录音性能受电磁性能的影响较大。磁带的频率特性微小的变化就会对音质产生影响。目前模拟录音动态范围可达 80dB。若进一步提高录音、放音的音质,需借助于数字音频技术。

3.1.3 音频数字化

将时间上连续的模拟音频(自然声或其他种类的声音)转换成时间上不连续的数字音频的过程称为音频的数字化。只有将模拟音频转换为标准数字音频信号,计算机才能进行处理。音频的数字化过程包括采样、量化和编码三大步骤。音频的数字化过程所用到的主要硬件设备便是模拟/数字转换器(Analog to Digital Converter,ADC)。

音频数字化与音频磁记录对于声源产生模拟电信号的捕获方式相同,所不同的是对这种捕获后的电信号的处理方式。音频数字化处理中,并不是利用磁头及磁头线圈进行相关的处理,而是利用硬件按照固定的时间间隔截取该音频电信号的振幅值,振幅值采用若干位二进制数表示,从而将模拟声音信号变成数字音频信号,这样就将连续变化的振动波的模拟声音信号转化为阶跃变化的离散的数字音频信号,如图 3-3 所示。

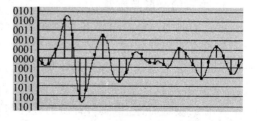

图 3-3 采样过程

截取模拟声音信号振幅值的过程称为"采样",得到的振幅值称为"采样值"。采样值用二进制数的形式表示,称为"量化编码"。具体的实现过程如下:

1. 采样

根据傅里叶定理,只要在连续的信号量上等间隔地取足够多的"点",就能逼真地模拟出原来的连续量,这个取点的过程称为"采样"。每秒钟所抽取的模拟音频幅度的样本次数称为采样频率,单位为 Hz(赫),通常使用 kHz(千赫),即 1kHz=1000Hz。采样频率的高低决定了声音失真程度的大小,采样精度越高("取点"越多),数字声音越逼真,音质就越好。当然,采集的样本数量越多,数字化声音的数据量也越大。如果为了减少数据量而过分降低采样频率,音频信号增加了失真,音质就会变得很差。采样过程如图 3-4 所示。

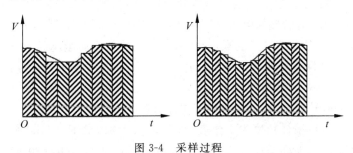

图 3-4 采样过程

采样频率的高低是根据奈奎斯特理论(Nyquist Theory)和音频信号本身的最高频率决定的。奈奎斯特理论指出,采样频率不应低于音频信号最高频率的两倍,这样就能把以数字表达的音频还原成原来的音频,这叫作无损数字化(Lossless Digitization)。采样定律用公式表示为:

$$f_s \geqslant 2f \quad \text{或者} \quad T_s \leqslant T/2$$

其中 f 为被采样信号的最高频率。可以这样来理解奈奎斯特理论,例如音频信号可以看成由许多个正弦波组成的,则振幅为 A、频率为 f 的正弦波至少需要两个采样样本表示,因此音频数据的采样频率 $f_{采样}$ 与声音还原频率 $f_{还原}$ 的关系就可以表示如下:

$$f_{采样} = 2 \cdot f_{还原}$$

目前经常用到的采样频率有 11.025kHz、22.05kHz、44.1kHz、48kHz 等。例如,人耳的可听频率范围为 20Hz~20kHz,根据奈奎斯特采样定理,为保证声音不失真,采样频率至少应保证不低于 40kHz。此外,由于每个人听力范围不同,20Hz~20kHz 只是一个参考范围,因此还要留有一定余地,所以 CD 音频通常采用 44.1kHz 的采样频率,这样的采样频率可以保证即使是采样 22.05kHz 的超声波也不会产生失真。

2. 量化

如图 3-5 所示,把整个声波振幅划分成有限个小等份,每一个小等份赋予一个相同的值,则每个采样点可用振幅的等份数量来描述精度。这些等份值在计算机中用若干位二进制数来表示,这一过程称为量化。从图 3-5 中可以看出采样后的离散值用二进制表示要损失一些精度,量化级别越多,损失越少,音质就越好,声音就越清晰。量化级别是用量化位数表示每个采样点能够表示的数据范围,常用的有 8 位、12 位、16 位、24 位、32 位甚至是 64 位等。要注意的是,8 位(1 个字节)不是说把纵坐标分成 8 份,而是分成 $2^8 = 256$ 份。同理,16 位是把纵坐标分成 $2^{16} = 65\,536$ 份。通常 16 位的量化级别足以表示从人耳刚能听到的最细微的声音到无法忍受的巨大的噪音这样的声音范围了。无论量化精度有多高,量化过程必然会产生一定的噪音,这个称为量化噪音。但只要选择适当的量化精度,量化噪音就可以控制在人耳感觉不出来的范围内。

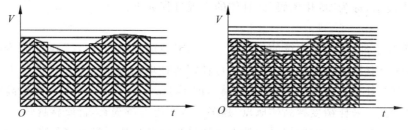

图 3-5 量化过程

采样精度的另一种表示方法是信号噪声比,简称为信噪比(Signal-To-Noise,SNR)。狭义来讲,是指放大器的输出信号的电压与同时输出的噪声电压的比,常常用分贝数表示。一般来说,信噪比越大,说明混在信号里的噪声越小,声音回放的音质量越高,否则相反。信噪比一般不应该低于 70dB,高保真音箱的信噪比应达到 110dB 以上。用下式计算:

$$\mathrm{SNR} = 10\lg[(V_{signal})^2/(V_{noise})^2] = 20\lg(V_{signal}/V_{noise})$$

其中,V_{signal} 表示信号电压,V_{noise} 表示噪音电压,SNR 的单位为分贝(dB)。

例如,假设 $V_{noise}=1$,采样精度为 1 位表示,则 $V_{signal}=2^1$,SNR$=20\lg2\approx6$dB。

再如,假设 $V_{noise}=1$,采样精度为 16 位表示,则 $V_{signal}=2^{16}$,SNR$=20\times16\lg2\approx96$dB。

3. 编码

采样与量化后的二进制音频数据需要按一定的规则进行组织,以便于计算机进行处理,这就是编码。最简单的编码方案是直接使用二进制的补码表示,也称为脉冲编码调制(Pulse Code Modulation,PCM),它属于非压缩编码。在多媒体计算机中用这种编码方法存储的未压缩的音频数据文件大小可用下面公式来计算:

文件存储量(B)=时间(s)×采样频率(Hz)×采样精度(b)×声道数/8

4. 声道数

声道数是声音通道的个数,指一次采样的声音波形个数。单声道一次采样一个声音波形,双声道(立体声)一次采样两个声音波形,双声道比单声道多一倍的数据量。

3.2 声音的输出与识别

随着计算机科学技术的发展,人们已不再满足于仅仅通过键盘和显示器与计算机交互信息。让计算机能听懂人说的话,或者用语音控制各种自动化系统,即用人类最直接、最方便的交换信息形式——语言来与计算机进行通信,这是人类一直以来的梦想。针对此,诞生了一门新的学科——计算机语音学(Computer Phonetics)。人们对于计算机语音学的研究主要包括以下几个方面:语音编码(Speech Coding)、语音合成(Speech Synthesis)、语音识别(Speech Recognition)、语种识别(Language Identification)、说话人识别(Speaker Recognition)或说话人确认(Speaker Verification)等。

3.2.1 语音输出

实现计算机语音输出通常有两种方法:一是录音/重放,二是文字→语音的转换。若采用第一种方法,首先要把模拟语音信号转换成数字序列,编码后暂存于存储设备中(录音)。需要时再经解码,重建声音信号(重放)。录音/重放可获得高音质声音,并能保留特定人或乐器的音色,但所需的存储容量随发音时间线性增长。第二种方法是基于声音合成技术的一种声音产生技术,它可用于语音合成和音乐合成。文字→语言转换是语音合成技术的延伸,它能把计算机内的文本转换成连续自然的语声流。若采用这种方法输出语音,应预先建立语音参数数据库和发音规则库等。需要输出语音时系统按需求先合成出语音单元,再按话音学规则或语言学规则连接成自然的话流。文字→语言转换的参数库不随发音时间增长而加大,但规则库却随语音质量的要求而增大。基于语音合成技术的方法众多,根据不同分类标准有不同的合成方法,从研究技术上来分,有发音参数合成、声道模型参数合成和波形编辑合成;从合成策略上来分,有频谱逼近和波形逼近方法。

3.2.2 语音识别

语音识别技术,也称为自动语音识别(Automatic Speech Recognition,ASR),其目的是要将人类语音中的词汇内容转换为计算机可读取的输入,如按键、二进制编码或者字符序列等。这与说话人识别及说话人确认不同,因为后者并不关心语音中所包含的词汇内容,它只对发出语音的说话人进行识别或确认。一般来说,语音识别技术包括语音拨号、语音导航、室内设备控制、语音文档检索和简单的听写数据录入等。在实际应用中,它往往与机器翻译和语音合成技术等自然语言处理技术相结合,以解决具体需求,如语音到语音的翻译等。语音识别技术所涉及的领域广泛,不同领域上的研究成果都对语音识别的发展做出了贡献,主要包括信号处理、模式识别、概率论和信息论、发声机理和听觉机理、人工智能等。语音识别技术与语音合成技术结合可以使人们甩掉键盘,通过语音命令进行操作,现在已成为一个非常具有竞争性的新型高技术产业。

1. 语音识别系统的分类

语音识别系统可以根据对输入语音的限制加以分类。如果从说话者与识别系统的相关性考虑,可以将识别系统分为三类:

(1) 特定人语音识别系统:仅考虑对于专人的话音进行识别。

(2) 非特定人语音系统:识别的语音与人无关,通常要用大量不同人的语音数据库对识别系统进行学习。

(3) 多人的识别系统:通常能识别一组人的语音,或者称为特定组语音识别系统,该系统仅要求对要识别的那组人的语音进行训练。

如果从说话的方式考虑,也可以将识别系统分为三类:

(1) 孤立词语音识别系统:要求输入每个词后要停顿。

(2) 连接词语音识别系统:要求对每个词都清楚发音,一些连音现象开始出现。

(3) 连续语音识别系统:连续语音输入是指进行自然流利的连续语音输入时,大量连音和变音就会出现。

如果从识别系统的词汇量大小考虑,也可以将识别系统分为三类:

(1) 小词汇量语音识别系统:通常包括几十个词的语音识别系统。

(2) 中等词汇量的语音识别系统:通常包括几百个到上千个词的识别系统。

(3) 大词汇量语音识别系统:通常包括几千到几万个词的语音识别系统。

随着计算机与数字信号处理器运算能力及识别系统精度的提高,识别系统根据词汇量大小进行分类也会不断发生变化。

2. 语音识别的几种基本方法

一般来说,语音识别的方法有三种:基于声道模型和语音知识的方法、模板匹配的方法及利用人工神经网络的方法。

1) 基于声道模型和语音知识的方法

该方法起步较早,在语音识别技术提出的开始就有了这方面的研究。通常认为常用语言中有有限个不同的语音基元,而且可以通过其语音信号的频域或时域特性来区分。该方法分为两步实现:

(1) 分段和标号。把语音信号按时间分成离散的段,每段对应一个或几个语音基元的声学特性,然后根据相应声学特性对每个分段给出相近的语音标号。

(2) 建立词序列。根据第一步所得语音标号序列得到一个语音基元网格,从词典得到有效的词序列,也可结合句子的文法和语义同时进行。

2) 模板匹配的方法

模板匹配的方法发展比较成熟,目前已达到了实用阶段。在模板匹配方法中要经过4个步骤:特征提取、模板训练、模板分类和判决。常用的技术有三种:动态时间规整(Dynamic Time Warping,DTW)、隐马尔可夫(Hidden Markov Model,HMM)理论、矢量量化(Vector Quantization,VQ)技术。

(1) 动态时间规整。

语音信号的端点检测是语音识别中一个非常重要的步骤,所谓端点检测就是正确地标注出语音信号中各种段落(如音素、音节、词素)的始点和终点的位置,从语音信号中排除无声段。在早期,进行端点检测的主要依据是能量、振幅和过零率,但效果往往不明显。20世纪60年代,Itakura 提出了动态时间规整算法。算法的思想就是把未知量均匀地伸长或缩短,直到与参考模式的长度一致。在这一过程中,未知单词的时间轴要不均匀地扭曲或弯折,以使其特征与模型特征对正。

(2) 隐马尔可夫法。

隐马尔可夫法是20世纪70年代引入语音识别理论领域的,它的出现使得自然语音识别系统取得了实质性的突破。HMM方法现已成为语音识别的主流技术,目前大多数大词汇量、连续语音的非特定人语音识别系统都是基于 HMM 模型的。HMM 是对语音信号的时间序列结构建立统计模型,将之看作一个数学上的双重随机过程:一个是用具有有限状态数的 Markov 链来模拟语音信号统计特性变化的隐含的随机过程;另一个是与 Markov 链的每一个状态相关联的观测序列的随机过程。前者通过后者表现出来,但前者的具体参数是不可测的。人的言语过程实际上就是一个双重随机过程,语音信号本身是一个可观测的时变序列,是由大脑根据语法知识和言语需要(不可观测的状态)发出的音素的参数流。可见,HMM 合理地模仿了这一过程,很好地描述了语音信号的整体非平稳性和局部平稳性,是一种较为理想的语音模型。

(3) 矢量量化。

矢量量化是一种重要的信号压缩方法。与 HMM 相比,矢量量化主要适用于小词汇量和孤立词的语音识别中。其过程是将语音信号波形的 K 个样点的每一帧,或有 K 个参数的每一参数帧构成 K 维空间中的一个矢量,然后对矢量进行量化。量化时,将 K 维无限空间划分为 M 个区域边界,然后将输入矢量与这些边界进行比较,并被量化为"距离"最小的区域边界的中心矢量值。矢量量化器的设计就是从大量信号样本中训练出好的码书,从实际效果出发寻找到好的失真测度定义公式,设计出最佳的矢量量化系统,用最少的搜索和计算失真的运算量实现最大可能的平均信噪比。

在实际的应用过程中,人们还研究了多种降低复杂度的方法,这些方法大致可以分为两类:无记忆的矢量量化和有记忆的矢量量化。无记忆的矢量量化包括树形搜索的矢量量化和多级矢量量化。

3) 人工神经网络的方法

利用人工神经网络的方法是 20 世纪 80 年代末期提出的一种新的语音识别方法。人工神经网络(Artificial Neural Network,ANN)本质上是一个自适应非线性动力学系统,模拟了人类神经活动的原理,具有自适应性、并行性、鲁棒性、容错性和学习特性,其强大的分类能力和输入输出映射能力在语音识别中都很有吸引力。由于 ANN 不能很好地描述语音信号的时间动态特性,因此常把 ANN 与传统识别方法结合,分别利用各自优点来进行语音识别。

3. 语音识别系统的结构

语音识别是研究如何利用计算机从人的语音信号中提取有用的信息,并确定其语言含义。其基本原理就是将输入的语音经过处理后,将其和语音模型库进行比较,从而得到识别结果,如图 3-6 所示。其中语音采集设备是指话筒和电话等将语音输入设备;数字化预处理则包括 A/D 变换、过滤和预处理等过程;参数分析是指提取语音特征参数,利用这些参数与模型库中的参数进行匹配,从而产生识别结果的过程;语音识别是最终将识别结果输出到应用程序中的过程;模型库是提高语音识别率的关键。

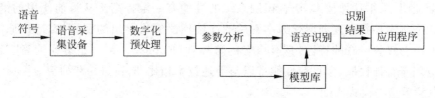

图 3-6 语音识别原理

不同的语音识别系统,虽然具体实现细节有所不同,但所采用的基本技术相似,一个典型的语音识别系统的实现过程如图 3-7 所示。

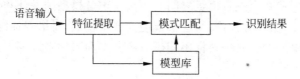

图 3-7 语音识别系统的实现过程

完整的基于统计的语音识别系统可大致分为三部分:

(1) 语音信号预处理与特征提取。

选择识别单元是语音识别研究的第一步。语音识别单元有单词(句)、音节和音素三种,具体选择哪一种由具体的研究任务决定。

① 单词(句)。单词(句)单元广泛应用于中小词汇语音识别系统,但不适合大词汇系统,原因在于模型库太庞大,训练模型任务繁重,模型匹配算法复杂,难以满足实时性要求。

② 音节。音节单元多见于汉语语音识别,主要因为汉语是单音节结构的语言,而英语是多音节,并且汉语虽然有大约 1300 个音节,但若不考虑声调,约有 408 个无调音节,数量相对

较少。因此,对于中、大词汇量汉语语音识别系统来说,以音节为识别单元基本上是可行的。

③ 音素。音素单元以前多见于英语语音识别的研究中,但目前中、大词汇量汉语语音识别系统也被越来越多地采用。原因在于汉语音节仅由声母(包括零声母有 22 个)和韵母(共有 28 个)构成,且声母和韵母的声学特性相差很大。实际应用中常把声母依后续韵母的不同而构成细化声母,这样虽然增加了模型数目,但提高了易混淆音节的区分能力。由于协同发音的影响,音素单元不稳定,因此如何获得稳定的音素单元还有待研究。

语音识别的一个根本问题是合理地选用特征。特征参数提取的目的是对语音信号进行分析处理,去掉与语音识别无关的冗余信息,获得影响语音识别的重要信息,同时对语音信号进行压缩。在实际应用中,语音信号的压缩率介于 10～100 之间。语音信号包含了大量各种不同的信息,提取哪些信息,用哪种方式提取,需要综合考虑各方面的因素,如成本、性能、响应时间及计算量等。非特定人语音识别系统一般侧重提取反映语义的特征参数,尽量去除说话人的个人信息;而特定人语音识别系统则希望在提取反映语义的特征参数的同时,尽量也包含说话人的个人信息。

线性预测(Linear Prediction,LP)分析技术是目前应用广泛的特征参数提取技术,许多成功的应用系统都采用基于 LP 技术提取的倒谱参数。但线性预测模型是纯数学模型,没有考虑人类听觉系统对语音的处理特点。

Mel 参数和基于感知线性预测(Perceptual Linear Predictire,PLP)分析提取的感知线性预测倒谱在一定程度上模拟了人耳对语音的处理特点,应用了人耳听觉感知方面的一些研究成果。实验证明,采用这种技术,语音识别系统的性能有一定提高。从目前使用的情况来看,梅尔刻度式倒频谱参数已逐渐取代原本常用的线性预测编码导出的倒频谱参数,原因是它考虑了人类发声与接收声音的特性,具有更好的鲁棒性(Robustness)。也有研究者尝试把小波分析技术应用于特征提取,但目前性能难以与上述技术相比,有待进一步研究。

(2) 声学模型与模式匹配。

声学模型通常是将获取的语音特征使用训练算法进行训练后产生。在识别时将输入的语音特征同声学模型(模式)进行匹配与比较,得到最佳的识别结果。声学模型是识别系统的底层模型,并且是语音识别系统中最关键的一部分。声学模型的目的是提供一种有效的方法计算语音的特征矢量序列和每个发音模板之间的距离。声学模型的设计和语言发音特点密切相关。声学模型单元大小(字发音模型、半音节模型或音素模型)对语音训练数据量大小、系统识别率及灵活性有较大的影响。必须根据不同语言的特点和识别系统词汇量的大小决定识别单元的大小。

以汉语为例,汉语按音素的发音特征分为辅音、单元音、复元音和复鼻尾音 4 种;按音节结构分为声母和韵母,并且由音素构成声母或韵母。有时,将含有声调的韵母称为调母。由单个调母或由声母与调母拼接成为音节。汉语的一个音节就是汉语一个字的音,即音节字。由音节字构成词,最后再由词构成句子。

汉语声母共有 22 个,其中包括零声母、韵母共有 38 个。按音素分类,汉语辅音共有 22 个,单元音 13 个,复元音 13 个,复鼻尾音 16 个。

目前常用的声学模型基元为声韵母、音节和词,根据实现目的的不同来选取不同的基元。汉语加上语气词共有 412 个音节,包括轻音字,共有 1282 个有调音节字,所以当在小词汇表孤立词语音识别时常选用词作为基元,在大词汇表语音识别时常采用音节或声韵母建模,而在连续语音识别时,由于协同发音的影响,常采用声韵母建模。

基于统计的语音识别模型常用的就是 HMM 模型 $\lambda(N,M,\pi,A,B)$,涉及 HMM 模型的相关理论包括模型的结构选取、模型的初始化、模型参数的重估及相应的识别算法等。

(3) 语言模型与语言处理。

语言模型包括由识别语音命令构成的语法网络或由统计方法构成的语言模型,语言处理可以进行语法和语义分析。

语言模型对中、大词汇量的语音识别系统特别重要。当分类发生错误时可以根据语言学模型、语法结构和语义学进行判断纠正,特别是一些同音字必须通过上下文结构才能确定词义。语言学理论包括语义结构、语法规则和语言的数学描述模型等。目前比较成功的语言模型通常是采用统计语法的语言模型与基于规则语法结构命令语言模型。语法结构可以限定不同词之间的相互连接关系,减少了识别系统的搜索空间,这有利于提高系统的识别。

声学模型是识别系统的底层模型,并且是语音识别系统中最关键的一部分。声学模型的目的是提供一种有效的方法计算语音的特征矢量序列和每个发音模板之间的距离。声学模型的设计和语言发音特点密切相关。声学模型单元大小(字发音模型、半音节模型或音素模型)对语音训练数据量大小、系统识别率及灵活性有较大的影响,必须根据不同语言的特点、识别系统词汇量的大小决定识别单元的大小。

3.2.3 语音合成

语音合成又称为文语转换(Text to Speech)技术,已有多年发展历史,是将任意文字信息实时转化为标准流畅的语音朗读出来,它涉及声学、语言学、数字信号处理、计算机科学等多个学科技术,是中文信息处理领域的一项前沿技术。按照研究技术可分为发音参数合成、声道模型参数合成和波形编辑合成,从合成策略上讲可分为频谱逼近和波形逼近。

1. 发音器官参数语音合成

这种方法对人的发声过程进行直接模拟,它定义了唇、舌及声带的相关参数,如唇开口度、舌高度、舌位置和声带张力等。由这些发音参数估计声道截面积函数,进而计算声波。但由于人发音生理过程的复杂性,理论计算与物理模拟之间的差异,合成语音的质量暂时还不理想。

2. 声道模型参数语音合成

这种方法基于声道截面积函数或声道谐振特性合成语音,如共振峰合成器、LPC 合成器。国内外也有不少采用这种技术的语音合成系统。这类合成器的比特率低,音质适中。为改善音质,发展了混合编码技术,主要手段是改善激励,如码本激励、多脉冲激励、长时预测规则码激励等,这样比特率有所增大,同时音质得到提高。作为压缩编码算法,参数合成广泛用于通信系统和多媒体应用系统中。

3. 波形编辑语音合成技术

20 世纪 80 年代末,E. Moulines 和 F. Charpentier 提出了基于时域波形修改的语音合成技术,在 PSOLA(Pitch Synchronous Overlap Add)方法的推动下,此技术得到很大的发展与广泛的应用。波形编辑语音合成技术是直接把语音波形数据库中的波形级联起来,输出连续语流。这种语音合成技术用原始语音波形替代参数,而且这些语音波形取自自然语音的词或句子,它隐含了声调、重音及发音速度的影响,合成的语音清晰自然,其质量普遍高于参数合成。

PSOLA 就是基音同步叠加,它把基音周期的完整性作为保证波形及频谱平滑连续的基本前提。该算法按以下三步实施:对原始波形进行分析,产生非参数的中间表示;对中间表示进行修改;将修改过的中间表示重新合成为语音信号。由于修改的参数不同,又分为 TD-

PSOLA、FD-PSOLA 和 LP-PSOLA。

文语转换系统实际上可以看作是一个人工智能系统。为了合成出高质量的语言,除了依赖于各种规则,包括语义学规则、词汇规则和语音学规则外,还必须对文字的内容有很好的理解,这也涉及自然语言理解的问题。具体的 TTS 的基本结构如图 3-8 所示。

图 3-8 语音合成过程

(1) 语言学处理

对输入的文本进行语言学分析,主要模拟人对自然语言的理解过程——文本规整、断句、词的切分、语法分析和语义分析,使计算机对输入的文本能完全理解,并给出后两部分所需要的各种发音提示。

(2) 韵律处理

为合成语音规划出音段特征,如音高、音长和音强等,使合成语音能正确表达语意,听起来更加自然,提高语音合成系统所输出的语音质量,主要从清晰度、自然度和连贯性等方面进行主观评价。

(3) 声学处理

根据前几部分处理结果的要求,把处理好的文本所对应的单字或短语从语音合成库中提取,把语言学描述转化成语言波形,输出语音,即语音合成。

3.3 音频素材的获取与存储

3.3.1 录音

常用的录音方式有两种,即模拟录音和数字录音。

1. 模拟录音

模拟录音主要是通过录音机等录音设备对声音进行磁记录,将其保存在磁带等磁介质上,然后再通过放音机等播放设备将记录的磁信号还原成音频信号。历史上很多珍贵的影音资料都是利用这种方式记录并保存的。模拟录音是在数字录音技术之前的主要录音手段。对模拟录音文件直接进行相应的编辑、修复较为困难,合成效果有限。随着数字化技术的发展,模拟录音已逐步被数字录音所取代。

2. 数字录音

数字录音通常是利用专业的声音编辑软件(如 GoldWave 和 Adobe Audition)及相关的数字音频录制设备进行录制,能直接得到数字化的音频文件,可根据需要直接在计算机上进行相应编辑、修改及音效合成等操作,极大地方便了操作。

3.3.2 网络及素材库

通过网络下载和购买素材库也可以获得音频素材。对于一些特殊音频效果,由于条件与环境的限制很难直接录制,可通过网络(如中国原创音乐基地 http://5sing.kugou.com/等)

进行搜索下载,方便快捷。

3.3.3 转换及效果合成

通过音频文件的转换与合成来获取音频,经济实惠,操作方便。

1. 音频文件的转换

(1)模拟录音的转换:利用放音机通过数据线或话筒将音频输入计算机的声卡,然后再利用声卡的采集功能对输入的信号进行录制,保存为数字化音频文件,以供使用。

(2)从 CD 和 VCD/DVD 获取:利用 Windows Media Player、GoldWave 及 Adobe Audition 等软件进行截取。

(3)利用软件合成:利用 GoldWave、Adobe Audition 等专业音频编辑软件可以对几种声音进行合成与音效处理,如回音、变调、慢速与快速等操作。

2. 音乐格式转换

在创作多媒体作品的时候,由于开发平台及系统软件的限制,往往对音频的文件格式有所限定和要求,因此音频文件的格式转换也是音频素材制作的一个重要方面。常见的音频格式转换软件有超级转换秀、GoldWave 等,图 3-9 所示为 GoldWave 进行文件转换的操作界面。

3. 音频文件的播放

不同格式的音乐文件往往需要不同的播放器,目前常见的播放器有 Windows Media Player、千千静听、QQ 影音、Foobar2000 和 Kugou 等。

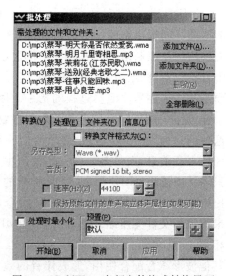

图 3-9 GoldWave 音频文件格式转换界面

3.3.4 数字音频文件

多媒体计算机中的声音可分为三类:波形声音(Wave)、话音(Voice)和音乐(Music)。波形声音实际上包含所有的声音形式,它可以对任何声音进行采样量化,并且恰当地恢复出来,相应的文件格式是 WAV 文件或 VOC 文件。人的说话声虽是一种特殊的媒体,但也是一种波形,所以与波形声音的文件格式相同。音乐是符号化的声音,乐谱可转变为符号媒体形式,对应的文件格式有 MID、MP3、CMF 文件等。

数字音频文件是数字化音频的软载体,目前常用的文件格式有:

1. VOC

VOC 文件是 Creative 公司开发的波形音频文件格式,也是声霸卡(Sound Blaster)所使用的音频文件格式,被 DOS 平台所支持。但是随着 Windows 平台的普及,已逐渐被淘汰,取而代之的是 WAV 格式。VOC 文件由文件头块(Header Block)和音频数据块(Data Block)组成。文件头包含一个标识、版本号和一个指向数据块起始的指针。数据块分成各种类型的子块,如声音数据、静音、标记、ASCII 码文件、重复、重复的结束及终止标记等。

2. WAV

WAV 文件是 Microsoft 公司开发的音频文件格式,它来源于对声音模拟波形的采样。用不同的采样频率对声音的模拟波形进行采样可以得到一系列离散的采样点,以不同的采样位数(8b 或 16b)把这些采样点的值转换成二进制数,然后存入磁盘,这就产生了声音的 WAV 文件,即波形文件。波形声音是最基本的声音格式,该格式记录声音的波形,因此只要采样频率高、采样字节长、机器速度快,利用该格式记录的声音文件能够和原声基本一致,质量非常高。但其文件尺寸太大,多用于存放简短的声音片段。

3. AIF

AIF/AIFF(Audio Interchange File Format,音频交换文件格式)是 Apple 公司开发的一种声音文件格式,被 Macintosh 平台及其应用程序所支持,SGI 及其他专业音频软件包同样支持 AIFF 格式。AIFF 支持 ACE2、ACE8、MAC3、MAC6 压缩,支持 16 位 44.1kHz 立体声。

4. MIDI

MIDI(Musical Instrument Digital Interface,乐器数字接口)是由世界上主要电子乐器制造厂商共同提出来的一个通信标准,规定了计算机音乐程序、电子合成器和其他电子设备之间交换信息与控制信号的方法。MIDI 文件中包含音符、定时和多达 16 个通道的乐器定义,每个音符包括键、通道号、持续时间、音量和力度等信息,所以 MIDI 文件记录的不是乐曲本身,而是一些描述乐曲演奏过程的指令。因此,MIDI 音频与波形音频完全不同,它不对声波进行采样、量化与编码,而是将电子乐器键盘的演奏信息(包括键名、力度和时间长短等)记录下来,这些消息称为 MIDI 消息,是乐谱的一种数字式描述。对应于一段音乐的 MIDI 文件不记录任何声音消息,而只是包含一系列产生音乐的 MIDI 消息(描述乐曲演奏过程的指令),播放时只需从中读出 MIDI 消息,生成所需的乐器声音波形,经放大处理即可输出。与波形声音相比,由于 MIDI 数据不是声音而是指令,因此它的文件长度非常小。半小时的立体声音乐,如果用波形文件无压缩录制,约需 300MB 的存储空间,而 MIDI 数据大约只需要 200 KB,两者相差 1000 多倍。MIDI 的另一个优点表现在配音方面,由于数据量小,可在多媒体应用中与其他波形声音配合使用,形成伴音的效果,而两个波形文件是不能同时播放的。与波形声音相比,MIDI 声音在编辑修改方面也是十分方便灵活的。例如,可以任意修改曲子的速度和音调,也可改换乐器等。MIDI 的缺陷主要是无法模拟自然界中其他非乐曲类声音,文件的录制比较复杂,需掌握一定的 MIDI 创作及改编作品的专业知识,同时还必须借助于专门的工具如键盘合成器等。

根据 MIDI 的特点,在以下三种情况下比较适合用 MIDI 谱曲。

(1) 长时间播放高质量的音乐。

(2) 从 CD-ROM 或 DVD-ROM 等装载其他数据的同时,以音乐作为背景音响效果。

(3) 用音乐作为背景音响效果,同时播放波形音频或进行文字/语言转换音乐输出。

MIDI 是目前最成熟的音乐格式,实际上已经成为一种行业标准,其科学性、兼容性和复杂程度等各方面远远超过其他标准(除交响乐 CD 和 Unplug CD 外),它的 General MIDI 是最常见的通用标准。作为音乐工业的数据通信标准,MIDI 能指挥各种音乐设备的运转,而且具有统一的标准格式,能够模仿原始乐器的各种演奏技巧,甚至可达到人类无法演奏出的效果。MIDI 文件的扩展名为 MID。

MIDI 设备是处理 MIDI 信息所需要的硬件设备,其基本组成包括:

(1) MIDI 端口。一台 MIDI 设备可以有 1~3 个 MIDI 端口,分别称为 MIDI In、MIDI Out 及 MIDI Thru。

① MIDI In:接收来自其他 MIDI 设备的 MIDI 信息。

② MIDI Out:发送本设备生成的 MIDI 信息到其他设备。

③ MIDI Thru：将从 MIDI In 端口传来的信息转发到相连的另一台 MIDI 设备上。

(2) MIDI 键盘。主要用于 MIDI 乐曲演奏，MIDI 键盘本身并不发音，当作曲人员按下键盘上的按键时就会发出按键信息，产生的也只是 MIDI 音乐消息，经过音序器录制后才生成 MIDI 文件。这些数据可以进一步加工，也可以和其他的 MIDI 数据合并，经过编辑后的 MIDI 文件就可以送合成器播放。

(3) 音序器(Sequencer)。用于记录、编辑和播放 MIDI 的声音文件，音序器既有硬件形式也有软件音序器，目前大多为软件音序器。音序器可捕捉 MIDI 消息，将其存入 MIDI 文件。音序器还可以编辑 MIDI 文件。

(4) 合成器。MIDI 合成器与 WAV 合成器之间没有任何关系，它们是声卡上两个独立的声音合成器单元。MIDI 文件的播放是通过 MIDI 合成器，合成器解释 MIDI 文件中的指令符号，生成所需要的声音波形，经放大后由扬声器输出，声音的效果比较丰富。MIDI 文件也可以不经合成器直接送原 MIDI 设备播放。

目前被广泛采用的 MIDI 合成方式有调频合成(Frequency Modulation，FM)和波形表合成(Wave Table)两种。

(1) 调频合成方式。其原理是根据傅里叶级数而来的，即任何一种波动信号都可被分解为若干个频率不同的正弦波，合成器利用硬件产生的若干个正弦波合成某种乐器的声音。

(2) 波形表合成。其原理是 ROM 中已存储着各种实际乐器的声音采样，合成时以查表方式调用这些样本将其还原回放。它可分为硬波表合成与软波表合成。

① 硬波表合成方式。该合成方式的数字声音样本被保存在 ROM 或 RAM（可动态更换）内。而软波表的数字化样本保存在系统主存中，合成运算靠 CPU 完成，最终的音频合成靠声卡上的 WAV 合成器来完成。

② 软波表合成方式。该合成方式表实际上是针对合成 MIDI 音乐而开发的一套软件，其主要作用是控制 CPU 来完成波表 MIDI 合成器的部分功能。

波表与 FM 的最大区别就在于 FM 通过对简单正弦波的线性控制来模拟音乐乐器、鼓和特殊效果，而波表采用真实的声音样本进行回放，因此采用波表合成的 MIDI 音乐听上去更加接近自然且更具真实感，而 FM 合成的 MIDI 音乐则多带有人工合成的色彩。

5. MP3

MP3(MPEG-1 Layer3)是目前最流行的声音文件格式。MPEG 即动态视频压缩标准，其中的声音部分称为 MPEG-1 音频层，它根据压缩质量和编码复杂度划分为三层，即 Layer1、Layer2、Layer3，分别对应 MP1、MP2、MP3 三种声音文件，并且根据不同的用途，使用不同层次的编码。MPEG 音频编码的层次越高，对应的编码器越复杂，压缩率也越高。MP1 和 MP2 的压缩率分别为 4∶1 和 6∶1～8∶1，而 MP3 的压缩率高达 10∶1～12∶1 或更高。举例来说，一个未经压缩的 50MB 的 WAV 文件压缩成 MP3 文件时可能只有 5MB。不过，MP3 采用的是有损压缩方式，与 CD 相比音质差一些。

由于 MP3 是压缩后产生的文件，因此需要一套 MP3 播放软件进行还原。目前 Windows 自带的媒体播放器和 Winamp 等很多软件都支持这种声音文件格式。为了降低失真度，MP3 采取"感官编码技术"，以极小的声音失真换取了较高的压缩比，这使得 MP3 既能在 Internet 上自由传播，又能被轻易地下载到便携式数字音频设备(如 MP3 随身听)中。这种便携式数字音频设备是基于数字信号处理器(Digital Signal Processing，DSP)的，无须计算机支持便可实现 MP3 文件的存储、解码和播放。MP3 文件的扩展名为 .MP3。

6. MP4 音乐

在 MP3 日益成为一种主流的音乐格式之后,现在又出现了 MP4。MP4 并不能望文生义地理解为 MPEG-4 或者 MPEG-1 Layer4 格式。从技术层面讲,MP4 使用的是 MPEG-2 AAC 技术,简称 A2B 的技术。它的特点是音质更加完美而压缩比更大(15∶1～20∶1)。MPEG-2AAC 是在采样频率为 8～96kHz 时,可提供 1～48 个声道可选范围的高质量音频编码。AAC(Advanced Audio Coding,先进音频编码)适用于从比特率为 8kb/s 单声道电话语音音质到 160kb/s 多声道超高质量音频信号范围内的编码,并且允许对多媒体进行编码/解码。它增加了诸如对立体声的完美再现、比特流效果音扫描、多媒体控制和降噪等 MP3 没有的特性,使得在音频压缩后仍能完美地再现 CD 的音质。

MP4 真正的含义由来是因为版权问题,对唱片公司来说,MP3 的缺陷就是忽视了著作者和出版者应享有的版权待遇。于是,GMO(Global Music One)公司针对 MP3 提出了基于 AT&T 公司授权的 AAC 改良技术——A2B 的音频压缩方法和应用,并将其命名为 MP4,其用意大概是想表明 MP4 是继 MP3 之后的一种升级换代技术,这正好契合了人们的习惯思维。

A2B 技术主要由三个部分组成:第一,AT&T 的音频压缩技术专利,它可以将 AAC 压缩比提高到 20∶1 而不损失音质;第二,安全数据库,它可以为 A2B 音乐文件创建一个特定的密钥,并将此密钥置于其数据库中,只有 A2B 的播放器才能播放含有这种密钥的音乐;第三,协议认证,这个认证包含了复制许可、允许复制副本数量、歌曲总时间、歌曲可以播放时间及经营销售许可等信息。

7. Real Audio 文件——RA/RM/RAM

Real Audio 文件是由 Real Networks 公司开发的主要适用于网络实时数字音频流技术的文件格式,如今已成为网上在线收听的标准。它将音频文件大大压缩,所以在高保真方面远不如 MP3,不过由于体积小,适合实时收听。与 MP3 相同,它也是为解决网络传输带宽资源而设计的,因此主要追求压缩比和容错性,其次才是音质。

8. CD Audio 音乐

CD Audio 音乐是 CD 唱片采用的格式,又叫"红皮书"格式,是目前音质最好的音频格式,其扩展名为.CDA。在大多数播放软件的"打开文件类型"中都可以看到 *.CDA 格式,这就是 CD Audio 了。CD 音轨可以说是近似无损的,因此它的声音基本上是忠于原声的。CD 光盘可以在 CD 唱机中播放,也能用计算机中的各种播放软件播放。一个 CD 音频文件即一个 *.CDA 文件,这只是一个索引信息,并不真正地包含声音信息,所以不论 CD 音乐的长短,在计算机上看到的"*.CDA 文件"都是 44 字节长。注意,不能直接复制 CD 格式的 *.CDA 文件到硬盘上播放,需要使用像 Exact Audio Copy 这样的抓音轨软件把 CD 格式的文件转换成 WAV 格式的文件。CD Audio 音乐的缺点是无法编辑,文件太大。

9. AAC 文件

AAC(Advanced Audio Coding,高级音频编码)出现于 1997 年,基于 MPEG-2 的音频编码技术,由 Fraunhofer IIS、杜比实验室、AT&T 和 SONY(索尼)等公司共同开发,目的是取代 MP3 格式。2000 年,MPEG-4 标准出现后,AAC 重新集成了其特性,加入了 SBR 技术和 PS 技术,为了区别于传统的 MPEG-2,AAC 又称为 MPEG-4 AAC。

10. 其他音频文件格式

除了上述常见的音频文件格式以外,还有以下几种格式:

- RMI 文件:Microsoft 公司的 MIDI 文件格式,它可以包括图片、标记和文本。

- SND 文件：另一种计算机的波形声音文件格式，Apple 计算机上音频文件的存储格式。
- AU 文件：SUN 和 NEXT 公司的声音文件存储格式，主要用于 UNIX 工作站上。

3.3.5 音质与数据量

本书中所讲的数字音频主要指 WAV 格式的波形音频文件，它是其他格式音频文件转换的基础。数字音频的声音质量好坏取决于采样频率的高低、表示声音的基本数据位数和声道形式。音频文件的数据量由下式算出：

$$v = fbs/8$$

式中 v 代表数据量；f 是采样频率；b 是数据位数；s 是声道数。

例如，CD 质量的参数为：$f=4.1\text{kHz}, b=16b, s=2$，则每秒钟的数据量为：

$$v = (44\,100\text{Hz} \times 16b \times 2) \div 8 = 176\,400\text{B}(约合172\text{KB})$$

如果以 CD 激光盘音质（44 100Hz 的采样频率，16 位，立体声，172KB/s）记录一首 5min（300s）的乐曲，则数据量为：

$$172\text{KB/s} \times 300\text{s} = 51\,600\text{KB}(约合50.39\text{MB})$$

由计算结果可以看出，音频文件的数据量问题不容忽视。为了节省存储空间，通常在保证基本音质的前提下适当降低采样频率。在一般场合，人的语音采用 11.025kHz 的采样频率、8b、单声道已足够；如果是乐曲，22.05kHz 的采样频率、8 位、立体声就已满足要求。

3.4 音频编辑

一般的音频编辑包括录制音频、确定编辑区域、删除片段、设置静音和剪贴片段等相关操作，常用软件有 GoldWave 和 Adobe Audition 等。

3.4.1 GoldWave 软件介绍

GoldWave 是一款功能强大的数字音乐编辑器，它小巧易用，可运行在 Windows XP/7 等环境中。它集声音编辑、播放、录制和转换于一身。可处理的音频文件格式包括 WAV、MP3、OGG、VOC、IFF、AIF、AFC、AU、SND、MAT、DWD、SMP、VOX、SDS、AVI、MOV、APE 等，也可以从 CD、VCD、DVD 及其他视频文件中获取声音。编辑功能主要包括剪辑、合成多个声音素材、制作回声、混响、改变音调和音量、频率均衡控制、音量自由控制及声道编辑等。

本书中使用的是 GoldWave 5.77，把该软件的全部文件复制到硬盘的某个文件夹内，然后在桌面上建立启动文件 GoldWave.exe 的快捷方式。双击桌面上 GoldWave 的快捷方式图标，显示图 3-10 所示的主界面。主界面中的菜单栏用于文件及其他编辑操作；工具栏中的工具按钮用于编辑和产生特效；窗口中的左声道和右声道波形是主要编辑区，坐标轴是时间轴；底部的状态栏提示当前编辑的时间宽度和采样频率等。

3.4.2 简单音频编辑

简单音频编辑包括删除片段、静音处理、剪贴片段、声音反向及生成回声效果等。不论声音素材是单声道还是双声道，编辑操作同样有效。

1. 增减工具

工具栏上的各种工具按钮可以根据需要增减，以方便使用。如果屏幕显示分辨率足够高，

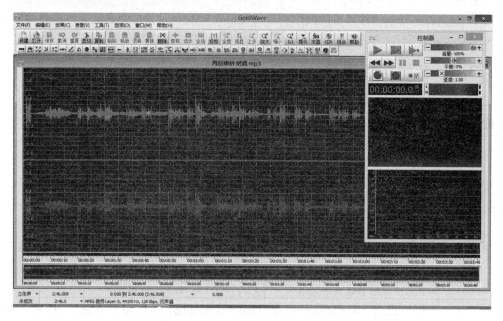

图 3-10　GoldWave 软件的主界面

软件主界面足够大,也可把尽可能多的工具按钮置于工具栏中。

在工具栏上,增减工具按钮的操作步骤如下:

(1) 选择"选项"→"工具栏"命令,出现"工具栏选项"对话框,如图 3-11 所示。

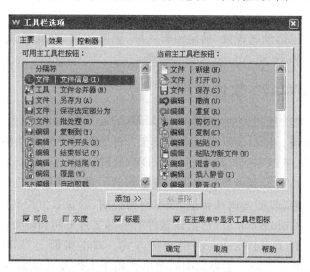

图 3-11　"工具栏选项"对话框

(2)"工具栏选项"对话框中"主要"选项卡右侧的"当前主工具栏按钮"列表框中是当前工具栏中显示的工具按钮。若要增加工具按钮,在左侧"可用主工具栏按钮"列表框中选择一个工具,拖动到右侧"当前主工具栏按钮"列表框中即可。若要减去某个工具按钮,则把右侧"当前主工具栏按钮"列表框中的工具拖动到左侧"可用主工具栏按钮"列表框中即可。

(3) 工具按钮增减完毕,单击"确定"按钮。

2. 打开与关闭声音文件

GoldWave 软件可以直接打开、编辑和保存 MP3 格式、WAV 格式及其他多种格式的声音文件。

(1) 打开声音文件。单击工具栏中的"打开"按钮 ![], 显示"打开声音文件"对话框, 查找并选中需要打开的声音文件后, 单击"打开"按钮。

GoldWave 可同时打开多个声音文件, 但受内存容量的限制, 打开文件不宜过多。

(2) 关闭声音文件。选择"文件"→"关闭"命令, 关闭当前的声音窗口。

3. 删除声音片段

该操作用于取消不需要的部分, 如噪声、噼啪声、各种杂音及录制时产生的口误等。删除声音片段的操作步骤如下:

(1) 确定编辑区, 在声音文件的音轨上单击设置编辑起点, 右击设置编辑终点。

(2) 单击工具栏中的"删除"按钮 ![], 编辑区域被删除, 其中的声音也一并被删除。

要准确地确认编辑区域, 需要仔细聆听, 在放大显示状态下反复调整区域。

4. 静音处理

静音处理可以把声音片段处理成一段寂静无声的片段, 通常用于去除语音之间的噪声、音乐首尾的噪音和设置两段声音之间的静音间隔等。静音处理的操作步骤如下:

(1) 确定编辑区域。

(2) 单击工具栏中的"静音"按钮 ![], 编辑区域变成静音, 时间长度不变。

如果默认状态下工具栏中没有静音工具按钮, 可通过相应设置添加该工具按钮。

5. 剪贴片段

剪贴片段用于重新组合声音, 将某段"剪"下来的声音粘贴到当前声音的其他位置或者粘贴到其他声音素材中。剪贴片段的操作步骤如下:

(1) 确定编辑区域, 该区域将是被剪贴的内容。

(2) 单击工具栏中的"复制"按钮 ![], 将编辑区域的内容复制到剪贴板中。

(3) 单击任意声音文件波形图的某一位置(该位置是粘贴的起始位置), 单击"粘贴"按钮 ![], 剪贴板内的声音被粘贴到波形图中, 原有声音被"挤"向后边。

如果希望把剪贴板内容生成新的文件, 而单击工具栏中的"粘贴为新文件"按钮 ![], 则生成新文件的音轨编辑窗口。这个操作经常用于把某部分从声音素材中分离出来。

6. 恢复操作

一旦发生操作失误, 单击工具栏中的"撤销"按钮 ![], 可恢复单击撤销工具之前的状态。若单击"重复"按钮 ![], 可恢复错误发生之前的状态。

7. 声音反向

声音反向是把声音数据反向排列, 形成倒序声音。倒序声音可用于声音的加密传送, 对方利用相同的软件, 并进行相同的倒序处理才能还原声音。声音反向的操作步骤如下:

(1) 确定编辑区域, 把需要进行倒序处理的内容包括在内。

(2) 单击工具栏中的"反向"按钮 ![], 编辑区域内的声音变成倒序。

8. 生成回声

制作回声最理想的对象是语音, 乐曲和歌曲不宜制作回声, 这是由于乐曲和歌曲比较连续, 不易听出回声的缘故。产生回声的基本原理如图 3-12 所示。

在原声 1 次波上叠加 2 次波, 且 2 次波比 1 次波有所延迟, 音量小, 叠加后的听觉效果就是回声。当然, 如果叠加 3 次波、4 次波乃至更多, 则产生像左右漂移的效果。具体的操作步骤如下：

(1) 设置编辑区域,把需要制作回声的部分包括进去。

(2) 单击工具栏中的"回声"按钮 ，出现图 3-13 所示"回声"对话框。

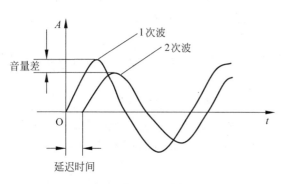

图 3-12　回声的基本原理

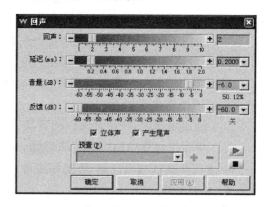

图 3-13　"回声"对话框

(3) 在对话框中移动"回声"滑块,确定叠加波形的数量,通常取 2～4。

(4) 移动"延迟"滑块,调整各次波的延迟时间。

(5) 移动"音量"滑块,确定叠加波形的衰减音量。

(6) 若希望回声采用立体声,单击"立体声"选项,使其有效。

(7) 希望回声不绝于耳,单击"产生尾声"选项,使其有效。这是多次波叠加的效果。

(8) 设置完成后单击"确定"按钮。

延迟时间不宜过长,否则声音分离,不像回声。设置完成后,可先单击回声设置对话框中的"试听当前设置"按钮 ，试听效果满意后单击"确定"按钮结束操作。

3.4.3　高级音频编辑

高级音频编辑包括设置播放控制工具、淡入淡出、混响时间、频率均衡控制、时间调整、响度控制、声道编辑、音频合成及降噪等。

1. 设置播放控制工具

工具栏中的播放器有很多控制工具,如图 3-14(a)所示。这些工具用于监听编辑效果,方便音频编辑。最常用的播放控制工具是两个播放按钮,一个绿色,一个黄色。两个播放按钮的功能可以自行设定。绿色按钮用于聆听编辑区域开始端的声音,黄色按钮用于聆听编辑区域结束端的声音,可方便地确认编辑区域是否准确。具体设置步骤如下：

(1) 选择"选项"→"控制器属性"命令,会出现图 3-14(b)所示"控制器属性"对话框。

(2) 在对话框中的"绿色播放键"选项区域中选择"选定部分"单选按钮,使其有效。

(3) 在"黄色播放键"选项区域中选择"结束部分"单选按钮,使其有效。

绿色和黄色播放键栏目的底部均有"循环"选项,可设定循环播放的次数。

(4) 单击"确定"按钮,结束设置。

2. 淡入淡出

"淡入"和"淡出"是指声音的渐强和渐弱,通常用于产生渐近渐远的听觉效果。两个声音素材交替切换时也经常采用这种处理方式。制作淡入和淡出效果的操作步骤如下：

(1) 确定编辑区域。一般编辑区域总是位于声音素材的开始或末尾。

第3章 数字音频处理技术

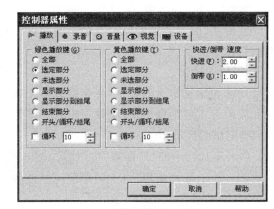

(a) 播放器中的播放按钮　　　　　　　　(b) "控制器属性"对话框

图 3-14　播放控制工具的定义

（2）制作淡入效果。单击工具栏中的"淡入"按钮，会出现图 3-15(a)所示的"淡入"对话框。调整滑块可以改变淡入的初始音量,初始音量为 0 时无须拖曳滑块。单击"确定"按钮。

（3）制作淡出效果。单击"淡出"按钮 ，显示图 3-15(b)所示的"淡出"对话框。调整滑块可以确定淡出的最终音量,若最终音量为 0 则不动滑块。单击"确定"按钮。

淡入与淡出效果如图 3-15(c)所示。在乐曲的开始和结束阶段有渐进和渐远的听觉感受。

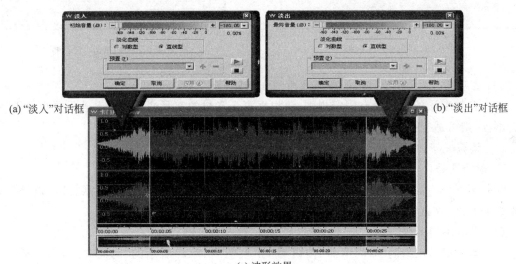

(a) "淡入"对话框　　　　　　　　　　　　　　　(b) "淡出"对话框

(c) 波形效果

图 3-15　淡入与淡出效果

3．混响时间

混响时间的长短是润色音色的技术手段,混响时间稍长,声音显得圆润；混响时间更长一些,声音具有空旷感。

混响原理与回声原理近似,把滞后一小段时间的声音叠加到原声上,叠加的声音音量和延迟时间可调,以产生不同的混响效果。其具体制作步骤如下：

（1）确定编辑区域。

（2）单击工具栏中的"混响"按钮 ，会出现图 3-16 所示的"混响"对话框。

(3) 调整"混响时间"滑块,确定混响时间,单位是秒。混响时间越长,空旷效果越明显。调整"音量"滑块,改变叠加到原声上的声波幅度。调整"延迟深度"滑块,改变延迟时间,从而影响混响总体效果。

4. 频率均衡控制

频率均衡控制是指对低音、中音和高音各个频段进行提升和衰减的控制。该控制使声音的层次和频段分布更为理想,音响效果更好。操作步骤如下:

(1) 确定编辑区域。

(2) 单击工具栏中的"均衡器"按钮 ,会出现图3-17所示的"均衡器"对话框。在对话框中可以看到一个七段均衡器,每个频率段可单独调整。

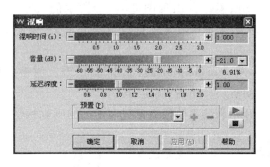

图3-16 "混响"对话框

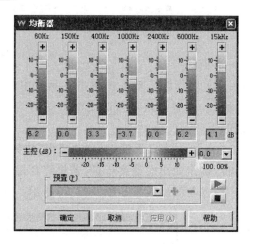

图3-17 "均衡器"对话框

(3) 移动各个频段的滑块,调整该频段的强弱。

如果各频率段的调整没有固定规则,要根据声音素材的实际情况进行。若乐曲高音不清,中音混浊,则可适当提高15kHz和1000Hz频段的幅度。

(4) 调整完毕,单击"确定"按钮。

5. 时间调整

制作多媒体产品时,为了和画面同步,需要改变声音的长度。加工音响素材时,也需要精确地控制长度,这就需要进行时间的调整。具体调整步骤如下:

(1) 设定编辑区域。

(2) 单击工具栏中的"时间弯曲"按钮 ,出现图3-18(a)所示的"时间弯曲"对话框。在"变化"和"长度"单选按钮两者之间任选一个,改变其数值,即可改变声音的时间长度。聆听效果时会发现音调也随之发生变化。

(3) 若希望改变时间长度时音调不变,在图3-18(a)所示的对话框中单击FFT按钮,显示图3-18(b)所示的画面。在画面下边改变"FFT大小"微调框中的数值,数值大,效果好。根据视听效果改变"重叠"下拉到表框中的数值,调整完毕后单击"确定"按钮。

6. 音量自由控制与合成

声音的音量可根据音量曲线自由控制,此举常用于多种声音素材的合成。在一首乐曲中可随意安排某处或多处的音量减小或增加。音量自由控制的典型例子如图3-19所示。图3-19中背景音乐采用了音量自由控制,在中间某段形成低谷。在曲线低谷时插入语音。待语音结

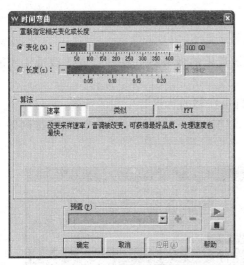 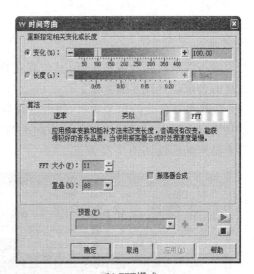

(a) 直接改变速率　　　　　　　　(b) FFT模式

图 3-18 "时间弯曲"对话框

束后,曲线恢复原有音量值。

1) 音量自由控制

音量自由控制的操作步骤如下:

(1) 打开语音文件,聆听并记录下该语音的时间长度。

(2) 打开背景音乐文件,寻找合适的语音插入点,然后设置编辑区域。该区域应略大于语音文件时间为 2~4s。例如,语音长度为 20s,则编辑区域为 22~24s,如图 3-19 所示。

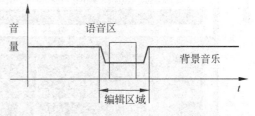

图 3-19 音量自由控制原理

(3) 单击工具栏中的"外形音量"按钮 ,出现"外形音量"对话框。拖动该对话框中的线段形成低谷,与图 3-19 中的背景音乐曲线类似,如图 3-20 所示。

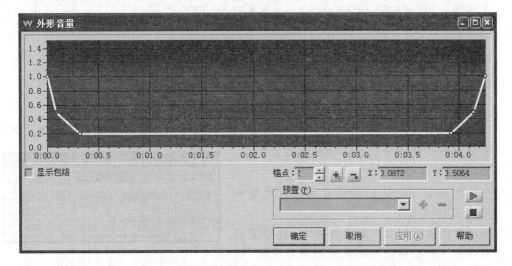

图 3-20 "外形音量"对话框

(4) 单击"确定"按钮。

2) 合成

把语音与背景音乐合成在一起,其位置在背景音乐的低谷处。这种合成手段适用于所有声音素材的合成。合成步骤如下:

(1) 打开参与合成的相关素材,如经过音量自由控制的背景音乐和语音等。

素材窗口多时,可选择"窗口"→"横向平铺"或"窗口"→"纵向平铺"命令,整齐排列各个窗口。整齐排列的画面如图 3-21 所示。

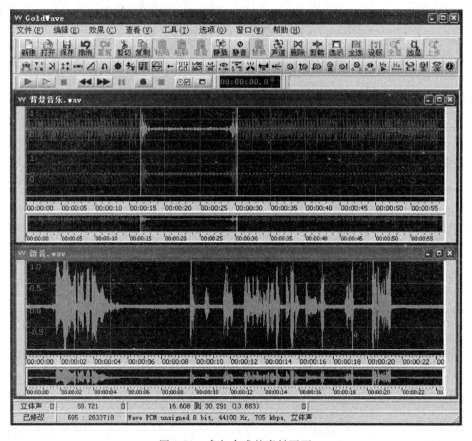

图 3-21 参与合成的素材画面

(2) 单击语音窗口,设置编辑区域,把语音包括在内。

(3) 单击工具栏中的"复制"按钮,将语音复制到剪贴板。

(4) 单击背景音乐窗口,在低谷的开始位置单击,确定合成起点。

(5) 单击"混音"按钮,出现图 3-22 所示的"混音"对话框。在对话框中调整音量滑块,改变将要合成的语音音量。若语音原有音量很小,右移滑块,适当调高音量。

(6) 单击"确定"按钮,语音被合成在背景音乐的低谷处。

单声道音频合成到双声道音频中时,自动变成均等的双声道。若双声道音频向单声道合成时,则把两个声道合二为一,变成单声道。

图 3-22 "混音"对话框

7. 声道编辑

前面介绍的所有编辑手段都是在两个声道间同步进行的。声道编辑可以在两个声道中选择一个进行编辑,把声音素材合成到任意一个声道,制作声像左右漂移效果等功能。

1) 选择当前声道

选择当前声道的步骤如下:

(1) 右击选择区域,然后选择"声道"按钮,左声道处于当前编辑状态,右声道亮度变暗,处于非编辑状态。

(2) 再次右击选择区域,选择"声道"按钮,则右声道成为当前编辑的声道。

(3) 再次右击选择区域,然后选择"声道"按钮,恢复到原始的双声道编辑状态。

选择声道后,所有音频编辑手段只对当前声道有效。

2) 声道间素材的合成

声道间素材的合成步骤如下:

(1) 选择一个声道,设置编辑区域,单击工具栏中的"复制"按钮,把该声道的内容复制到剪贴板中。

(2) 切换到另一个声道,重新设定编辑区域。根据需要,单击粘贴按钮或合成按钮,把剪贴板中的内容粘贴(插入效果)或合成到当前声道中。

若使用粘贴功能,由于是插入操作,因而将改变当前声道的时间长度,与另一个声道的同步关系被破坏,应予以充分注意,除非有意制作该效果。

3) 制作声像漂移效果

声像漂移是一种听觉感受,声音在左、右声道之间来回漂移,忽左忽右。声像漂移必须在双声道编辑状态下进行,不可只有一个编辑声道。

制作声像漂移效果的操作步骤如下:

(1) 设定编辑区域。

(2) 单击工具栏中的"声像"按钮,弹出图 3-23 所示的"声像"窗口。该窗口的上半部分是左声道(图中浅色部分),下半部分是右声道(图中深色部分),中间有一条直线。

(3) 拖动图 3-23(a)中的直线或上或下移动,如图 3-23(b)所示。该线段表示声音从平衡点到右声道最大值,然后通过平衡点逐渐过渡到左声道为最大值,再回到平衡点。听觉感受是:声音先从中间向右漂移,然后通过中间向左漂移,最后恢复到中间。

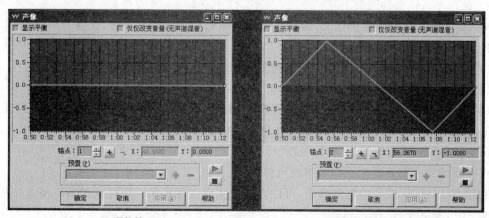

(a) 调整前　　　　　　　　　　　　(b) 调整后

图 3-23　"声像"窗口

8. 多格式保存

GoldWave 软件可以多种格式保存声音文件，下面以常见的 WAV 格式和 MP3 格式为例进行介绍。

1）保存 MP3 文件

MP3 声音文件应用广泛，除了用计算机播放以外，使用最广泛的是手机、MP3 和 MP4 播放器。在保存 MP3 声音文件时需要考虑播放设备，从而决定采用何种文件模式。

保存 MP3 文件的操作步骤如下：

(1) 选择"文件"→"另存为"命令，出现图 3-24(a)所示"保存声音为"对话框。

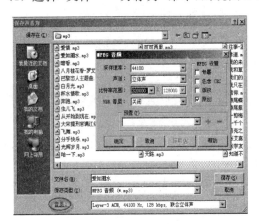
(a) 保存声音文件

(b) 音质属性列表

图 3-24　保存声音文件界面

(2) 在对话框中指定保存的路径；在"保存类型"下拉列表中选择 MPEG 音频(＊.mp3)选项。

(3) 在"音质"下拉列表中选择一种文件模式。

若使用计算机播放 MP3 声音文件，采用"44 100Hz，320kb/s，立体声"模式，该模式数据量大，音质好；若使用 MP3 随身听播放，在"44 100Hz，192kb/s，立体声"到"44 100Hz，96kb/s，立体声"之间选取，kb/s 数值越低，数据量越小，音质越差。

(4) 单击"保存"按钮。

2）保存 WAV 文件

WAV 声音文件的数据量很大，为了在音质和数据量之间寻求平衡，在保存时要选用不同的文件模式。操作步骤如下：

(1) 选择"文件"→"另存为"命令，出现图 3-24(a)所示的"保存声音为"对话框。

(2) 指定路径，并输入文件名。

(3) 在"音质"下拉列表中选择一种文件模式，如图 3-24(b)中的属性列表。通常在列表中选择"Unsigned 8bit，立体声"模式，若要求音质更好一些，可选择"Unsigned 16bit，立体声"模式。

(4) 单击"确定"按钮。

保存后的文件需要改变采样频率时可使用"录音机"软件。

利用 GoldWave 软件的文件操作，可以方便地实现文件转换。如打开 WAV 格式文件后，保存为 MP3 格式文件，反之亦然。

3.5 综合实例

任务:制作"再别康桥"的配乐朗读。

要求:让人通过听"再别康桥"的配乐朗读体会这篇散文的意境。

制作过程:先录制朗读声音,然后对声音进行降噪、音调调整和幅度调整等修饰处理,最后加入合适的背景音乐进行混音合成,以加强该散文的抒情意境。

3.5.1 录音设置

选择安静的录音场所,关闭计算机中一切可能发声的软件,如 QQ 和旺旺等。

设置录音属性的步骤如下:

(1) 右键单击任务栏右侧的"小喇叭"图标 ,在弹出的快捷菜单中选择"录音设备"命令,打开"声音"对话框,如图 3-25 所示。

图 3-25 录制声源设置

(2) 如果录制设备中没有"麦克风",在空白处右键单击,在弹出的快捷菜单中选择"显示禁用的设备"命令;右键单击"麦克风",在弹出的快捷菜单中选择"启用"命令;再次右键单击"麦克风",在弹出的快捷菜单中选择"设置为默认设备"命令。

(3) 单击"属性"按钮,打开"麦克风 属性"对话框。选择"级别"选项卡,调整"麦克风"至 70~100 之间,小喇叭 处于开启状态。若麦克风音量太小,适当调节"麦克风加强"的数值,如图 3-26 所示。

图 3-26　麦克风属性设置

3.5.2　录音

打开 GoldWave 软件,单击"新建"按钮,在"新建声音"对话框中设置"声道数"为 2,"采样速率"为 44100,如图 3-27 所示。设置完毕,单击"确定"按钮。

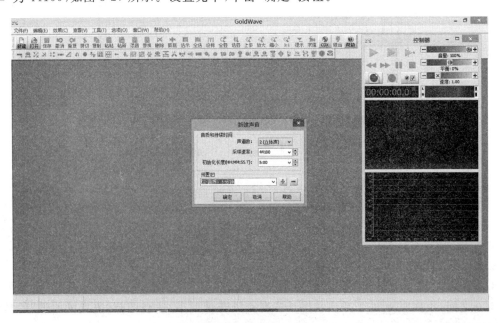

图 3-27　新建声音参数设置

单击右侧"控制器"面板上的红色圆形按钮 ⬤ 开始录音。先录取一段长约 5s 的空白声音，然后开始朗读"再别康桥"。录音结束后单击红色方形按钮 ■ 。

选择"文件"→"保存"命令，在弹出的"保存声音为"对话框中选择保存的路径和文件格式，如图 3-28 所示。单击"保存"按钮，保存录音文件。

图 3-28　声音保存对话框

3.5.3　消除噪声

在录音的过程中，由于设备和环境的干扰，所录制的声音通常存在噪声，因此在对声音进行编辑之前需要消除噪声。如图 3-29 所示，选中的部分是语音的间隔时间，从波形上可以看出该时间内没有语音，但却有很多不规则的小幅度波形存在，这些波形就是噪声。

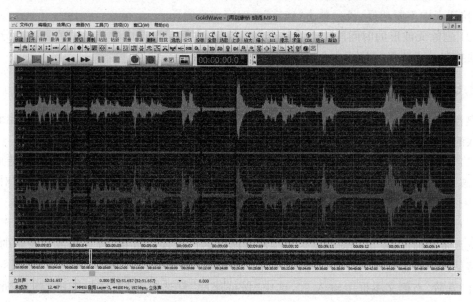

图 3-29　存在噪声的音频波形

消除噪声的步骤如下：

（1）消除初始噪声。初始噪声是指录音前录制的一段噪音。在波形上右键单击，在弹出的快捷菜单中选择"选择全部"命令，选中整个波形。选择"效果"→"滤波器"→"降噪"命令，打开"降噪"对话框，如图 3-30 所示。在"降噪"对话框的"预置"下拉列表中选择"初始噪音"选项，单击"确定"按钮，可以消除录制波形中所有和初始噪音一样的波形，以达到降噪的效果。

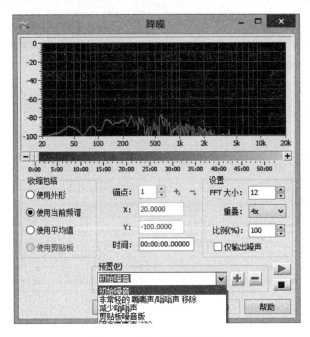

图 3-30 "初始噪音"降噪

（2）消除录制过程中的噪声。右键单击选中的噪声部分，在弹出的快捷菜单中选择"复制"命令，这一过程叫作取样，可以将噪声选取出来。选择"效果"→"滤波器"→"降噪"命令，打开"降噪"窗口，如图 3-30 所示。在"收缩包络"选择区域中选择"使用剪贴板"单选按钮，在"预置"下拉列表中不要选择，最后单击"确定"按钮完成降噪。

（3）删除无波形的时间段。查看整个声音波形，右键单击选中的波形中的直线部分，在弹出的快捷菜单中选择"删除"命令以删除直线波形，然后保存文件。

3.5.4 声音的修饰

声音的修饰是指按照作品的要求，对声音的音调和幅度进行调整，并添加淡入淡出和回声等特效的工作过程。本案例中需要降低音调、调整音量大小和进行过渡调整。

（1）去除爆破音。在对着麦克风讲话时，有些字的声母发音时有突发式冲击波，造成急促的"爆破音"。选择"效果"→"滤波器"→"爆破音/嘀嗒声"命令，打开"爆破音/嘀嗒声"对话框，如图 3-31 所示。按照默认设置，单击"确定"按钮，可以使爆破音大大压缩。

（2）音调调整。音调是指声音频率的高低。一般来说，女性的声带紧而薄，发出声调高；男性的声带松而厚，发出声调较低。为了使得朗读的声音浑厚沉稳，符合该散文表达的意境，需要将朗读声音音调适当降低。选择"效果"→"音调"命令，打开"音调"对话框，如图 3-32 所示。在"音阶"右侧文本框中输入 90，选中"保持速度"复选框，单击试听按钮 ▶ 试听效果。单击"确定"按钮，结束音调调整。

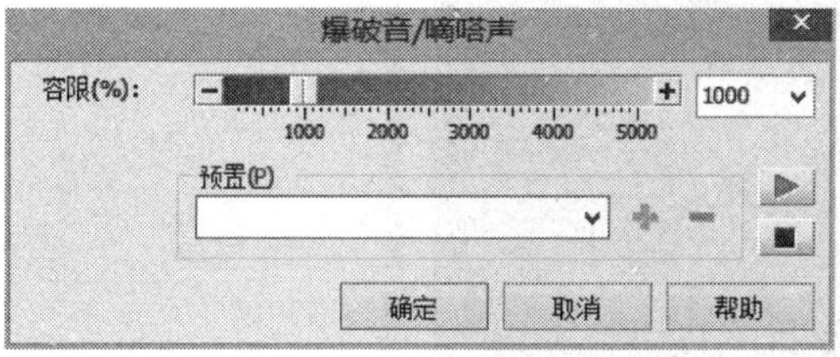

图 3-31 去除爆破音

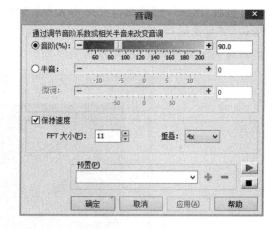

图 3-32 降低音调

(3) 幅度调整。在录音时,声音波形幅度有一定范围,即最大值有一个限制,如果波幅超出这个极限,将只按最大值记录,那么超出的部分将被截去,这样的波形称为"截顶失真",这也被称为音量的"过载",如图 3-33 所示。一般来说,录音过程中声音宜小不宜大,波幅控制在 50%~80% 之间。

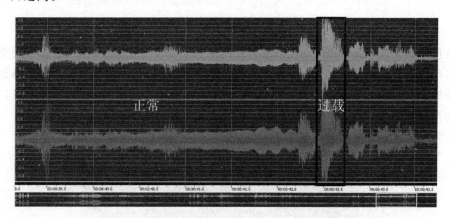

图 3-33 音量过载现象

使用放大工具放大波形并选择声音波形中音量明显偏小或明显过载的声音段,选择"效果"→"音量"→"更改音量"命令,打开"更改音量"对话框,如图 3-34 所示。当拖动滑块时,右边文本框中的数值也随着改变,显示出改变量的分贝数。注意,这里的分贝不是绝对声强,是相对分贝值,即与原声强比例的分贝数。也可以直接在右边文本框中输入数字。按照需要将

图 3-34 更改音量

音量小的波形调大音量,将音量过载的波形调小音量。如果想精细调节,可以单击滑块两端的 ━ 和 ╋ 按钮,滑块会一点点地移动。

(4) 封套调整。在对部分波形进行音量调整之后,调节点处会与未调节部分出现"台阶",从而产生音量的突变。使用封套调节方法可完成调节处与未调处的平滑过渡。

选择"效果"→"音量"→"外形音量"命令,打开"外形音量"窗口,如图 3-35 所示。选中"显示包络"复选框后,窗口中即出现声音波形包络线,从包络线可以看出波幅大小,此处波形只显示音量大小的绝对值,所以没有负半周。

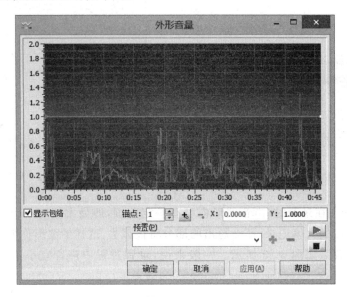

图 3-35　外形音量包络线

声音包络线上面一条横线是"封套线",线两端各有一个小方块,叫作"节点",调整线上节点高度可改变相应点的音量大小。在封套线上任意处单击即可在该处添加节点,添加节点后即可改变该点高度来调整相应声段的音量值。例如,在音量大到音量小的过渡处可以把左边音量大的部分压下来,把右边音量小的部分提上去,如图 3-36 所示。

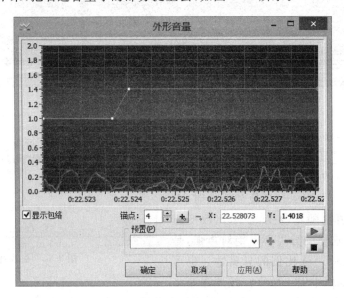

图 3-36　外形音量包络线的调整

图 3-36 中两个新添节点之间的斜线就是压缩音量与提升音量的过渡区。在节点上单击右键可消除该节点。

(5)动态调节。"外形音量"适用于分别改变声音的某一段局部波形,但不适用于改变混合在声音中的音量"台阶"。如果想把声音中的所有音量低的部分都提升上去,但这些波形并不存在于某一段中,可以使用"动态"调节。选择"效果"→"动态"命令,打开"动态"窗口,如图 3-37 所示。

"动态"窗口中 x 轴表示原音量值,y 轴表示调节值,黄色的斜线是"调节线",和封套线一样可单击鼠标添加"节点"。从图 3-37 中可以看出 0 坐标点在正中间,调节线是在正负两区中间的线条,即表明声波的正负半周可以分别调整。如果要把音量大的声音压缩,把音量小的声音提升,使调节线可调节成如图 3-38 所示的形状。

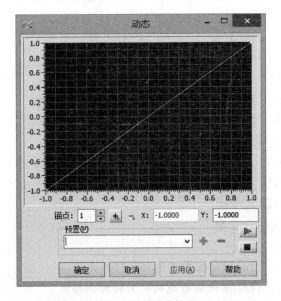

图 3-37 "动态"窗口

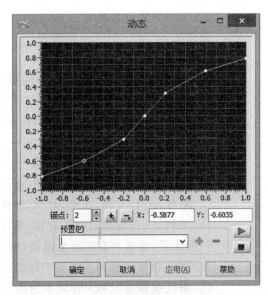

图 3-38 音量的动态调节

图 3-38 所示形状表明,原来音量为 1.0 的地方调到了 0.8,原来音量为 -1.0 的地方调到了 -0.8,原来音量为 0.2 的地方调到了 0.3,原来音量为 -0.2 的地方调到了 -0.3 等。如此就将声波中波幅高的部分降低了,声波中波幅小的部分提升了,使得声音整体音量保持较一致的水平,过渡自然。

3.5.5 混音

朗读声音调整好之后,可以为其添加背景音乐,实现配乐朗读的最终效果。混音的步骤如下:

(1)选择背景音乐。打开"雨的印记"背景音乐,在波形上右键单击,在弹出的快捷菜单中选择"选择全部"命令以选中整个波形。再次右键单击,在弹出的快捷菜单中选择"复制"命令复制整个波形。

(2)切换到"再别康桥 朗诵"声音波形,选择"编辑"→"混音"命令,打开"混音"对话框,如图 3-39 所示。可以单击右边的试听按钮 ▶ 确定混音开始的位置,并设置合适的音量大小。试听结束,单击"确定"按钮。

图 3-39 "混音"对话框

练习题

1. 名词解释

采样,采样频率,量化,声道数,编码

2. 单项选择题

(1) 下列要素中( )不属于声音的三要素。

    A. 音调   B. 音色   C. 音律   D. 音强

(2) MIDI 的音乐合成器有( )。

    ① FM   ② 波表   ③ 复音   ④ 音轨

    A. 仅①   B. ①②   C. ①②③   D. 全部

(3) 下列采集的波形声音中( )的质量最好。

    A. 单声道、8 位量化、22.05kHz 采样率   B. 双声道、8 位量化、44.1kHz 采样率

    C. 单声道、16 位量化、22.05kHz 采样率   D. 双声道、16 位量化、44.1kHz 采样率

(4) 在数字音频信息获取与处理过程中,下述顺序正确的是( )。

    A. A/D 变换,采样,压缩,存储,解压缩,D/A 变换

    B. 采样,压缩,A/D 变换,存储,解压缩,D/A 变换

    C. 采样,A/D 变换,压缩,存储,解压缩,D/A 变换

    D. 采样,D/A 变换,压缩,存储,解压缩,A/D 变换

(5) 一般来说,要求声音的质量越高,则( )。

    A. 量化级数越低和采样频率越低   B. 量化级数越高和采样频率越高

    C. 量化级数越低和采样频率越高   D. 量化级数越高和采样频率越低

(6) 用 Windows 自带的录音机录制的声音,默认保存的文件格式是( )。

    A. WAV   B. MP3   C. AVI   D. BMP

(7) 下列音频文件格式占用存储空间最大的是( )。

    A. WAV   B. MIDI   C. CD-DA   D. MP3

(8) 下列( )与数字化声音信号的质量无关。

    A. 采样频率   B. 量化位数   C. 原始声音的质量   D. 音强

(9) 声音是一种波,它的两个基本参数为( )。

    A. 振幅、频率   B. 音色、音高

    C. 噪声、音质   D. 采样率、采样位数

(10) 下述声音分类中质量最好的是( )。

    A. 数字激光唱盘   B. 调频无线电广播

    C. 调幅无线电广播   D. 电话

3. 填空题

(1) 通常人耳听力的频率范围是_____。

(2) 如果以 CD 激光盘音质(44 100Hz 的采样频率,16 位,立体声,172KB/s)记录一首 5 分钟的乐曲,那么其数据量为_____。

(3) 声音的三要素为_____、_____和音强。

(4) 音频数字化的过程为_____、_____和编码。

(5) 常用的语音识别方法有三种,分别为_____方法、_____方法及利用人工神经网络方法。

(6) 常用的录音方式有两种,即_____和_____。

4．问答题

(1) 什么是声音？

(2) 什么是采样频率？

(3) 采样频率与声音还原频率存在什么关系？

(4) 音频文件的数据量与哪些因素有关？

(5) 回声效果是怎样产生的？

(6) 阅读以下说明,回答下面三个问题。

在多媒体制作领域,音频素材是不可或缺的部分。可以利用外部声源设备通过声卡把声音输入计算机；通过软件对声音进行编辑、合成、音效处理等操作；通过音箱实现声音的输出。

问题1：声卡是连接计算机和外围声音设备的桥梁,请问声卡完成的主要功能是什么？声卡的位数表示什么？如果要通过声卡采集一台具备多种信号输出端子的CD机播放的音乐声音信号,应该如何连接CD机和声卡？

问题2：在使用音频处理软件录制声音素材时,常使用采样降噪法来降低声音素材中的噪音。请简要说明采样降噪法的基本原理。

问题3：Dolby AC-3数字音频编码技术提供了5.1声道的支持,其中的5指哪些声音通道?.1表示什么？

(7) 阅读下列说明,回答下面三个问题。

在设计网络实时传输多媒体信息的应用系统时,必须准确计算媒体流的数据量,然后根据网络传输系统的实际情况来确定流式媒体的数据传输率等系统运行参数,从而在满足实时传输的条件下提供高质量的多媒体信息传输服务。假设你需要在1Mb/s带宽的网络上实现实时的立体声音频节目的播放,请考虑以下的应用需求,计算并解决问题。

问题1：如果系统设计的音频信号采样率是固定的44.1kHz,要实现实时的无压缩音频数据播放,在最好的质量下应该设置系统对音频信号的量化位数是多少？

问题2：如果系统设计的每个声道音频信号量化位数是固定的16位采样,要实现实时的无压缩音频数据播放,则：

① 在最好的质量下应该设置系统对音频信号的采样率是多少？

② 此时系统在保证不丢失频率分量的前提下能够传输的信号最高频率是多少？

问题3：如果应用系统需要实时播放CD音质的音频信号,那么必须选择使用或自行设计开发压缩编码器,定义压缩比＝压缩后的数据量/原始数据量,则选择使用的或设计开发的编码器的压缩比至少应该是多少？

第4章 图形图像处理技术

图形图像是多媒体信息的主要呈现方式,它们被广泛运用于多媒体产品的制作之中。计算机图形图像处理一直以来都是多媒体技术研究者所关注的核心内容之一。本章主要对计算机图形图像处理的相关概念和基本原理进行描述,并详细介绍图形图像的数字化获取、编辑和存储等处理过程。

4.1 图形图像处理概述

4.1.1 图形与图像

图形是指在一个二维空间中可以用轮廓划分表示的形状,是人类主观世界对图像的简化。它一般由点、线、面、体等几何要素和灰度、色彩、线型、线宽等非几何要素组成。从处理技术上可以把图形分为基于线条信息表示的图形和真实感图形(明暗图)。一般的工程图、等高线地图和曲面的线框图等就属于基于线条表示的图形。

图像是客观对象的一种相似性的、生动性的描述或写真,是人类社会活动中最常用的信息载体。或者说图像是客观对象的一种表示,它包含了被描述对象的有关信息。它是人们最主要的信息源。

根据记录过程中空间坐标和幅度(亮度或色彩)的连续性,图像可分为两大类:模拟图像和数字图像。模拟图像是空间坐标和幅度都连续变化的图像,可以通过某种物理量(如光和电等)的强弱连续变化来记录图像亮度信息,例如模拟电视图像;而数字图像是空间坐标和幅度离散变化的图像,可以用计算机存储的数据(0 或 1)来记录图像上各点的亮度信息。

4.1.2 矢量图与位图

计算机通过屏幕显示图形和图像通常有两种表示方法:即矢量图形和点阵图像。

矢量图形以矢量结构存储画面。矢量结构是由具有方向和长度的矢量线段构成一幅画面的所有直线、圆、圆弧、矩形和曲线等的位置、维数和大小、形状。在表示矢量线段时,需要组成该矢量线段的点的坐标数据、运算关系和颜色描述信息,计算机通过指令描述这些矢量结构信息。在显示时,需要相应的软件读取这些命令,将其转变为屏幕上所需显示的形状和颜色。为了减少数据量,矢量图形并不逐个描述像点,且记录的主要内容是坐标值或坐标值序列,对矢量点的颜色或亮度按一定范围隐含且统一地描述。矢量化的图形通常用于表现形态抽象、颜色单纯的画面,例如卡通画、剪贴画、图案等。

点阵图像以栅格结构存储画面内容,栅格结构将一幅画面划分为均匀分布的栅格,每个栅格对应着计算机屏幕上的每个像素点,用二进制代码显式地记录了画面该处的灰度值(亮度或强度),所有的像素按规则方式排列,形成一幅完整的图像。这种"栅格点—像素—二进制位"的对应关系被叫作"位映射"关系。因此,点阵图像又常常被称为"位图"。图像通过像素阵列信息覆盖描述画面,适合表现含有大量细节(如明暗变化、场景复杂和颜色丰富)的画面,并可直接、快速地在屏幕上显示出来。图像占用存储空间较大,一般需要进行数据压缩。

4.1.3 图形图像处理研究

计算机图形学研究的对象是矢量图。它是研究如何在计算机中表示图形,以及利用计算机进行图形的计算、处理和显示的相关原理与算法。数字图像处理研究的对象是位图。它是研究通过计算机对图像进行去除噪声、增强、复原、分割、提取特征等处理的方法和技术,以满足人的视觉和应用需求。数字图像处理研究的是计算机图形学研究的逆过程,它对真实景物进行必要的处理,并且提取、分析其模型,而计算机图形学则是对真实或虚构物体的模型在计算机上进行设计、构造并显示的过程。

在实际应用中,图形、图像技术又是相互关联的。把图形、图像处理技术相结合,可以使视觉效果和质量更加完善、更加精美。目前许多广告和片头都是把两种处理技术结合起来使用,以取得相当完美、逼真和生动的效果。例如《侏罗纪公园》中的恐龙是三维制作技术造出的模型和设计的动作,影片中的人是电影手法拍摄,三维图形和图像两者合成,产生了人和恐龙共生的场面。

图形图像处理是计算机图形学和数字图像处理技术两者的有机融合。图形图像处理技术包括图形输入技术、图形建模技术、图形处理和输出技术、图形应用技术、图像数字化、图像变换、图像增强、图像恢复、图像分割、图像分析与描述、图像数据压缩和图像重建等。

4.2 图形图像处理相关原理

4.2.1 光、色特性

1. 光

光是图形图像呈现的最基本条件。光具有波粒二象性,是一种电磁波,其频率范围很宽。波长在 350~750nm 范围内的光是可见光,它能使人类眼睛感知视觉图像。波长小于 350nm 的紫外线和大于 750nm 的光为不可见光,不能引起人们的视感觉。不同波长的光呈现出不同的颜色,随着波长的减小,可见光颜色依次为红、橙、黄、绿、青、蓝、紫。这些颜色的可见光都只有单一的波长,人们称之为单色光。由单色光混合而成的光叫作复合光,自然界的太阳光、白炽灯和日光灯发出的光都属于复合光。

2. 色

物体呈现出某种颜色是因为物体对光的选择性吸收形成的。例如,红色的蜡烛就是因为蜡烛在自然光的照射下吸收了自然光中除了红色之外的所有单色光,而反射出红色光进入人眼,使人产生红色的感觉。物体本身没有颜色,光才是色彩的源泉。如果用绿光来照射红色蜡烛,那么绿色的光全部被吸收,不反射任何光线,也没有任何光线进入人眼,人将感觉到蜡烛是黑色的。可见,物体在不同颜色组成的光照射下会呈现不同的色彩,因此物体本身不发光,是从被照射的光中选择性地吸收一部分色光,而反射或透过剩余的色光,使人眼感觉出相应的色彩,这种色彩就是物体的颜色,简称物体色。当白色光线照射到不同物体上,由于物体固有物理属性的不同,一部分色光被吸收,另一部分色光被反射,就呈现出千差万别的物体色彩,这种色彩是物体的固有色。因此,长期以来,人们习惯于在日光下辨认物体的本来颜色。

物体所呈现的颜色即物体色实际上是物体固有色、光源色和环境色三种颜色相互综合后的效果。光源色就是照射到物体上的光线颜色,它是影响物体色彩的重要因素。固有色是指物体在正常日光下所呈现的固有色彩。环境色是物体所处环境的色彩,是指物体受到周围物体反射的颜色影响所引起的物体固有色的变化。光源色在物体的高光部位表现明显,而环境色在物体的暗部表现比较明显,三种颜色作用此强彼弱,产生了物体各部分色彩的差异。

3. 光与色的关系

色彩现象是一种视觉现象,产生视觉的主要条件是光线,物体受到光线的照射才产生形与色彩。眼睛之所以能看到色彩,是因为有光线的作用才得以看清四周的景物。所以说,光是色的源泉,色是光的表现。光是人们感觉所有物体形态和颜色的唯一物质,色是由物体的化学结构所决定的一种光学特性,是光作用于人眼引起的除形象之外的视觉特性。

4.2.2 人的视觉特性

人眼是一个构造极其复杂的器官,形状近似球体。当人眼注视外界某物体时,由物体反射或透视的光线通过眼球聚焦在视网膜上。视网膜上的光敏细胞受光刺激产生神经冲动,经视觉神经传递到视觉中枢就产生了视觉。视网膜上有大量的杆状细胞和锥状细胞,杆状细胞位于视网膜的边缘区域,越靠近中央的黄斑区,杆状细胞越少。锥状细胞位于视网膜中央的黄斑区。杆状细胞对明暗程度很敏感,对色彩分辨迟钝。由于杆状细胞对弱光的灵敏度高,因此在弱光下杆状细胞起作用,但只能看到黑白景象。锥状细胞既能区分光的强弱,又能分辨光的颜色。锥状细胞在强光下才起作用,产生色感,分辨细节。

人的感光特性主要包括视敏特性、亮度感觉、彩色视觉和分辨力4个方面。

(1) 视敏特性。人眼对不同波长的光具有不同灵敏度的特性,即对辐射功率相同的各色光具有不同的亮度感觉。在相同辐射功率的条件下,人眼感到最亮的光是黄绿光,感到最暗的光是红光和紫光。不同的人对不同波长的光的敏感规律不同,同一个人在不同的年龄阶段和不同的身体状况下对不同波长的光的敏感规律也不同。

(2) 亮度感觉。人眼能够感觉到的亮度范围很大,可达 $10^9:1$。人眼总的视觉范围很宽,但不能在同一时间感受这么大的亮度范围。当平均亮度适中时,亮度范围为 $1000:1$;平均亮度较高或较低时亮度范围只有 $10:1$;通常情况下为 $100:1$;电影银幕亮度范围大致为 $100:1$;显像管亮度范围约为 $30:1$。人眼对景物亮度的主观感觉不仅取决于景物实际亮度值,而且还与周围环境的平均亮度有关。人眼的明暗感觉是相对的,在不同环境亮度下对同一亮度的主观感觉会不同。

(3) 彩色视觉。人眼的锥状细胞有三种,分别对红、绿、蓝三种色光最敏感,称为红感细胞、绿感细胞和蓝感细胞。当一束光射入人眼时,三种锥状细胞就会产生不同的反应,不同颜色的光对三种锥状细胞的刺激量是不同的,产生的颜色视觉各异,使人能够分辨出各种颜色。

(4) 分辨力。人眼分辨景物细节的能力是有限的。人眼分辨景物细节的能力称为分辨力,分辨力的大小用分辨角表示,分辨角也称为视敏角或视角。视力正常的人在中等亮度和中等对比度情况下观察静止图像时,人眼能分辨的最小视角约为 $1'\sim1.5'$。人眼的分辨力因人而异,分辨力还与景物照度和对比度有关。

4.2.3 颜色科学

颜色是图形图像呈现的最基本特性,是计算机图形图像处理的关键影响因素,它决定了人类对图形图像的感知。

1. 颜色的三要素

在生产实践中人们往往习惯用桃红、金黄、翠绿、天蓝、亮不亮、浓淡和鲜不鲜艳等来表示颜色,这些通俗的表现方法不如色度学的命名准确,也不统一。在色度学中,颜色的命名通常用(R、G、B)、色相、明度、纯度及主波长等来表示。根据这些名称的共同特性,可以大致分为三组:将色相、光色和色彩表示的归纳为一组;将明度、亮度、深浅度、明暗度和层次表示的归纳为一组;将饱和度、鲜度、纯度、彩度和色正不正等表示的归纳为一组。在本书中,对颜色用色调、饱和度和亮度来描述,其中色调与光波的波长有直接关系,亮度与光波的幅度有关,饱和度与掺入白光的多少有关。人眼看到的任意一种彩色光都是这三个特性的综合效果,这三个特性就是颜色的三要素。

1) 色调

色调(Hue)又称为色相,用于区别颜色的名称或颜色的种类。色调是视觉系统对一个区域所呈现颜色的感觉。这种感觉就是与红、绿和蓝三种颜色中的哪一种颜色相似,或与它们组合的颜色相似。

色调用红、橙、黄、绿、青、蓝、靛、紫(red,orange,yellow,green,cyan,blue,indigo,violet)等术语来刻画。苹果是红色的,这"红色"便是一种色调,它与颜色明暗无关。绘画中要求有固定的颜色感觉,有统一的色调,否则难以表现画面的情调和主题。例如人们说一幅画具有红色调,是指它在颜色上总体偏红。

色调种类很多,如果要仔细分析,可有一千万种以上,但普通颜色中专业人士可辨认出的颜色大约可达 300~400 种。黑、灰、白则为无色彩。色调有一个自然次序:红、橙、黄、绿、青、蓝、靛、紫。在这个次序中,当人们混合相邻颜色时,可以获得在这两种颜色之间连续变化的色调。色调在颜色圆上用圆周表示,圆周上的颜色具有相同的饱和度和明度,但它们的色调不同。如果把不同的色调按"红橙黄绿青蓝紫"的顺序衔接起来,就形成了一个色调连续变化过渡的圆环,称为色环,如图 4-1 所示。色环中包含 6 种标准色与 6 种中间色,即红橙、黄橙、黄绿、蓝绿(青)、蓝紫、红紫(品红),合称 12 色相或色调。

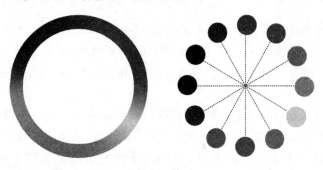

图 4-1 色环

用于描述感知色调的一个术语是色彩(Colorfulness)。色彩是视觉系统对一个区域呈现的色调多少的感觉,例如是浅蓝还是深蓝的感觉。

2) 饱和度

饱和度(Saturation)是颜色的纯洁性,可用来区别颜色明暗的程度。当一种颜色渗入其他光成分越多时,就说颜色越不饱和。完全饱和的颜色是指没有渗入白光所呈现的颜色,例如仅由单一波长组成的光谱色就是完全饱和的颜色。

3) 明度、亮度与光亮度

根据国际照明委员会的定义,明度(Brightness)是视觉系统对可见物体辐射或者发光多少的感知属性。它取决于亮度和表面的反射率。由于感知的明度与反射率不成正比,而是一种对数关系,因此在颜色度量系统中使用一个比例因子(例如 0～10)来表示明度。纯正的颜色相互比较所产生的明暗差别是明度的典型例子。在纯正光谱中,黄色的明度最高,显得最亮;其次是橙和绿;再次是红和蓝;紫色明度最低,显得最暗,如图 4-2 所示。

图 4-2　纯正颜色的明暗差别

亮度(Luminance)是用反映视觉特性的光谱敏感函数加权之后得到的辐射功率(Radiant Power),用单位面积上反射或者发射的光的强度表示。光亮度是反射或发射光亮度相比于参考白色光亮度的一个度量单位。明度很难度量,因此通常用亮度即辐射的能量来度量颜色。

4) 色调、饱和度与亮度的关系

对于同一色调的彩色光,饱和度越深,颜色越鲜明或者说越纯,相反则越淡,如图 4-3 所示。饱和度越高,越能发挥其颜色的固有特性,但饱和度高的颜色容易让人感到单调刺眼;饱和度低,色感比较柔和协调,可混色太杂则容易让人感觉混浊,色调显得灰暗。

图 4-3　饱和度与纯度

饱和度还和亮度有关,同一色调越亮或越暗越不纯,如图 4-4 所示。

图 4-4　饱和度与亮度

2. 颜色模型

颜色模型是将某种颜色表现为数字形式的模型,或者说是一种记录图像颜色的规则和定义,分为 RGB 模型(面向监视器和彩色摄像机等)、CMYK 模型(面向印刷工业中的打印机和印刷机)、YUV 模型(又称为 YCrCb,面向电视信号传输)和 YIQ 模型(面向彩色广播电视系统)。

1) RGB 颜色模型

一个能发出光波的物体称为有源物体,它所呈现出来的颜色是由它发出的一定范围的可见光波决定,但在数字化表示颜色时并不需要将每一种波长的颜色都单独表示。因为从理论上说,任何一种颜色都可以用红、绿、蓝(RGB)这三种颜色波长的不同强度组合而得,即三基色原理,这三种颜色常被人们称为三基色或三原色。

电视机和计算机 CRT 显示器都是利用阴极射线管中的三个电子枪分别产生红、绿和蓝三种波长的光,并以各自不同的比例相加混合以产生特定的颜色,总的光强是三种颜色的光强总和。即某一颜色＝r(红色的百分比)＋g(绿色的百分比)＋b(蓝色的百分比)。

把三种基色交互重叠就产生了次混合色：青(Cyan)、品红(Magenta)和黄(Yellow)。这同时也引出了互补色(Complement Colors)的概念。基色和次混合色是彼此的互补色,即彼此之间最不一样的颜色。例如青色由蓝色和绿色构成,而红色是此次混合色中缺少的一种颜色,因此青色和红色构成了彼此的互补色,如图 4-5 所示。

在数字化彩色图像中,图像的每个像素点值表示特定颜色的强度,常用 R,G,B 三个分量表示。如果每个像素的每个颜色分量用 1 位二进制位来表示,那么每个颜色分量就有 1 和 0 这两个值,也就是说,每种颜色的强度比例可以是 0 或 100%。在这种情况下,每个像素都有 8 种可能出现的颜色。

2) CMYK 模型

一个不发光波的物体称为无源物体,它所呈现出来的颜色是由它吸收或反射哪些光波决定的。从理论上说,任何一种颜色都可以用三种基本颜料按一定比例混合得到。这三种颜色是青(Cyan)、品红(Magenta)和黄(Yellow),通常写成 CMY。由于彩色墨水和颜料的化学特性,用等量的三种基本颜色得到的黑色不是真正的黑色,因此在印刷中常加有一种黑色颜料(Black),所以 CMY 又写成 CMYK。

在 CMYK 模型中由光线照到有不同比例 C,M,Y,K 油墨的纸上,部分光谱被吸收后,反射到人眼的光产生颜色。由于 C,M,Y,K 在混合成色时,随着 C,M,Y,K 这 4 种成分的增多,反射到人眼的光会越来越少,光线的亮度会越来越低,因此 CMYK 模式产生颜色的方法又被称为色光减色法。CMYK 模式主要适用于创建要打印的图像。

在 CMYK 模型中,当三种基本颜料等量比例时得到黑色；等量黄色和品红而青色为 0 时得到红色；等量青色和品红而黄色为 0 时得到蓝色；等量黄色和青色而品红为 0 时得到绿色,如图 4-6 所示。

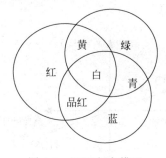
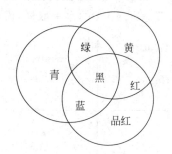

图 4-5　RGB 颜色模型　　　　图 4-6　CMYK 颜色模型

利用 RGB 和 CMYK 之间的关系可以把显示的颜色转换为输出打印的颜色。RGB 和 CMYK 模式下的颜色之间成对出现互补色。例如,当 RGB 为 1：1：1 时,颜色为白色,那么 CMY 为 1：1：1 时,其表示的颜色则为白色的互补色即黑色。当 RGB 为 0：1：0 时,颜色为绿色,那么打印色绿色的对应 CMY 比例则为 1：0：1。

3) YUV 颜色模型

在 RGB 模型中用 3 个字节(3×8 位)来分别表示一个像素里面的 Red,Green 和 Blue 的发光强度数值,但是对于视频捕获和编解码等应用来讲,这样的表示方式数据量太大了。因此,需要在不太影响感觉的情况下对原始数据的表示方法进行更改,以减少数据量,提高传输速率,于是有了 YUV 模式。常见的 Y'UV,YUV,YCbCr 及 YPbPr 等专有名词都可以称为

YUV,它们彼此有重叠。在 YUV 模式中,Y 表示明亮度(Luminance 或 Luma),也就是灰阶值,U 和 V 表示色度或浓度(Chrominance 或 Chroma),作用是描述影像色彩及饱和度,用于指定像素的颜色。在该模式中,"亮度"是透过 RGB 输入信号来建立的,方法是将 RGB 信号的特定部分叠加到一起。"色度"则定义了颜色的两个方面——色调与饱和度,分别用 Cr(U) 和 Cb(V) 来表示。其中,Cr 反映了 RGB 输入信号红色部分与 RGB 信号亮度值之间的差异,而 Cb 反映的是 RGB 输入信号蓝色部分与 RGB 信号亮度值之间的差异。采用 YUV 色彩空间的重要性是它的亮度信号 Y 与色度信号 U 和 V 是分离的。如果只有 Y 信号分量而没有 U 和 V 分量,那么这样表示的图像就是黑白灰度图像。在现代彩色电视系统中,通常采用三管彩色摄像机或彩色 CCD 摄像机,它把摄得的彩色图像信号经分色放大校正得到 RGB,再经矩阵变换电路得到亮度信号 Y 和两个色差信号 R-Y 和 B-Y,最后发送端将亮度和色差三个信号分别进行编码,并用同一信道发送出去。亮度信号和两个色差信号形成了 YUV 颜色模式。

YUV 颜色模型利用了人眼对亮度信号敏感而对色度信号相对不敏感的特点,将亮度信号 Y 与色度信号 U 和 V 分离。根据美国国家电视制式委员会 NTSC 制式的标准,$Y=0.299R+0.587G+0.114B$,两个色差分量信号 U 和 V 是由 R-Y 和 B-Y 按不同比例压缩而成。色彩信号是一个二维矢量 (U,V),它的饱和度是该矢量的长度 $\sqrt{U^2+V^2}$,色调是该矢量的相位角 $\arctan(V/U)$,如图 4-7(a)所示。在此基础上对 Y 信号及 U 和 V 信号分别采用不同比例进行量化,用不同的带宽进行传输,以节省带宽,因此大多数 YUV 格式平均使用的每像素位数都少于 24 位。常见的选择量化比例有 $Y:U:V=4:4:4$,$Y:U:V=4:2:2$,$Y:U:V=4:2:0$ 及 $Y:U:V=4:1:1$ 这 4 种。

- 4:4:4 表示完全取样。
- 4:2:2 表示 2:1 的水平取样,没有垂直采样。
- 4:2:0 表示 2:1 的水平取样,2:1 的垂直采样。
- 4:1:1 表示 4:1 的水平取样,没有垂直采样。

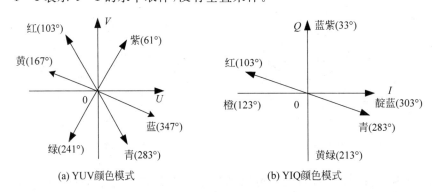

(a) YUV 颜色模式　　　　　(b) YIQ 颜色模式

图 4-7　YUV 颜色模式和 YIQ 颜色模式

YUV 颜色模型的优点是有效地解决了彩色电视和黑白电视的兼容问题。黑白电视在接收 YUV 电视图像信号时可以忽略 U 信号和 V 信号。同时,它也利用人眼的特性有效地降低了数字彩色图像所需要的存储容量。它被欧洲电视系统 PAL 和 SECAM 彩色电视制式所采用。

4) YIQ 颜色模型

YIQ 颜色模型中的 Y 是指颜色的亮度,即图像的灰度值。I 和 Q 是指色调,即描述图像色彩和饱和度的属性。I 和 Q 两个分量携带颜色信息,I 分量称为同相(In-phase),代表从橙色到青色的颜色变化,Q 分量为积分(Quadrature),代表从紫色到黄绿色的颜色变化,如图 4-7(b)所示。

经大量实验统计,人眼对橙色-靛蓝范围(I)的变化比对紫色-黄绿色范围(Q)的变化更为敏感。所以,在对彩色图像进行量化编码时,可以为 Q 分配更小的带宽。在 YUV 空间中,U 和 V 中都包含了橙色-靛蓝的信息,因此要获得和 I 分量同样的颜色信息,必须在 U 空间和 V 空间都分配和 I 分量相等的带宽。

YIQ 颜色模型的优点是去掉了亮度和颜色信息间的紧密联系,因而能在不影响图像的颜色情况下处理图像的亮度成分,同时它更为精确地利用人眼的视觉特性,压缩了数字彩色图像的存储容量和传输带宽。它常被中北美洲和日本的电视系统 NTSC 制式所采用。

5) 各种颜色模型间的关系

(1) RGB 模型与 CMY 模型的转换关系

由于 RGB 模型与 CMY 模型互补,因此两种模型之间各分量的转换关系为:

$$\begin{bmatrix} C \\ M \\ Y \end{bmatrix} = \begin{bmatrix} 1 \\ 1 \\ 1 \end{bmatrix} - \begin{bmatrix} R \\ G \\ B \end{bmatrix} \quad \begin{bmatrix} R \\ G \\ B \end{bmatrix} = \begin{bmatrix} 1 \\ 1 \\ 1 \end{bmatrix} - \begin{bmatrix} C \\ M \\ Y \end{bmatrix}$$

(2) RGB 模型与 YUV 模型的转换关系

在 YUV 模型中,图像的亮度分量 Y 是 R,G,B 分量的加权平均值,该模型各分量的计算公式为:

$$Y = kr \times R + kg \times G + kb \times B, \quad U = B - Y, \quad V = R - Y$$

其中 kr, kg, kb 为加权因数,并且 $kr + kg + kb = 1$ 恒定,ITU-R BT.601 标准定义了 YUV 模型中各分量与 RGB 模型中各分量的对应关系为:

$$Y = 0.299R + 0.587G + 0.114B, \quad Cb(U) = 0.564(B - Y), \quad Cr(V) = 0.713(R - Y)$$
$$R = Y + 1.402Cr, \quad G = Y - 0.344Cb - 0.714Cr, \quad B = Y + 1.772Cb$$

根据上述关系,可导出 RGB 与 YUV 模型各分量相互转换的关系式为:

$$\begin{bmatrix} Y \\ U \\ V \end{bmatrix} = \begin{bmatrix} 0.299 & 0.587 & 0.114 \\ -0.169 & -0.3316 & 0.500 \\ 0.500 & -0.4186 & -0.0813 \end{bmatrix} \begin{bmatrix} R \\ G \\ B \end{bmatrix} \quad \begin{bmatrix} R \\ G \\ B \end{bmatrix} = \begin{bmatrix} 1.0 & -0.001 & 1.402 \\ 1.0 & -0.344 & -0.714 \\ 1.0 & 1.772 & 0.001 \end{bmatrix} \begin{bmatrix} Y \\ U \\ V \end{bmatrix}$$

(3) RGB 模型与 YIQ 模型的转换关系

YUV 模型与 YIQ 模型各分量转换,只是其中的色度坐标做 33° 转换,这样有了其中任何一种彩色图像的表达式,通过转换可得到其他表示方式,这里不再举例。

4.3 数字图像处理基础

4.3.1 图像的数字化

图像数字化是将一幅画面转化成计算机能处理的形式——数字图像的过程。具体来说,就是把一幅图画分割成一个个小区域(像元或像素),并将各小区域灰度用整数来表示,形成一幅数字图像,它包括采样和量化两个过程。

1. 采样

将图像按照等间距分别在 x 与 y 方向划分为 $M \times N$ 个网格,每个网格就是一个采样点,每个采样点被称为像素。这样,一幅模拟图像在空间上就被转换成由 $M \times N$ 个采样点组成的像素矩阵。在进行采样时,采样点间隔的选取是一个非常重要的问题,它决定了采样后图像的质量。采样间隔的大小依据原图像中包含的细节变化而定。采样点间隔称为采样率,单位是 dpi,即每英寸的采样点数。

2. 量化

在把模拟图像分成像素矩阵之后,每一个像素的灰度值用二进制进行编码的过程就是量化。二进制位数取决于图像,对于仅由黑白点组成的图像(如棋盘),1位二进制已足够表示像素,0表示黑像素,1表示白像素。然后,这些二进制一个一个被记录并存储在计算机中。图4-8显示了这种图像及其表示。

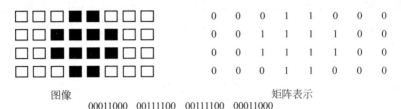

图 4-8　线性表示

如果一幅图像不是由纯黑、纯白像素组成,那么可以增加二进制的长度来表示灰度。例如,可以使用2位二进制来显示4种灰度级。黑色像素被表示成00,深灰色像素被表示成01,浅灰色像素被表示成10,白色像素被表示成11。

如果表示彩色图像,则每一种彩色像素可被分解成三种主色:红、绿和蓝(RGB)。然后测出每一种颜色的强度,并把二进制(通常8位)分配给它。换句话说,每一个像素有三个8位二进制组合,一个表示红色的强度,一个表示绿色的强度,一个表示蓝色的强度。

将表示数字图像的灰度值范围分为等间隔的子区域叫线性量化,而非线性量化是将灰度范围分成不等间隔的子区域,如图4-9所示。

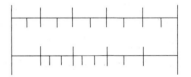

图 4-9　非线性与线性量化

4.3.2　分辨率和颜色深度

图像数字化的精度包括两个部分,即分辨率和颜色深度。分辨率是指图像数字化的空间精细程度,有屏幕分辨率、显示分辨率和图像分辨率。

1. 分辨率

1) 屏幕分辨率

屏幕分辨率是指在某一显示模式下计算机屏幕上最大的显示区域,以水平和垂直像素来衡量。例如,VGA方式的分辨率为640×480,SVGA方式的分辨率为1024×768,屏幕分辨率高时(如1600×1200),在屏幕上显示的内容元素较多,但尺寸比较小。屏幕分辨率与显示尺寸、显像管点距、视频带宽和刷新频率等因素有关,其中刷新频率对屏幕分辨率的影响比较大。

2) 图像分辨率

图像分辨率用于确定组成一幅图像的像素数目,是组成一幅图像的像素密度的度量方法。这种分辨率有多种衡量方法,典型的是以每英寸的像素数(dpi)来衡量。

3) 显示分辨率

显示分辨率是一系列标准显示模式的总称,其单位是:横向像素×纵向像素,如1024×768像素。常见的标准显示分辨率有800×600像素、1024×768像素、1280×1024像素和1600×1280像素等。横向和纵向长宽比可以采用多种比例,例如4:3、5:4、16:9等,其中4:3的比例看起来比较自然。同一台显示器可采用多种显示分辨率,其支持的最大显示分辨率与该显示器的屏幕分辨率有关。

图像分辨率说明了数字图像的实际精细度,显示分辨率说明了数字图像的表现精细度。具有不同分辨率的数字图像在同一输出设备上的显示分辨率相同,但其显示的区域大小是不同的,因此表现出来的清晰度有一定区别。例如,图像分辨率为 512×384,计算机屏幕分辨率为 1024×768,如果图像按 100% 显示,则它占据屏幕的 25%。

2. 颜色深度

数字图像的颜色深度表示每一像素的颜色值所占的二进制位数。颜色深度越大,则能表示的颜色数目越多。颜色深度的不同会产生不同种类的图像文件,在计算机中常使用如下几种类型的图像文件。

1) 单色图像

单色图像中每个像素点仅占一位,其值只有 0 或 1,0 代表黑,1 代表白或相反。所以,单色图像又被称为二值图像。

2) 灰度图像

灰度图像的存储文件中带有图像颜色表,此颜色表共有 256 项,图像颜色表中每一表项由红、绿、蓝颜色分量组成,并且红、绿、蓝颜色分量值都相等。灰度图像中每个像素的像素值用一个字节表示,每个像素可以是 0~255 之间的任何值,该值是图像颜色表的表项入口地址。

3) 伪彩色图像

伪彩色图像与灰度图像相似,其存储文件中也带有图像颜色表,图像颜色表中的红、绿、蓝颜色分量值不全相等。伪彩色图像包括 16 色和 256 色伪彩色图像。256 色图像(8 位彩色图像)的像素必须由 8 位组成,每个像素值不是由每个基色分量的数值直接决定的,而是把像素值当作图像颜色表的表项入口地址。256 色图像有照片效果,比较真实。

图像颜色表又称为颜色查找表(Color Look-Up Table,CLUT)。颜色查找表中用 3 个字节存放着 R,G,B 实际强度值组合而成的颜色。在显示像素颜色时,用像素值代表的索引值去颜色查找表中找到对应项的实际颜色,例如索引值 1 可能代表红色,索引值 2 可能代表蓝色等。这种用查找映射方法产生的色彩被称为伪彩色,其工作原理如图 4-10 所示。

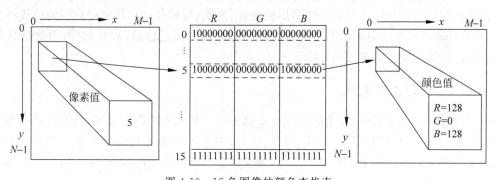

图 4-10 16 色图像的颜色查找表

假如有一张 12×12 的图像,使用 16 色标准 VGA 调色板定义它的颜色,那么可以用图 4-11 表示它的图像数据存储情况。

4) 24 位真彩色图像

具有全彩色照片表达能力的图像为 24 位彩色图像,24 位真彩色图像存储文件中不带有图像颜色表,图像中每一像素由 R,G,B 三个分量组成,每个分量各占 8 位,每个像素需 24 位。那么,每个像素的颜色范围可达到 $2^{24}=16\,777\,216$ 种。由于显示设备的限制和人眼很难分辨这么多颜色,因此一般情况下,不一定要追求特别高的颜色深度。

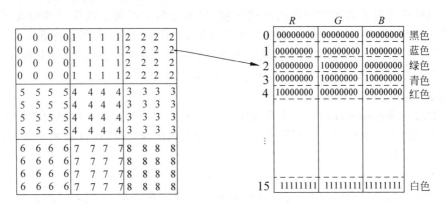

图 4-11　12×12 大小的 16 色图片图像数据存储

在用 16 位二进制数表示彩色图像时，RGB 分量分别用固定的 5 位二进制表示，再加 1 位显示属性控制位共 2 个字节，生成的真彩色数目为 $2^{16}=32K$（又称为增强色），因此称该彩色图像的颜色深度为 15，像素深度为 16。属性位用来指定该像素应具有的性质。例如，在 CD-I 系统中，RGB 分量用 5∶5∶5 表示，像素共 16 位，其最高位用作属性位，该位用来指明本像素是否透明。

真彩色图像还包括 32 位和 36 位真彩色图像。很多 24 位真彩色图像实际上是以 32 位图像的形式存储的。在用 32 位表示一个像素时，若 RGB 分别用 8 位表示，剩下的 8 位常称为 α 通道位，该位用来表示像素如何产生特技效果。例如，在彩色图像上叠加文字说明，为了不让文字完全覆盖彩色图像，可定义文字层图像的 α 属性位。

4.4 计算机图形学基础

计算机图形学是利用计算机研究图形的表示、生成、处理和显示的一门重要的计算机学科分支，它是计算机科学中最活跃的分支，在图形视频处理、工业建模、游戏制作、生物信息和医药医疗等行业都有着极其重要的作用。

4.4.1 图形的生成

在计算机显示的图形中，复杂的物体通常都是由一些基本的图形元素组成的，这些基本的图形元素称为图元，它们包括点、直线、圆弧、字符、多边形和样条曲线曲面等。由于一个场景中包含了大量的点、线、面之类的基本图元，为保证整个图形绘制的效率，需要研究出各基本图元绘制的高效算法。

由光栅扫描显示器的原理得知，要显示的图形都保存在帧缓存中，再由扫描控制转换为像素点（存储在帧缓存中）进行表示，这种几何图形用离散像素点表示称为图形的光栅表示，将几何图形转化为离散像素点的过程称为图形的扫描转换。如图 4-12 所示，利用离直线最近的像素点来表示连续的直线，当像素点很密，即显示器的分辨率达到一定程度时，这些离散点在视觉上就是一条连续的直线。

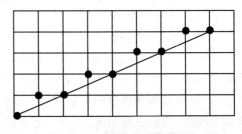

图 4-12　直线的光栅表示

图形的生成算法实际上就是常用图元的扫描转换算法,评价这些算法的优劣有两个基本的指标:一是图形转换是否逼真,二是算法的效率是否高效。

4.4.2 图形的变换

根据图形所在空间的不同,可将图形分为二维图形和三维图形。在计算机绘制图形时,无论图形多么复杂,都是利用一些相应图形基元经过图形变换组成的。图形变换是指图形信息经过几何变换后产生新的图形。基本的几何变换研究物体坐标在直角坐标系内的平移、旋转和变比等规则,包括二维图形和三维图形的基本变化规则。

1. 二维几何变换及观察

图形显示的对象包括两种:几何模型和二维图形。几何模型一般是由一些控制点表示的,如三角形面片的顶点和各种曲线曲面的控制点等。而图形本来就是由一些离散点表示的,因此考虑物体的几何变换时都可以归纳为点的几何变换。二维几何变换包括平移变换、比例变换和旋转变换等。

在显示图形时,通常只是指定整个场景的某一区域进行显示,需要经过将窗口或视口外的图形进行裁剪的过程,以及将窗口内的物体向视口进行坐标变换的过程。如图 4-13 所示,二维观察的流程是首先利用点、线、面等基本图元及作用在这些基本图元之上的几何变换构建场景,对场景的内容进行裁剪后,将窗口内的内容变换到视口中,然后利用扫描转换将视口中的内容转换为显示设备中的像素点。

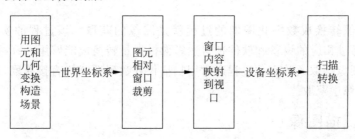

图 4-13 二维观察流程

2. 三维几何变换及观察

三维几何变换是指对三维图形的几何信息经过平移、比例、旋转等变换后产生新的图形。与二维图形相似,可以定义一系列的三维基本几何变换,这些基本几何变换都是相对于坐标原点和坐标轴进行的几何变换。三维基本几何变换包括平移变换、比例变换和旋转变换。

在二维图形中,图形中的点与显示设备中的点存在简单的映射关系;而对于三维图形,需要考虑的问题较二维复杂得多。图 4-14 所示为三维观察的流程。

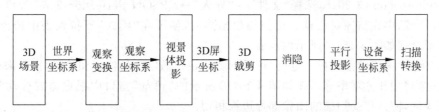

图 4-14 三维观察流程

用户通过在世界坐标系下建立起三维场景,这些场景经过观察变换,将世界坐标系下描述的场景转化为观察坐标系下进行描述。为了剪裁和消隐的方便,利用视景体投影,将观察坐标系下的图形投影到一个归一化的三维屏坐标中(即一个归一化的正方体),其实质是在投影时保留了深度信息。该过程将透视投影、斜平行投影统一转换为正平行投影,便于后续的操作;三维屏坐标中的图形经过三维裁剪,获得视景体内部的图形;为了使生成的图形有真实感,需要消除图形中隐藏的部分,这一操作称为消隐,消隐后的对象经过正平行投影变换,由三维图形生成相应的二维图形;最终,图形经过扫描转换,在显示设备上呈现出来。

4.4.3 真实感图形的生成

真实感图形的基本要求是在计算机中生成三维场景的真实感图形(或图像)。给定一个三维场景及其光照明条件,如何确定它在屏幕上生成的真实感图像,即确定图像每一个像素的明暗和颜色是真实感图形学需要解决的问题。在已知物体物理形态和光源性质的条件下,能够计算出场景的光照明暗效果的数学模型称为光照明模型,这种模型可以用描述物体表面光强度的物理公式推导出来。纹理映射又称为材质贴图,是广泛使用的一种模拟真实物体的方法,它将具有丰富细节的图像映射到 3D 物体的表面,运用它可以方便地制作出极具真实感的图形,而不必花费过多时间来考虑物体的表面细节,这大大降低了对场景模型细节的要求,同时避免了对复杂模型的处理。例如绘制一面砖墙,可以使用一幅具有真实感的图像或照片作为纹理贴到一个矩形上,这样就形成了一面逼真的砖墙。

4.5 图像的获取与存储

把自然的影像转换成数字化图像的过程就是图像的获取。该过程的实质是进行模/数(A/D)转换,即通过相应的设备和软件把自然影像模拟量转换成能够用计算机处理的数字量。在实际应用中,图像获取的数字化过程通常用扫描仪和数码照相机直接获取,还可从因特网及光盘图片库等来源中获取。

4.5.1 扫描图像

图像扫描借助于扫描仪进行,其图像质量主要依靠正确的扫描方法、设定正确的扫描参数、选择合适的颜色深度,以及后期的技术处理。不同厂家的扫描驱动程序各具特色,扩充功能也有所不同。下面以 EPSON Perfection 2480/2580 扫描仪为例进行介绍。

1. 扫描的一般步骤

首先将扫描仪与计算机连接,安装好驱动程序,然后选择一款图像处理软件作为扫描仪图像传输的软件平台,这里选择了 Photoshop CC2015。将图片放在玻璃台上,要扫描的面向下,图片的边缘尽量与扫描仪平台的边缘平行,盖上压板。

打开 Photoshop CC2015,选择"文件"→"导入"→EPSON Perfection 2480/2580 命令,将会自动弹出自动模式扫描对话框。待扫描仪预热后,便可在"模式"下拉列表中选择"专业模式"选项,切换到如图 4-15(a)所示的界面。

单击"预览"按钮模拟扫描一遍,便可看到图片在扫描仪中的位置和效果,据此来调整图像的位置、图像类型和分辨率等。在如图 4-15(b)所示的"预览"窗口中根据需要移动和缩放扫描区的虚线框,使其与要扫描的图像部分边缘相切。

如果对扫描效果不满意,可以再次回到图 4-15(a)中选择适当的分辨率和图像类型,也可单击"配置"按钮对色彩等参数进行调整。设置完成后,单击"扫描"按钮进行扫描,扫描完成后的图像就出现在 Photoshop 的工作区中。

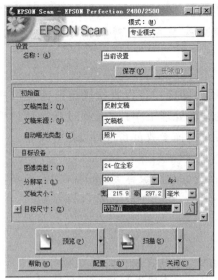 

(a) 控制面板　　　　　　　　(b) 预览界面

图 4-15　操作界面

2．高质量扫描的步骤

实践证明,扫描分色技术是彩色图像复制质量好坏的关键。不能单纯依靠扫描后处理,即依靠屏幕色彩做主观上的随意调整,致使扫描仪的功能未得到充分发挥。

(1) 选择好的扫描原稿。

一看原稿表面有无划痕、脏污、文字、线条是否完整,有无缺笔、断画等。二看画面是否偏色。在自然光或接近日光色的标准光源下,观察原稿上的白色、灰色和黑色等消色部位是否有其他颜色的干扰。三看主要色彩是否准确。一般来说,反射稿(如照片等)的色彩比实际景物的色彩更鲜艳些。对以人物为主体的反射稿,应以面部肤色红润为标准。四看反差是否适中。反射稿的反差包括亮度差、色反差和反差平衡。亮度差适中,在高调部位和暗调部位之间就有丰富的过渡色彩层次;色反差适中,反射稿色彩浓度就大,且具有较强的立体感;反差平衡好,同一色彩在高调部位和暗调部位的色彩表现就会一致。

(2) 将原稿旋转在最佳扫描区域。

最佳扫描区域确定的方法是将扫描仪的所有控制设置成自动或默认状态,选中所有区域,以低分辨率扫描一张空白、白色、不透明的样稿。在 Photoshop 里打开该样稿的扫描图像,选择"图像"→"调整"→"色调均化"命令对其进行处理,就可以看见在扫描仪上哪里有裂纹、条纹或黑点,并最终确定最稳定的区域。

(3) 正确摆放扫描对象。

(4) 选择合适的扫描类型。

"彩色"扫描类型适用于扫描彩色照片,这种方式会生成较大尺寸的文件;"灰度"扫描类型常用于既有图片又有文字的图文混排样稿,文件大小尺寸适中;"黑白"扫描类型常见于白纸黑字的原稿扫描,文件尺寸最小。许多平板扫描仪在"黑白"类型下难以获得精细的线条图,若改用"灰度"类型扫描,然后对图像进行锐化,并选择适当的阈值进行调整,再将图像转换为位图,往往可以获得精细的线条图。

(5) 选择合适的扫描分辨率。

一般来说,在扫描一些工程图或是包含有文本信息的图像时,应该尽可能地将扫描分辨率设置的高一点。如果图像最终要印刷出版,至少需要300dpi以上的分辨率。当然,若能使用600dpi的分辨率会更好。为了保证图像质量,应遵循"先高分辨率扫描,后转换为其他分辨率使用"的原则。

(6) 进行预扫。

预扫描有两方面的好处:一是在通过预扫后的图像中可以直接确定所需要扫描的区域,对图像进行裁剪和旋转等操作,以减少扫描后的图像处理工序;二是通过观察预扫后的图像,大致可以看到图像的色彩和效果等,如不满意可对扫描参数重新进行设定和调整。

(7) 调整好与图像有关的扫描参数。

要想扫描出效果好、质量高的图像,还需要设置好与图像有关的扫描参数,包括色彩平衡、色彩的饱和度和色调等。

4.5.2 捕捉屏幕图像

捕捉屏幕图像是人们常用的一种图像获取方式,尤其在制作计算机操作类课程的多媒体课件时,几乎都要用到捕捉屏幕图像。常用的捕捉方式有键盘捕捉和软件捕捉。

1. 键盘捕捉

按键盘上的 Print Screen 键,就可以将当前屏幕完全捕捉下来,使用 Alt+Print Screen 键就可以把当前活动窗口捕捉下来。捕捉后打开某个绘图软件新建一个文件或打开某个图像文件,使用"粘贴"命令即可把捕捉的图像复制并存储下来。但视频图像不能用这个方法捕捉。

2. 软件捕捉

用屏幕捕捉软件可以更加精确和随意地捕捉屏幕图像。常用软件有 SnagIt、EPSnap、HyperSnap-DX、SuperCapture 等。这些软件都可以捕捉、编辑、共享计算机屏幕上的一切,包括文本、图标、菜单和视频等。图像可保存为 BMP、PCX、TIF、GIF、JPEG 格式,也可以存为视频动画。使用 JPEG 可以指定所需的压缩级(从 1% 到 99%)。可以选择是否包括光标、添加水印。另外,对捕获得到的图片,还可以在保存前进行添加说明文本、箭头和绘图等编辑操作。

1) 确定捕获方案

下面以 SnagIt 12.4 为例讲解屏幕捕捉过程,图 4-16 所示为 SnagIt 的工作主界面。

捕获方案就是对捕捉方式、捕捉输入、输出、捕捉选项、效果等设置而形成的解决方案,其中捕捉方式包括图像、文本、视频、网络捕捉,这些捕捉方式可以将捕捉结果保存成图片、文字、视频和网站图片库等不同形式。选择输入源包括屏幕、窗口、活动窗口、区域、固定区域、对象、菜单等,输入源因选择的不同捕捉方式而有所不同。捕捉输出包括文件、打印机、FTP 和 E-mail 等;捕捉选项包括是否包含光标、录制音频和多重区域等;捕捉效果预置了撕裂边缘和阴影等效果。

可以选择软件默认的捕获方案,也可以通过单击"使用向导创建方案"按钮 ,设置相关参数,然后保存成自己的捕获方案。

2) 捕获操作

单击图 4-16 右下角的红色相机捕获按钮开始捕获操作。如果选择区域范围捕获方案,可以直接拖动选择捕获区域;如果选择窗口捕获方案,移动鼠标,鼠标所到窗口会自动红色加亮显示,单击即可捕获。

3) 编辑修饰

捕获操作结束后,会自动在 SnagIt 编辑器中打开捕获得到的图片,如图 4-17 所示。此时

图 4-16　SnagIt 工作界面

可以选择编辑器上部列出的绘图工具,默认的绘图样式可为捕获得到的图片添加说明、标注信息等;切换到图像标签,可以为图片设置边缘效果及图片整体艺术效果;切换到热区标签,可以为图片添加区域超链接。图片编辑好后可单击工具栏中的"保存"按钮保存文件。

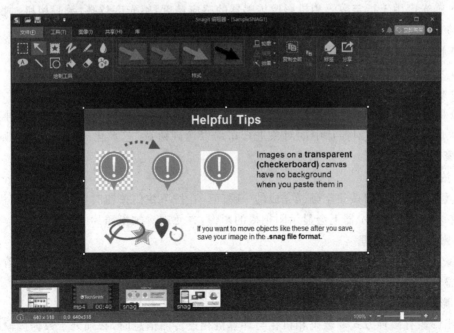

图 4-17　SnagIt 编辑器界面

4.5.3 数码拍摄

数码相机是目前广泛使用的数字设备之一,因其具有很多普通光学照相机无法具备的优点,例如高分辨率和大存储空间,这使得它深受广大摄影爱好者和专业摄影师的青睐。

数码相机的一般操作过程如下:

1. 拍摄前的物质准备

在拍摄前需要做好数码照相机、存储媒体和电池的准备工作。

1) 数码相机的准备

检查数码相机镜头是否清洁,如果有脏点,需用专用擦镜纸清洁。检查相机电量,检查相机工作是否正常。

2) 存储媒体的准备

数码相机的存储媒体一般包括 SM 卡、CF 卡、XD 卡、SD 卡、MMC 卡及记忆棒等,使用前应根据拍摄需求选择适当类型和容量的存储卡并将其装入数码相机中。

3) 电池

数码相机的种类不同,所用电源的类型也不同,常见的电源有锰锌电池、碱性电池、水银电池、氧化银电池、锂电池及镍镉电池等几种。其中锂电池和镍镉电池价格较贵,一般都是专机专用,而锰锌电池与碱性电池价格则相对便宜,通用性好。因此,在拍摄前应根据需要准备好相应的充电器或者充电设备。

2. 拍摄前的基本设置

拍摄前的基本设置主要包括操作模式的选择、感光度的设定、照片质量的选择、色彩的控制、驱动模式的选择、曝光的控制及取景聚焦等操作。

(1) 操作模式是选择照相机工作状态及内置的场景模式,例如拍摄、浏览和连接等工作状态和肖像、儿童、风景、运动等拍摄场景模式。

(2) 感光度用于指定数码相机影像传感器的感应精度,感光度越高,数码相机对物体的光线感知度越高,拍摄物体的噪点越多。

(3) 照片质量的选择是指选择存储文件的格式及图像分辨率。

(4) 色彩的控制是指选择照片的白平衡及色彩空间。

(5) 驱动模式的选择是指选择单帧拍摄、连续拍摄、包围式拍摄还是自拍。

(6) 曝光控制主要通过光圈和曝光时间的设置来对进入相机内的光线多少进行控制。

(7) 取景涉及如何对照片中的对象进行布局以达到协调、艺术化的效果。聚焦则涉及对焦距和聚焦区域的选择。

3. 拍摄及确认

拍摄是指按下快门按钮至曝光完成的一瞬间。在按下快门按钮时要持稳数码相机。曝光后,在数码相机液晶显示器上会显示刚拍摄的影像,方便观看拍摄照片的效果。

4. 影像管理与处理

影像处理包括打印设置、显示设置、删除无用影像、设定保护、复制文件、基本裁剪、亮度和色调调整等操作。这些操作大多需要数码相机工作在"播放"操作模式下。

5. 影像输出

输出影像有多种方式。数码相机在与计算机相连传输信息时,必须处于数据传输模式下。当数码相机读写信息指示灯闪烁,表明它正处于读写数据的状态,此时切勿拔下数据线或关闭数码相机。

4.5.4 网络获取

图像获取的另一个常用途径是网络获取。在网络上获取图像常用的方法分为搜索引擎获取、资源库下载和软件获取。

常用的图片搜索引擎有：
- 百度图片搜索(http://image.baidu.com/)；
- 谷歌图片搜索(http://images.google.cn/)；
- 雅虎图片(http://sg.images.search.yahoo.com/)。

常用的图片资源库包括：
- 站长素材(http://sc.chinaz.com/tupian/)；
- 素材中国(http://www.sccnn.com/)；
- 创意素材库(http://sc.52design.com/)。

通过软件获取网络图片是为了批量获取网站图片，避免到计算机 IE 缓存文件夹中复制图片，是节省时间的方法。例如，采用 SnagIt 软件的"网页中的图像"解决方案，设置查找深度并输入网络地址，可以进行自动获取并保存到指定目录中。

4.5.5 图像文件格式

图像一旦数字化后，将以文件的形式被保存。根据数字图像编码方式的不同和数据结构的不同，图像文件也有不同的格式。常见的图像文件格式如表 4-1 所示。

表 4-1　图形图像文件的常用格式

格式	说明
BMP	BMP(B Map Picture)是 Windows 使用的基本图像格式，是一种位图文件格式，文件规模比较大。它使用非压缩格式存储图像数据，解码速度快，支持多种图像的存储，常见的图形图像软件都能对其进行处理
GIF	GIF(Graphics Interchange Format)是 Internet 上使用的最重要的图像文件格式，主要用于在不同平台上进行图像交流传输。GIF 格式文件采用无损压缩，压缩比较高，文件规模较小，仅能表达 256 色图像。GIF 格式文件支持图像内的小型动画
JPG、JPEG	JPG 格式也称为 JPEG(Joint Photographic Expert Group)格式，采用有损压缩，可以很好地再现彩色图像，色彩数最高可达到 24 位，较适合摄影图像的存储，常用于制作网页的图像文件
PNG	PNG(Portable Network Graphic，可移置的网络图形)是 W3C 联盟专门针对网页设计的一种无损位图文件存储格式，适合在网络上传输与打开。其特点主要有压缩效率通常比 GIF 要高，提供 Alpha 通道控制图像透明度，支持 γ 校正机制以调整图像的亮度。PNG 文件格式支持三种主要的图像类型：真彩色图像、灰度图像及颜色索引图像
TIFF	TIFF(Tag Image File Format)是 Macintosh 和 PC 上广泛支持的位图格式，存储的图像质量高，但占用的存储空间也非常大，其大小是相应 GIF 图像的 3 倍，*.jpeg 图像的 10 倍。TIFF 文件被用来存储一些色彩绚丽、构思奇妙的贴图文件
WMF	WMF(Windows Metafile Format)是 Windows 中常见的一种图元文件格式，它具有文件短小、图案造型化的特点，整个图形常由各个独立的组成部分拼接而成，但其图形往往较粗糙，并且只能在 Microsoft Office 中调用编辑
PSD	PSD(Adobe Photoshop Document)是 Photoshop 中使用的一种标准图形文件格式，可以存储成 RGB 或 CMYK 模式，还能够自定义颜色数并加以存储。PSD 文件能够将不同的物件以层(Layer)的方式来分离保存，便于修改和制作各种特殊效果

4.5.6 图像文件数据量

图像文件的数据量与图像所表现的内容无关,与图像的尺寸、颜色数量和所采取的文件格式(即采用的数据压缩形式)有关。颜色越多,画面尺寸越大,数据量越大。文件格式与压缩算法紧密相关,也会影响数据量。

1. 图像文件数据量的计算

图像文件的数据量计算公式为:

$$s = (h \times w \times c)/8$$

式中,s 是图像文件的数据量;h 是图像水平方向的像素数;w 是图像垂直方向的像素数;c 是颜色深度数值;/8 是将二进制位(b)转换成以字节(B)为单位。

例如,某图像采用 24b 的颜色深度(真彩色图像),其图像尺寸为 800×600 像素,则图像文件的数据量为 $s=(800\times600\times24)/8\text{B}=1\,440\,000\text{B}$(约 1.37MB)。

可以看出,图像数据量大的问题很突出,要减小数据量,除了采用适当的数据压缩算法以外,在保证图像质量的前提下,可采用颜色深度低的图像格式。

2. 图像文件数据量与文件格式的关系

同一幅图像若采用不同文件格式保存,其数据量不同,至于采用什么文件格式最合适,要根据使用场合决定。如数码相机多采用 JPG 格式,因特网多使用 GIF、JPG 格式,印刷多采用 TIFF 格式,Windows 环境多采用 BMP 格式。

4.6 图像处理技术

采集到计算机中的图像往往并不直接使用,一般是先对其进行修改及编辑等处理。图像处理大多以点阵为单位,诸如图像几何运算、图像增强、图像复原和重建、图像分割和特征提取、图像编码和压缩、图像识别等。

4.6.1 图像的变换

图像的变换包括几何变换和正交变换。

1. 图像的几何变换

原始图像是空间坐标下像素值的描述,因此被称为空间域图像。图像空间域处理即图像的几何变换处理,是指利用某种方法直接对数字图像中的像素进行修改,主要指对图像进行缩放、裁剪、拼接、平移、旋转和变形等几何变换操作。

对数字图像而言,缩放图像就意味着改变图像的分辨率。其目的之一是在特定的显示器或打印设备上以特定的大小呈现图像。放大图像时,需要填充新的像素,一般可以利用相邻区域的像素来估算新的像素值,这种操作称为插值。当缩小图像时,需要丢弃一些像素,这时既可以简单地丢弃原来的一些像素,也可以考虑利用被丢弃的像素值来修改保留的像素值。一般来讲,要尽量保持原图中的形状、亮度和对比度,所以在改变像素的数目时,可能要在效果和计算复杂度上进行权衡。

取出图像的一部分单独进行处理,或者将两幅图像组合在一起,这些操作分别称为裁剪和拼接。裁剪操作是根据某个几何参数抽取一块图像,即子图像,而拼接操作是将几幅图像或子图像合成为一幅新图像。平移和旋转可以校正输入图像的位置和方向,以便放正图像或进行图像比较。变形可以改变图像原先的像素值空间布局,实现图像的特殊显示效果。

2. 图像的正交变换

在实际应用中,某些图像的数据量很大,诸如遥感和卫星图等,在空间域对它们进行处理,涉及的计算量很大。因此,往往采用各种图像变换的方法对这些图像进行处理,变换后的图像是转换域图像。转换域图像还可以反变换为空间域图像,这个逆反过程被称为图像的正交变换。图像的正交变换利用变换域的数值刻画空域中的图像,同时通过对这些数值和变换性质的分析达到揭示图像本质特性的目的。正交变换可分为三大类型:余弦型变换、方波形变换和基于特征向量的变换。图像正交变换在图像增强、恢复、编码、描述和特征提取等方面都有着广泛的应用。

4.6.2 图像增强

图像增强是指增强图像中有用的信息、压低噪音,其目的是提高图像质量,使得原始图像更为清晰、更适合于人的观察,同时变换图像以方便人或机器的分析和处理。增强过程不会增加数据内在信息量,却能增大所关心信息的动态范围,使之更易于检测。图像增强包括灰度变换、图像平滑、图像锐化、图像位色彩增强等。

4.6.3 图像复原和重建

在成像过程中,由于成像系统本身或噪声等多种因素的影响,使图像变得模糊的现象叫图像退化。分析和了解图像退化现象及其原因,建立退化过程的数学模型是进行图像复原的必要条件。图像复原就是对退化或劣化的图像进行校正处理、滤去退化痕迹、恢复图像的本来面目,其原则是应尽可能复现或逼近无退化的真实图像。

图像复原和图形增强都是用以改善图像质量的图像处理技术,但两者之间存在一定差别。图像增强是以人机交互方式用某种试探性方法提高图像的质量,以改善人眼的视觉效果和主观感受,或突出图像中的某些特征以便计算机更好地识别和理解图像。而图像复原强调的是尽可能客观地以最大保真度恢复图像的本来面目,图像复原的质量不是由人的主观心理感觉决定的,而是根据某些客观的质量标准来决定的。

4.6.4 图像分割和特征提取

图像分割是将图像分割成不同的部分或区域的过程。图像分割是对图像进行处理、分析及理解的一个重要基础操作,其目的是把图像分成一些有用的或有意义的部分或区域,以便进一步对图像进行分析与理解。例如,在一张卫星拍摄的地球图像上,把水域与陆地分开;在一张田野的照片上,把农田与道路分开等。

图像特征提取就是检测和提取图像的特征。一般来讲,特征是由图像中不连续或空间中亮度过渡不光滑而形成的,所以特征提取就是检测图像中的不连续特征的过程,而这些不连续特征一般表现在点、线和边缘处,因此有点检测、线检测和边检测等几种基本手段。

4.6.5 图像识别

图像识别属于模式识别的范畴,其主要内容是图形经过某些预处理(如增强、复原、压缩)后进行图像分割和特征提取,然后根据图像的几何和纹理特征利用模式匹配、判别函数、决定树及图匹配等识别理论对图像进行分类,并对整个图像做结构上的分析,从而进行判定和识别。

图像结构包括图像中物体的形状、位置、方向和分类或灰度级空间构型中的等级。这些结构信息的分析推论依赖于不同的图像特征(在二维平面中,点、线段或区域)和对应的物体特征(在三维空间中,点、线段、弧线段或曲面、平面)之间的匹配。物体的种类、背景、图像传感器、感觉视点决定了识别问题的难易。例如,在全黑背景上白色平面方块可用简单的拐点特征来识别。

计算机识别和物体检测是一个复杂的过程,一般来说它包含图像格式化、调整、标记、分组、提取和匹配6个步骤。

(1) 图像格式化。把照相机捕获的图像转换成数字形式。

(2) 调整。在原先的图像信息模式基础上增加不会引起意义变化的信息,修改原先的信息模式,目的是抑制噪声,通过均一化运用,实现背景规范化。

(3) 标记。由于图像信息模式如同物体间空间排列的结构,每个空间物体是一系列相关联的像素。标记的过程是决定每一像素分别参与哪个空间物体的过程。标记操作的一个例子是边缘检测。边缘检测通过图像亮度或颜色属性的中断检测出许多条边,但在此之后需要进行标记操作,也称为阈值处理,不需要的边则被删除。其他种类的标记操作包括拐点寻找和各种图元的像素识别。

(4) 分组。在标记操作之后,通过收集、识别参与同种物体的最大连接像素集合来标识物体。如在前边缘检测中,边缘可用一段边来标记,分组操作就构成了一段边连接。在分组之前的步骤产生的都是数字化图像的物理数据,在分组操作之后则可以产生图像逻辑数据结构。该数据结构存储每一个像素与其所属空间事物相关联的索引,并形成一个集合,每一个集合对应一个空间事物,它包含事物的位置(行和列)。

(5) 提取。分组定义了新的实体集,提取操作为每一组像素计算一列的属性。这些属性可以是质心、面积、方位等和实体相关的属性。通过提取度量出两个或更多分组之间的拓扑关系和空间关系。例如,一个分组和另外一个分组是否是空间接触的,或者一个分组在另一个分组之上。

(6) 匹配。经过提取,一个感知组织出现,被观察的空间物体就有了意义,它清晰地构成了一些以前知道的物体的一个图像实例。匹配操作就是确定对图像实例某一相关集的解释,并将这些事例和某一给定的三维物体或二维图形联系起来。匹配操作有很多类型,典型的例子是模板匹配,它将检测模型和已经存储模型作比较,选择一个最好的匹配。

4.7 图像处理软件 Photoshop

图像处理软件专门用于处理图像,是多媒体制作必不可少的工具。图像处理主要包括扫描、编辑、特效、打印及文件管理等。图像处理软件实际上是一个集各种运算方法于一体的操作平台,其中包括图像解码、点运算、组运算、数据变换和代码压缩等。

4.7.1 Photoshop 简介

Photoshop,简称PS,是由Adobe Systems开发和发行的图像处理软件,主要功能包括图像编辑、图像合成、校色调色及特效制作等。本书以Photoshop CC2015为例进行讲解,该软件的工作主界面如图4-18所示。

Photoshop工作主界面主要包含菜单栏、工具箱、选项栏和属性面板。菜单栏分门别类地归集了所有的功能;工具栏包括图像编辑的常用工具,例如选择、选区、路径等工具;选项栏

图 4-18　Photoshop CC2015 工作主界面

按在工具栏中选择的不同工具,列出了相应的属性选项;属性面板为常用的颜色、图层、历史等提供了较多的选项设置。

Photoshop 的特色在于分层编辑技术和滤镜标准化技术。分层编辑技术的具体形式是图层,这是一种由程序构成的物理层,由于各层面上所承载的内容均为图像,因此得名"图层"。一幅图片被导入到 Photoshop 后,一般作为最底下的图层,随着编辑操作的进展,可在底层之上形成多个层面,编辑操作可在各个层面上单独进行。

图层编辑有如下特点:

(1) 所有编辑工具可用于各个图层,独立编辑,互不干扰。

(2) 图层内容的相对位置可调,可随意取舍。

(3) 图层间的关系可采用逻辑与、逻辑或、各种形式的叠加等合成方式。

(4) 带有图层的图像可以 PSD 格式保存,便于下次继续编辑。

效果滤镜是 Photoshop 提供的一组图像加工工具,能完成特定视觉效果。通过改变效果控制参数可得到不同效果。效果滤镜具有简单易用、效果可调、可重叠使用、可对图像局部施加效果等特点。

4.7.2　图像选区

图像选区是图像上的一个或多个有效编辑区域,又称为工作区,由选区工具划定。编辑操作只对选区内的局部图像有效,选区外的图像内容不受影响。借助选区操作,可方便地处理图像上某个指定区域。

1. 工具箱中的选区工具

划定选区的工具分布在图 4-19 所示的工具箱顶部,主要有:

(1) "矩形选框工具"、"椭圆选框工具"、"单行选框工具"、"单列选框工具",用于划定标准形状的选区。

(2)"套索工具"、"多边形套索工具"、"磁性套索工具",用于划定自由轮廓的选区。

(3)"魔棒工具",用于自动选取选区。通过调整容差值,可改变自动选取敏感度。

(4)"移动工具",用于选区内图像像素的移动与复制。

2. 工具箱中选区工具的切换

在工具箱某个右下角带有▶标记的工具按钮处按下鼠标左键片刻,则显示其余工具,从中选择所需要的工具,即可替换工具盒中原有的工具。除了选区工具之外,工具箱中其他所有带有▶标记的工具均可切换,没有该标记的工具则不能切换。

3. 划定选区

首先选择"文件"→"打开"命令,弹出"打开"对话框,然后选择一幅图像并打开。

图 4-19 工具盒

1)划定标准形状的选区

在工具盒中单击"矩形选框工具"按钮,然后按住鼠标左键在图像上拖动,即可画出矩形区域,该区域由闪烁的虚线包围,即所谓的"选区",该选区呈矩形,如图 4-20(a)所示。

(a) 矩形选区　　(b) 圆形选区　　(c) 自由形状选区　　(d) 自动划定选区

图 4-20　划定各种形式的选区

若希望画出椭圆形选区,鼠标左键按下工具盒中"矩形选框工具"片刻,将弹出其他选区工具选项,选择"椭圆选框工具",然后在图像上画出椭圆形选区,如图 4-20(b)所示。

若想画出正方形或圆形选区,按下 Shift 键的同时画选区。

2)划定自由形状的选区

在工具盒中单击"套索工具",随后按住鼠标左键不放,在图像上徒手画出选区,结束时释放鼠标左键,选区如图 4-20(c)所示。这种画法需要具备对鼠标的良好掌控能力,适合于绘制具有平滑边界的图像选区。

单击"套索工具"片刻,还可选择"多边形套索工具"画选区。沿着图形轮廓边缘每单击一次形成一个拐点,当选区接近闭合时,双击或者直接在起始点单击结束。多边形套索工具适合于绘制多边形边界的图像选区。

选用"磁性套索工具"画选区时,在图形轮廓边缘单击,随后沿着图形移动鼠标,即可自动创建拐点,画出选区。当选区接近闭合时,双击或者直接在起始点单击结束。磁性套索工具适合于绘制平滑边界且边界线两边色彩对比明显的图像选区。

3)自动划定选区

单击工具盒中的"魔棒工具",在画面顶部选项工具栏选择一个容差值,该值越大,敏感度越低,忽略的色素越多,反之亦然。然后在图像上单击,与单击点近似颜色的一片区域被划成选区,再反选选区,就选择了蜻蜓,如图 4-20(d)所示。

4. 增减选区

选区一般很难一次性完成,可通过多次添加或减少选区来不断地完善选区。在划定选区时,只要使用选区工具,就会在菜单栏下显示图 4-21 所示的选项工具栏。

图 4-21 选区选项工具栏

(1) 首次画选区之前选择"新选区"按钮。

(2) 把新画的选区添加到原选区时,先选择"添加到选区"按钮,然后再画选区。也可在画选区时一直按住 Shift 键实现该功能。

(3) 选择"从选区减去"按钮后再画选区,就会从原选区中减去新画的选区。也可在画选区时一直按住 Alt 键实现该功能。

(4) 若选择"与选区交叉"按钮,新画的选区与原选区共有的区域保留。也可在画选区时一直按住 Shift+Alt 组合键实现该功能。

5. 选区的反转和变换

若需选择除当前选区的其他区域即反选选区,可选择"选择"→"反向"命令,也可按 Shift+Ctrl+I 组合键实现该功能。

图 4-21 所示选项工具栏中的"羽化"选项可用来使选区产生虚边效果。羽化的数值单位是像素,数值越高,选取边缘淡出的效果越明显。当羽化的数值超过选区的 50% 时会提示"任何像素都不大于 50% 选择",此时整个选区被羽化,看不到选区的图像内容。打开荷花原图,如图 4-22(a)所示。选择椭圆选区工具,在选区选项工具栏中设置"羽化"为 25,然后在原图中选择荷花,反选选区,按 Delete 键删除,则可以得到图 4-22(b)所示边缘羽化的效果。

(a) 原图　　　　　　　　　　(b) 羽化后的效果图

图 4-22 选区的羽化

若选区需要进行形状变换,可在选区上右击,在弹出的快捷菜单中选择"变换选区"命令,即可拖动控制点进行变换,也可以再次右击,选择内置的变换方式。

6. 移动与复制选区图像内容

选区连同内部的图像内容可以移动和复制。操作步骤如下:

(1) 利用工具箱中的"套索工具"或者"磁性套索工具"在图 4-23(a)所示原图上划定选区。

(2) 在工具箱中单击"移动工具"按钮。

(3) 拖动即可移动选区及其内部的内容,如图 4-23(b)所示。

（4）按下 Alt 键同时拖动即可实现复制，如图 4-23(c) 所示。

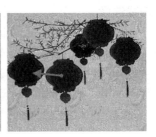

(a) 原图　　　　　　　　　(b) 移动选区　　　　　　　　(c) 复制选区

图 4-23　移动与复制选区

7. 取消选区

在选区上右击，在弹出的快捷菜单中选择"取消选择"命令，该选区取消。

4.7.3　图层

Photoshop 图层如同堆叠在一起的透明纸，可以透过上面图层的透明区域看到下面的图层；可以移动图层的位置来定位该图层上的内容，就像在堆栈中移动透明纸一样；也可以更改图层的不透明度以使内容部分透明。图 4-24(a) 所示表明了图层间的层级关系。

(a) 合成图的图层关系　　　　(b) 图层属性面板　　　　(c) 多种素材合成的图像

图 4-24　图层

图层在使用剪贴板进行粘贴、与其他图层拼接及输入文字等操作时自动生成，其操作主要通过图层属性面板实现，该属性面板如图 4-24(b) 所示，合成效果图像如图 4-24(c) 所示。

新建 Photoshop 文件时，如果背景颜色选择"白色"或"背景色"，则图层面板中默认有一个图层存在，这个图层的名称为"背景"，且该图层默认是锁定的，不可编辑，这个图层就是背景图层。用 Photoshop 打开一个非 PSD 图像文件时，图像默认也是一个背景图层。

1. 图层的基本操作

（1）新建图层。单击图层属性面板右下角的"新建图层"按钮 ，或者选择"图层"→"新建"→"图层"命令。

（2）选择图层。单击图层属性面板中的图层名称，该图层反显表示被选中。按住 Ctrl 键的同时单击多个图层，可选择多个图层。

（3）移动图层。选择图层后，可在编辑区域按住鼠标左键，拖动该图层进行位置的移动。

（4）改变图层的覆盖顺序。图层叠放规律是上层覆盖下层。拖动图层名称上下移动，可改变图层相互覆盖的顺序，其效果可通过观察合成图像得到确认。

（5）显示/隐蔽图层。单击图层名称前面的图标 ，该图标消失，隐藏该图层。再次单击图标位置,图层恢复显示。

(6) 复制图层。右击图层名称,在弹出的快捷菜单中选择"复制图层"命令,出现"复制图层"对话框,在"复制:***为:"文本框中输入图层名称,单击"确定"按钮。

(7) 删除图层。右击图层名称,在弹出的快捷菜单中选择"删除图层"命令。

(8) 对齐图层。如果用户需要将不同图层中的图像进行有序的布置,可以选择"图层"→"对齐"命令。

(9) 合并图层。右击选择的图层,在弹出的快捷菜单中选择"向下合并"命令,可以将当前图层和它下面的图层合并为一个图层。如果选择多个图层,然后右击,在弹出的快捷菜单中选择"合并图层"命令,可以将当前被选中的多个图层合并成一个图层。选择"合并可见图层"命令可以将所有可见图层合并为一个图层。选择"拼合图像"命令可以将所有图层合并成背景图层,如果有隐藏图层会提示"要扔掉隐藏的图层吗?",单击"确定"按钮后才可完成拼合图像操作。

2. 图层之间的关系

合成图像各层之间可以互相覆盖(不透明),但也可呈现某种程度的透明状态。改变操作在图 4-24(b)所示的图层属性面板中进行,操作步骤如下:

(1) 改变不透明度。单击图层属性面板中的某个图层,再单击不透明度输入框右侧的 ▶ 按钮,移动滑块 △ ,改变不透明度的百分比。

(2) 改变填充数值。单击图层属性面板中的某个图层,再单击填充输入框右侧的 ▶ 按钮,移动滑块 △ ,改变填充的百分比。

(3) 图层的混合模式。单击图层属性面板中的某个图层,在"不透明度"下拉列表中选择图层的混合模式,如"溶解"或"正片叠底"等。该图层及其下面的图层相对应位置的像素不是简单的叠加覆盖,而是以某种混合模式进行像素运算,确定对应位置像素的色彩。在应用图层的混合模式时,必须先对上面的图层进行模式的设置才会产生相应效果,因为不同的混合模式对图像中的色彩和深浅变化等的作用不同,同样的两个图层应用了不同的混合模式会得到完全不同的效果。具有不同图像内容的图层即使运用了相同的混合模式也可能得不到相同的效果。图 4-25 所示是"图层 1"应用了"变暗"混合模式的效果。

图 4-25 "变暗"图层混合模式效果

3. 图层样式

图层样式具有为图层添加各种艺术效果的功能,它包括混合选项、投影、内阴影、外发光、内发光、斜面、浮雕、颜色叠加、渐变叠加、图案叠加及描边等艺术效果的设置。具体操作方法如下:

(1) 双击图层名称之外的区域,出现"图层样式"对话框,如图 4-26 所示。

(2) 左侧复选框列出了图层的样式,如投影、发光、斜面或浮雕等。选择一种样式,选中的

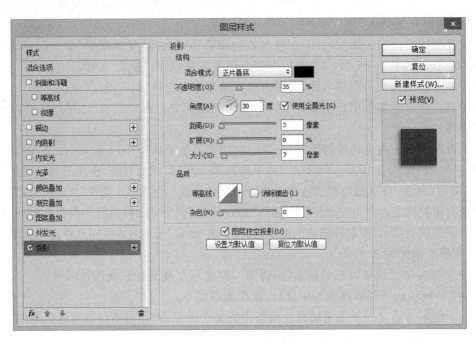

图 4-26 "图层样式"对话框

图层套用该样式。单击某样式名,中间部位会显示该样式的详细参数设置。

(3) 可以对图层添加多种样式,使不同的样式效果叠加在一起,形成完美的艺术表现效果。

如图 4-27(a)所示,"童真"文字图层综合采用了"外发光"和"投影"两种样式。

如图 4-27(b)所示,"童真"文字图层的"填充"数值为 0,"童真"文字内部的黑色填充色全部透明,透出了背景的花纹图案,但外面的图层样式效果保持不变。如果"童真"文字图层的"不透明度"数值为 0,则"童真"及其样式全部不可见。因此,不透明度调节的是整个图层的不透明度,而填充只是改变了填充部分的不透明度。调整不透明度会影响整个图层中的多个对象(原图层中的对象和添加的各种图层样式效果),而修改填充时只会影响原图像,不会影响添加效果(添加的图层样式)。

(a) "童真"图层的填充值为100%　　(b) "童真"图层的填充值为0

图 4-27　图层样式效果图

4. 图层蒙版

图层蒙版可以理解为在当前图层上面覆盖一层玻璃片,这种玻璃片有透明的、半透明的和完全不透明的。用各种绘图工具在蒙版上(即玻璃片上)涂色(只能涂黑、白、灰),涂黑色的地方蒙版变为完全不透明的,看不见当前图层的图像;涂白色则使涂色部分变为透明的,可以看到当前图层上的图像;涂灰色使蒙版变为半透明,透明的程度由涂色的灰度深浅决定。图 4-28

所示是蒙版的擦除效果。

图 4-28　蒙版擦除效果

4.7.4　图像操作基础

图像处理的基础性操作包括图像尺寸的调节、几何形状的调节及文字的编辑。

1. 尺寸调节

图像尺寸的调节包括选区内图像及整体图像的尺寸缩放。

1) 选区内图像的缩放

缩放选区内图像的操作步骤如下：

（1）划定图像选区。

（2）选择"编辑"→"变换"→"缩放"命令，则选区四周显示实线框，如图 4-29 所示。拖动该框上的小方块进行缩放。若想保持比例不变，只需按下 Shift 键不松开，再拖动四角上的小方块进行缩放即可。

（3）双击缩放实线框内部，结束缩放。

2) 整个图像的缩放

缩放整个图像的操作步骤如下：

（1）划定图像选区。

（2）选择"图像"→"图像大小"命令，调整图像大小，如图 4-30 所示。

 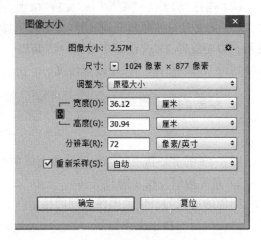

图 4-29　缩放实线框　　　　　　　　图 4-30　调整图像大小

(3) 修改像素的宽度和高度数值,或者修改打印尺寸的宽度和高度数值。

(4) 单击"确定"按钮。

实际图像处理过程中,一般不宜对同一图像进行多次缩放,否则图像质量明显下降。

2. 几何形状调节

几何形状的调节包括几何形状的变形(如方形变为梯形)、图像翻转、旋转及图像的裁切等。通过图像几何形状调节和拼接可实现良好的构图。

1) 变形

变形步骤及常见变形方法如下:

(1) 调入图像,划定选区,如图 4-31(a)所示。

(a) 原图　　　　　　(b) 斜切　　　　　　(c) 透视　　　　　　(d) 扭曲

图 4-31　图像变形

(2) 选择"编辑"→"变换"→"斜切"命令,拖动虚线框,形成平行四边形,如图 4-31(b)所示。

(3) 选择"编辑"→"变换"→"扭曲"命令,拖动虚线框,形成任意多边形,如图 4-31(c)所示。

(4) 选择"编辑"→"变换"→"透视"命令,拖动虚线框,形成梯形,如图 4-31(d)所示。

(5) 选择"编辑"→"变换"→"水平翻转"命令,图像沿 Y 轴对称翻转。

(6) 选择"编辑"→"变换"→"垂直翻转"命令,图像沿 X 轴对称翻转。

2) 图像旋转

图像在旋转时,角度可随意调整。图像的旋转通常用于纠正图片扫描位置不正、拍摄位置偏移等,也可以用于版面设计和平面设计。

旋转图像的操作步骤如下:

(1) 划定选区。

(2) 选择"编辑"→"变换"→"旋转"命令,拖动选区外框做任意角度的旋转。

(3) 需要精确按照角度旋转时,在辅助工具栏的"角度"输入框内输入角度值即可,如图 4-32 所示。需要旋转 90°或者 180°时,选择"编辑"→"变换"→"旋转 90 度(顺时针)"、"旋转 90 度(逆时针)"、"旋转 180 度"等命令即可。

图 4-32　旋转辅助工具栏

图 4-33 所示是利用图像旋转功能完成的平面设计作品。

3) 完善构图与校正倾斜

图像的剪裁与拼接是图像处理的精华所在,比较典型的编辑包括完善构图和校正倾斜。

完善构图的操作步骤如下:

(1) 调入一幅图片,如图 4-34(a)所示。

(2) 在工具盒中单击"裁剪工具"。

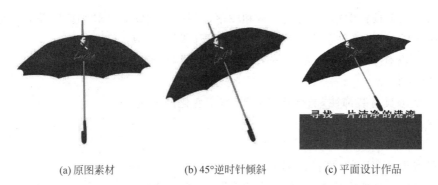

(a) 原图素材　　　　　(b) 45°逆时针倾斜　　　　(c) 平面设计作品

图 4-33　图像旋转的平面设计作品

(3) 按住鼠标左键不放划定剪裁区域,如图 4-34(b)所示。将鼠标置于剪裁区域内部拖动,可移动剪裁区域,使构图更完美。

(4) 将鼠标置于剪裁区域以外,按下鼠标旋转拖动,剪裁区域随之旋转,使之与景物方向一致,如图 4-34(c)所示。

(5) 双击剪裁区域内部,剪裁结束。此时倾斜的构图得到校正,如图 4-34(d)所示。

(a) 原图　　　　　　　　　　(b) 构图剪裁

(c) 旋转剪裁　　　　　　　　(d) 最终图

图 4-34　完善构图与校正倾斜

3. 文字编辑

文字是多媒体设计中必不可缺的元素。Photoshop 中的文字最终是以位图形式进行保存的,可满足一般需要。但当设计作品用于印刷时,小字号的文字清晰度不够,需要使用其他软件制作矢量化文字。

1) 输入文字

输入文字的操作步骤如下:

(1) 单击工具盒中的"横排文字工具"。

(2) 在编辑区中单击图像,则自动生成文字图层,输入文字。

(3) 单击工具盒中的"移动工具",拖动文字,调整其位置。

(4)在选项工具栏中单击"切换字符和段落"工具按钮 ▤ ,弹出"切换字符和段落属性"面板,如图 4-35 所示,调整文字的字体、字号、字距及行距等参数。

若屏幕上没有字符调整画面,可选择"窗口"→"字符"命令显示该面板。

2)文字变形

文字的变形具有装饰性,能够营造活跃、富于变化的气氛。

文字变形的操作步骤如下:

(1)单击图层控制器中的文字图层。

(2)单击工具盒中的"横排文字工具"按钮 **T**。

(3)在选项工具栏中单击"创建文字变形"按钮 ,显示图 4-36 所示的"变形文字"对话框。

图 4-35　调整字符

图 4-36　创建文字变形

(4)在"变形文字"对话框中的"样式"下拉列表中选择一种变形,例如"旗帜"。

(5)调整"弯曲"、"水平扭曲"等参数,如图 4-37(a)所示。

调整前后的效果如图 4-37(b)所示的上、下文字。

(a)调整文字变形画面　　　　　　　　　　(b)正常文字与变形效果

图 4-37　文字变形

3)文字旋转

旋转文字的操作步骤如下:

(1)单击图层控制器中的文字图层。

(2)选择"编辑"→"变换"→"旋转"命令,将鼠标置于框内部,可拖动旋转文字,双击旋转框内部则结束旋转。

4)添加样式

为文字添加阴影等样式与图层样式的制作方法完全一样。

(1)单击图层控制器中的文字图层。

(2)选择"图层"→"图层样式"→"混合图层样式"命令,则弹出"图层样式"对话框,可以适当地调整投影、描边参数,直至效果满意。

图 4-38 所示是通过添加样式实现的一种实例。

5)路径文字

路径文字是指文字沿着某个路径布局,形成某种艺术效果。

制作路径文字的操作步骤如下:

(1)绘制路径文字的布局路径。

(2)在选项工具栏单击"横排文字工具"按钮 T,或"直排文字工具"按钮 IT。

(3)定位指针,使文字工具的基线指示符 位于路径上,然后单击鼠标,路径上会出现一个插入点。

(4)输入文字。横排文字沿着路径显示,与基线垂直;直排文字沿着路径显示,与基线平行。

(5)在路径上移动或翻转文字。

选择"直接选择工具" 或"路径选择工具" ,并将其定位到文字上,指针会变为带箭头的 I 型光标 。单击并沿路径拖动文字,使文字沿路径移动。或单击并横跨路径拖动文字,使其翻转。

(6)移动文字路径。

选择"路径选择工具" 或"移动工具" ,然后单击并将路径拖动到新的位置。如果使用路径选择工具,要确保指针未变为带箭头的 I 型光标 ,否则将沿着路径移动文字。

(7)改变文字路径的形状。

选择"直接选择工具" ,单击路径上的锚点,然后使用手柄改变路径的形状。图 4-39 所示是在箭头路径上添加路径文字并使用路径选择工具调整后的效果。

图 4-38 文字样式图　　　　　　　　　图 4-39 路径文字

4.7.5 图像修饰技术

1. 修补技术

Photoshop CC2015 提供了 4 种修补工具:仿制图章工具、修复画笔工具、污点修复画笔工具及修补工具。这些工具的使用方法基本相似,但各自有自己的应用范围。

1)修补工具的基本使用方法

(1)选择修补工具,在选项工具栏中设置各种参数。

(2)将指针放置在任意打开的图像中,按住 Alt 键并单击来设置取样点。

(3) 在"仿制源"面板中单击"仿制源"按钮 并设置其他的取样点,也可缩放或旋转所仿制的源(可选)。

(4) 在"仿制源"面板中单击"仿制源"按钮选择所需的样本源(可选)。

(5) 在要校正的图像部分上拖移。

其中"污点修复画笔工具"和"修补工具"不需要步骤(2)～(4)。"污点修复画笔工具"会自动从所修饰区域的周围取样;"修补工具"可以拖动鼠标选择"源"区域,然后拖动选区到"目标"区域,实现将"源"区域像素的纹理、光照和阴影与"目标"区域像素进行匹配。

2) 各种修补工具的应用范围

(1) 仿制图章工具。

"仿制图章工具" 将图像的一部分绘制到同一图像的另一部分或绘制到具有相同颜色模式的任何打开的文档中,也可以将一个图层的一部分绘制到另一个图层。仿制图章工具对于复制对象或移去图像中的缺陷很有用。如图 4-40 所示,下面的一朵牵牛花是从上面的牵牛花复制而来的。

图 4-40　用仿制图章工具复制牵牛花

(2) 修复画笔工具。

"修复画笔工具"可用于校正瑕疵,使它们消失在周围的图像中。与仿制图章工具一样,使用修复画笔工具可以利用图像或图案中的样本像素来绘画。但是,修复画笔工具还可将样本像素的纹理、光照、透明度和阴影与所修复的像素进行匹配,从而使修复后的像素不留痕迹地融入图像的其余部分。如图 4-41 所示,煤炭工人脸颊的煤炭痕迹是通过"修复画笔工具"去除的。

(3) 污点修复画笔工具。

"污点修复画笔工具"可以快速移去照片中的污点和其他不理想部分。污点修复画笔的工作方式与修复画笔类似,它使用图像或图案中的样本像素进行绘画,并将样本像素的纹理、光照、透明度和阴影与所修复的像素相匹配。与修复画笔不同,污点修复画笔不要求指定样本点,污点修复画笔将自动从所修饰区域的周围取样。如果需要修饰大片区域或需要更大程度地控制来源取样,可以使用修复画笔而不是污点修复画笔。如图 4-42 所示,女模特脸颊的黑痣是通过"污点修复画笔"去除的。

图 4-41　样本像素和修复后的图像　　　　图 4-42　使用污点修复画笔移去污点

(4) 修补工具。

使用"修补工具"可以用其他区域或图案中的像素来修复选中的区域。像修复画笔工具一样,修补工具会将样本像素的纹理、光照和阴影与目标像素进行匹配。还可以使用修补工具来仿制图像的隔离区域。修补工具可处理 8 位通道或 16 位通道的图像。修复图像中的像素时,可选择较小区域以获得最佳效果。如图 4-43 所示,建筑照片上的日期是通过"修补工具"去除的。

图 4-43　使用修补工具替换像素

2. 去除红眼

红眼是由于相机闪光灯在主体视网膜上反光引起的。在光线暗淡的房间里照相时,由于主体的虹膜张开得较宽,将会更加频繁地看到红眼。为了避免红眼,可使用相机的红眼消除功能,最好使用可安装在相机上远离相机镜头位置的独立闪光装置。

"红眼工具"可移去用闪光灯拍摄的人像或动物照片中的红眼,也可以移去用闪光灯拍摄的动物照片中的白色或绿色反光。红眼处理效果对比如图 4-44 所示。其操作步骤如下:

(a) 有红眼图　　　　　　　　　(b) 无红眼图

图 4-44　去红眼效果对比图

(1) 在工具盒中单击"红眼工具"（红眼工具和污点修复画笔工具在同一个组）。

(2) 在图 4-44 左图所标记的"红眼"处分别拖动鼠标框选红眼,即可采用默认参数设置去除红眼。如果对结果不满意,可还原修正,在选项工具栏中设置"瞳孔大小"和"变暗量"选项,然后再次单击红眼。其中"瞳孔大小"增大或减小红眼工具影响区域的大小,"变暗量"设置校正的暗度。

4.7.6　图像颜色、色调处理技术

1. 色调调节

在日常拍摄照片的过程中,常常由于天气的原因,光线不足造成拍摄的照片整体偏暗,曝

光不足；或者由于光线太强，照片整体偏白，曝光过度。选择"图像"→"调整"→"色阶"命令，弹出"色阶"对话框，如图 4-45(a)所示。可以对照片的整体影调进行调整。

1）输入、输出色阶

"输入色阶"滑块的作用是将黑场和白场映射到"输出色阶"。默认情况下，"输出色阶"滑块位于色阶 0（像素为黑色）和色阶 255（像素为白色）之间。当"输出色阶"滑块位于默认位置时，移动黑场输入滑块，则会将像素值映射为色阶 0；而移动白场滑块，则会将像素值映射为色阶 255。其余的色阶将在色阶 0～255 之间重新分布，此操作将会增大图像的色调范围，即增强了图像的整体对比度。

中间的"输入色阶"滑块用于调整图像中的灰度系数。它会移动中间调（色阶 128），并更改灰色调中间范围的强度值，但不会明显改变高光和阴影。

2）调整色调范围

调整色调的操作步骤如下：

（1）选择"图层"→"新建调整图层"→"色阶"命令，在"新建图层"对话框中单击"确定"按钮，此时"图层"面板新建了一个"色阶 1"调整图层，同时"调整"面板中出现色阶调整选项。

（2）在"调整"面板直方图下将黑色和白色"输入色阶"滑块拖移到直方图的任意一端的第一组像素的边缘，调整阴影和高光。如图 4-45(b)所示，将黑场滑块移到右边的色阶 5 处，白场滑块移到左边的色阶 243 处。也可以在第一个和第三个"输入色阶"文本框中直接输入数值。

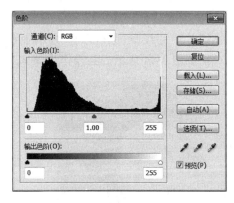

(a)"色阶"对话框　　　　　　　　　　(b) 色阶调整示例

图 4-45　使用"输入色阶"滑块调整黑场和白场

（3）要调整中间调，可使用中间的"输入色阶"滑块来调整灰度系数。向左移动中间的"输入色阶"滑块可使整个图像变亮，此滑块将较低（较暗）色阶向上映射到"输出色阶"滑块之间的中点色阶。如果"输出色阶"滑块处在它们的默认位置（0 和 255），那么中点色阶为 128。如图 4-46 所示，阴影将扩大以填充从 0 到 128 的色调范围，而高光则会被压缩。将中间的"输入色阶"滑块向右移动会产生相反的效果，图像会变暗。也可以直接在中间的"输入色阶"文本框中输入灰度系数调整值。

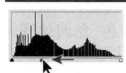
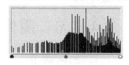

图 4-46　移动中间的滑块调整图像的灰度系数

2．阴影和高光细节

"阴影/高光"命令适用于校正由强逆光而形成剪影的照片，或者校正由于太接近相机闪光灯而有些发白的焦点。在用其他方式采光的图像中，这种调整也可用于使阴影区域变亮。"阴影/高光"命令不是简单地使图像变亮或变暗，它基于阴影或高光中的周围像素（局部相邻像素）增亮或变暗。正因为如此，阴影和高光都有各自的控制选项，默认值设置为修复具有逆光问题的图像。

"阴影/高光"命令也用于调整图像的整体对比度的"中间调对比度"滑块、"修剪黑色"选项和"修剪白色"选项，以及用于调整饱和度的"颜色校正"滑块。图 4-47 所示是原图像和应用了"阴影/高光"命令校正后的图像。

图 4-47 原图像和应用了"阴影/高光"校正的图像

1）操作步骤如下：

（1）选择"图像"→"调整"→"阴影/高光"命令，通过移动"数量"滑块或者在"阴影"或"高光"的百分比文本框中输入数值来调整光照校正量。值越大，为阴影提供的增亮程度或者为高光提供的变暗程度越大。既可以调整图像中的阴影，也可以调整图像中的高光。如需精细控制，应选择"显示其他选项"进行其他调整。要增大图像（曝光良好除外）中的阴影细节，应将阴影"数量"和阴影"色调宽度"的值设置在 0～25％。

（2）单击"存储为默认值"按钮保存当前设置，并使其成为"阴影/高光"命令的默认设置。如要还原默认设置，则需按住 Shift 键同时单击"存储为默认值"按钮。通过单击"存储"按钮将当前的设置保存到文件中，以后可使用"载入"按钮来重新载入这些设置。可以重复使用"阴影/高光"命令进行设置。

（3）单击"确定"按钮。

2）参数解释

（1）色调宽度。控制阴影或高光中色调的修改范围。较小的值意味着只对较暗区域进行"阴影"校正的调整，或者只对较亮区域进行"高光"校正的调整。较大的值会增大调整为中间调的色调的范围。例如，如果阴影"色调宽度"滑块位于 100％处，则对阴影的影响最大，对中间调会有部分影响，但最亮的高光不会受到影响。色调宽度的设置因图像而异，值太大可能会导致较暗或较亮的边缘周围出现色晕。

（2）半径。控制每个像素周围的局部相邻像素的大小。相邻像素用于确定像素是在阴影中还是在高光中。向左移动滑块会指定较小的区域，向右移动滑块会指定较大的区域。局部相邻像素的最佳大小取决于图像，在实际操作中，最好在试验中进行调整，如果"半径"太大，则调整倾向于使整个图像变亮(或变暗),而不是只使主体变亮。

(3) 中间调对比度。调整中间调中的对比度。向左移动滑块会降低对比度,向右移动会增加对比度。也可以在"中间调对比度"文本框中输入一个值,负值会降低对比度,正值会增加对比度。增大中间调对比度会在中间调中产生较强的对比度,同时倾向于使阴影变暗并使高光变亮。

(4) 修剪黑色和修剪白色。指定在图像中会将多少阴影和高光剪切到新的极端阴影(色阶为0)和高光(色阶为255)颜色。值越大,生成图像的对比度越大。不应使修剪值太大,因为这样做会减小阴影或高光的细节。

3. 色彩调节

当照片由于某种原因存在偏色现象时,可通过色阶命令来调整图像的色彩平衡。操作步骤如下:

(1) 选择"图像"→"调整"→"色阶"命令。

(2) 在"色阶"对话框中单击"在图像中取样以设置灰场"吸管工具,然后单击图像中的中性灰色部分,或者单击"自动"按钮以应用默认自动色阶调整。若要尝试其他自动调整选项,应单击"选项"按钮,然后在"自动颜色校正选项"对话框中更改"算法"。

一般情况下,指定相等的颜色分量值可获得中性灰色。例如,在RGB图像中指定相等的红色、绿色和蓝色值以产生中性灰色,如图4-48所示。

图 4-48 色彩调整效果

4.7.7 图像合成技术

为了实现图像的组合,需要进行素材加工,同时还要依赖图层、剪贴板等工具进行操作,这是图像编辑中较为复杂的技术。

1. 图像的设计组合

1) 准备素材

按照图像设计构思,通过图像获取的手段获取图像素材。

2) 组合素材

组合素材一般是把若干素材移到背景图片上,形成一个组合图像。具体操作步骤如下:

(1) 选择"文件"→"新建"命令,建立新文件,背景内容设置为"白色"。

(2) 打开事先准备好的素材文件,如图4-49(a)~图4-49(c)所示。

(3) 单击工具盒中的"移动工具"按钮,拖动素材到背景图片上,形成新的图层。

(4) 重复步骤(2)和(3),把所有素材置于背景图片中。

图 4-49 调整组合

3) 调整组合效果

多个素材的组合需要精细的调整,要用到多种编辑手段。具体操作步骤如下:

(1) 调整素材图层的上下顺序。

(2) 选择"编辑"→"变换"→"缩放"命令,将各个素材调整到适当尺寸。

(3) 根据布局需要,精细调整素材的空间相对位置。

(4) 使用选区工具选择(或者采用蒙版的方法设置)各素材图层所要显示的图像内容,设置各素材图层的不透明度、填充值、混合模式或样式。

必要时可通过按住 Alt 键拖动素材复制图层,生成多个素材。在组合过程中还可以进行移动、水平翻转、复制及改变尺寸等多种处理操作。

4) 合并图层

可根据需要,有选择地合并图层。也可选择"拼合图像"选项,把全部图层合并。若希望保存带有图层的组合图像,选择"文件"→"存储为"命令,将文件保存为 PSD 格式。若要保存 TIF、JPG、BMP 等格式的图像文件,应先将全部图层合并后再保存。图 4-49(d)所示是图像组合的最终效果图。

2. 全景图像的制作

Photomerge 命令可将多幅照片组合成一个连续的图像。例如,可以俯拍城市的三张重叠照片,然后将它们汇集成一个全景图,如图 4-50 所示。

图 4-50　源图像(上部)和 Photomerge 合成图像(下部)

Photomerge 命令能够汇集水平平铺和垂直平铺的照片。

制作全景图一般包含以下几个步骤：

1) 准备要用于 Photomerge 的照片

源照片在全景图合成图像中起着重要的作用，为了避免出现问题，请按照下列规则拍摄要用于 Photomerge 的照片。

(1) 充分重叠图像。

图像之间的重叠区域应约为 25%～40%。如果重叠区域较小，Photomerge 可能无法自动汇集全景图。图像也不应重叠的过多，如果图像的重合度达到 70% 或更高，Photomerge 可能无法混合这些图像。应尝试使各个图片之间至少具有一些明显不同的地方。

(2) 使用同一焦距。

如果使用缩放镜头，那么在拍摄照片时不要改变焦距(放大或缩小)。

(3) 使相机保持水平。

尽管 Photomerge 可以处理图片之间的轻微旋转，但如果有好几度的倾斜，在汇集全景图时可能会导致错误。使用带有旋转头的三脚架有助于保持相机的准直和视点。

(4) 保持相同的位置。

在拍摄系列照片时，应尝试不改变拍摄位置，这样可使照片来自同一个视点。将相机举到靠近眼睛的位置，使用光学取景器，这样有助于保持一致的视点，或者尝试使用三脚架以使相机保持在同一位置上。

(5) 避免使用扭曲镜头。

鱼眼镜头和其他扭曲镜头会干扰 Photomerge。为鱼眼镜头所拍摄的图像创建全景图时，Photoshop CC2015 支持鱼眼校正。在这种情况下，应使用"自动"选项。

(6) 保持同样的曝光度。

避免在一些照片中使用闪光灯，而在其他照片中不使用。Photomerge 中的混合功能有助于消除不同的曝光度，但很难使差别极大的曝光度达到一致。一些数码相机会在拍照时自动改变曝光设置，因此需要检查相机设置以确保所有的图像都具有相同的曝光度。

2) 创建 Photomerge 合成图像

(1) 选择"文件"→"自动"→Photomerge 命令。

（2）在弹出的 Photomerge 对话框中选择"源文件"选项卡上"使用"下拉列表中的"文件"选项，然后单击"浏览"按钮，选取要进行合成图像的源图。或者用"文件夹"命令将存储在一个文件夹中的所有图像创建为 Photomerge 合成图像，如图 4-51 所示。

图 4-51　选择全景图源图

（3）在"版面"选项区域中选择"自动"版面命令，Photoshop 将分析源图像并自动选择最优的版面进行合并操作，也可以人为指定以"透视"、"圆柱"或"球面"版面进行合并操作。图 4-52 所示为最后合成的全景效果图。

图 4-52　源图像（上部）和全景效果图（下部）

4.7.8 图像特殊效果技术

1. 抽出滤镜

抽出滤镜为 Photoshop CC2015 的外挂滤镜工具，需到 Adobe 公司的官方网站下载并安装，它的主要功能是从对象的背景中抽出对象，为隔离前景对象并抹除其所在的背景提供一种高级处理方法。即使对象的边缘细微、复杂或无法确定，也无须太多的操作就可以将其从背景中提取出来，使用抽出滤镜效果如图 4-53 所示。

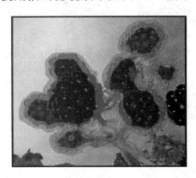 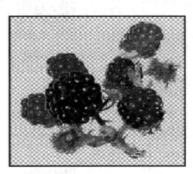

图 4-53 抽出效果图

抽出滤镜是通过拖动"边缘高光器工具" 画定欲抽出对象边界线的方法来隔离背景和对象的。从图片中抽出指定元素的操作步骤如下：

（1）在"图层"面板中选择包含要抽出对象的图层。

（2）选择"滤镜"→"抽出"命令，在出现的对话框右边"工具选项"处设置"边缘高光器工具"的画笔大小，选择高光及填充颜色。

（3）单击"预览"以预览抽出的对象，根据需要选择左侧缩放工具放大缩小显示。也可以在右侧"预览"处设置显示内容和显示效果类型。

（4）如果抽出的对象边缘还存在瑕疵，可通过拖动对话框左侧的"清除工具" 抹除抽出区域中的背景痕迹。按住 Alt 键拖动清除工具可以填充抽出对象中的间隙。使用"边缘修饰工具" 编辑抽出对象的边缘，该工具锐化边缘并具有累积效果。

（5）单击"确定"按钮，实现最终的抽出。在图层中，位于抽出对象以外的所有像素均被抹除为透明。

2. 模拟景深

1）浅景深

如何使用小巧轻便、价格实惠的数码照相机拍出高质量、具有艺术感的照片是每一个普通消费者所期望的，其中浅景深效果就是一种非常实用的技巧。浅景深效果使得杂乱的背景变得简洁，更加突出了拍摄主体。

图 4-54(a)所示是不具备景深效果的图片，将其处理成浅景深图片的步骤如下：

（1）选择工具盒中的"魔棒工具"，选中荷花，选择"选择"→"存储选区"命令，在弹出的"存储选区"对话框中的"名称"文本框中输入选区名称，单击"确定"按钮保存选区。

（2）在工具盒里单击"以快速蒙版模式编辑"按钮，切换到快速蒙版编辑状态。选择"选择"→"载入选区"命令，在弹出的"载入选区"对话框中的"通道"下拉列表中选择保存的选区，单击"确定"按钮载入选区。此时除了荷花之外的景物被半透明的红色覆盖。

(3) 选择工具盒中的"画笔工具" ，把荷花外围较小的区域涂上灰色，使荷花外围较小的区域覆盖上更透明的红色。

(4) 在"通道"面板中选择 RGB 通道，选择"滤镜"→"模糊"→"镜头模糊"命令，调整设置。注意，要将"深度映射"选项区域中的"源"设置成"图层蒙版"，这样滤镜才能读取图层蒙版上的深度信息，给不同透明深度的景物应用上不同程度的模糊。

(5) 调整"模糊焦距"，可以确定哪个深度的景物要清晰，此例中"模糊焦距"设置为 255。调整"光圈"选项区域中的"半径"，可以调整模糊的程度。然后再次在工具盒里单击"以快速蒙版模式编辑"按钮，退出快速蒙版编辑状态，并取消选区。最终效果如图 4-54(b)所示。

(a) 原图　　　　　　　　　　　　(b) 效果图

图 4-54　浅景深调整效果

2) 深景深

微距拍摄景深太浅，当人们在面对小尺寸物体时，经常无法获得一幅前后清楚的相片。Photoshop C2015 中的"主动混合图层"功能能够方便地解决这个问题。操作步骤如下：

(1) 拍摄得到源图。

在微距拍摄模式下，分别选定物体的前后边界点作为对焦点，拍摄两张具有不同景深效果的源图片。

(2) 导入图片。

打开 Photoshop，新建一个文件，并在两个不同的图层上分别粘贴放置不同景深的两张源图。

(3) 产生深景深效果。

同时选中两个图层，然后选择"编辑"→"自动混合图层"命令。经过内部处理，一张完美的深景深相片就形成了，如图 4-55 所示。

图 4-55　深景深调整效果

4.7.9 图形创作技术

在 Photoshop 中,图形的创作主要使用绘图工具创建,如图 4-56 所示。其绘制的图形是用数学方式定义的直线和曲线,图形主要包括路径和形状。

路径由一个或多个直线段或曲线段组成,每一段都由多个锚点标记。通过编辑路径的锚点,可以改变路径的形状。路径可以由一个或多个路径组件组成。

1. 路径选择工具

路径选择工具用于选择已有的路径,然后就可以移动、组合或分离路径。而直接选择工具则可以对已有路径的每个锚点进行修改。

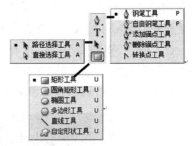

图 4-56 图形绘制工具

2. 路径创作工具

路径创作工具包括钢笔和锚点修改等 5 种工具,用于建立某一形状的区域,形状的轮廓就是路径。钢笔工具包含了多种工具,使用钢笔工具可以创建或编辑直线、曲线或自由线条及形状。在曲线段上,每个选中的锚点显示一条或两条方向线,方向线以方向点结束。方向线和方向点的位置决定曲线段的大小和形状。移动这些锚点将改变路径中曲线的形状。钢笔工具与形状工具组合使用,可以创建复杂的形状。

当选择了钢笔工具后,首先要在选项工具栏中指定要创建的是"形状图层"、"路径"还是"填充像素",如果要在路径上单击添加锚点或在单击锚点时删除锚点,还需单击选项栏中的"自动添加/删除"按钮。

绘制路径的方法如下:

(1) 用钢笔指针在绘图起点处单击,以定义第一个锚点。

(2) 单击或拖移,为其他的路径段设置锚点。

(3) 完成路径。如果要创建的是一个开放路径,可以按住 Ctrl 键单击完成绘制。如果要创建的是闭合路径,应该将钢笔指针移动到第一个锚点上,当笔尖出现一个小圈时单击就可以完成绘制。

可用于修改路径的工具包括:

- 路径选择工具:可以改变所选路径的位置。
- 直接选择工具:可以改变所选路径中某一个锚点的位置。
- 添加锚点工具:可以在所选路径上添加锚点。
- 删除锚点工具:可以在所选路径上删除锚点。
- 转换点工具:可以将所选路径中的某个锚点在直角点和曲线点之间进行转换。

图 4-57(a)所示交叉图形的绘制步骤如下:

(1) 绘制简单图形。选择"钢笔工具",在画布上绘出图 4-57(b)所示的闭合"路径 1",用转换点工具修改成图 4-57(c)所示的"路径 2"。单击选项栏中的"重叠形状区域除外"按钮 。

(2) 变换并复制路径。用"路径选择工具"选择"路径 2"。按住 Alt 键,选择"编辑"→"变换路径"→"旋转"命令,随后释放 Alt 键,形成图 4-57(d)所示的"路径 3"。将"路径 3"的中心点拖到底边靠下,形成"路径4",如图4-57(e)所示。在选项栏中的"旋转角度"文本框中输入45度,再按Enter键,出现图4-57(f)所示的"路径5"。按Enter键结束本次操作。

(3) 继续变换并复制路径。按住Alt键,选择"编辑"→"变换路径"→"再次"命令,随后释放Alt键,复制出路径。如此重复执行"再次"命令,一共产生8个复制品。选择所有的路径后,效果如图4-57(g)所示。

(4) 填充路径。打开"路径面板",选择"工作路径",单击"用前景色填充路径"按钮 ⬤ ,切换到"图层面板",显示图4-57(a)所示的图形。

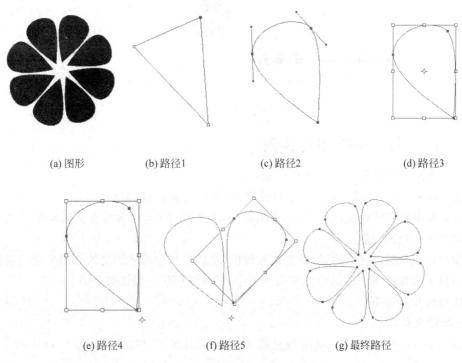

(a) 图形　　　(b) 路径1　　　(c) 路径2　　　(d) 路径3

(e) 路径4　　　(f) 路径5　　　(g) 最终路径

图 4-57　路径的绘制

3. 形状工具

形状工具中预先定义了一些形状,包括矩形、圆角矩形、椭圆、线形和自定义形状。在选项栏中单击"形状图层"、"路径"或"填充像素"按钮,可分别创建不同的图层。通过"几何选项"可以改变所选形状的比例和大小等参数。

形状的绘制步骤如下:

(1) 新建新的Photoshop文档。

(2) 创建形状图层。选择"自定义形状工具",在选项栏上单击"形状图层"按钮 ▣ 和"预定义形状"按钮 ❀,然后在画布上拖出形状图案。

(3) 创建路径描边图层。在选项栏上单击"路径"按钮 ▣ 和"预定义形状"按钮 ❀。新建"路径描边"图层,然后在画布上拖出形状路径。切换到"路径"面板,单击"用画笔描边路径"按钮 ⬤ 。

(4) 创建填充像素图层。单击选项栏中的"填充像素"按钮 ▣ 和"预定义形状"按钮 ❀。新建"填充像素"图层,然后在画布上拖出填充像素图案。

形状绘制效果如图4-58(b)所示。

(a) 图层属性面板　　　　　　　(b) 形状绘制效果图

图 4-58　形状的绘制

4.7.10　图像制作综合实例

任务：制作一个中秋佳节网站的 Banner。

要求：该 Banner 能够体现中秋节日的内涵，颜色搭配合理，布局大方。

设计：为体现节日气氛，整个图片采用黄色，渐变填充，体现含蓄美。图片中的主要元素是嫦娥和月饼，契合主题。

制作过程：先制作背景图层，渐变填充黄色，然后将与中秋节相关的元素采用图层混合模式设置和橡皮擦擦除等方式融合到背景图层中，形成色调统一的图像作品。

具体操作步骤如下：

（1）新建文件。

新建一个 700×178 像素、RGB 颜色模式的"中秋佳节"空白文档，如图 4-59 所示。

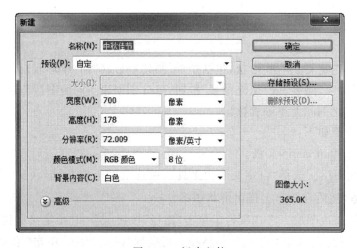

图 4-59　新建文件

（2）背景渐变填充。

新建一个图层，命名为"填充"，选择渐变工具，调整渐变的颜色，如图 4-60 所示。按住 Shift 键从左边向右边进行填充，效果如图 4-61 所示。

第4章　图形图像处理技术

图 4-60　渐变色设置

图 4-61　渐变填充效果

（3）装饰曲线制作。

新建一个图层，命名为"线条"，然后选择钢笔工具在工作区上绘制一条路径，利用"转换节点"工具调整路径，最终效果如图 4-62 所示。

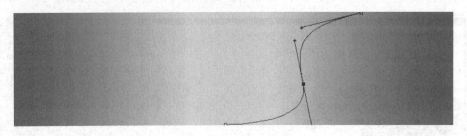

图 4-62　装饰曲线路径

将前景色设为红色，画笔直径设为 2，选中"钢笔工具"，在路径上右击，从弹出的快捷菜单中选择"描边工具"命令，如图 4-63 所示。

选中三个节点的中间节点，利用键盘上的方向键→向右移动两次，并执行"描边工具"，这样多

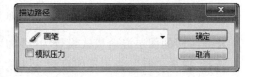

图 4-63　选择画笔描边

次执行,即可绘制出一个简单的线条集合,如图4-64所示。

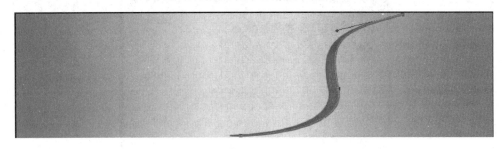

图 4-64 路径描边效果

切换到"路径"选项卡,在空白处单击,取消路径,并将线条的不透明度设为70%,如图4-65所示。

执行"滤镜"→"模糊"→"高斯模糊"命令,将半径设为1像素,如图4-66所示,单击"确定"按钮。

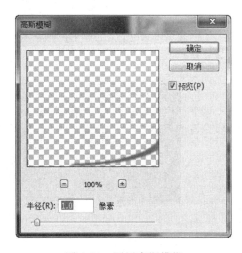

图 4-65 图层透明度设置　　　　　图 4-66 图层高斯模糊

导入素材,命名为"牡丹",按Ctrl+T组合键调整图片的大小和位置,如图4-67所示。

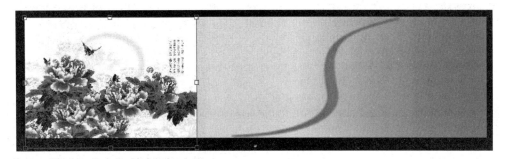

图 4-67 "牡丹"图层大小、位置的调整

将"牡丹"的图层混合模式设置为"叠加",效果如图4-68所示。

选择"橡皮工具",将不透明度设为40%,在图片的周围进行涂抹,使图片与背景融合,如图4-69所示。

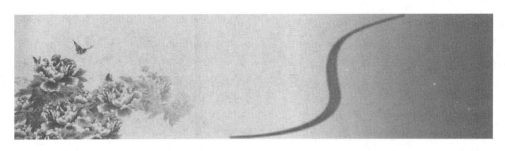

图 4-68 图层叠加效果

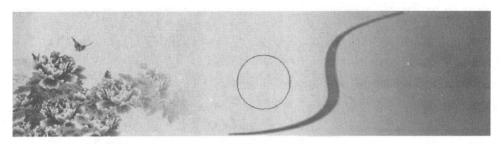

图 4-69 橡皮擦除效果

导入月饼,将图层命名为"月饼",按 Ctrl+T 组合键调整图片的大小和位置,将图层的混合模式设置为"点光",使其与背景相融合,如图 4-70 所示。

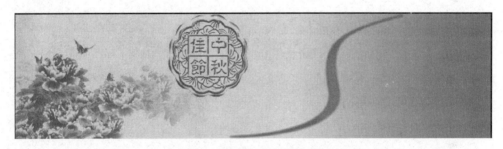

图 4-70 "月饼"图层混合效果

导入盘中月饼,将图层命名为"盘中月饼"。导入嫦娥,将图层命名为"嫦娥"。导入绿叶,将图层命名为"绿叶",如图 4-71 所示。

图 4-71 素材导入

选择"橡皮工具",将不透明度设为 40%,在绿叶和月饼盘子上进行涂抹,使其与背景融合,如图 4-72 所示。

将橡皮的不透明度设为 20%,在盘子的左边进行涂抹,露出线条部分,在月饼上进行涂抹,减淡月饼的色彩,如图 4-73 所示。

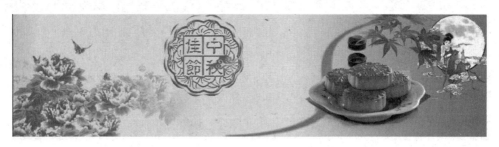

图 4-72 图层融合效果

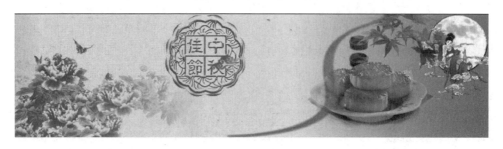

图 4-73 图层擦除效果

输入文字"中"、"秋",设置字体为"方正黄草简体"。右击文字图层,从弹出的快捷菜单中选择"栅格化文字"命令,将其转换为一般图层,调整文字的位置。最终效果如图 4-74 所示。

图 4-74 最终效果图

练习题

1. 名词解释

颜色模式,颜色深度,图像分辨率,图层,图元

2. 选择题

(1) 如果一幅图像不是由纯黑、纯白像素组成,那么可以增加二进制的长度来表示灰度。例如,可以使用 2 位二进制来显示( )种灰度级。

  A. 2   B. 4   C. 1   D. 6

(2) ( )决定文件的数据量及输出的质量。

  A. 图像分辨率和图像大小的乘积

  B. 图像分辨率和图像尺寸(高宽)的乘积

  C. 图像大小和图像尺寸的乘积

  D. 图像分辨率

(3) 如果显示分辨率为 1024×768 的显示器上，图像分辨率为 72dpi，长为 3.56，宽为 2.67 的 256×192 的图像占屏幕的 25%，那么在显示分辨率为 800×600 的显示器上，占屏幕的（　　）%。

  A. 16   B. 25   C. 32   D. 24

(4) 任何一种颜色都可以用红、绿、蓝（RGB）这三种颜色波长的不同强度组合而得，这就是人们常说的（　　）。

  A. 三基色原理   B. RGB 颜色模式

  C. CMYK 颜色模式   D. YIQ 颜色模式

(5) 某图像采用 24b 的颜色深度（真彩色图像），其图像尺寸为 800×600 像素，则图像文件的数据量为（　　）MB。

  A. 10.96   B. 1.37   C. 2.74   D. 0.69

(6) 有关图像属性的下列说法中，正确的是（　　）。

  A. 图像分辨率与显示分辨率相同

  B. 像素深度与图像深度是相同的

  C. α 通道可以支持在图像上叠加文字，而不把图像完全覆盖掉

  D. 显示器上显示的真彩色图像一定是真彩色

(7) 根据国际照明委员会的定义，颜色的三个基本特性不包括（　　）。

  A. 色调   B. 饱和度   C. 明度   D. 色差

3. 填空题

(1) _____ 是一系列标准显示模式的总称，如 1024×768 像素，_____ 是显示器每英寸所能显示的点数。

(2) 同样尺寸的显示器，其显示分辨率受到屏幕分辨率的影响。而屏幕分辨率又与显卡的 _____、_____ 有关。

(3) 数字图像的 _____ 表示每一像素的颜色值所占的二进制位数。_____ 是指像素的值所占的二进制位数。

(4) 从人的视觉系统看，颜色的三要素包括 _____、_____ 和亮度。

(5) 人的感光特性主要包括视敏特性、_____、_____ 和 _____ 4 个方面。

4. 问答题

(1) 简述图像和图形的区别。

(2) 什么是矢量图？什么是位图？两者之间有何异同点？

(3) 简述几种常见分辨率的区别和联系。

(4) 简述图像数字化过程及其涉及的关键概念。

(5) 图像文件数据量指的是什么？怎样计算？

(6) 高质量图像扫描应遵循什么原则？

(7) 图层在何种情况下自动产生？希望保留图层，应采用什么文件格式保存图像？

(8) 全景图像制作中图像素材拍摄的要点是什么？

(9) 结合实际分析图像修饰技术中几种常用工具的区别和应用场合。

(10) 简述图层的不透明度、填充两个属性的区别。

第 5 章 动画制作技术

动画是多媒体产品中最具吸引力的素材,具有表现力丰富、直观、易于理解、吸引注意力及风趣幽默等特点。动画的产生是视觉生理和心理共同作用的结果,它的表现手法多样,在计算机产生之后发展的更为迅速。借助计算机辅助动画系统,动画制作的周期大大缩短,表现效果更为逼真和震撼,在建筑、影视及游戏等领域得到广泛的应用。

5.1 动画概述

5.1.1 动画的相关概念

和动画相关的概念有:

(1) 漫画(Caricature)。是指用简单而夸张的手法来描绘生活或时事的图画。运用变形、比拟、象征、暗示、影射的方法构成幽默诙谐画面或画面组,以取得讽刺或歌颂的效果。

(2) 动画(Anime)。动画源于第二次世界大战前的日本,当时日本将线条描绘的漫画称为动画,战后则将线绘、木偶等形式制作的影片统称为动画。动画的英语称为"卡通",含义是活动漫画,而当时在中国也称为"美术片"。

(3) 卡通(Cartoon)。最早起源于文艺复兴时期的意大利,原指绘制壁画前的底稿或漫画,以漫画、动画为主。卡通多指美国和欧洲等漫画和动画(带有儿童倾向幽默动画作品),通常是指以漫画绘制画稿,再由摄像机逐格拍摄而成的动画影片,可以说与"动画"一词同义。

(4) 动漫(Comic)。动画与漫画的简称。1998 年以前在中国大陆并没有出现这个统一的概念,在 1998 年全中国第一家动漫资讯杂志《动漫时代》(Anime Comic Time)上首先使用了该词语。从此以后,"动漫"一词才逐渐推广。

(5) 动画(Animation)。该词源自拉丁文字根的 anima,译为"赋予……以生命"。在《英汉大词典》中意指赋予本无生命的静态图画以动态的生命活力。动画包含两个方面的内涵:一是指美术层面的图像创作;二是指运用某种特殊的技术,使原本静止的图画呈现运动状态。根据国际动画组织(ASIFA)的定义,动画艺术是指除了使用真实的人或事物制造动作的方法之外,使用各种技术所创作出的活动影像,即是以人工的方式所创造的动态影像。广义而言,把一些原先不活动的东西经过影片的制作与放映,变成会活动的影像即为动画。英国动画大师约翰·海勒斯(John Halas)对动画有一个精辟的描述:"动作的变化是动画的本质"。

(6) 计算机动画(Computer Animation)。传统的动画是通过把人或物的表情、动作、变化等分段画成许多画幅,再用摄影机连续拍摄成一系列画面,给视觉造成连续变化的图画。计算机动画是指采用图形与图像处理技术,借助于编程或动画制作软件生成一系列的景物画面,其中当前帧是前一帧的部分修改,是通过采用连续播放静止图像的方法产生物体运动的效果。

5.1.2 动画的发展历史

早在两三万年以前,最初的动画只是人们头脑中动画意识的一种展现。例如,在数万年前的西班牙北部山区阿尔塔米拉洞穴内发现了大量石器时代留下的壁画,其中就有在奔跑的野猪身上前后画上四条腿,以产生野猪运动的动觉感受;在我国马家窑出土的彩绘陶瓷舞蹈纹盆的设计图案里画着三组手拉手舞蹈的人形,并在手臂上画出重复的线条,表示舞蹈者连续的动作;中国西汉时期的羊皮影、驴皮影距今已有两千多年的历史,是世界上最早由人配音的活动影画艺术,可以说皮影戏是现代"电影始祖"。正是这些先民最初的动画意识与动画实践,即试图在静态的画面中表现动态的视觉感受,并将这种意识转为最初的动画,才使得动画得以传播和发展。

16世纪,西方首次出现了火柴盒大小的手翻书,书中每一页上都画有细微差异的动作图画,当用手指快速翻动时,书中的人物便"活"起来了。这种活动的书使得科学家们逐渐开始对运动、时间及距离等画面之间的关系产生了兴趣,并进行相关研究,也可以说这是"动画"效果的萌芽阶段。

1825年,英国人John Ayrton Paris发明魔术绳转盘(Thaumatrope)。即先在圆盘的正面和背面分别画上不同的图像,再将绳子系在圆盘任意一条直径的两端,这时当以绳子为中心轴并以较快的速度转动圆盘时可以看到由圆盘正反面图像组成一幅跳动的完整画面。如图5-1所示,魔术绳转盘正面画的是孔子鸟,背面画的是鸟笼,这样当以较快的速度转动圆盘时可以在视觉上"合成"出在鸟笼中的孔子鸟画面。

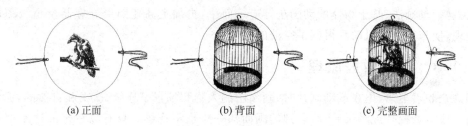

图 5-1 魔术绳转盘示例

1833年,比利时人Joseph Plateau发明幻透镜(Phenakistiscope),将一圆盘均匀等分为若干个格子(例如16个格子),在每个格子中画上一些连续的图案,如图5-2(a)所示。在另一个圆盘均匀挖开相同个数的条状缝隙,将这两个圆盘平行正对着放置,并按一定的速率转动这两个圆盘,然后按图5-2(b)所示透过缝隙观看图案圆盘上的图案。如果圆盘的速率等条件合适,则可以观察到运动的视觉效果。魔术绳转盘和幻透镜都属于西洋镜。

1906年,美国人J.斯泰瓦德(J. Steward)制作了一部动画短片,名为《滑稽面孔的幽默形象(Humorous Phases of a Funny Face)》,非常接近现代动画概念。

1908年,法国人Emile Cohl首创用负片制作

(a) 圆盘图案　　　　(b) 原理图

图 5-2 幻透镜示意图

动画影片。所谓负片,是影像色彩与实际色彩恰好相反的胶片,如同今天的普通胶卷底片。采用负片制作动画,从概念上解决了影片载体的问题,为此后动画片的发展奠定了基础。

1909年,美国人Winsor McCay用一万张图片表现了一段动画故事,这是迄今为止世界上公认的第一部真正的动画短片。

1915年,美国人Eerl Hurd创造了新的动画制作工艺。他先在赛珞璐片上画动画片,然后再把赛珞璐片上的图片拍摄成动画影片,这种动画片的制作工艺一直沿用至今。

1928年开始,美国人华特·迪斯尼(Walt Disney)逐渐把动画影片的制作推向巅峰。他在完善了动画体系和制作工艺的同时,把动画片的制作与商业价值联系起来,被人们誉为商业动画影片之父,为世人创造了《米老鼠和唐老鸭》和《木偶奇遇记》等动画精品。

20世纪60年代中期,随着计算机技术的普及与发展,计算机开始应用于动画,此时计算机动画是使用程序语言编写的,艺术家根本无法介入,作品的效果较为粗糙。

20世纪70年代初期,"关键帧动画技术"被提出,该技术利用计算机产生某些关键帧画面的图形或图像,然后由计算机自动插值计算出中间帧,大大提高了动画制作的效率。

20世纪70年代末,人们研制出了"交互式二维动画系统",这种系统直观、方便、易于操作,无须掌握太多的计算机知识就能方便地使用。

20世纪80年代以来,二维计算机动画得到了进一步的发展,这一时期可利用计算机模拟制作传统的赛尔(CEL)动画片,从而辅助传统卡通片的制作。

二维计算机动画是三维计算机动画的基础,也是三维计算机动画的重要组成部分。三维计算机动画系统的研究开始于20世纪70年代,其发展和二维计算机动画类似,也是由最初的动画语言描述进化而来。随着计算机图形学技术的发展,特别是三维几何造型技术和真实感图形生成技术的发展,计算机动画具有了非常逼真的视觉效果,动画控制技术也得到了飞速的发展,关键帧动画法、基于物体的动画法等应运而生,再加上高速图形处理器及超级图形工作站的出现,使三维计算机动画得到了空前的发展。

5.1.3 视觉暂留原理

当观众观看电影、电视或动画片时,画面中的人物和场景是连续、流畅和自然的,但如果仔细观看一段电影胶片或动画胶片,看到的画面却一点也不连续。只有以一定的速率把胶片投影到银幕上才能有运动的视觉效果。这种现象是由视觉暂留造成的。人眼在观看影像时,光信号传入大脑神经,需经过一段短暂的时间,光的作用结束后,视觉形象并不立即消失,这种残留的视觉影像称为"后像",即视觉暂留(Persistence of Vision)。其产生的原因是由于视觉神经的反应速度造成的。感光细胞感光,将光信号转换为神经电流,传回大脑引起人的视觉。感光细胞的感光是靠一些感光色素,感光色素的形成是需要一定时间的(大约1/24s),这是视觉暂留的生理机理。如人们直视太阳数秒后,即使闭上眼睛,视觉中仍旧残留一个强光源的影像;再如日常生活中的日光灯每秒大约闪烁100多次,但人们基本感觉不到它的闪动。如果在视觉暂留期间,下一幅影像能够及时出现,那么大脑将把上一幅影像和这幅影像结合起来。当一系列的影像一个接一个以一个特定的极小时间间隔连续出现,其最终的效果便是一个连续运动的影像,即动画。

实验证明,如果动画或电影的画面刷新频率为24帧/秒左右,即每秒放映24幅画面,则人眼看到的就是连续的画面效果。

5.2 计算机动画基础

5.2.1 计算机动画的分类

计算机动画的分类方法有多种,按不同的方法有不同的分类。

1. 二维动画和三维动画

根据反映的空间范围,动画可分为二维动画和三维动画。二维动画是指主要通过设计和绘制二维图形或图像而生成的动画,三维动画是指主要通过构造三维模型并直接控制三维模型运动而生成的动画。

二维动画与三维动画的主要区别在于采用不同的方法获得动画中对象的运动效果。一个旋转的地球体,在二维处理中需要预先逐帧地绘制球面变化画面,这样的处理难以自动进行。在三维处理中,先建立一个球体的模型并把地图贴满球面,然后使模型步进旋转,每次步进将自动生成一帧动画画面。

2. 全动画和半动画

全动画与半动画描述了动画内容与画面数量之间的关系。全动画是指在动画制作中,为了追求画面的完美、动作的细腻和流畅,按照每秒播放 24 幅画面的数量制作的动画。全动画对时间和金钱在所不惜,观赏性极佳。半动画又称为有限动画,采用少于每秒 24 幅的画面来绘制动画,常见的画面数为 6 幅或 8 幅。以 8 幅画面的半动画为例,为了保证播放速率,画面总数仍应为 24 幅,则每幅画面重复三次,形成三幅画面一个动作的格局。由于半动画的动作画面少,因此动作的连续性和流畅性较全动画差。

3. 实时动画和逐帧动画

根据运动的实现方式可以将计算机动画分为实时(Real-time)动画和逐帧(Frame by Frame)动画。实时动画也称为算法动画,它是采用各种算法来实现运动物体的运动控制,计算机需要对有限的数据进行快速处理,并将结果实时显示出来。实时动画的流畅性与计算机的运行速度、软硬件处理能力、景物画面的大小和动画复杂程度有关。在游戏软件中的动画以实时动画居多。

逐帧动画也称为帧动画或关键帧动画,通过一帧一帧显示动画的图像或图形序列而实现运动的效果,是计算机动画中最基本、应用最广泛的一种动画类型。在实际制作过程中,可以由用户根据需要设置好首尾关键帧的位置和属性后,由软件来生成中间的动画。

4. 过程动画、运动动画、变形动画

按画面形成的规则和形式,动画可以分为过程动画、运动动画、变形动画等。过程动画是指根据指令进行运动的动画,动画中运动的主体是角色,角色按照指定的路径运动。运动动画中物体的运动一般由其物理规律来描述,能够真实地再现诸如物体的碰撞、抛射体的运动轨迹等,以及实验室或自然界所发生的可以根据数学公式进行描述和处理的其他现象。变形动画是近年来流行的一种动画形式,通过连续的彩色插值和路径变换,可以将一幅幅画面渐变为另一幅画面。

5.2.2 计算机动画的制作软件

1. 二维动画的制作软件

二维动画制作软件种类众多,制作者可根据需求和应用层次自行选择,如表 5-1 所示。

表 5-1　二维动画制作软件的分类

类别	特　　征	代　表　软　件
简易型	内置若干动画模板,软件操作简单,容易上手	SWiSH Max、Gif Animator
普及型	需要一定的专业知识和技能,操纵灵活,功能强大	Flash
专业型	保持了传统动画制作的工作流程,替代了扫描、上色等繁杂和易于返工的工作	Softimage TOONZ、RETAS PRO、USAnimation、AXA

2．三维动画的制作软件

《侏罗纪公园》中异常逼真的恐龙、《世界大战歌利亚》中震撼无比的战争场景及这些影片中令人惊叹的特技镜头都离不开三维动画制作软件。目前主流的三维动画制作软件及性能对例如表 5-2 所示。

表 5-2　三维动画制作软件的性能对比

系统名称	优　　势	弱　　势	适 合 场 合
3ds Max	提供了多边形工具组件和 UV 坐标贴图的调节能力；丰富的建模工具使得建模可以有多种选择	对角色动画、粒子系统及渲染器功能支持不全面,效果不好	游戏 建筑领域
Cinema4D	稳定、快速及可订制的用户界面,网络渲染设置容易,SLA 动态材质模型的支持,非常强大的角色动画工具,可配置扩充性	不支持 N 边多边形建模；Nurbs 建模工具支持不全面；不支持一些常规的游戏格式。在将模型直接输出成 Unreal 或者 Quake 游戏所需的格式时,没有内建的解决方案	三维视觉特效
Maya	复杂和强大的材质模型、动画功能支持；自定义设置功能；实时反馈能力优秀；应用程序开发界面 API 支持	难于学习；标准渲染器速度及效果差；多边形建模工具功能存在欠缺	专业影视 动画领域
Softimage/XSI	建模方便、毛发生成系统既快速又强大；网络渲染和贴图工作流程非常强大、快速；多通道渲染	高度开放性和可配置性导致一些功能使用不方便,效果不直观；建模和材质编辑功能上还存在缺陷	快速演示及三维影视特效
Lightwave3D	建模功能的支持	网络渲染、用户手册、用户界面上存在一些问题	学习、研究使用

5.2.3　计算机动画制作过程

因规模、制作人员、工作条件和环境的不同,动画的创作过程和方法可能有所不同,但其基本规律是一致的。传统动画的制作过程可以分为策划设计、设计制作、具体创作和拍摄制作 4 个阶段,每一阶段又分为若干个步骤。

1．策划设计阶段

(1) 剧本。剧本就是制作影片的故事情节和人物对话,动画影片和一般的影片剧本上的区别在于动画影片注重故事画面及画面动作的视觉表现而不注重复杂的对话,对话尽量精而少。动画通常都是通过滑稽的动作和夸张的视觉冲击来激发观众的想象。动画剧本可来源于已出版的漫画或小说,或者是原创的策划书。剧本在通过后,需要准备精华短片或者是策划书、脚本以寻找赞助商。

(2) 故事板。根据剧本,导演要绘制出类似连环画的故事草图(分镜头绘图剧本),详细地画出每一个画面出现的人物、故事地点、摄影角度、对白内容、画面的时间、做了什么动作等。故事板由若干片段组成,每一片段由系列场景组成,一个场景一般被限定在某一地点和一组人物内,而场景又可以分为一系列被视为图片单位的镜头,由此构造出一部动画片的整体结构。

(3) 摄制表。摄制表是导演编制的整个影片制作的进度规划表,以指导动画创作集体各方人员统一协调地工作。

2. 设计制作阶段

(1) 设计。设计工作是在故事板的基础上,对人物、其他角色、机械道具的造型进行设计,完成场景环境和背景图的设计、制作,确定人物的色彩,以供其他动画人员参考。这个阶段参与的人员有人物设计师、机械造型设计师、背景设计师、色彩设计师、色彩指定师,负责造型设计、背景设计、色彩设计。

人物造型设计是指设计出人物的高矮比例、各种角度的样子、脸部的表情、服饰和局部装饰等。机械造型设计是指对电器机械、人物装备等进行设计。

背景设计是指对人物所处环境进行设计,并标出和人物组合的位置,环境包括白天或夜晚的背景,有没有前景、家具、饰物、地板、墙壁、天花板等结构。

色彩设计是指对人物的色彩(头发、各场合衣服或机器人外壳的颜色等)进行设计,必须配合整篇作品的色调(背景及作品个性)来设计人物的颜色。色稿确定之后,由色彩指定人员来指定更详细的颜色种类。

(2) 音响。在动画制作时,因为动作必须与音乐匹配,所以音响录音不得不在动画制作之前进行。录音完成后,编辑人员还要把记录的声音精确地分解到每一幅画面位置上,即第几秒(或第几幅画面)开始说话,说话持续多久等。最后要把全部音响历程(或称为音轨)分解到每一幅画面位置与声音对应的表,供制作人员参考。

3. 具体创作阶段

(1) 构图设计。在此阶段,构图人员须按照故事板的每一镜头的大略指示、人物造型设计及背景设计画出人物及背景的详细位置关系放大图,完善动画的画面构图。

(2) 原画创作。原画创作是由动画设计师根据摄影及剪接的理念画出理想的主镜画面(正确的人物的姿态及动作)。通常是一个设计师只负责一个固定的人物或其他角色。

(3) 中间插画制作。中间插画是指两个重要位置或框架图之间的图画,一般就是两张原画之间的一幅画。助理动画师制作一幅中间画,其余美术人员再内插绘制角色动作的连接画。在各原画之间追加的内插的连续动作的画要符合指定的动作时间,使之表现接近自然动作。

(4) 勾线上色。上色人员按色彩设计师指定的色彩在原画师指定的部位涂上颜色。在传统动画制作中,上色人员将原画和动画线稿用描线机将线条影印在透明的赛璐璐片上,如有某部分需以色线表现时,则必须用人工手描线描上色线(用沾水笔),使用颜料上色,最后检查是否涂错或污损。在计算机辅助动画制作后,上色人员用扫描仪将原画和动画线稿存进计算机,清理线条,然后按指定的色彩上色,大大减少了出错的概率。

图 5-3 所示就是典型的二维动画制作流程。

4. 拍摄制作

拍摄制作的过程就是将前面制作好的画面使用特殊的拍摄设备制作成动画片的过程。

当每个镜头的每个画面都着色完毕以后,动画师首先对其进行细致的检查工作,接着就是进行动画片的拍摄工作,拍摄时使用中间有几层玻璃层、顶部有一部摄像机的专用摄制台。将

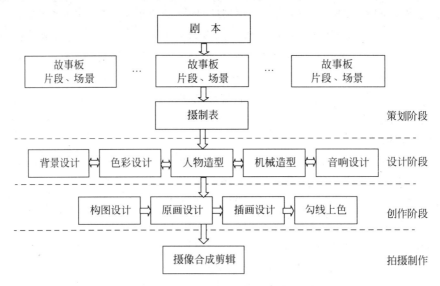

图 5-3 二维动画制作流程

制作好的背景放在最下一层,中间各层放置不同的角色或前景等。拍摄中可以移动各层产生动画效果,还可以利用摄像机的移动、变焦、旋转等变化和淡入等特技上的功能生成多种动画特技效果。最后再将拍摄好的素材进行后期的剪辑和录音合成的工作。

计算机动画的制作过程与传统动画制作的过程大致相似。就计算机二维动画来说,传统动画的勾线上色摄影这一工序靠软件基本可以解决。计算机也可以实现部分关键动画,能生成一些基础的中间画,但原画(关键帧)还是靠传统动画的手绘能力。就计算机三维动画来说,建模、上色、搭景、动作、摄影都能靠计算机完成,但也需要有传统动画相关经验,例如细调动作。总之,计算机动画制作具备节约人工成本、修改方便、增加绚丽特效和更加真实仿真的效果等优点。

5.2.4 计算机动画文件的格式

计算机动画现在应用的比较广泛,由于应用领域不同,其动画文件也存在着不同类型的存储格式。下面介绍几种常用的动画格式。

1. GIF

GIF(Graphics Interchange Format,图形交换格式)主要用于图像文件的网络传输,目的是能够在不同的平台上交流使用。GIF 格式的特点是压缩比高、图像文件小、下载速度快、支持透明色和基于帧的动画等。这些特点使得 GIF 适用于来表现一些网络上的小图片,如图标或 logo。GIF 图像格式除了一般的逐行显示方式之外,还增加了渐显方式,即在图像传输过程中,用户可以先看到图像的大致轮廓,然后随着传输过程的继续而逐步看清图像中的细节部分,从而适应了用户"从朦胧到清楚"的观赏心理。

2. SWF

SWF 是 Adobo 公司动画制作软件 Flash 的矢量动画格式,它采用曲线方程描述其内容,不是由点阵组成内容,因此这种格式的动画在缩放时不会失真,非常适合描述由几何图形组成的动画,如教学演示动画等。由于这种格式的动画可以与 HTML 文件充分结合,并能添加 MP3 音乐,因此被广泛地应用于网页上,成为一种"准"流式媒体文件。

3. FLIC

FLIC 是 Autodesk 公司在其出品的 Autodesk Animator/Animator Pro/3D Studio 等 2D/3D 动画制作软件中采用的彩色动画文件格式,它是 FLC 和 FLI 的统称。其中,FLI 是最初的基于 320×200 像素的动画文件格式,而 FLC 则是 FLI 的扩展格式,采用了更高效的数据压缩技术,其分辨率也不再局限于 320×200 像素。FLIC 被广泛用于动画图形中的动画序列、计算机辅助设计和计算机游戏应用程序。

5.3 二维动画制作软件 SWiSH Max

5.3.1 SWiSH Max 软件介绍

SWiSH Max 是一款功能强大的动画特效软件,最大的特点是省时省力、简单易用、上手快,除了已内建数量较多的特效动画效果外,还可自行创建动画特效。SWiSH Max 还可以和 Flash、Dreamweaver 等软件相结合,将它的魅力发挥到极致。SWiSH Max 的不足之处在于它所生成的交互性 SWF 文件导入 Flash 中后,脚本语句的兼容性不好;它压缩 MP3 声音和处理形状变形的能力较差;如果要做复杂动画,它的功能要较 Flash 逊色。

1. SWiSH Max 的工作界面

SWiSH Max 软件的工作界面比较便捷,其所包含的主要功能都可以通过界面提供的工具栏和面板快速地执行。该软件的界面包括工具栏、基本操作区、概要目录区、工具箱、工作区和扩展控制面板等,如图 5-4 所示。

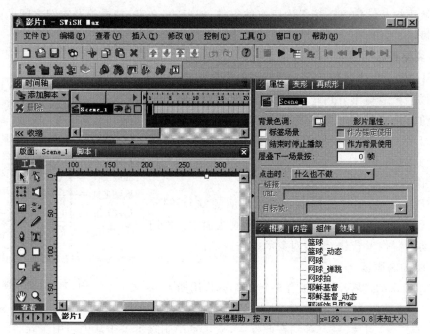

图 5-4　SWiSH Max 工作界面

2. SWiSH Max 工具栏

SWiSH Max 工具栏主要包括标准工具栏、插入工具栏、控制工具栏、导出工具栏和组合工具栏等。

(1) 标准工具栏包括 SWiSH Max 文件的新建、打开、保存，SWiSH Max 场景文本对象的查找，SWiSH Max 场景对象的剪切、复制、粘贴和删除，SWiSH Max 场景对象的层级调整、向上、向下、置顶、置底等。

(2) 插入工具栏实现了对 SWiSH Max 场景中常见对象进行快捷插入的功能，包括插入新场景、图像、文本、按钮和精灵。

(3) 控制工具栏实现对 SWiSH Max 动画播放的控制功能，包括动画的停止、播放、播放选定时间轴、播放效果、返回、向后一步、预览帧、向前一步、转到结束。

(4) 导出工具栏主要实现选择 SWiSH Max 动画导出文件格式的功能，并可以在导出前进行测试、查看测试报告。可导出的文件格式包括 EXE 执行文件、SWF 文件、SWF 嵌入 HTML 文件和 AVI 视频文件。

(5) 组合工具栏可以把场景对象组合成一个组、按钮、精灵、外形，并可实现将场景对象转换为按钮、精灵，将选定对象转换为分开的外形(插入外形)、分开的文字(插入字母)和分开的指定大小的外形(插入一块)等功能。

3. 基本操作区

在基本操作区中可以添加特效、删除对象、控制时间线面板的表现方式等，其中最重要的是"添加脚本"按钮，按住"添加脚本"按钮可在时间线上添加各种针对时间线的动作脚本语句。如果选择了对象，"添加脚本"按钮自动切换为"添加效果"按钮，单击该按钮出现特效菜单列表。

时间线面板类似于 Flash 中的时间轴面板，两条黑线之间为一秒钟播放所需的帧频，在面板上也可以看到添加的各种特效的名称和帧数。

4. 概要目录区

该区域用树状结构显示场景中所有的组件，如形状、文字、精灵等及它们之间的嵌套关系，并可设置显示、关闭、锁定三种状态。

5. 工具箱面板

SWiSH Max 提供了较 Flash 更好用的绘图工具，利用它们可以很轻松地画出五角星、椭圆图形等。工具箱下部的几个按钮可用来显示场景的比例，如图 5-5 所示。美中不足的是，SWiSH Max 软件没有橡皮工具，当绘图错误时，只能重画或用修改工具修改。

6. 工作区

SWiSH Max 的工作区是动画对象表演的舞台，只有放置在该区域的对象才能显示在播放的动画画面中。同时这里也是动画制作者新建、编辑对象的操作区域。

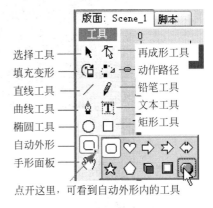

图 5-5 工具箱面板

7. 扩展控制面板

SWiSH Max 的扩展控制面板有 9 个标签，其作用如下：

(1) 内容：类似于 Flash 的库，导入 SWiSH Max 中的各种组件，如声音、图片、精灵等均在此保存，从场景中删除不等于从内容中删除。

(2) 导出：设置导出 SWF、脚本、HTML 等文件的各种参数。建议在导出 SWF 文件时选择 SWF6，要在 Flash 中做组件时把一、三、五项打钩，如果直接做 SWF 文件第二项不要打钩。

(3) 调试：用来测试脚本语句、动态文本等，按下清除按钮可清空面板。

(4) 电影：在这里设置主场景的大小、背景色、帧频等。

(5)场景:这个位置是9个面板中最重要的地方,它根据选定目标的不同而不同,既可以是场景面板,也可以是外形面板、精灵面板、位图外形、文字面板等。

(6)变形:指示组件的大小、位置、缩放比例、倾斜等,锚点是组件运动时围绕的中心,点开锚点旁边的小三角可定义锚点的位置。

(7)色彩:更改颜色和透明度。

(8)排列:把对象排列整齐,"排列相对于"栏目中的下拉列表"所有选定的"选项是确定几个选中对象之间的关系,"上级"是确定对象在场景中的位置。

(9)指导:设置网格和标尺的参数。

5.3.2 绘图工具

工具箱面板中的绘图工具是绘制动画对象的主要操作工具,包括基本绘制工具、文字工具、再成形工具、填充变形工具等。

1. 基本绘制工具

基本绘制工具包括"直线"、"矩形"、"椭圆"、"自动外形"、"铅笔"及"曲线"等。

1)"直线"工具

"直线"工具的主要作用是绘制直线。绘制直线的操作步骤如下:

(1)单击工具箱面板中"工具"栏目下的"直线"工具。

(2)在工作区中按住鼠标左键拖动便可画出一条直线。若是绘制水平线或是斜线,可在绘制直线的过程中按住 Shift 键。

(3)选中所绘制的直线,将"场景"控制面板切换为"外形"控制面板,在"外形"控制面板中可以修改直线的线形、颜色和粗细等相关属性。

2)"椭圆"工具

"椭圆"工具的主要作用是绘制椭圆,如图 5-6 所示。绘制椭圆的操作步骤如下:

(1)单击工具箱面板中"工具"栏目下的"椭圆"工具。

(2)在工作区中按住鼠标左键拖动便可画出一个椭圆。若在绘制的过程中按住 Shift 键可以绘制正圆。

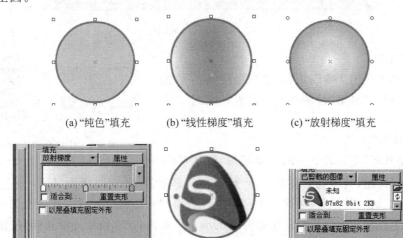

(a)"纯色"填充　　(b)"线性梯度"填充　　(c)"放射梯度"填充

(d)"放射梯度"颜色条　(e)"平铺图像"填充　(f)"已剪裁的图像"填充面板

图 5-6　填充样例

(3) 选中所绘制的椭圆,在"变形"控制面板中可以修改椭圆的宽度、高度、坐标值和锚点、x/y 轴变形。在"外形"控制面板中可以修改椭圆的边框线形、颜色和粗细,可以为椭圆设置不同的填充效果。

"外形"控制面板中包含的填充效果包括:

① "纯色"填充。可以选择一种颜色全部填充,如图 5-6(a)所示。

② "线性梯度"填充。可以选择若干种颜色进行填充,并可以拖动颜色条下面的滑块来调整颜色之间渐变的位置,如图 5-6(b)所示。

③ "放射梯度"填充。和"线性梯度"填充一样可以选择若干颜色进行填充,但颜色是从对象中心到外围进行渐变,如图 5-6(c)和图 5-6(d)所示。

④ "平铺图像"和"已剪裁的图像"填充。可以选择图像文件进行填充,如图 5-6(e)和图 5-6(f)所示。单击"外形"控制面板中"填充"选项区域中的"属性"按钮,出现"图像属性"对话框,在此对话框中可以对填充的图像进行简单的调整,如图 5-7 所示。

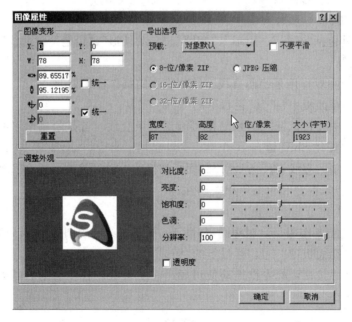

图 5-7 "图像属性"对话框

3) "矩形"工具

"矩形"工具主要用来绘制矩形,要是想绘制正方形时可以按住 Shift 键。"外形"控制面板的设置和画圆工具类似,如图 5-8 所示。

图 5-8 矩形和填充颜色选项

4) "自动外形"工具

单击"自动外形"工具右下角的三角箭头,将出现更多自动外形的选择按钮,其中包括圆矩形、心形、箭头、锯齿箭头、双向箭头、星形、多边形、3D 立体、斜角、圆按钮。在"外形"控制面板中可以更改所绘制外形的边框线形和填充颜色;通过拖动外形上的蓝色控制块可以调整所绘制外形的形状。双击各个"自动外形选择"按钮可以连续画图形。左键单击五角星或五边形图形中心的绿点增加边数目,右键单击减少边数目。

5) "铅笔"工具

"铅笔"工具主要用来绘制自由路径,所绘若是一个封闭的图形,则自动填充颜色;若是一个不封闭的图形,则系统视为路径。所绘图形的相关属性也可以通过"外形"控制面板来修改,其方法和直线工具相同。

6)"曲线"工具

选中"曲线"工具后单击工作区上的不同位置,可以画出由线段组成的直线路径。如果鼠标单击后不松开并拖动,这样画出来的路径就是曲线路径,通过调整曲线的两条控制线可以设定曲线的弯曲度。在调整曲线的控制线时,按住 Alt 键可以单独控制一条控制线,从而确立下一个曲线线段的走向和弯曲度。要结束线段的绘制时只需在线段的结束点上进行双击即可。结合"再成形"工具,可以对已做好的路径进行修整,如图 5-9 所示。

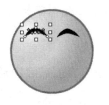

图 5-9 "曲线"工具绘制的眉毛

2."再成形"工具

"再成形"工具主要对图形对象起作用,而对文字对象不起作用。该工具通过节点拖动对选定图形对象进行变形,如图 5-10 所示。

3."填充变形"工具

"填充变形"工具只适用于填充为渐变色或是图像的图形对象,对于纯色填充的对象不起作用。当选定填充色为渐变色的对象时,图形边缘会出现渐变色控制点,拖动控制点可以改变填充渐变色,如图 5-11(a)所示。

使用工具箱面板中"工具"栏目下的"旋转"工具,可以对填充色旋转和扭曲,如图 5-11(b)所示。图像填充的变形操作与渐变色填充的变形操作完全相同。

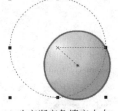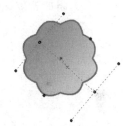

(a) 原图　　　　　　(b) 变形后　　　　　(a) 改变渐变色填充大小　　(b) 改变渐变色填充角度

图 5-10 "再成形"工具应用效果对比图　　　图 5-11 "填充变形"工具中心点位置和旋转角度示例

4."文本"工具

"文本"工具的主要作用是输入文字,如图 5-12 所示。添加文字的操作方法如下:

(1)选定工具箱面板上的"文本"工具。

(2)在工作区中单击或是拖出一个文本框。

(3)在"文本"控制面板中修改文字内容、文字字体、大小和样式。还可设置文字方向、段落、高度等高级选项。

图 5-12 文字输入

5.3.3 动画特效

动画特效是 SWiSH Max 最有吸引力的部分,通过它可以大大节省制作动画的时间。在基本操作区的添加效果按钮菜单中包含了较多的二维和三维文字效果模板。

1. SWiSH Max 的内建特效

SWiSH Max 的特效有放置特效、基本特效、共通特效设定和核心特效 4 个类别。

1）放置特效

该类别主要包括"放置"、"删除"和"移动"三种特效,"放置"特效就是把对象放在影片的播放时间线上;"删除"特效就是把对象从时间线上删掉;"移动"特效可以使对象从一个位置移动到另一个位置。

2）基本特效

该类别主要包括"渐进"、"缩放"、"滑动"、"模糊"、"重复影格"及"复原"等特效。

3）共通特效设定

该类别主要包括"一次关闭"、"回到起始"、"从位置消失"、"连续循环"及"显示到位置"等特效。

4）核心特效

该类别主要包括"变形"、"挤压"、"交替"、"曲折"、"爆炸"、"3D 旋转"、"3D 波浪"及"打字"等特效。

2. SWiSH Max 的特效操作

1）添加特效

选取场景中的对象,单击"添加效果"按钮旁边的下拉三角,出现一级菜单面板,如再单击相应级联菜单,会看到众多的二级菜单,这些就是 SWiSH Max 内置的特效,如图 5-13 所示。添加特效的操作步骤如下:

(1) 选中图中嘴巴部分,在基本操作区中选择"添加效果"→"移动"命令。

(2) 在时间轴上拖动"移动"效果所占时间,使得 0～2 帧上的嘴巴错开 5 个像素。

(3) 添加特效操作完毕,连续播放时会形成上下颤动的大笑动画效果。

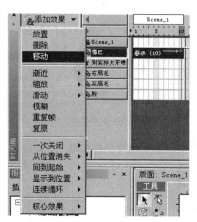

图 5-13 "移动"动作设置

2）特效的复制、剪切、移动与删除

如图 5-14 所示,特效可以复制、剪切、移动和删除,操作方法如下:

(1) 在时间线已有的特效上右击,从弹出的快捷菜单中选择"复制效果"或"剪切效果"命令。

(2) 在要使用特效的帧上选择"粘贴文本"。

(3) 想删除效果时,在效果的时间线上右击,从弹出的快捷菜单中选择"删除效果"命令。

(4) 想移动效果时,选中时间线上的效果并按住鼠标左键,拖动到时间线上的目标帧位置即可。

3）修改特效

如果对软件内置的特效不满意,可以随意修改特效格式,如图 5-15 所示。操作步骤如下:

(1) 在时间线面板上双击变形效果,打开"3D 显现然后在角落远离 设置"对话框。

(2) 单击"预览"旁边的"播放"按钮预览动画效果。

(3) 如果不满意,单击"名称"文本框右边的"打开"按钮选择新特效,或是在特效名称上双击选择新特效,对该特效的相关参数进行设置,以更换动画效果。

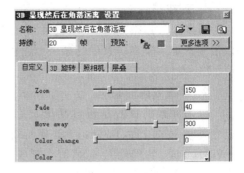

图 5-14　特效菜单及移动操作　　　　　图 5-15　特效修改

4）自定义特效

自己设置好的特效还可以保存起来,留作下次使用,如图 5-15 所示。自定义特效的操作步骤如下:

(1) 在"3D 显现然后在角落远离 设置"对话框中切换到"自定义"选项卡,拖动 Zoom、Fade 右侧滑块,或直接在滑块右侧文本框中输入数值。

(2) 单击"名称"文本框右侧的"保存效果设置到文件"按钮 ![], 在出现的"移动"对话框中的"文件名"文本框中输入文件名,单击"保存"按钮保存。

(3) 在软件的基本操作区中的"添加特效"按钮菜单中调用自定义的特效。

3．"动作"路径

"动作路径"工具的主要作用是让选定的对象按一定的路线运动,如图 5-16 所示。制作"动作路径"动画特效的操作方法如下:

(1) 选定要运动的对象,单击"动作路径"工具按钮。

(2) 单击工作区中的不同位置,形成对象的运动路径。这时在时间线上也相应地出现对象的运动帧设置。

图 5-16　文字动作路径及时间轴效果设置

5.3.4 精灵

"精灵"就是 SWiSH Max 中的电影片段,其作用和 Flash 中的影片剪辑一样。精灵有自己的时间线,并可以独立运行,如果放在主场景中,它的时间线和主场景中的时间线平行。它还可以相互层层嵌套,在动作脚本语句中通过实例名和路径指向精灵中的某一动作对象。在精灵中可以加入声音、添加动作脚本语句、各种特效等。

1. 创建精灵

可以通过选择"插入"→"精灵"命令或单击工具栏上的"插入精灵"按钮来创建精灵,也可以使用右键菜单将场景中的某一个组件转换为精灵。创建精灵后,可以自外向里加入各种外形、文字或特效。

2. 屏蔽效果的制作

添加屏蔽的目的是通过某个文字或形状遮去需要被遮挡的部分,以实现特殊效果。SWiSH Max 的屏蔽效果必须在精灵中才能实现。在应用屏蔽时要注意两点:一是要把屏蔽层放在精灵的最下面,如图 5-17(a)所示;二是要在"精灵"控制面板上选中"作为遮罩使用底部对象"复选框,如图 5-17(b)所示。下面以世博会网站 Banner 动画制作的案例说明屏蔽动画效果的制作方法。

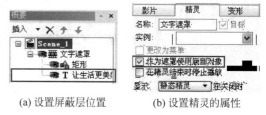

(a) 设置屏蔽层位置　　(b) 设置精灵的属性

图 5-17　遮罩设置

(1) 选择"文件"→"新建"命令,新建一个动画文件,在"影片"控制面板中的"宽度"文本框中输入 770,"高度"文本框中输入 100,"背景颜色"选择白色,"帧频"文本框中输入 12。

(2) 在工具栏中选择"插入"→"精灵"命令,创建名为"文字遮罩"的精灵。

(3) 双击该精灵,进入精灵内部编辑。在工作区中写入静态文本"让生活更美好",字体为黑体,大小为 32,颜色任选。在工作区中画一个无边矩形,长为 1000,宽为 35,填充彩虹渐变色。在基本操作区中单击"添加效果"按钮,在弹出的菜单中选择"移动"命令。

(4) 在时间轴中双击"移动"特效,在出现的"移动设置"对话框中设置从左向右移动 30 帧,再从右向左移动 30 帧。

(5) 调整静态文本"让生活更美好"到精灵的最下层,在"精灵"面板上选中"作为遮罩使用底部对象"复选框,合上精灵,把它移到场景的左上角。此时精灵里层次关系、场景及时间轴如图 5-18 所示。

(6) 选择"插入"→"精灵"命令,创建名为"外形遮罩"的精灵。先画一个五边形,单击增加一个角,成为六角形,大小为 28×32,按住 Ctrl 键复制出 6 个,一共是 7 个,把它们排成梅花样,再全部选中右击,从弹出的快捷菜单中选择"组合"→"组合为外形"命令,放在场景的偏右侧。

(7) 对梅花样的外形依次添加动作特效。选择"添加效果"→"显示到位置"→"从一边随机自转"命令,设置持续 20 帧;选择"添加效果"→"连续循环"→"3D 自转整个对象"命令,设置持续 20 帧;选择"添加效果"→"复原"命令,设置参数:X 比例为调整大小到 150%,并选中 X=Y,使 XY 轴等比例缩放,持续 10 帧,将外形移到场景中间。

(8) 导入一张背景图片,放在场景的中间,设置锚点为居中,在第 1 帧单击,选择"添加效果"→"放置"效果;在第 51 帧加"添加效果"→"移动"效果,参数设置为调整 X 角度顺时针

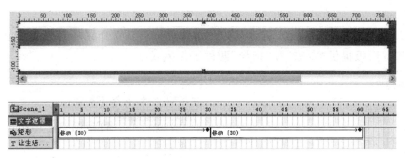

图 5-18 输入文本

360°,持续 20 帧;在第 71 帧添加"效果"→"移动",参数设置为调整 X 角度逆时针 360°,让图片在场景中运动或旋转,测试时如果图片运动范围越出 7 个梅花外形,则调整图片位置。

(9)调整梅花外形到精灵的最下层,在精灵面板上选中"作为遮罩使用底部对象"复选框。至此,精灵里层次关系、场景时间轴及最终效果如图 5-19 所示。

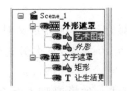

(a) 文字遮罩精灵层次　　　　　(b) 场景效果

(c) 时间轴

图 5-19 制作"让生活更美好"文字精灵

5.3.5 按钮及动作脚本

在 SWiSH Max 中的按钮有两种形式:一种是广义的按钮,是指能起按钮作用的按钮,不管画的是形状还是输入的文本;另一种是规范的按钮,有向上、经过、按下、按键 4 种状态,4 种状态相当于 Flash 中按钮的 4 个帧,规范形式的按钮可以做出更多的变化。

1. 按钮

一个最基本的按钮应该包括向上、移过、向下、按键 4 个状态,每个状态下各有一个形状和一个文本,如图 5-20 所示。创建按钮的操作步骤如下:

(1)选择"插入"→"按钮"命令。

(2)单击"概要"目录区中"按钮"图标下的"向上状态"图标,在工作区中画按钮的外形,再写入说明文本。

(3)单击"概要"目录区中的"按钮"图标,在"按钮"控制面板中选中"有分隔经过状态"、

"有分隔向下状态"、"有分隔按键状态"三个复选框,加"向上状态"生成按钮的4个状态。

(4) 分别单击"概要"目录区中"按钮"图标下的各状态图标,在工作区中调整该状态下按钮的外形和说明文本。一个标准的按钮创建工作完毕。

2. 动作脚本

如图 5-21 所示,在工作区上方选择"脚本"选项卡即可从工作区场景状态切换到动作脚本面板。动作脚本面板提供"专家"和"指导"两种工作模式。

图 5-20 按钮

图 5-21 按钮设置面板

单击"添加脚本"下拉菜单,一条细线将其分成上下两个部分,上半部分定义对象的事件或函数,下半部分是对象要执行的指令,指令分成帧、电影控制等 10 大类,每类旁边的小三角点开后又可看到下一级菜单。

单击"指导"或"专家"下拉菜单可切换指导模式和专家模式。如果对脚本命令比较熟悉,在专家模式下可添加更多的指令。

按钮和动作脚本在交互性动画中具有非常重要的地位,结合它们可以实现播放、停止、属性变化等多种灵活的动画效果。下面继续完善前面的网站 Banner 动画,说明按钮和动作脚本的使用方法。

3. 网站导航的制作

在前面的网站 Banner 动画中加入菜单导航按钮,以实现网站页面导航的功能。

1) 导入背景图

选择"插入"→"图像"命令,在工作区中插入 2010 年世博会的 Logo 图,并对齐场景,在概要目录区中拖动图片到最底层,如图 5-22 所示。

图 5-22 背景图

2) 创建导航按钮

(1) 选择"插入"→"按钮"命令,在工作区中创建一个按钮。单击概要目录区中"按钮"图标下的"向上状态"图标。

(2) 在工具箱面板中的"工具"栏目下选择"自动外形"下拉菜单中的"圆矩形",画一个 65×15 的矩形按钮,绿色填充。写入静态文本"首页",字体大小为 12,颜色为白色,并将其移动到图 5-22 所示"心"字图标右下方位置。

（3）单击"概要"目录区中的"按钮"图标,打开"按钮"面板,选中"有分隔经过状态"和"有分隔向下状态"复选框,如图 5-23 所示。

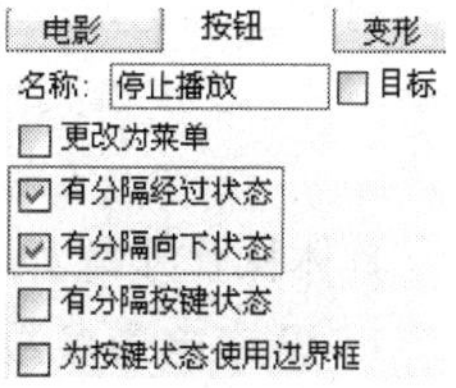

（4）单击"概要"目录区中"按钮"图标下的"移过状态"按钮,在工作区中写入静态文本"首页",在文本下面加一亮黄色外形（透明度为 80%）以突出显示文本。

（5）调整"移过状态"和"向下状态"中圆矩形按钮的颜色和文本位置,进行测试。

图 5-23　按钮动作设置

（6）单击"概要"目录区中的"按钮"图标,按 Ctrl+C 组合键,再按 Ctrl+V 组合键,复制出 5 个一样的按钮。

（7）在"按钮"控制面板中的"名称"文本框中分别将 5 个按钮的名称改为"资讯"、"展馆"、"活动"、"论坛"、"服务"。同时,分别将各按钮说明文字也相应改变。

（8）按住左键并在工作区中拖动选中所有按钮,在"排列"控制面板中的"排列"栏目中单击"向下排列"选项,在"散开"栏目下单击"水平居中散开"选项,然后整体拖动按钮,调整位置。

3）创建海宝精灵

创建 HaiBao 精灵,插入海宝图片,设置名称为 HaiBao,选中"目标"复选框。

4）添加导航功能

（1）选择"首页"按钮,将工作区切换到动画脚本面板,在"指导"下拉菜单中选择"专家"。

（2）在动画脚本面板中的文本框中输入 on(press){getURL("http://www.expro2010.cn/","_blank");},导航到世博首页。

（3）其他按钮的导航功能添加方法类似。

5）添加"海宝"精灵透明效果

（1）选择"服务"按钮,将工作区切换到动画脚本面板,在"指导"下拉菜单中选择"专家"。

（2）在动画脚本面板中的文本框中输入：

```
on (rollOver){
HaiBao._alpha = HaiBao._alpha - 20;
if (HaiBao._alpha < 0){
HaiBao._alpha = 100;
}}
```

以上两个步骤实现了移动到"服务"按钮上时,海宝透明闪动显示。网站导航的最终效果如图 5-24 所示。

图 5-24　最终效果

5.3.6　SWiSH Max 动画制作实例

任务：制作多媒体作品的封面。

要求：封面内容是动感的条纹及主题文字,为用户营造优雅、轻快的艺术视觉感受,从而让用户以愉快的心情使用多媒体作品。

制作过程：先设置动画的整体画面大小和基本参数，然后导入背景，加入矩形和文字，为背景图片、矩形和文字添加动画效果并安排合适的动画顺序，最后导出 SWF 格式的动画影片。

具体操作步骤如下：

1. 设置电影参数

1）启动 SWiSH Max

首次启动 SWiSH Max 会出现"您想要做什么？"对话框，如图 5-25 所示。

通常有 4 个选项：

（1）开始新建一个空电影：新建一个空白的新电影。

（2）开始从模板新建一个电影：从 SWiSH Max 模板中新建电影。

（3）继续一个存在的电影：打开已编辑的电影文件。

（4）继续您上次保存的电影：打开上次编辑的电影。

通常单击"开始新建一个空电影"按钮，进入 SWiSH Max 的主界面。如果不想在启动时显示该提示，则取消对"启动时显示该提示"复选框的勾选。

2）设置"影片"选项

（1）设置宽度和高度

通常的课件为 740×460，所以先在"影片"控制面板中将"宽度"设为 740 像素，"高度"设为 460 像素，如图 5-26 所示。

（2）设置电影的背景颜色

单击"影片"控制面板中"背景颜色"框中的下拉箭头调出颜色面板，选中想要的颜色。在本例中，背景色会被图片素材覆盖，可任意选一种颜色，如图 5-27 所示。

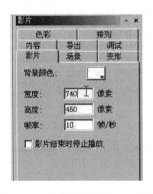
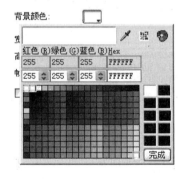

图 5-25 启动初始界面　　图 5-26 设置电影宽度、高度图　　图 5-27 设置电影背景色图

（3）设置影片的播放速度

在"高度"和"宽度"设置框下面可以设置"帧率"，数值越大，播放越快。通常取默认值，如图 5-28 所示。

图 5-28 设置电影播放速度

2. 绘制动画对象

SWiSH Max 中动画对象一般包括图像、矢量图形和文字，制作过程如下：

1）导入背景图

选择"文件"→"导入"命令，将准备好的素材移动到中间位置并能盖住背景色，如图 5-29 所示。

图 5-29 导入背景图

2）绘制矩形

（1）选择工具箱面板中的"矩形"工具画一个长方形矩形，上下略微比图片要长一点，如图 5-30 所示。

图 5-30 绘制半透明矩形

（2）设置矩形的颜色。在"外形"控制面板中的"填充"栏目中单击颜色方块更改颜色，选择白色，透明度为 40，如图 5-31 所示。

（3）在工作区中将半透明矩形拖至左边，完成后的效果如图 5-32 所示。

3）输入文字

选择工具箱面板中的"文本"工具按钮，在工作区中拖动，新增一个文本"回归自"，字体选择为"华文行楷"，大小设置为 50，

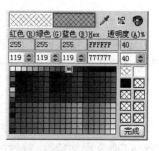

图 5-31 颜色属性设置面板

图 5-32　绘制半透明矩形

文字颜色为"白色"。再新建一个文本"然",字体也是"华文行楷",大小设置为 80,文字颜色为"橙色"。将两个文本组件拖至适当的位置,如图 5-33 所示。

图 5-33　输入文字

4) 文字划线

选择工具箱面板中的"直线"工具画一条直线,颜色设置为白色,粗细为 5,名称为"直线",并将其移动到文字"回归自然"的下方,如图 5-34 所示。

3. 设置动画特效

(1) 背景图片动画。

选择背景图片,单击其时间轴上的第 1 帧,在基本操作区中选择"添加效果"→"渐近"→"淡入"命令添加特效,特效时长默认为 10 帧,无须改动。

图 5-34 绘制文字下划线

(2) 半透明矩形动画。

选择半透明矩形,单击其时间轴上的第 1 帧,在基本操作区中选择"添加效果"→"滑动"→"从右进入"命令,特效时长默认为 10 帧,无须改动。

(3) 文字动画。

选择第一个文本组件"回归自",在其时间轴上第 10 帧处添加"显示到位置"→"渐进"→"向内擦除"特效;选择第二个文本组件"然",在其时间轴上第 11 帧处添加"显示到位置"→"渐进"→"向内擦除"特效。

(4) 直线动画。

选择"直线",在其时间轴上第 30 帧处添加"滑动"→"从右进入"特效,双击该特效,在"滑动|从右进入设置"对话框中将"持续"改为 5 帧。

(5) 分别在背景图片、半透明矩形、两个文字组件及直线的时间轴上第 43 帧处添加"渐进"→"淡出"特效,此时的时间轴设置如图 5-35 所示。

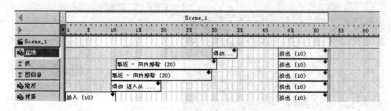

图 5-35 动画特效时间轴

(6) 接下来可导入第二张图片,移动到恰恰盖住第一张图片的位置,并在其时间轴上第 50 帧处添加"淡入"特效,这样做是为了在第一张图片还没有完全淡出的时候,第二张图片已经开始淡入了。然后就是重复前面的步骤,为了保证透明矩形和直线的大小长度一致,可以在"概要"目录区中选择矩形和直线,并复制、粘贴到当前图片上。

4. 导出动画

导出动画的操作步骤如下:

(1)在"导出"控制面板中选择"导出选项",默认是 SWF(Flash)。选择"要导出的 SWF 版本",默认是 SWF5,还有 SWF4 和 SWF6 等格式。SWF4 相当于由 Flash4 生成的文件,SWF5 相当于由 Flash5 生成的文件,而 SWF6 相当于由 Flash MX 生成的文件。

(2)选择"文件"→"导出"命令,出现图 5-36 所示的二级菜单,选择导出的文件格式,出现"导出为"对话框,在其中的"保存在"下拉列表中选择存放路径,在"文件名"文本框中输入保存的文件名,单击"保存"按钮。

图 5-36 导出设置

5.4 三维对象动画制作软件 COOL 3D

5.4.1 COOL 3D 软件介绍

COOL 3D 是中国台湾友立(Ulead)公司推出的一款三维立体字制作工具,主要用来制作文字的各种静态或动态特效,如立体、扭曲、变换、色彩、材质、光影、运动等,还可以加上精彩的背景图案。制作成果可以选择保存为 BMP、JPG、GIF 等图形文件,或者 GIF 动画、Flash 动画、AVI 视频文件。同时利用 COOL 3D 可以做出各种立体效果的标题、对象、标志等。它被广泛应用于平面设计和网页制作当中。

1. COOL 3D 的工作界面

本节以 COOL 3D Studio 1.0 为例进行讲解,其工作主界面如图 5-37 所示,顶部是菜单栏和工具栏,工具栏又分为"标准工具栏"、"动画工具栏"、"对象工具栏"、"属性工具栏"等。主界面的中部是编辑图像的工作区,下部是包含各种现成效果的"百宝箱",右边是"对象管理器"。对象管理器用于管理图像中的各种文字图形对象。

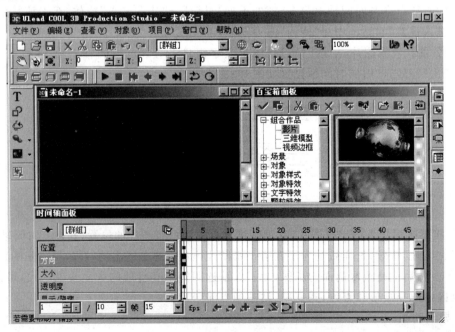

图 5-37 COOL 3D 界面

2．COOL 3D 工具栏

1）标准工具栏

标准工具栏是对文件和图形进行处理的基本工具栏，包括使用鼠标在工作区中实现对物体的移动、旋转和大小的改变。

2）位置工具栏

位置工具栏用来指示当前的操作和物体位置。例如，当使用"移动"操作时，"位置工具栏"会指示出当前进行的操作（用"手"表示）及当前文字所在的空间位置，其中 X：、Y：、Z：的内容表示的就是文字在空间的位置坐标。

3）对象工具栏

对象工具栏主要实现对工作区中的物体对象进行编辑的功能，包括插入文字、编辑文字、插入图形物体、编辑图形物体及插入几何物体。

4）文字工具栏

通过文字工具栏可以对输入文字进行调整，例如可以根据需要增加字间距和缩小字间距来调整已输入的三维文字的间距。此工具栏在选择工作区场景中的文字对象时可用。

5）外形工具栏

当选择工作区场景中的图形和几何物体时外形工具栏有效，用于设置图形和几何物体的外形参数。

6）属性工具栏

通过属性工具栏可以对选择对象的特效属性进行设置。工具栏中属性选项因选择百宝箱中不同的特效而有所不同，当选择一些特效时，属性工具栏也有可能不出现，因为在该特效下无属性设置。通过单击工具栏右侧的"添加"按钮，可以把自己的设置保存为该特效下的图例模板。

7）动画工具栏

动画工具栏是 COOL 3D 中用来制作和处理动画的工具栏，包括时间轴、帧的编辑、动画播放方式等功能操作。

8）对象管理器

对象管理器是 COOL 3D 中对所输入的文字和物体进行管理的工具。它可以方便地对多个物体进行管理，通过它既可以对各物体进行独立操作，又可以将它们作为一个整体进行处理，从而使工作效率大大提高。

3．路径编辑器

路径编辑器主要用来对图形物体进行制作、导入和处理，同时可将图像、标志等转换成基于矢量的图形，即将这些被矢量化的图像"三维化"。也可以利用路径编辑器对所输入的文字进行编辑，这样就是把输入的文字作为图形物体来处理。当插入图形对象时出现"路径编辑器"窗口，如图 5-38 所示。

4．百宝箱工具

如图 5-37 所示，"百宝箱"分门别类地列出了丰富的系统内置特效，能够方便地制作出生动、丰富的三维文字。为对象添加特效的操作方法如下：

（1）单击百宝箱左侧某一项（带加号）使其展开。

（2）从展开项中单击选择某一特效类型，然后在右边列出的图例上双击，则该图例中的模式就会应用到工作区所制作的立体文字上。

下面对百宝箱的 6 大类特效做简单介绍。

图 5-38 "路径编辑器"窗口

(1) 工作室(Studio)。

"工作室"包括如下选项：

- 作品(Compositions)：包含几个 C00L 3D 的范例供选用。
- 背景(Background)：可以通过其中的选择，使制作的图形具有指定的背景图案。在默认的情况下(即未添加背景图案时)，背景颜色为黑色。
- 群组物体(Grouped Object)、形状(Shapes)、对象(Objects)：提供现成物体元素和组合。
- 动态(Motion)：提供几种现成的文字、物体的运动方式。
- 照相机(Camera)：通过其中不同的镜头和焦距的选择，使图形以选定的角度和大小显示。

(2) 对象样式(Object Style)。

"对象样式"包含以下选项：

- 画廊(Gallery)：COOL 3D 提供的预先设计好的一些光影、色彩、纹理倾斜等组合。
- 光源和颜色(Light&Color)：调整对象的阴暗、明亮和颜色等的变化。
- 纹理(Texture)：可以从中选择对象物体的表面纹理。
- 倾斜(Bevel)：可以从中选择 3D 对象的厚度、粗细和边缘形状等。

(3) 整体特效(Global Effects)。

通过该选项可以对整个图形进行一些特殊的处理，如加入闪电(Lighting)、发光(Glow)等特效，从而使制作的立体文字看起来更具特色。

(4) 对象特效(Object Effects)。

通过该选项可以对对象物体进行一些运动特效的处理，如移动、跳动、扭曲等。

(5) 转场效果(Transition Effects)。

该选项用来在制作视频文件或 GIF 动画时为对象物体设置诸如跳跃(Jump)、撞击(Bump)等动画效果。

(6) 照明特效(Lighting Effects)。

对场景中的物体进行打光，从而使物体呈现不同的亮度及颜色，增加物体的层次感。

(7) 斜角效果(Bevel Effects)。

提供比较复杂的倾斜效果,如框架(Frame)、空心(Hollow)、招牌(Board)等。

5.4.2 动画片头的制作

任务:制作一个"上海世博会"片头介绍。

要求:该三维动画片头能够体现国际会议的主旨,整体气氛盛大、欢快。

制作过程:先设置动画参数,然后绘制标志并设置样式,导入背景图像,为背景图像及标志设置合适的动画效果,最后导出 SWF 格式的动画片头。

具体操作步骤如下:

1. 设置片头参数

(1) 启动 COOL 3D。

(2) 设置图像尺寸。选择"图像"→"尺寸"命令,在出现的"尺寸"对话框中选择"标准"中 720×576(DV PAL)制式的 COOL 3D 文件。

2. 绘制对象

1) 绘制标志路径

(1) 在"对象工具栏"中单击"插入图形"按钮,在弹出的"路径编辑器"面板中选择相应绘制工具绘制上海世博会标志。也可以单击"路径编辑器"左侧最下面一个"转成矢量图"按钮,选择一幅世博会标志图片,单击"确定"按钮,将标志矢量图转换为三维对象。

(2) 要修改矢量图形,则单击"对象工具栏"中的"编辑图形"按钮,再次调出"路径编辑器"对矢量图形进行修改编辑。文字对象也可采用此方法进行编辑,形成具有特殊效果的三维文字对象。

2) 选择图像背景

(1) 在"百宝箱"中展开"工作室"特效,选择"背景"选项,选择右边的第一行第一个图例,应用图像背景。此时工作区场景如图 5-39 所示。

图 5-39 图像背景及标志图形

(2) 如果需要修改背景图片,可在"属性工具栏"中单击"加载背景图像文件"按钮,在出现的对话框中选择图像文件即可。此后,还可以单击"将窗口调整到背景图像大小"按钮,使得窗口大小适应所加载背景图片的大小。

3) 设置标志对象样式

(1) 在"百宝箱"中展开"对象样式"特效,选择"画廊"选项,选择右边图例中的一个,将其应用对象的贴图。

(2) 在"对象样式"特效中选择"斜角"选项,选择右边的第一行第四个图例,应用对象的斜角样式。在"属性工具栏"中可进一步对该图例默认的斜角样式、突起、比例、框线等属性进行修改。

（3）在"对象样式"特效中选择"光线和色彩"选项，选择右边的第二行第三个图例，应用对象的"光线和色彩"样式。在"属性工具栏"中可进一步对该图例默认的表面、反射、外光颜色的亮度、饱和度等属性进行修改。此时工作区场景如图5-40所示。

图5-40　标志样式选择

3．设置动画

1）设置标志对象动画

（1）在"照明特效"中选择"烟花"选项，选择右边的第二行第一个图例，应用对象的"烟花"动画。

（2）在"属性工具栏"中可进一步对该图例默认的烟花数量、密度、亮度、柔和度、程度、太阳和星星的颜色进行修改。此时工作区场景如图5-41所示。

图5-41　片头动画最终效果

2）设置背景图片动画

单击"动画工具栏"中播放时间轴右侧的"移动到下一帧"按钮，然后单击"添加关键帧"按钮，在时间轴上添加一个关键帧。

在"百宝箱"中展开"工作室"特效，选择"背景"选项，选择一个图例，并在"属性工具栏"中选择在Photoshop中调暗的第一帧背景图案作为场景背景。使用同样的方法在时间轴的中部插入一关键帧，并把调亮的第一帧背景图案作为场景背景，在时间轴的倒数第一帧把调暗的第一帧背景图案作为场景背景，此时"动画工具栏"如图5-42所示。

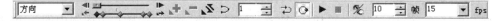

图5-42　动画工具栏

4. 导出动画

选择"文件"→"创建动画文件"→"GIF 动画文件"命令或"文件"→"创建动画文件"→"视频文件"命令,将片头动画导出为 GIF 动画文件或者 AVI 视频文件。也可以选择"文件"→"导出 Macromedia Flash(SWF)"命令,将片头动画导出为 Flash 动画文件。

练习题

1. 名词解释

动画,视觉暂留,全动画,变形动画

2. 选择题

(1) 适合制作三维动画的工具软件是( )。

    A. Authorware   B. Photoshop   C. AutoCAD   D. 3DS MAX

(2) 在动画制作中,一般帧速选择为( )帧/秒。

    A. 24   B. 120   C. 60   D. 90

(3) ( )就是 SWiSH Max 中的电影片段,它的作用和 Flash 中的影片剪辑一样,只是名称不同。

    A. 剪辑   B. 精灵   C. 片段   D. 元件

(4) 建立三维动画需要使用的物体模型形式中不包括( )。

    A. 线框模型   B. 表面模型   C. 角色模型   D. 实体模型

(5) Flash 动画中使用( )作为基本的图形存储格式。

    A. 矢量图   B. 灰度图   C. 伪彩色图   D. 真彩色图

3. 填空题

(1) 在二维动画制作中,为了得到较好的动画效果,往往需要在两个关键帧之间插入更多的_____,这样有利于中间帧的生成,提高动画的品质。

(2) _____经过计算机计算生成,只有一帧画面,主要表现变换的图形、线条、文字和图案动画。

(3) SWiSH Max 的特效有_____、基本特效、共通特效设定和_____ 4 个类别。

(4) 传统动画的制作过程可以分为_____、设计制作、具体创作和拍摄制作 4 个阶段。

4. 问答题

(1) 什么是逐帧动画?

(2) 全动画的概念及特点是什么?

(3) 什么是过程动画?

(4) 分类列举常用计算机动画制作工具。

(5) 列举常见的动画文件格式。

(6) 简述动画的分类方法及类型。

第6章 视频处理技术

视频是信息量最丰富、最生动、最直观的一种信息载体。视频技术是建立在模拟电视技术基础之上,伴随着计算机技术与网络技术的发展而成长起来的,是一种以数字视频为主的媒体信息处理技术,是多媒体技术的重要组成部分。本章主要介绍视频的基础知识、电视技术及数字视频的获取和编辑技术等。

6.1 视频基础知识

6.1.1 视频概述

1. 视频的概念

视频(Video)就是随时间连续变化的一组图像,也称为活动的图像或运动的图像。视频与图像有着密切的关系,例如人们在观看电影或电视时感觉画面是连续的、自然的,实际上这些连续的画面是由一幅幅静止的图像组成的,当这些图像以一定的速率播放时就形成了运动的视觉效果,这种现象是由人眼的视觉暂留特性造成的,视频中的一幅图像称作一帧。通常电影的帧速率为24帧/秒,实际上为了提高刷新频率与视觉的连续性,每秒24帧的播放中又插入了24次的遮挡。因此,电影的实际刷新频率为48帧/秒。尽管视频与图像关系密切,但两者的生成又有所不同,图像大多是由数码相机拍摄、扫描仪扫描或通过图像处理软件绘制等方式生成的,而视频一般是由摄像机和录像机等视频录制设备摄制或通过视频编辑软件制作合成等方式生成的。

2. 视频的特点

视频作为展现具体事物或抽象过程的最佳手段,与其他媒体相比,具有如下特点:

(1) 信息容量大。视频信息在存储和传输时的容量均比其他媒体所需空间要大,但通过视频媒体所获取的信息量通常比通过其他媒体形式获取的更加丰富。

(2) 色彩逼真。视频信息可以具备很高的分辨率,色彩非常逼真,可以达到真彩色。

(3) 生动、直观。由于视频是运动图像,故具有生动、直观和形象等特点。

在日常的社会文化生活中,视频媒体无处不在,并且研究表明,人类接受的信息约有70%来自于视觉,可见视频媒体的重要性。

3. 视频的应用

目前视频的主要应用领域有广播电视、电影、视频会议、多媒体通信和娱乐领域等,如利用计算机网络的VOD点播,可以允许用户在线观看电影和电视节目;利用视频会议和可视电话,可以使用户实现远程交互与控制。总之,随着计算机技术和多媒体网络通信技术的发展,视频技术将越来越重要。

6.1.2 视频的分类

视频按照处理方式的不同可分为模拟和数字两种形式。

1. 模拟视频

模拟视频是一种用于传输图像和声音并随时间连续变化的电信号。早期视频的获取、存储和传输都是采用模拟方式。人们在电视上所见到的视频图像就是以模拟电信号的形式记录下来的,并以模拟调幅(Analog Amplitude Modulation)的方式在空间传播,再由磁带录像机将模拟电信号记录在磁带上。科学技术发展到今天,人类已能对自然界中大多数物体进行模拟。真实的图像和声音是基于光亮度和声压值的,它们是空间和时间的连续函数,将图像和声音转换成电信号是通过使用合适的传感器来完成的。例如,摄像机便是一种将自然界中真实图像转换为电信号的传感器。

2. 数字视频

数字视频是由一系列数字化图像序列组成并随时间变化的离散信号,是将通过摄像机或计算机上的视频采集卡等设备捕捉下来的视频源经过采样、量化和编码而转化生成的用二进制数表示的数字形式,相应的数字化文件称为视频文件。数字视频与动画有很多相似之处,它们都是由一系列帧构成,相邻帧的画面很相似但并不完全相同,这些帧以一定的速率播放就形成了连续的画面,产生运动视觉,从原理上讲都是利用了人眼的视觉暂留特性。数字视频和动画的播放速率称为帧速率,单位为帧/秒,一般来说帧速率越大画面过度越平滑。数字视频和动画也有不同之处,它们的生成与处理软件均不同,数字视频是通过视频采集设备捕捉下来,然后利用计算机及相关硬件进行数字化制作出来的,而动画是由计算机直接制作的,不存在转换问题。

3. 数字视频的优势

相对于模拟视频而言,由于其存储介质和传输技术均发生了变化,所以数字视频有着模拟视频不可比拟的优势,具体如下:

(1) 高保真性。数字视频可以不失真地进行多次复制,而模拟视频信号每转录一次就会积累一次误差,产生信号失真,从而导致视频显示质量的下降。

(2) 保存时间长。模拟视频长时间存放后视频质量会降低,而数字视频便于长时间存放。

(3) 抗干扰性强。由于使用硬盘和光盘等介质存储,利用光纤和其他具有较高屏蔽能力的介质传输,因此具有较强的抗干扰性。

(4) 随机存储。与模拟视频按照录制顺序存放不同,数字视频以文件为单位进行存放,所以存储位置灵活,甚至可以进行文件分割,具有很大的便捷性。

(5) 非线性编辑。数字视频可以利用计算机及相关软件进行创造性的非线性编辑,以制作出传统的线性编辑所难以达到的效果,这也是数字视频最为突出的优点。

当然,数字视频还有传输距离远和交互性强等优点,这里不再详述。

6.2 电视技术基础

视频作为多媒体技术中重要的组成部分,它的演变和发展是建立在传统的模拟电视技术基础之上的。黑白电视视频的工作过程和原理是模拟视频的主要内容。

6.2.1 电视基础

1. 帧与场

前面已经提到视频是由一系列的图像构成,每一幅图像成为一帧,在电视信号中每一帧又分为两场。帧是由若干行信号组成的,其中由奇数行组成的场称为奇数场,由偶数行组成的场称为偶数场。每秒扫描的帧数称为帧频,每秒扫描的场数称为场频。

2. 扫描

传送电视信号时,每一帧信号分解为很多像素,在水平方向上以逐个像素和在垂直方向上以逐行的顺序规律进行周期性的传送或接收称为扫描。扫描过程是按水平扫描和垂直扫描两种方式进行的。电子束在水平方向的扫描称为行扫描,在垂直方向的扫描称为帧(或场)扫描。按一帧画面形成过程的不同,扫描又分为隔行扫描和逐行扫描。隔行扫描是指在一帧图像中,分别按奇数或偶数扫描行扫描的方式,如电视机系统采用此种扫描方式。逐行扫描是指在一帧图像中按次序进行扫描的方式,如显示器一般都采用逐行扫描。

3. 分辨率

在电视系统中分辨率是衡量电视清晰度的重要指标,它分为垂直分辨率和水平分辨率。垂直分辨率和扫描行数成正比,水平分辨率和每行的像素数目密切相关。

4. 伴音信号

在电视系统传输过程中,为了音视频同步且不产生混叠,通常将伴音信号放置在视频信号频带之外的频率上传输,该频率称为声音载频。我国电视信号的声音载频为 6.5MHz。

5. SMPTE

SMPTE(the Society of Motion Picture and Television Engineers,电影和电视工程师协会)提出的时间码概念已得到广泛应用。时间码是一种影音系统中用来进行时间同步和计数的方式,通常用时间码来识别和记录视频数据流中的每一帧,每一帧都有一个唯一的时间码地址。根据 SMPTE 使用的时间码标准,其格式为时:分:秒:帧。例如,一段长度为 00:05:22:20 的视频片段的播放时间为 5 分钟 22 秒 20 帧。

6.2.2 电视制式

电视制式是指电视图像信号、伴音信号传输的方法和电视图像的显示格式及其采用的技术标准。在黑白电视和彩色电视发展过程中分别出现过许多种不同的制式。

1. 黑白电视制式

黑白电视制式通常是按其扫描参数、视频信号带宽及射频特性的不同而分类的。我国黑白电视属于 D/K 制。目前的彩色电视制式是在黑白电视制式上发展起来的,向下兼容。

2. 彩色电视制式

彩色电视制式的区分主要依据其帧频(场频)、分解率、信号带宽、载频和色彩空间的转换关系等。模拟彩色电视主要有 NTSC、SECAM 和 PAL 三种制式。

1) NTSC(National Television System Committee)

正交平衡调幅制,又称为 N 制或美国制式,是最早的彩色电视制式。其帧频为 30f/s,525 行/帧,画面宽高比为 4∶3,采用隔行扫描方式,采用 YIQ 颜色模型。其优点是解码线路简单、成本低;缺点是容易产生偏色(相位失真),因此 NTSC 制电视机都有一个色调手动控制电路供用户选择使用。日本、东南亚国家、美国和加拿大等国均使用这种制式。

2) SECAM(Sequential Coleur Avec Memoire)

SECAM 是法文的缩写,即行轮换调频制,又称为法国制式,是一种顺序传送彩色信号与存储恢复彩色信号的制式。它克服了 NTSC 制式相位失真和偏色的缺点,采用时间分隔法来传送两个色差信号。法国、东欧和中东国家均使用这种制式。

3) PAL(Phase-Alternative Line)

正交平衡调幅逐行倒相制,帧频为 25f/s,625 行/帧,画面宽高比为 4∶3,采用隔行扫描的方式,采用 YUV 颜色模型。其优点是对相位偏差不敏感,克服了 NTSC 制相位敏感造成色彩失真的缺点;其缺点是电视机电路和广播设备比较复杂。中国大陆、中国香港、英国等一些西欧国家及澳洲地区等采用这种制式,是模拟电视制式中应用最为广泛的一种。

4) 数字电视(Digital TV,DTV)标准

以上三种电视制式均为模拟电视的制式,数字电视采用与计算机相同的数字编码方式,对图像和声音进行处理。由于数字电视和模拟电视的工作原理有所不同,所以在技术标准上也不尽相同。

按信号传输方式分类,数字电视可分为地面无线传输数字电视(DVB-T)、卫星传输数字电视(DVB-S)及有线传输数字电视(DVB-C)三类。

按照产品类型分类,数字电视可分为数字电视显示器、数字电视机顶盒和一体化数字电视接收机。

按照显示屏幕幅型比分类,数字电视可分为 4∶3 幅型比和 16∶9 幅型比两种类型。

按照图像清晰度不同,数字电视可分为 HDTV、SDTV 和 LDTV 三种技术标准。HDTV (High Definition TV,高清数字电视)是数字电视标准中最高级的一种。HDTV 国际标准按照清晰度的不同分为 1080P、1080i、720P(i 和 p 分别代表隔行扫描和逐行扫描,是电视清晰度表示方式),视角由 4∶3 变成了 16∶9。从视觉效果来看,1000 线以上的 HDTV 图像质量可达到 35mm 宽银幕电影的水平,图像清晰,色彩鲜艳。SDTV 即标准清晰度电视,清晰度在 500~600 线之间,其图像质量为演播室水平。LDTV 即普通清晰度电视,清晰度在 200~300 线之间,VCD 的分辨率可以达到该量级。

6.2.3 电视扫描原理

1. 扫描原理

模拟视频信号是涉及一维时间变量的电信号 $F(t)$。视频摄像机将摄像机前面的图像转换成电信号,电信号是一维的,如它们在图像的不同点上只有一个值。然而,图像是二维的,并在一个图像的不同位置有许多值。为了将这个二维的图像转换成一维的电信号,图像被以一种步进次序的方式来扫描,这种方式称为光栅扫描(Raster Scan)。扫描是通过将单个传感点在图像上移动来实现的。当扫描点在移动时,根据扫描点所在图像的亮度和颜色改变其电子信号输出。这个不断变化的电信号将图像以一系列按时间分布的值来表示,这被称为视频信号。图 6-1 给出了一幅静止黑白画被以快速方式扫描的过程。图像扫描从左上角开始,步进地水平横扫图

像,产生一条扫描线。同时,扫描点以非常慢的速度移动,当达到右边图像时再回到左边。

当摄像机对准景物开始摄像时,对一幅图像由上至下的扫描过程由摄像机自动完成。产生的模拟视频信号可记录在录像带上或直接输入计算机经数字化后存储在磁盘上。

2. 扫描方式

扫描有逐行扫描和隔行扫描之分。

1) 逐行扫描

在逐行扫描中,电子束从显示屏的左上角一行接一行地扫到右下角,在显示屏上扫一遍就显示一幅完整的图像,如图 6-2 所示。

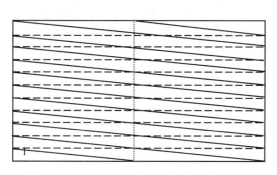

图 6-1 光栅扫描

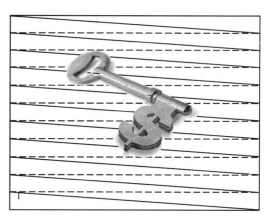

图 6-2 逐行扫描

2) 隔行扫描

在隔行扫描中,扫描的行数必须是奇数。一帧画面分两场,第一场扫描总行数的一半,第二场扫描总行数的另一半。如图 6-3 所示的隔行扫描中,要求第一场结束于最后一行的一半,不管电子束如何折回,它必须回到显示屏顶部的中央,这样就可以保证相邻的第二场扫描恰好嵌在第一场各扫描线的中间。正是由于这个原因,才要求总的行数必须是奇数。图 6-4 展示了图像"中"字的扫描生成过程。

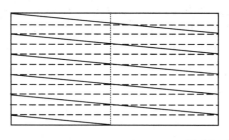 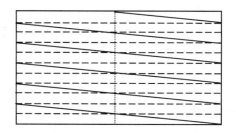

图 6-3 隔行扫描

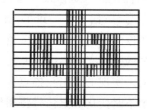

图 6-4 "中"字扫描生成过程

6.2.4 模拟黑白视频信号

1. 视频信号的空间特性

由光栅扫描所得的视频信息显然具有空间特性,所涉及的主要概念有:

1) 长宽比(Aspect Ratio)

长宽比是指图像水平扫描线的长度与图像竖直方向所有扫描线所覆盖距离的比,也可当作一帧宽与高的比。电视的长宽比是标准化的,早期为 4∶3。其他系统如电影利用了不同的长宽比,目前的高清电影多为 16∶9。

2) 同步(Synchronization)

视频信号被用于调节阴极射线管电子束的亮度时,它能以和传感器一样的方式被扫描,显示扫描的原始图像,这在家用电视机和视频监视器中能精确地进行。因此,电子信号被送到监视器必须包含某些附加信息,以确保监视器扫描与传感器的扫描同步。这个信息称为同步信息,由水平和垂直时间信号组成。

3) 水平分辨率(Horizontal Resolution)

当摄像机扫描点在线上横向移动时,传感器输出的电子信号连续地变化以反映传感器所见图像部分的光亮程度。扫描特性的测量是用所持系统的水平分辨率来刻画的,它依赖于扫描感光点的大小。在电视工业中,水平分辨率是通过计算黑白竖直线进行测量的。这些竖直线能以相当于光栅高度的距离被重新产生。因此,一个水平分辨率为 300 线的系统能够产生 150 条黑线和 150 条白线。黑白相间,横穿于整个图像高度的水平距离。黑白线的扫描模式在于能产生高频电子信号,用于处理和转换这些信号的电路均有一个适当的带宽,广播电视系统中每 80 条线的水平分辨率需要 1MHz 的带宽。由于北美广播电视系统利用的带宽为 4.5MHz,因此水平分辨率的理论极限是 380 线。

4) 垂直分辨率(Vertical Resolution)

垂直分辨率简单地依赖于同一帧面扫描线的数量。扫描线越多,垂直分辨率就越高。广播电视系统利用了每个帧面 525 线(北美)或 825 线(欧洲)的垂直分辨率。

2. 视频信号的时间特性

视频信号的时间特性可用视频帧率(Video Framerate)来描述。视频帧率表示视频图像在屏幕上每秒钟显示帧的数量(Frame Per Second,FPS)。图 6-5 给出了视频帧率与图像动态连续性的关系。由图 6-5 可看出,帧率越高,图像的运动就越流畅,大于每秒 15 帧便可产生连续的运动图像。在电视系统中,PAL 制式采用 25 帧/秒,隔行扫描的方式;NTSC 制式采用 30 帧/秒,隔行扫描的方式。较低的帧率(低于 10)仍然呈现运动感,但看上去有"颠簸"感。

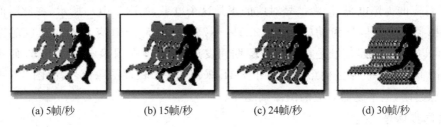

(a) 5帧/秒　　　(b) 15帧/秒　　　(c) 24帧/秒　　　(d) 30帧/秒

图 6-5　视频帧率

3. 行视频信号

电视图像是由通过一行一行的扫描的场和帧组成的,故了解一行的电视信号显得尤为重要。黑白电视的一行信号并不是完全由图像信号构成,还有其他的辅助信号保证信号的正常接收与显示,完整的行视频信号由图像信号、消隐信号和同步信号组成。下面以我国使用的电视制式 PAL 为例分析行视频信号。在电视图像形成过程中,要使发送端与接收端的每一行达到严格的一一对应,必须使同步及时,否则图像就会错位发生混乱。为此,发送端有专门的同步机发送同步信号。每一行和场扫描结束时都会发送一个行同步和场同步信号,以保证行、场信号的同步,行、场同步信号合称为复合同步信号。在行回扫过程中即行逆程对应的信号为消隐信号,消隐信号又分为行消隐信号和场消隐信号,两者统称为复合消隐信号,如图 6-6 所示。

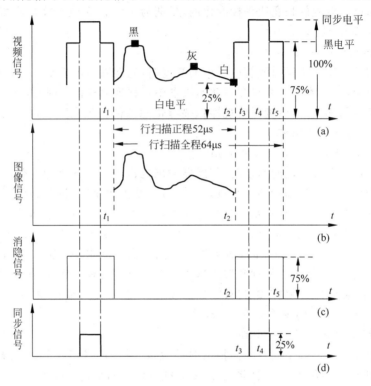

图 6-6 行视频信号的组成

在 PAL 制中,行同步周期为 $64\mu s$,其中行同步脉冲宽度($t_3 \sim t_4$)为 $4.7\mu s$,消隐信号脉冲宽度($t_2 \sim t_5$)为 $12\mu s$,其中 $t_2 \sim t_3$ 称为行同步前肩,$t_4 \sim t_5$ 称为行同步后肩,如图 6-6(a)所示。有效的图像信号在行描扫正程的 $t_1 \sim t_2$ 期间只有 $52\mu s$,如图 6-6(b)所示。从各种信号的幅值情况看,行同步信号(又称为同步头)的幅值为满幅值的 75%~100%,如图 6-6(d)所示。满幅度的 75% 对应的为黑电平,消隐信号对应的正是这个电平,如图 6-6(c)所示,在此时间内回扫线被消隐掉了。图像信号为满幅值的 12.5%~75%(62.5%)对应着不同灰度的图像。从图 6-6 中可以看出,同步信号是在扫描逆程期间发送的,幅值在消隐电平之上,以便于信号的提取并对图像信号不产生任何影响。由于 PAL 采用的是负极性图像信号,故图 6-6 中电平越高代表图像越暗,电平越低对应的图像则越亮。

4. 场同步信号

场同步信号由场逆程消隐信号、前后均衡脉冲和场同步开槽脉冲组成,如图 6-7 所示。无论奇数场还是偶数场,其场逆程消隐信号都是 25 行(或 25H),场同步信号安排在场消隐信号的前端,共 7.5H,其中前均衡 25H,场同步 2.5H,后均衡 2.5H。因为两场的行数是完全相同的,所以场同步信号与场消隐信号也是相同的。为了在场消隐(逆程)黑色电平期间不丢失行同步控制,在场消隐电平上叠加行同步头。为了兼顾奇、偶两场的场同步信号的正确提取,在场同步头前后各设了 5 个均衡脉冲,其脉冲周期为 $H/2$,脉宽为 $0.04H(2.56\mu s)$。为使两场的场同步信号相同,而又不丢失行同步控制,在 $2.5H$ 的场同步头上以 $H/2$ 的间隔开 4 个凹槽,槽脉冲宽 $0.07H(4.48\mu s)$,场同步头被分割为 5 个脉冲,槽脉冲后沿(上升沿)为行同步。

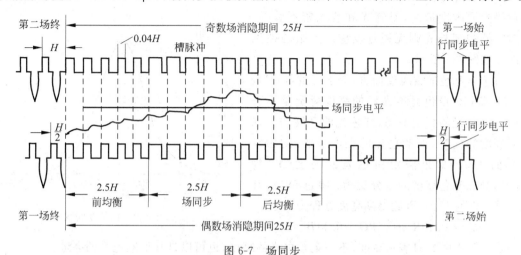

图 6-7 场同步

5. 全电视信号

全电视信号包括图像信号、复合同步信号、复合消隐信号、前均衡、后均衡脉冲及槽脉冲,如图 6-8 所示。

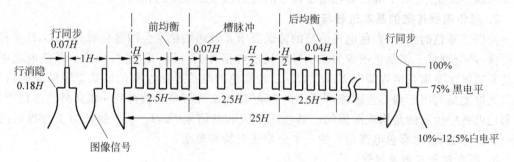

图 6-8 全电视信号

全电视信号具有以下特征:

(1) 每一行图像信号都有一个行同步的脉冲。

(2) 每一场信号都有一个场同步脉冲。

(3) 消隐信号之上的同步信号为黑色。

(4) 由于使用负极性,故信号幅度最大时最暗,最小时最亮。其中图像信号占满幅值的 12.5%～75%,反映了图像明暗不同的各种层次,消隐信号为满幅值的 75%,同步信号为 75%～100%,全电视信号的 75% 为黑电平,而 10%～12.5% 为白电平。

(5) 同步信号的脉冲宽度比消隐信号窄,同步信号之前的消隐信号称为前肩,之后的消隐信号称为后肩。

在全电视信号中,场消隐前肩有 5 个前均衡脉冲,场消隐后肩有 5 个后均衡脉冲。整个消隐信号的脉冲宽度占 25 行。

6.2.5 彩色电视基础

1. 亮度方程

一般来讲,人眼对能量相等而波长不同的光的视觉反应是不同的。人眼对波长为550nm的黄绿光灵敏度最高,对红光和紫光较不敏感,而对红外和紫外光则无视觉反应。人眼的视见度曲线如图6-9所示。

对于三基色的视见度而言,等强度的红(R)、绿(G)、蓝(B)单色光给人们的亮度感觉是不一样的。绿色光的亮度最亮,红色光的亮度约为绿色光亮度的一半,而蓝色光的亮度最弱,约为红色光的1/3。如果假定白色光的亮度(Y)为100%,则三基色亮度的百分比为:绿色59%,红色30%,蓝色11%,因此得到亮度方程为:

$$Y = 0.30R + 0.59G + 0.11B$$

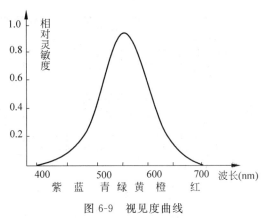

图 6-9 视见度曲线

(1) 上式中 Y 只表示亮度,不一定是白光的亮度,也可以是其他颜色光的亮度。

(2) 如果将色度方程和亮度方程结合起来就可得到任意颜色的亮度。如红+绿=黄,则黄光的亮度只有白光的89%,所以在黑白电视中看黄色比白色暗。

(3) 亮度方程说明了景物的亮度和三个基色分量之间的关系,只要知道任何三个量均可求得第四个参量,它对于解决彩色电视信号的传送起着很重要的作用。

2. 彩色电视传送的基本过程与要求

依据三基色的原理,彩色电视信号的传送要求在发送端把彩色图像分解为R,G,B三幅基色图像,再分别将三幅基色图像的光信号转换成电信号 E_R, E_G, E_B 进行传输。彩色电视中图像色彩的显示要求在接收端把 E_R, E_G, E_B 三种基色的电信号通过彩色显像管转换成光信号,在荧光屏上呈现出三幅基色图像,再利用"空间"混色法在屏幕上就得到一幅完整的彩色图像。在彩色电视中传送的是构成图像的三基色所对应的电信号 E_R, E_G, E_B,但是为了与当时的黑白电视信号兼容,对彩色电视信号的三个分量还有特殊要求。

3. 亮度信号和色差信号

1) 亮度信号和亮度方程

由于在光电转换中,光信号(YRGB)与电信号(E_Y, E_R, E_G, E_B)是成正比的线性关系,因此亮度信号 E_Y 也可以由 E_R, E_G, E_B 按亮度方程的规律合成,其中 E_Y 是RGB的线性组合,亮度信号公式为 $E_Y = 0.30E_R + 0.59E_G + 0.11E_B$。

如果假定信号满幅度为1V时,根据以上公式可以得到如下结论:

(1) 当 $E_R = E_G = E_B = 1V$ 时,$E_Y = 1V$ 为白色光的亮度电平。

(2) 当 $0 < E_R = E_G = E_B < 1V$ 时,$0 < E_Y < 1V$ 为灰色的亮度电平。

(3) 当 $E_R = E_G = E_B = 0$ 时,$E_Y = 0$ 为黑色的亮度电平。

(4) 当 $E_R \neq E_G \neq E_B$ 时,E_Y 对应各种彩色的亮度电平。

2) 色差信号与色差方程

色差信号就是基色信号与亮度信号之差,即 $E_R - E_Y$、$E_G - E_Y$ 和 $E_B - E_Y$。由于 $E_G - E_Y$ 的幅值比 $E_R - E_Y$ 和 $E_B - E_Y$ 的幅值都小,在传送过程中易受杂波干扰,因此为了提高信噪比,三大制式都选用红基色信号减去亮度信号($E_R - E_Y$)和蓝基色信号减去亮度信号($E_B - E_Y$)

来传送色度信息。色差方程是由三基色信号的线性组合而成，其公式为：

$$E_{R-Y} = E_R - E_Y = E_R - (0.30E_R + 0.59E_G + 0.11E_B) = 0.70E_R - 0.59E_G - 0.11E_B$$
$$E_{B-Y} = E_B - E_Y = E_B - (0.30E_R + 0.59E_G + 0.11E_B) = -0.30E_R - 0.59E_G + 0.89E_B$$

通过以上公式分析可知，亮度信号与色差信号均是三基色信号的线性组合，因此可由矩阵的形式表示为：

$$\begin{bmatrix} E_Y \\ E_R - E_Y \\ E_B - E_Y \end{bmatrix} = \begin{bmatrix} 0.30 & 0.59 & 0.11 \\ 0.70 & -0.59 & -0.11 \\ -0.30 & -0.59 & 0.89 \end{bmatrix} \times \begin{bmatrix} E_R \\ E_G \\ E_B \end{bmatrix}$$

在接收端由解码电路按上式的逆矩阵的规律对 E_Y、E_{R-Y} 和 E_{B-Y} 进行解码，还原出 E_R、E_G 和 E_B 三基色信号以激励彩色显像管重现彩色图像。

由于色差方程中的三个系数之和为 0，所以当 $E_R = E_G = E_B$ 时，色差信号为零，即 $E_{R-Y} = E_{B-Y} = 0$，此时相当于传送黑白电视信号。这就意味着传输黑白电视信号时，色差信号为 0，色差信号中无亮度信息，只有色度信息。当 E_{R-Y} 和 E_{B-Y} 发生变化时不会影响图像亮度，只改变颜色，因此也称为恒定亮度原理。这进一步提高了黑白电视和彩色电视的兼容性。

实际上在 PAL 制中，为了防止过调失真和破坏接收机的同步，需要对色差信号 U、V 进行压缩，其公式具体为：

$$U = 0.493E_{B-Y} = 0.493(E_B - E_Y) = -0.147E_R - 0.289E_G + 0.436E_B$$
$$V = 0.877E_{R-Y} = 0.877(E_R - E_Y) = 0.615E_R - 0.515E_G - 0.096E_B$$

可见，在 PAL 制传送中，亮度信号为 Y，压缩后的色差信号分别为 U 和 V。当然，在接收端还需要将 U、V 还原为未经压缩的 $E_R - E_Y$ 和 $E_B - E_Y$ 色差信号。将色差信号 U 和 V 进行调制叠加后形成色度信号，将亮度信号、色度信号、消隐信号和复合同步信号进行叠加，就形成了所谓的彩色全电视信号，即彩色视频信号。

6.3 模拟视频信号的数字化

数字视频与传统模拟视频相比有很多优势，如误差小、可再现性好、可以网络共享和便于编辑处理等。国际上有很多组织长期从事模拟视频数字化的工作。国际无线电咨询委员会（CCIR）制定了彩色电视图像数字化标准 CCIR601，现已改为 ITU-RBT.601 标准。本节主要讨论该标准和视频信号的数字化等相关内容。

6.3.1 视频信号数字化

1. 视频的数字化方法

模拟视频数字化方法大致有两种形式，即全电视信号数字化和分量信号数字化。

全电视信号数字化是对复合全电视信号用一个高速 A/D 转换器直接进行数字化，然后在复合的数字域中将 YUV、YIQ、RGB 等数据分量分离出来。分量信号数字化是先从复合信号中分离出分量信号 Y、U、V，然后进行数字化。由于分量信号数字化省去了全电视信号数字化的反复解码和编码，亮度信号和色度信号分开处理，相互不发生干扰，因此提高了图像质量，同时它能将 PAL 和 NTSC 两种制式有机统一，因此大多制式均采用该方法。

2. 视频信号数字化的采样结构

按照采样频率的不同，对图像采样有两种方法：一种是使用相同的采样频率对亮度和色度信号进行采样；另一种是使用不同的频率对亮度和色度信号进行采样。对于亮度信号的采样频率比色度信号的采样频率高的采样方式称为图像子采样。图像子采样在实际使用中应用广泛,其原理是依据人眼的两个特性:一是人眼对亮度信息的敏感度比色度信息的敏感度高,故可将色度信息去掉一些而人眼并不能发现,起到压缩数据的作用;二是利用人眼对图像细节的分辨能力有限,故可以将色度信号中表示细节的高频部分去掉,同样起到压缩数据的作用,同时不影响图像的质量效果。

常见的图像子采样格式有以下三种:

1) 4∶2∶2子采样格式

在每行上每4个连续的采样点取4个 Y(亮度)样本,2个 C_r(红色差)样本和2个 C_b(蓝色差)样本,即平均每个像素用3个样本来表示,如图6-10所示。

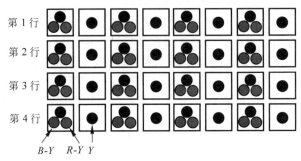

图6-10 4∶2∶2子采样

2) 4∶1∶1子采样格式

在每行上每4个连续的采样点取4个 Y(亮度)样本,1个 C_r(红色差)样本和1个 C_b(蓝色差)样本,即平均每个像素用1.5个样本来表示,如图6-11所示。

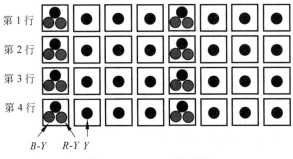

图6-11 4∶1∶1子采样

3) 4∶2∶0子采样格式

在水平和垂直方向上每4个相邻的采样点取4个 Y(亮度)样本,1个 C_r(红色差)样本和1个 C_b(蓝色差)样本,即平均每个像素用1.5个样本来表示,如图6-12所示。

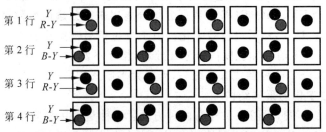

图6-12 4∶2∶0子采样

6.3.2 视频信号数字化的传输码率

1. 传输码率

传输码率是指每秒钟传输的码元数目,简称码率,常用 R 表示。信号的码率会影响到对信道容量、信号处理和信号存取的指标要求。码率的计算公式比较简单,可以总结为:码率＝采样频率×量化位数。

下面以 4∶2∶2 采样格式为例说明码率计算。

2. 4∶2∶2 采样格式的码率

符合 4∶2∶2 标准(即 ITU601)的 PAL 制 SDTV 电视信号的分辨率是 720×576,帧频为 25 帧/秒,亮度和色差信号都是采用 8 位的量化位数,可以得到如下结论:

亮度信号每一行的数据位数:720(点)×8b＝5760b。

亮度信号每一帧的数据位数:5760b ×576(行)＝3 317 760b。

亮度信号的码率为:3 317 760b×25＝82 944 000b＝82.944Mb/s。

两个色差的取样总量和亮度信号正好是相等的,码率相加也为 82.944Mb/s,所以 4∶2∶2 采样格式的视频信号在压缩前的码率为 82.944Mb/s×2＝165.888Mb/s。

当然,以上所讲的码率是指数据未经压缩之前,对于采用了压缩算法的码率需要进行相除。如 DVCPRO50 格式采用 3.3∶1 的压缩比和 DV 压缩算法,压缩后的码率为 165.888Mb/s÷3.3＝50.269Mb/s≈50Mb/s,因此这种格式有时也称为 DV50。

6.4 视频获取

6.4.1 视频获取方法

视频素材常用的获取方式有如下几种:

1. 网络及素材库获取

网络是获取视频素材的一种有效方式,方便快捷。但由于因特网资源种类繁多,相对分散零散,真正找到实际需求的视频素材并非易事。通过购买 VCD 或 DVD 等专业的素材库光盘是更为有效的方式,从中选取所需视频素材,通过相应转换,以供创作所需。

2. 摄像机获取

利用视频捕捉卡和视频工具软件可以对摄像机中的实时视频信号进行捕捉,生成视频文件。具体方法是在计算机上安装视频捕捉卡和 Microsoft 的 Video for Windows 软件,将摄像机和视频卡连接起来,然后启动视频卡和软件捕捉摄像机中输出的视频信号,生成 AVI 格式的视频文件。

3. 拍摄数字视频

利用数字摄像机等数字设备直接拍摄以生成数字视频,以 MPEG 或 MOV 等格式存储。该方法比由模拟摄像机转录的效果好,且容量小,制作方便。

4. 捕捉屏幕获取

利用屏幕捕获软件可以录制动态的屏幕操作步骤,生成所需的视频文件。录制和捕获视频的软件很多,如 Screenflash、Camstudio、Snagit、ViewletCam、HyperCam 等,这类软件使用方式大同小异。下面以 HyperCam3.6 为例讲解视频捕获软件的使用。

HyperCam 是一款专门用于视频捕获的共享工具软件,能够将窗口界面及其鼠标操作等实时记录为 AVI 视频文件,同时可将声音同步记录的 Flash 游戏作为游戏录像文件。更为便捷的是 HyperCam 允许用户自定义捕捉区域,功能强大。

1) HyperCam 3.6 界面

安装软件后运行 HyperCam3.exe,软件主界面如图 6-13 所示。

2) HyperCam 3.6 主要功能简介

HyperCam 3.6 的主要功能包括视频录制、视频编辑、视频共享等。"录制"选项卡包括录制快捷设置、最新录制、屏幕注释和帮助 4 个部分。

(1) 快捷设置。用来定义屏幕捕捉区域,可以定义录制区域左上角的坐标点和整个区域的宽和高,同时可设定录制时的显示情况。

(2) 最新录制。显示已经录制的视频,并可以编辑、播放、分享和浏览这些视频。

(3) 屏幕注释。可以在录制视频屏幕上添加文字说明,并提供文字属性的基本设置功能。

(4) 帮助。提供本软件的使用帮助信息。

选择"选项"选项卡,切换至"选项"面板,如图 6-14 所示。"选项"面板包含以下 4 个选项卡:

图 6-13 HyperCam 3.6 主界面

图 6-14 HyperCam 的"选项"面板

(1) 视频。除了指定保存文件路径和格式外,可以设置输出文件的品质,如帧频和压缩编码方案等。

(2) 音频。可以设定声音的量化精度和采样精度,一般对声音质量没有特殊要求的话可使用默认值。

(3) 其他。对视频录制的其他参数进行详细设置。例如是否录制分层窗口,鼠标及单击鼠标时是否添加星星等。

(4) 界面。可以利用 Shift、Ctrl、F2、F3、F4 等快捷键控制录制时的开始、暂停和摇镜头等操作,该功能一般在选中"隐藏 HyperCam 窗口"复选框时使用。

3) HyperCam 3.6 录制过程

(1) 启动程序并设置屏幕显示。

双击桌面上的 HyperCam3.exe 图标进入主界面。建议不要选中"显示录制边框"和"闪烁"复选框,因为矩形框和录制区域的闪烁会干扰用户的操作。可以选中"隐藏 HyperCam 窗口"复选框,确保在录像过程中不录下 HyperCam 的界面,而 HyperCam 完全可以用快捷键操作。

(2) 设定导出文件路径和品质。

依据实践经验,帧频至少设置为 16 或 16 以上,否则会产生闪烁现象。压缩器使用自动选择,声音方面的设置使用默认值即可。

(3) 生成 AVI 文件。

单击工具栏上的"开始录制"按钮或按 F2 键启动录制,在录制的过程中如需暂停可按 F3 键,如需改变录制区域,可利用 Shift+F3 组合键和鼠标来移动录制区域,以产生摇镜头的特效。

(4) 录制完成。

录制完成时可再次按下 F2 键,单击"播放"按钮浏览录制效果。HyperCam 3.6 支持导出 AVI、ASF 格式,如果需要其他格式,则需要相关软件进行格式转换。

6.4.2 视频文件格式

视频文件在计算机中存储的格式有很多,包括 AVI、RM、RMVB、MPEG、MOV、MTV、DAT、WMV、3GP、AMV、DMV、NAVI、DV-AVI、DivX、FLV、ASF 等,但目前较为常用的有 AVI、MOV、MPEG、ASF、FLV、RMVB 等。

1. AVI 视频格式

AVI(Audio Video Interleaved,音频视频交错格式)可以将视频和音频交织在一起进行同步播放。AVI 格式的优点是图像质量好,可以跨多个平台使用,允许视频和音频交错在一起同步播放,支持 256 色和 RLE 压缩。其缺点是体积过于庞大,更为明显的不足是未限定压缩标准,因此产生一些不兼容现象。不兼容问题可以通过下载相应的解码器来解决。由于 AVI 文件图像质量好,目前主要应用在多媒体光盘上,用来保存电影和电视等各种影像信息,通过压缩编码后也可用在 Internet 上,供用户浏览和下载。

2. MOV 视频格式

MOV 是 Apple 公司开发的一种音频和视频文件格式,用于保存音频和视频信息,默认的播放器是 Apple 公司的 QuickTime Player。具有较高的压缩比率和较完美的视频清晰度等特点,但其最大的特点还是跨平台性,被包括 Apple Mac OS、Microsoft Windows XP/7 及更高版本的操作系统支持。该文件格式支持 25 位彩色,支持 RLE、JPEG 等压缩编码技术,可通过因特网提供实时的数字化信息流、工作流与文件回放功能。由于其兼容性好、存储容量小和画面质量高,目前已得到业界的广泛认可。

3. MPEG 视频格式

MPEG(Moving Picture Expert Group,运动图像专家组)负责动态图像标准化。MPEG 常见的子标准包括 MPEG-1、MPEG-2、MPEG-4。MPEG-1 是针对 1.5Mb/s 以下数据传输率的数字存储媒体运动图像及其伴音编码而设计的国际标准,是一种压缩率很高、清晰度损失比较大的压缩编码方式。这种视频格式的文件扩展名包括 MPG、MLV、MPEG 及 VCD 光盘中的 DAT 文件等。符合 MPEG-2 标准的视频文件在图像质量方面是 MPEG-1 无法比拟的,其视频格式文件的扩展名包括 MPG、MPEG、M2V 及 DVD 光盘上的 VOB 文件等。MPEG-4 是为了播放流式媒体的高质量视频而专门设计的,它利用很窄的带宽,通过帧重建技术压缩和传输数据,实现了以最少的数据获得最佳的图像质量。基于该算法的 ASF 格式文件可把一部 120 分钟长的原始视频文件压缩到 300MB 左右。由于其小巧便于传播,故成为网上传播的主要方式之一。它广泛应用于视频电话和电视新闻等领域。

4. RM 视频格式

Real Networks 公司所制定的音频视频压缩规范称为 RealMedia，RM 文件是该公司开发的一种流式视频文件格式，可以根据网络数据传输速率的不同而采用不同的压缩比率，从而实现在低速率的网络上进行影像数据实时传送和播放。Real Video 除了可以普通的视频文件形式播放之外，还可以与 RealServer 流媒体服务器相配合，用户使用 RealOne Player 播放器可以在不下载音视频内容的条件下实现在线播放，而不必像早期的视频文件那样必须先下载，然后才能播放。目前，Internet 上已有不少网站利用 Real Video 技术进行重大事件的实况转播。RM 作为网络视频格式，还可以通过其 RealServer 服务器将其他格式的视频转换成 RM 视频并对外发布和播放。

5. RMVB 视频格式

RMVB 视频格式是一种由 RM 视频格式升级延伸出的新视频格式，VB 是 VBR(Variable Bit Rate，可变比特率)的缩写。它的先进之处在于 RMVB 视频格式打破了原先 RM 格式那种平均压缩采样的方式，在保证了平均采样率的基础上，设定了一般为平均采样率两倍的最大采样率值，在处理较复杂的动态影像时也采用较高的采样率，处理静止画面和动作场面少的画面场景采用较低的编码速率，有效地缩减了文件的大小。这样可以留出更多的带宽空间，而这些带宽会在出现快速运动的画面场景时被利用，既保证了静止画面质量，又大幅地提高了运动图像的画面质量。这种视频格式还具有内置字幕和无须外挂插件支持等独特优点。通常使用 RealOne Player 进行播放。

6. ASF 视频格式

ASF(Advanced Streaming Format，高级流格式)是微软公司为了与 RealMedia 和 QuickTime 竞争而推出的一种视频格式，是一个在 Internet 上实时传播流媒体的技术标准，用户可以直接使用 Windows 自带的 Windows Media Player 对其进行播放。ASF 的主要优点包括本地或网络回放、可扩充的媒体类型、部件下载及扩展性等。由于它使用了 MPEG-4 的压缩算法，因此压缩率和图像的质量都比较理想，虽然比 VCD 效果差些，却优于 RM 格式。与绝大多数的视频格式一样，画面质量同文件大小成反比。在制作 ASF 文件时，推荐采用 320×240 的分辨率和 30 帧/秒的帧速，可以兼顾到清晰度和文件大小。

7. FLV 视频格式

FLV(FlashVideo)是 Macromedia 公司开发的一种新型的流媒体视频格式。FLV 格式不仅可以轻松地导入到 Flash 中，同时也可以通过 RMTP 协议从 Flashcom 服务器上流式播出，速度极快。Microsoft 和 RealNetworks 的产品能够很好地支持 FLV，并且可以不通过本地的 MediaPlayer 或者 RealPlayer 播放器播放视频。FLV 的出现有效地解决了视频文件导入 Flash 后，使导出的 SWF 文件体积庞大，不能在网络上很好地使用等缺点。FLV 不区分版本，任何版本的 Flash 插件均可播放 FLV 格式视频。

6.4.3 视频格式转换

格式转换是视频处理的重要环节之一。目前可以进行视频文档格式转换的软件很多，下面以视频转换大师(WinMPG Video Convert 9.3)为例讲解视频格式的转换过程。

WinMPG Video Convert 是一款功能非常强大的音视频处理软件，它可以导入常见的大部分音视频格式，并可将其转换为包括支持便携设备的任何类型的格式，如 3GP、MP4、iPOD、PSP、AMV、ASF、WMV、PDA、DVD、SVCD、VCD、MPEG、RMVB、AVI、XVID、DIVX、

MJPEG、H264、SWF、FLV、GIF、MOV 等格式。它具有合并视频文件和从视频中抽取各种音频等功能。

视频格式转换过程大致分为以下几步：

(1) 安装软件。安装过程十分简单，双击 WinMPG_cn.exe 可执行文件，一路单击"下一步"按钮即可。

(2) 启动程序。双击 WinMPG Video Convert 图标启动程序，如图 6-15 所示。

图 6-15　WinMPG Video Convert 主界面

(3) 选择转换格式。单击"转换"按钮进入格式选择界面，如图 6-16 所示。

图 6-16　选择格式界面

(4) 指定转换后保存文件的格式。单击转换后的文件格式（如 SWF）按钮后进入图 6-17 所示界面，在"源文件"文本框中选择需要转换的文件，在"输出"文本框中设定导出文件的路径。

图 6-17　格式转换界面

(5) 完成。在图 6-17 所示界面中单击"开始"按钮,进行格式转换。

6.5 视频编辑

在大多数多媒体应用中,对于初次生成的视频素材,不论是模拟视频还是数字视频,一般都需要进一步加工和编辑,使之符合应用系统的要求。因此,视频的后期编辑是多媒体应用系统创作必不可少的一个环节。视频编辑可分为线性编辑和非线性编辑。

线性编辑是视频的传统编辑方式,所谓"线性编辑"是指素材的搜寻和录制必须按时间顺序进行,在视频的插入和删除等编辑中需要反复进行前卷和后卷等操作,故费时费力,生成的特效也非常有限,通常需要使用录像机、放像机、字幕机、特技机和遥控器等昂贵的专用设备,目前已基本淘汰。非线性编辑又称为电子编辑,通过以计算机为核心设备的编辑系统,可以进行录制、编辑、特效、字幕、动画等操作。非线性编辑使用的设备也很简单,只需一台多媒体计算机、一块视频卡和一套非线性编辑软件即可。非线性编辑软件包括 Windows Movie Maker、Adobe After Effects、Digital Video Producer(DVP)、Adobe Premiere Pro 等,用户可根据自己的需求选择不同的软件。Adobe Premiere Pro 的应用十分广泛,下面着重进行介绍。

Premiere 是 Adobe 公司推出的一种专业视频处理软件,是目前比较流行且功能强大的一款视频处理软件,它可以配合多种硬件进行视频捕捉、编辑和输出,有强大的后期制作功能,可生成广播级质量的视频文件。

6.5.1 基础入门

1. 新建项目

Premiere Pro 能够将视频、图像及声音等素材整合起来,在 Premiere Pro 中所要做的就是合理编辑这些素材。Premiere Pro 是以 Project(项目)为基础制作影片的,项目中记录了用户在 Premiere Pro 影片中所有的编辑信息。

(1) 运行 Premiere Pro 2.0 汉化版,出现图 6-18 所示的启动界面。

图 6-18 Premiere Pro 欢迎窗口

(2) 单击"新建节目"图标,打开"新建节目"窗口。在"编辑模式"下拉列表中选择 DV PAL,其他不变。单击"位置"下拉列表框后边的"浏览"按钮,选择保存项目文件的路径,在

"名称"文本框中输入项目名称 shili,如图 6-19 所示。

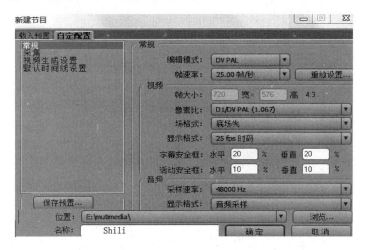

图 6-19 "新建节目"窗口

（3）单击"确定"按钮,新建项目文件 shili.prproj,出现 Premiere Pro 主界面,选择"窗口"→"工作界面"→"常规编辑界面"命令,出现图 6-20 所示窗口布局。"节目库"窗口主要用于放置、浏览和管理多媒体素材;"时间线"窗口是 Premiere Pro 中最重要的一个窗口,按照时间的顺序合理组合多媒体素材,叠加各种转场特效、视频特效和字幕,用以完成一部完整的作品;"节目:时间线"（或称监视器）窗口用来播放和监视时间线上的整体或部分演播效果。

图 6-20 Premiere Pro 窗口布局

2．导入素材

如果要导入计算机中已有的多媒体素材文件,可选择"文件"→"导入"命令,在"导入"对话框中选择要导入的素材文件,如图 6-21 所示。然后单击"打开"按钮,在 Premiere Pro 项目窗口中就会看到刚才导入的素材,可以在"节目库"窗口中完成预览、重命名、分组和删除等操作,如图 6-22 所示。

图 6-21 "导入"对话框

3. 装配和导入素材

(1) 将"节目库"窗口中的 nest.avi 文件拖到时间线窗口的视频 1 轨道中,使素材的左边与时间线窗口左边对齐。

(2) 单击时间线中自动吸附图标按钮 ![icon],从"节目库"窗口将 sky.avi 文件拖动到时间线窗口的视频 1 轨道中,并让它左边紧贴素材 nest.avi 的右边,如图 6-23 所示。

图 6-22 "节目库"窗口

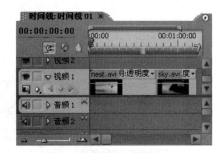
图 6-23 装配素材

(3) 将时间线游标拖动至起始点,单击监视器窗口中的"播放"按钮,或选择"时间线"→"项目预演"命令,或按 Enter 键,可以看到两端视频剪辑的效果。

制作影片时,如果不需要将全部的素材加入影片中,可以在监视器窗口中指定所需要的影片片段。指定的影片片段由素材的入点(起始帧位置)和出点(结束帧位置)决定,改变入点和出点位置的过程被称为剪裁素材。具体操作如下:

(1) 在"节目库"窗口中双击 Olympic.avi 文件,或直接将该文件拖动到"来源"窗口,单击"播放"按钮,可以在窗口中播放素材,也可以拖动游标观看素材。

(2) 拖动游标或单击"逐帧倒退"按钮 ![icon]、"逐帧前进"按钮 ![icon] 至 00:00:09:11 位置,单击"设定入点"按钮 ![icon],确定剪辑的起始点,当前显示的画面为该帧画面。

(3) 向右拖动滑条或单击"逐帧倒退"、"逐帧前进"按钮至 00:00:22:01 位置,单击"设定出点"按钮 ![icon],当前显示的这一帧为该素材的出点,如图 6-24 所示,中间的灰色区域为可使用素材的范围。如果要更改原来的入点和出点,可以在单击"设定入点"或"设定出点"按钮时按下 Alt 键,删除原切入点或切出点后重新设置。

(4) 将监视器窗口左边的素材及编辑区中裁剪的片段拖动到时间线窗口,让它的左边紧贴 sky.avi 的右边,经过裁剪的素材与原素材连接在一起。

通过改变播放速度或改变播放持续时间,可实现所选剪辑播放速度的改变,操作如下:

(1) 右键单击时间线窗口中的 Olympic.avi 剪辑,从弹出的快捷菜单中选择"速度/长度设置"命令,出现图 6-25 所示"素材速度/长度设置"对话框,设置速度为 55%,单击"确定"按钮。

图 6-24 设定入点和出点

图 6-25 "素材速度/长度设置"对话框

(2) 向右拖动滑条或单击"逐帧倒退"、"逐帧前进"按钮至 00:00:22:01 位置,单击"设定出点"按钮 ,当前显示的这一帧为该素材的出点,如图 6-24 所示,中间的灰色区域为可使用素材的范围。如果要更改原来的入点或出点,可以在单击"设定入点"或"设定出点"按钮时按住 Alt 键,删除原切入点或切出点后重新设置。

(3) 将监视器窗口左边的素材查看及编辑区中裁剪的片段拖动到时间线窗口,让它的左边紧贴 sky.avi 的右边,经过裁剪的素材与原素材连接在一起。

(4) 按 Enter 键,整个项目播放到 Olympic.avi 时速度变慢。

6.5.2 高级操作

1. 视频特效

1) 视频转场特效

一段视频结束,另一段视频马上开始,这就是电影的镜头切换。为了使切换衔接自然或更加生动,可以使用各种转场特效,操作如下:

(1) 单击"特效"选项卡,选择"视频切换"→Page Peel|Center Peel 命令,如图 6-26 所示。

(2) 将特效前面的图标拖动到时间线窗口中视频 1 轨道上两个剪辑连接的中间位置,在两个剪辑的首尾连接处可以看到转场标志,如图 6-27 所示。

图 6-26 特效选择窗口

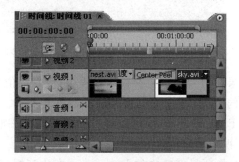

图 6-27 添加转场特效

(3) 按 Enter 键进行预演。

(4) 生成预览电影后,在"节目:时间线"窗口中可以看到转场效果。选择"特效控制台"选项卡,可以对特效效果进行调整,其中 A 表示素材 1,B 表示素材 2,A 上面的数字代表特效起始时间,B 上面的数字代表特效终止时间,表示从 A 按指定的方式逐渐完全过渡到 B。还可以在"长度"中调整特效持续时间。"节目:时间线"窗口中的特效控制与转场效果如图 6-28 所示。

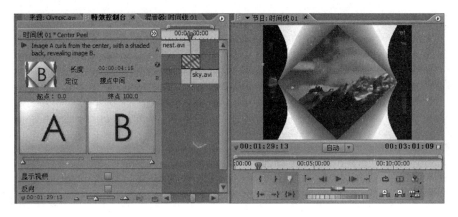

图 6-28 特效控制与转场效果

2) 视频特效

在 Premiere Pro 中能够使用各种视频及音频特效,增强影片的美感与表现力。

(1) 单击"特效控制台"选项卡,选择"视频特效"→"透视"→"斜面边框"选项。

(2) 将视频特效前面的图标拖动到"节目:时间线"窗口中视频 1 轨道的剪辑 nest.avi 上。

(3) 根据需要调整"边框厚度"、"光照角度"与"光照强度"参数。

(4) 设置完成后单击 OK 按钮,视频特效就叠加到相应的视频剪辑上了。

(5) 设置完成后,按 Enter 键生成的预览电影包含视频特效画面,如图 6-29 所示。

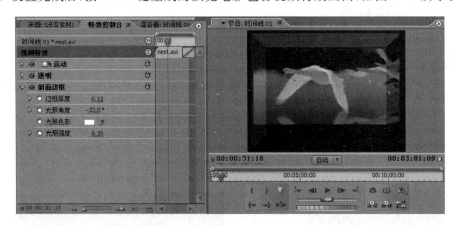

图 6-29 特效控制台与特效效果

如果在给特效设置参数的过程中,设置的值出现偏差或不正确,可以单击"特效控制台"选项卡中的"复位"按钮 ,将特效参数恢复如初。

在 Premiere Pro 中可以对一个视频剪辑添加多个视频滤镜特效,相互不会产生影响。

3) 视频运动特效

(1) 将项目窗口中的 heart.png 拖放到视频 2 轨道上,左侧与 Olympic.avi 对齐,将鼠标移动到图标右侧边缘,出现╢形状,调整影片到与 Olympic.avi 相同的结束位置。

(2) 拖动时间线上的游标定位至 heart.png 左侧起始位置。

(3) 单击"节目:时间线"窗口中的 heart.png,使其处于选中状态并移动到合适位置,再选择"特效控制台"选项卡,如图 6-30 所示。

图 6-30　运动特效

(4) 单击"位置"选项,便能够自动在"特效控制台"选项卡右侧的 heart.png 起始处出现关键帧,拖动游标至 heart.png 中间位置,单击"添加/删除关键帧"按钮,然后将 heart.png 拖动到监视器右下角完成设置过程,如图 6-31 所示。

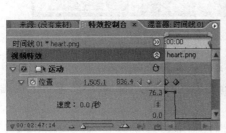

图 6-31　位置设置与效果

(5) 还可以在"特效控制台"选项卡中对 heart.png 进行"旋转"和"透明"等设置。

4) 为视频添加声音

声音是数字电影不可或缺的部分,Premiere Pro 不但能够对视频剪辑进行加工,同时还可以对音频剪辑进行处理。Premiere Pro 提供了大量的音频特效,通过这些特效可以方便地制作一些音频的特技效果。

(1) 将"节目库"窗口中的音频文件 fly.mp3 拖入到"时间线"窗口的音频轨道 1 上,使其播放时间与视频文件的持续时间相同。

(2) 右击音频剪辑,从弹出的快捷菜单中选择"音频增益"命令,出现"素材增益"对话框,调节音量。

(3) 同样可以对音频素材添加各种转场特效和音频特效。

(4) 按 Enter 键生成预览电影,播放时将看到刚刚编辑过的视频画面和声音。

2．添加字幕

在 Premiere Pro 中，字幕文件也属于一种剪辑文件，扩展名为.prtl，与其他类型的剪辑一样可以被导入到"时间线"窗口中进行剪辑。在 Premiere Pro 中可以非常方便地添加静态字幕与滚动字幕。

1) 静态字幕

（1）选择"文件"→"新建"→"字幕"命令，出现"新建字幕"对话框，将字幕文件命名为 title，单击"确定"按钮，出现"Adobe 字幕设计"窗口。

（2）在窗口的工具面板中选择"文字工具"按钮 T，在窗口内单击就会出现一个文本区。

（3）在文本区中输入文字 olympic，单击选择"工具"按钮 ，选中刚才输入的文字，通过单击右侧"字幕属性"窗口内的相应命令或执行"字幕"菜单下的相应命令可以改变文字的多种属性，如图 6-32 所示。

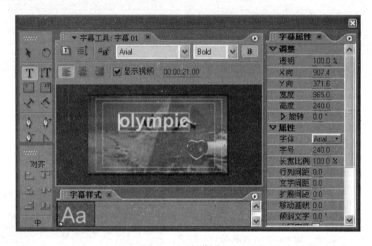

图 6-32　字幕窗口

（4）关闭字幕设计窗口，自动保存字幕文件到节目库中。

（5）将"节目库"窗口中字幕文件 title 前面的图标拖动到"时间线"窗口的视频轨道 3 最左侧，并调整其长度。

（6）按 Enter 键生成预览电影，播放时将看到字幕。

2) 滚动字幕

（1）选择"字幕"→"新建字幕"→"垂直滚动"命令，出现"新建字幕"对话框，将字幕文件命名为 roll，单击"确定"按钮，出现"Adobe 字幕设计"窗口。

（2）在编辑区中输入需要显示的文字，文字的编辑方法和静态字幕制作过程类似。

（3）将"节目库"窗口中滚动字幕文件 roll 前面的图标拖动到时间线窗口第一个字幕的右侧，并改变其播放长度。

也可以通过"特效控制台"中的"字幕位置"选项来调整静态字幕的显示位置，以实现滚动字幕的效果。

3．视频节目导出

上述制作过程保存的是 prproj 文件，该文件保存了当前节目编辑状态的全部信息，以后可打开进行重新编辑。在预览时应按 Enter 键生成预览电影，但不能脱离 Premiere Pro 平台。要生成独立播放的影片文件，必须将时间轴中的素材导出为完整的影片。

(1) 选择"文件"→"输出"→"影片"命令，出现"输出影片"对话框，选择存储位置，为输出的影片文件命名，默认类型为 AVI 文件。

(2) 如果希望重新设置输出电影的类型，可单击"输出影片"对话框中的"设置"按钮，出现"输出电影设置"对话框，在"常规"选项区域中选择其他文件类型，如图 6-33 所示。

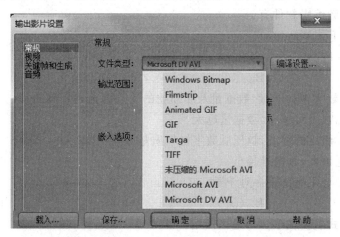

图 6-33　选择输出文件类型

(3) 选择"输出影片设置"对话框中的"视频"项目，在"视频"选项区域中可以对输出编码进行设置，如图 6-34 所示。

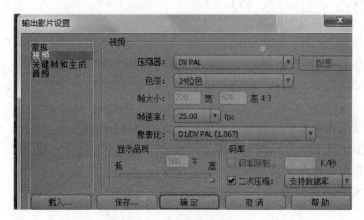

图 6-34　选择输出编码类型

(4) 设置完成后单击"保存"按钮，Premiere Pro 开始对当前作品进行渲染输出。

Premiere Pro 在支持视频格式方面进行了较大的改进，增加了包括 MPEG-2、Windows Media 编码格式的多项高清输出选项。选择"文件"→"输出"→Adobe Media Encoder 命令，在出现的 Export Setting 对话框中选择所需要的设置。

练习题

1．名词解释

视频，隔行扫描，电视制式

2. 单项选择题

(1) 下列( )视频文件格式采用的是 MPEG 压缩算法。
① MPG　　② MOV　　③ AVI　　④ DAT
A. 仅①　　B. ①②　　C. ①③　　D. ①④

(2) 常用的视频编辑软件有( )。
① Video For Windows　　② Quick Time
③ Adobe Premiere　　④ Flash MX
A. 仅①　　B. ①②　　C. ①②③　　D. 全部

(3) 下面关于数字视频质量、数据量及压缩比的关系的论述正确的是( )。
① 数字视频质量越高,数据量越大
② 随着压缩比的增大,解压后数字视频质量开始下降
③ 压缩比越大,数据量越小
④ 数据量与压缩比是一对矛盾
A. 仅①　　B. ①②　　C. ①②③　　D. 全部

(4) NTSC 制式主要在( )地区使用?
① 美国　　② 日本　　③ 法国　　④ 俄罗斯
A. 仅①　　B. ①②　　C. ①②③　　D. 全部

(5) 下列扩展名中( )不是视频文件格式。
A. MPG　　B. AVI　　C. TGA　　D. MOV

(6) 正在蓬勃发展的电视制式是( )。
A. NTSC　　B. PAL　　C. SECAM　　D. HDTV

(7) 目前市场上的 DVD 影碟是利用( )标准压缩的数字视频。
A. MPEG-1　　B. MPEG-2　　C. MPEG-4　　D. DVD-9

3. 填空题

(1) 我国目前采用的彩色电视机制式为_____制,帧速率为_____。
(2) QuickTime 视频处理软件所选用的视频文件格式是_____。
(3) 视频模拟信号的数字化一般包括三个步骤:_____、_____和_____。
(4) MPEG 的中文全称为_____。

4. 问答题

(1) 数字视频与模拟视频相比有什么优点?获取数字视频的方法有哪些?
(2) 视频文件的常见格式有哪些?有何特点?
(3) 电视制式有哪些?各有什么特点?
(4) 逐行扫描和隔行扫描有什么不同?电视图像使用什么扫描方式?
(5) PC 的 CRT 为何没有采用隔行扫描而使用了逐行扫描?
(6) 黑白电视的行电视信号组成是什么?各种组成信号的特征是什么?
(7) PAL 制中为何采用 YUV 分量形式而没有采用 RGB 分量形式?
(8) 视频信息的数据量通常很大,为减少数据量,在对模拟电视信号进行数字化过程中可采用图像子采样技术,请解释图像子采样的概念、原理及常见类型。假设一帧图像的分辨率为 640×480,采样格式为 $4:2:0$,采样值为 8b,帧频为 25 帧/秒,如不压缩,一秒钟视频的存储空间为多少兆字节?(写明计算步骤,计算结果小数点后保留 3 位)

第 7 章 多媒体数据压缩技术

数字化的多媒体信息尤其是数字音频、数字视频等数据量巨大,在现有的存储和传输技术条件下,如果不对其进行有效的压缩就很难得到实际的应用。因此,如何对多媒体数据进行有效的压缩一直是人们所关注和研究的重点。本章将介绍数据压缩的基本原理和方法,并结合多种数据压缩方法介绍声音、图像和视频的国际压缩标准。

7.1 多媒体数据压缩概述

信息与数据是两个完全不同的概念。信息是对发生事件的抽象描述,而数据是在确定了描述方法后对事件的具体描述记录。对于同一信息,若使用的描述方法不同,则形成记录的数据量可能完全不同。人们总是希望用最少数据量的方法对给定信息进行描述和表达,而数据压缩的目的就是用尽可能少的数据来表达信息,从而节省传输和存储的开销。

7.1.1 多媒体数据压缩的必要性

多媒体数据要进行压缩的主要原因有以下几个方面:

1. 原始采样的媒体数据量巨大

图形、图像、声音、动画及视频等多媒体信息经过数字化处理后数据量非常大,如果不进行数据压缩处理,一般计算机系统难以对其进行存储和交换。例如,一幅 800×600 分辨率的 24 位真彩色图像的数据量约为 1.406MB;一页 B5 大小的图像,如果用 300dpi 分辨率真彩色扫描采样,生成图像文件的数据量约为 19.8MB;采样频率为 44.11kHz,量化位数为 16 位,双通道立体声,10 分钟录音数据量约为 103.4MB;播放率为 30 帧/秒,分辨率为 640×480 的 1 分钟 24 位真彩色非压缩视频的数据量为 1582MB。

2. 存储介质容量有限

早期移动存储介质 CD-ROM 单片容量仅为 650~840MB,而目前主流的 DVD-ROM 也不过是 8~16GB,即使是容量为 27GB 的蓝光(Blu-Ray Disc,BD)盘片,也只能保存 27 分钟的无损采集视频数据文件。虽然目前的磁盘制作技术有了突破性的进展,市场上几百吉字节甚至是几太字节的磁盘存储介质比比皆是,但对于迅猛增长的多媒体信息存储来说仍然是杯水车薪。

3. 通信线路的传输效率及带宽有限

目前局域网带宽均达到或超过 1000Mb/s,Internet 的主干网也已达到了 90GB,即使是这样,用户在进行视频点播时速度仍不是很流畅。如果以非压缩格式实时传输和播放视频节目,例如 CD-ROM 数据传输率的单倍速约为 150kb/s(2 倍速为 300kb/s,依此类推),远不能达到传输要求,而且如此大的数据量超出了当前通信信道的传输速率。因此,为了有效而快速地存储、处理和传输这些数据,必须进行数据压缩。

4. 人类感知觉不敏感因素

通常,人类对某些频率的音视频信号不敏感,在数据压缩时,可去掉这些不敏感成分,减少数据量。例如,人眼存在所谓的"视觉掩盖效应"现象,即对亮度比较敏感,而对边缘的强烈变化并不敏感,如果对表现边缘的复杂数据进行适当压缩,可减少数据量;人耳的听力范围是 20~20 000Hz,超出这个范围的声波人们都听不见,可以压缩。

7.1.2 多媒体数据压缩的可能性

多媒体数据压缩不仅是必要的,而且是可能的,因为图形、图像、动画及视频等多媒体数据中存在着极强的相关性,也就是说存在着很大的冗余度。冗余的具体表现就是相同或者相似信息的重复,可以在空间范围重复,也可以在时间范围重复;可以是严格重复,也可以是以某种相似性重复。冗余为数据压缩技术的应用提供了可能。

多媒体数据中存在的冗余现象主要包括以下几种:

1. 空间冗余

空间冗余是图像数据中经常存在的一种冗余,即在一幅图像中记录的画面上可见景物的颜色,一般都有连续的有规则物体和规则背景(所谓规则是指表面颜色分布是有序的,而不是完全杂乱无章的)的颜色分布,使图像数据在空间上表现出相关性。但是基于离散像素采样来表示物体颜色的方式通常没有利用景物表面颜色的这种空间相关性。这些相关性的光成像结构在数字化图像中就表现为空间冗余。可以通过改变物体表面颜色的像素存储方式来利用空间相关性,达到减少数据量的目的。例如,一幅图像的相邻像素都具有相关性,有的是重复的,有的是由相邻像素的光强和色彩及饱和度的渐变而得到的。这样,大量的重复像素的数据可省略,并记下不再重复的像素位置,有些像素可由前一个像素预测后进行处理而作为当前像素的数据,因此可以大大减少空间冗余。

2. 时间冗余

时间冗余反映在图像序列中的相邻帧图像(电视图像或动画)之间有较大的相关性,序列图像一般是位于时间轴区间内的一组连续画面,其中的相邻帧往往包含相同的背景和移动物体,只不过移动物体所在的空间位置略有不同,所以后一帧的数据与前一帧的数据有许多共同的地方,这种相关性称为时间冗余。可以把一帧图像中的某物体或场景由其他帧图像中的物体或场景进行处理后重构出来,从而大大减少时间冗余。

同理,在语言中,由于人在说话时发音的音频是一个连续的渐变过程,而不是一个完全的在时间上独立的过程,因此音频的前后样值之间也同样存在时间冗余。

3. 结构冗余

有些图像从大体上看存在着非常强的纹理结构,这些纹理具有较强的相似性,例如布纹图像、草席图像、方格状的地板图案等,称为结构冗余。若已知分布模式,则可以通过某一过程生成图像。

4. 知识冗余

有许多图像的理解与某些基础知识有相当大的相关性。例如,人脸的图像有固定的结构,嘴的上方有鼻子,鼻子的上方有眼睛,鼻子位于人脸图像的中线上等。这类规律性的结构可由先验知识和背景知识得到,通常称此类冗余为知识冗余。实践中可以为某些图像中的物体构造基本模型,并创建对应各种特征的图像库,从而存储图像只需要保存一些特征参数,这样可以大大减少数据量。

5. 视觉冗余

人的接收系统如视觉系统和听觉系统是有一定限度的,这种限度因人而异,一般受到人的心理、文化和审美的影响。人类视觉系统对图像场的敏感性是非均匀和非线性的,人眼并不能察觉图像场的所有变化,例如人的视觉对边缘剧烈的变化不敏感,对颜色分辨力弱。当对图像的编码和解码处理时,如果由于压缩或量化而使图像发生一些变化,而这些变化不能为视觉所感知时,仍认为图像足够好。事实上人类视觉系统一般的分辨能力约为64灰度等级,而一般图像量化采用256灰度等级,通常称这类冗余为视觉冗余。

6. 听觉冗余

人耳对不同频率的声音的敏感性是不同的,并不能察觉所有频率的变化,对某些频率不必特别关注,因此存在听觉冗余,如人耳不能听见低于20Hz的次声波等。

7.1.3 数据压缩编码方法分类

从信息论的角度出发,根据解码后还原的数据是否与原始数据完全相同,可将数据压缩方法分为无损压缩编码和有损压缩编码两大类。

1. 无损压缩编码

无损压缩编码又称为无失真编码。其工作原理为去除或减少冗余值,但这些被去除或减少的冗余值可以在解压缩时重新插入到数据中以恢复原始数据。它大多使用在对文本和数据的压缩上,压缩比较低,一般在2∶1~5∶1之间。典型算法有哈夫曼编码、香农—费诺编码、算术编码、游程编码和Lempel-Ziv编码等。

2. 有损压缩编码

有损压缩编码也称为有失真编码。这种方法在压缩时减少的数据信息是不能恢复的,会带来不可恢复的损失和误差。在语音、图像和动态视频的压缩中经常采用这类方法,它对自然景物的彩色图像压缩,其压缩比可达到几十倍甚至上百倍。

有损压缩又称为熵压缩。"熵(Entropy)"这一概念源于物理学,用来表示任何一种能量在空间中分布的均匀程度,能量分布的越均匀,熵就越大。一个体系的能量完全均匀分布时,这个系统的熵就达到最大值。1948年,香农将熵的概念引入信息论中,他把信息定义为"用来消除不确定性的东西",由此可得出"熵"是表示不确定性的量度。在信息论中将信息熵定义为一组数据所携带的信息量。设一个系统有 N 个数据或码元($Y_1, Y_2, \cdots, Y_i, \cdots, Y_n$),第 i 个码元或数据 Y_i 发生的概率为 $P_i(i=1,2,3,\cdots,n)$,用 $-\log P_i$ 表示该数据或码元的信息量,则整个系统的平均信息量 H 表示为:

$$H = -\sum_{i=0}^{N-1} P_i \log_n P_i$$

式中 H 为信息熵,简称熵。n 的取值不同,H 的单位也不同。n 为2时,单位为比特(b);n 为e时,单位为奈特(nat),1nat=1.433b;n 为10时,单位为笛特(det),1det=3.322b。在信息论中通常取以2为底的对数(计算机中数制是二进制),以方便信息的计算与表达。

例如,由字母a、b、c三个字符组成字符串"aabbaccbaa"的长度为10,字符a、b、c分别出现了5、3、2次,则a、b、c在信息中出现的概率分别为0.5、0.3、0.2,它们的熵分别为:

$$-\log_2(0.5)=1,\quad -\log_2(0.3)=1.737,\quad -\log_2(0.2)=2.322$$

整个系统的平均信息量(信息熵)为$(1\times 0.5+1.737\times 0.3+2.322\times 0.2)=1.4855(b)$。

据定义可知,要表示上述信息最少要 1.4855 位。按照常规的表示方法,每个字符占用 8 位,则 10 个字母共占用 80 位的空间。其实上述字符串中只有三个不同的字符,其余都是重复信息,因此可利用两个二进制位来表示。但对于一组信息来说,不能无限地进行压缩,具有一定的极限。对于这一点,香农定理论述的很清楚,具体为:信源中含有自然冗余度,这些冗余度既来自信源本身的相关性,又来自信源概率分布的不均匀性,只要找到去除相关性或改变概率分布不均匀性的手段和方法,也就找到了信息熵编码的方法。单信源所含有的平均信息量(熵)是进行无失真编码理论的极限,只要不低于此极限,就能找到某种合适的编码方法去逼近信息熵,实现数据的压缩。

7.2 常用的数据压缩方法

数据压缩及编码技术一直以来都是多媒体技术发展的一个重要方向,它直接影响了多媒体数据的传输速度、容量大小及音频、视频、图形图像、动画的清晰程度。下面对一些传统的经典算法进行简要介绍。

7.2.1 统计编码

统计编码包括行程编码(Run-Length Encoding,RLE)、LZW 编码与哈夫曼(Huffman)编码等,均属于无失真编码。它是根据信息出现概率的分布特性而进行的一种压缩编码。

1. 行程编码

行程编码又称为"运行长度编码"或"游程编码",主要技术是检测重复的位或者字符序列,并用它们的出现次数取而代之,它计算信源符号出现的行程长度,然后将行程长度转换成代码。其中那些重复出现的字符或位的长度称为游程长度(Run Length,RL),如果给出了行程字符串的字符、串的长度及串的位置,就能复原出原来的数据流。

通常在 RLE 中用三个字节表示一个字符串。第一个字节是压缩指示字符 Sc;第二个字节记录连续出现的字符;第三个字节记录重复字符出现的次数。只有当 RL>3 时数据压缩才有意义,所以编码时首先要判断 RL 值,然后再决定 RLE;而译码时则需根据每一字符后是否为 Sc 来决定下一字符的含义。

例:设有数据流 BBBBBCCCCMMMMMMMDDDD,计算该数据的行程编码。

B 重复出现 5 次,C 重复出现 4 次,M 重复出现 7 次,D 重复出现 4 次,其编码格式为 Sc5BSc4CSc7MSc4D,该字符串占用 16 个字节,而原字符串占用 20 个字节。有些时候可以省略指示字符,上述编码变为 5B4C7M4D,则只占用 8 个字节。

行程编码分为定长行程编码和不定长行程编码两种类型。定长行程编码使用的编码位数固定,当行程长超过能够表达的编码位数后,用下一个行程对超出部分进行编码;不定长行程编码的位数由行程的长短确定,是不固定的。

行程编码的压缩比与数据流中字符重复出现的概率及长度有关。在数据中字符重复出现次数相同情况下,重复字符串的平均长度越长,压缩比就越高;在重复字符串的平均长度相同的情况下,字符重复出现的次数越多,压缩比也越高。

2. Huffman(哈夫曼)编码

哈夫曼于1952年提出了对统计独立信源能达到最小平均码长的编码方法,即最佳码,它完全依据字符出现概率来构造,各码字长度严格按照所对应符号出现概率的大小逆序排列。最佳性可从理论上证明,这种码具有即时性和唯一可译性。所谓的最佳编码定理是指在变字长码中,对于出现概率大的信息符号编以短字长的码,对于出现概率小的信息符号编以长字长的码,如果码字长度严格按照符号概率的大小的相反顺序排列,则平均码字长度一定小于按任何其他符号顺序排列方式得到的码字长度。

哈夫曼编码方法将信源符号按概率大小顺序排列,并设法按逆序分配码字的长度。在分配码字长度时,首先将出现概率最小的两个符号的概率相加,合成一个概率;第二步把这个合成概率看成是一个新组合符号的概率。重复上述做法,直到最后只剩下两个符号的概率为止。完成以上概率相加顺序排列后,再反过来逐步向前进行编码,每一步有两个分支,各赋予一个二进制码,可以对概率大的赋编码为0,概率小的赋编码为1。反之,也可以对概率大的赋编码为1,概率小的赋编码为0。因此,哈夫曼编码过程实际上是构造一个向左倾倒的码树,右上端为根,向左伸出枝,左端各终节点分配着信源符号,所以这种编码方法可看作从枝到根的编码顺序,编出的码一定是唯一可译的即时码。当然,这种最佳码并非是唯一的,因为1和0可以任意调换,而且当有的信源符号概率相等时,选择哪两个符号合并也是任意的。

例:信源符号的概率如表7-1所示,求其Huffman编码。

表 7-1 信号源概率

X	X_1	X_2	X_3	X_4	X_5	X_6
$P(X)$	0.28	0.05	0.19	0.15	0.08	0.25

计算步骤如下:

(1) 将信号源按概率大小排序(如表7-2所示),并作为二叉树的叶子。

表 7-2 排序后的信号概率表

X	X_2	X_5	X_4	X_3	X_6	X_1
$P(X)$	0.05	0.08	0.15	0.19	0.25	0.28

(2) 生成二叉树,将概率最小的两个符号的概率(叶子)相加,合成一个概率(一个新的节点),并把这个合成概率看成是一个新组合符号的概率。重复上述做法,直到最后只剩下两个符号的概率相加为1为止,过程如图7-1所示。

(3) 将形成的二叉树的左节点标0(或1),右节点标1(或0),把从最上面的根节点到最下面的叶子节点路径中遇到的0和1序列串起来,得到各个符号的编码,如图7-2所示。

注意,在第(2)步中0.15与0.13相加新生成的0.28与原有的概率0.28的顺序可左可右,这样 X_1,X_4,X_2,X_5 的编码也会产生相应的变化,如图7-3所示。

有时,Huffman编码的实际压缩效果与理论值相差甚远。例如,假设在一段数据中仅使用两个符号,分别是 X 和 Y,它们出现的概率分别是2/3和1/3,理论上计算各个符号的熵会得到:

$$H(X) = -\log_2(2/3) = 0.585b \quad H(Y) = -\log_2(1/3) = 1.585b$$

上述结果表明,符号 X 的信息量只有0.585位,理论上只需要0.585表示就可以,但在实际的计算中,由于硬件条件的限制,最小的存储单元或能分辨的最小信息单位是1位,也就是

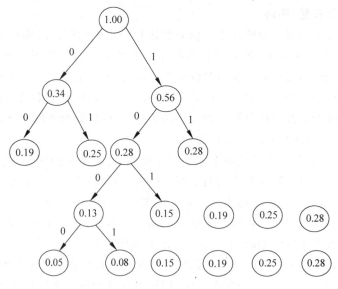

图 7-1 二叉树图谱

0.28 X_1=11	码长为 2	0.28 X_1=00	码长为 2
0.05 X_2=1000	码长为 4	0.05 X_2=0111	码长为 3
0.19 X_3=00	码长为 2	0.19 X_3=11	码长为 2
0.15 X_4=101	码长为 3	0.15 X_4=010	码长为 3
0.08 X_5=1001	码长为 4	0.08 X_5=0110	码长为 4
0.25 X_6=01	码长为 2	0.25 X_6=10	码长为 2

左节点为0，右节点为1的编码　　　　　左节点为1，右节点为0的编码

图 7-2 编码结果

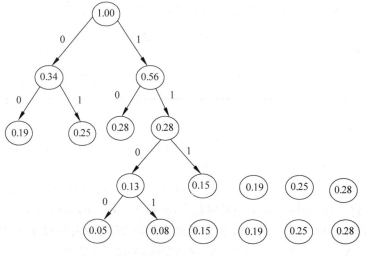

图 7-3 同等级别二叉树排序图

说在存储或者传输符号 X 至少需要 1 位,因此就平均而言,造成了 $1-0.585=0.415$ 位的浪费,这就是实际编码效果不能达到理论最佳值的原因。但当符号的出现概率刚好是 1/2 的整数倍次方时,根据计算其熵便会是一个整数,因此不会造成任何浪费。这就是 Huffman 编码对于符号出现概率为 1/2 的整数倍次方的系统,所得到的效率特别高的原因。

另外,哈夫曼编码依赖于信源的统计特性,必须先统计得到信源的概率特性才能编码,这就限制了实际的应用。通常可在经验基础上预先提供哈夫曼码表,此时性能有所下降。同时,哈夫曼编码还缺乏构造性,即它不能用某种数学方法建立起消息和码字之间的一一对应关系,而只能通过某种查表的方法建立起它们的对应关系。如果消息数目很多,那么所需存储的码表也很大,这将影响系统的存储量及编码、译码的速度。

3. 算术编码(Arithmetic Coding, AC)

算术编码从全序列出发,采用递推形式的连续编码,即首先假设一个信源的概率模型,然后用这些概率来缩小表示信源集的区间。算术编码是将整个输入符号序列映射为实数轴上$[0,1)$区间内的一个间隔,其长度等于该序列的概率;并在该区间内选择一个代表性的二进制小数作为实际的编码输出,使其平均码长逼近信源的熵,从而达到高效编码的目的。

对二进制编码来说,信源符号只有两个。因此在算术编码初始阶段可预置一个大概率P_e和小概率Q_e,然后对被编码比特流符号进行判断。设编码初始化子区间为$[0,1]$,Q_e从0算起,则$P_e=1-Q_e$。随着被编码数据流符号的输入,子区间逐渐缩小。算术编码输出的是一个小于1,大于或等于0的数,这个单独的数可以被唯一解码,以便建立这个数对应的那一串符号,输入符号事先被设定一系列概率值。编码前:

(1) 对所有字符进行扫描。
(2) 统计所给符号出现的次数。
(3) 计算每个符号的概率。

具体的计算过程如下:

(1) 新子区间的起始位置=前子区间的起始位置+当前符号的区间左端×前子区间长度;
(2) 新子区间的长度=前子区间的长度×当前符号的概率(等价于范围长度);
(3) 最后得到的子区间的长度决定了表示该区域内的某一个数所需的位数。

即初始时 high=1、low=0,浮点数范围 range=high−low=1−0=1,下一个 low、high 按下式计算:

待求:low=low+range * rangelow(区间的低端值,随带编码信息的变化而变化)
　　　high=low+range * rangehigh(区间的高端值,随带编码信息的变化而变化)

解码是编码的逆过程。首先将区间$[1,0)$按Q_e靠近0侧、P_e靠近1侧分割成两个子区间。判断被解码的码字值落在哪个区间,赋予对应符号。

例如,有字符串"eaiilaeeoo",各字符的概率如表 7-3 所示。

表 7-3　字符串概率表

字符	概率	产生区间
a	0.2	[0, 0.2)
e	0.3	[0.2, 0.5)
i	0.1	[0.5, 0.6)
o	0.2	[0.6, 0.8)
u	0.1	[0.8, 0.9)
l	0.1	[0.9, 1.0)

在传递 eaiil 串时的计算过程如下:

(1) 当第一个字符 e 被传送时,与 e 有关的参数如下:

e 的概率值为 0.3,被分配的产生范围为$[0.2, 0.5)$,rangelow=0.2,ranghigh=0.5。

low＝0＋1×0.2＝0.2,high＝0＋1×0.5＝0.5,新的 range＝high－low＝0.5－0.2＝0.3。此时 e 的范围由[0,1)变为[0.2,0.5)。

（2）当第二个字符 a 被传送时,与 a 有关的参数如下：

a 的概率值为 0.2,被分配的产生范围为[0,0.2),rangelow＝0,ranghigh＝0.2。它使用新生成的范围[0.2,0.5)。a 被限制于在[0.2,0.5)之间,low＝0.2＋0×0.3＝0.2,high＝0.2＋0.3×0.2＝0.26,得到新范围,由[0.2,0.5)变为[0.2,0.26),即字符 a 的传送范围。

（3）当传递第三个字符 i 时,已知新范围在半开区间[0.2,0.26),范围 range＝0.26－0.2＝0.06,又知道 i 的概率为 0.1,产生的范围为[0.5,0.6),low＝0.2＋0.06×0.5＝0.23,high＝0.2＋0.06×0.6＝0.236,得到下一个待传字符 i 的编码范围为[0.23,0.236),即 i 的传递范围。

（4）当传递第四个字符时,已知范围为[0.23,0.236),已知 i 产生的范围为[0.5,0.6),代入公式：low＝0.23＋0.006×0.5＝2.33,high＝0.23＋0.006＋0.6＝0.2336,可得新的范围为[0.233,0.2336)。

（5）当传入 1 时,已知[0.9,1.0),range＝0.2336－0.233＝0.0006,low＝0.233＋0.0006×0.9＝0.2335,high＝0.233＋0.0006×1.0＝0.23336,得新范围为[0.23354,0.2336)。

计算结果如表 7-4 所示。

表 7-4 字符算术编码表

结果	Low	High
初始	0	1
e	0.2	0.5
a	0.2	0.26
i	0.23	0.236
i	0.233	0.2336
l	0.23354	0.23336

结论：随着范围的缩小,对应的编码位数差值越来越小,只要增加极少位即可以区别传送的字符数。根据测算,算术编码的编码效率比哈夫曼高 5%～10%。

4. LZW（Lempel-Ziv-Welch Encoding）编码

LZW 压缩编码是一种字典式无损压缩编码,主要用于图像数据的压缩,是由 Lemple、Ziv 和 Welch 三人共同创造的,并用其名字命名。1977 年,以色列的 Abraham. Lempel 教授和 Jacob. Ziv 教授提出了查找冗余字符和用较短的符号标记替代冗余字符的概念,将之称为 Lempel-Ziv 压缩技术。后来由美国人 Welch 在 1985 年将 Lempel-Ziv 压缩技术从概念阶段发展到运用阶段,并命名为 Lempel-Ziv-Welch 压缩技术,简称 LZW 技术,该技术被广泛应用于图像压缩领域。它采用了一种先进的串表压缩,首先建立一个字符串表,把每一个第一次出现的字符串放入串表中,并用一个数字来表示。这个数字与此字符串在串表中的位置有关,并将这个数字存入压缩文件中,如果这个字符串再次出现时,即可用表示它的数字来代替,并将这个数字存入文件中。压缩文件只存储数字,不存储串,从而使图像文件的压缩效率得到较大的提高。LZW 算法不管是在压缩还是解压缩的过程中都能正确地建立这个串表,压缩或解压缩完成后,这个串表又被丢弃。

LZW 算法也在压缩文本和程序数据的压缩技术中唱主角,原因之一在于它的压缩率高。在无失真压缩法中,LZW 的压缩率是出类拔萃的。另一个重要的特点是 LZW 压缩处理所花费的时间比其他方式要少。

LZW压缩有三个重要的对象：数据流（Charstream）、编码流（Codestream）和编译表（String Table）。在编码时，数据流是输入对象（文本文件的数据序列），编码流就是输出对象（经过压缩运算的编码数据）；在解码时，编码流是输入对象，数据流是输出对象。编译表是在编码和解码时都需要借助的对象。

LZW编码算法的具体执行步骤如下：

（1）将所有单个字符存入串表并标号，读入第一个输入字符并将其作为前缀串w（作为词头prefix）。

（2）读入下一个输入字符k（如果没有字符k，则输出结束），组成w.k形式词组。

（3）判断w.k词组是否存在表中。

如果存在（即已经在传表中定义并有了相应的码值），则将w.k→w（即将该词组作为词头），重复步骤（2）。

如果不在串表中（即尚未定义），则码字w输出，w.k→串表标号，k→w，重复步骤（2）。

例如，有输入字符串 ab ab cb ab ab a a a a a a a，对其进行LZW编码。

本字符串共有17个字符，但只有3个独立的ASCII字符a,b,c，令1,2,3分别代表a,b,c，则新出现的串的标号从4开始，按照编码步骤，结果如表7-5所示。

表7-5 LZW编码表

代码（标号）	分析得到的"词组"	导出的"词组"
1	a	a
2	b	b
3	c	c
4	ab（第1,2字符组合）	1b
5	ba（第2,3字符组合）	2a
6	abc（第3,4,5字符组合）	4c
7	cb	3b
8	bab	5b
9	baba	8a
10	aa	1a
11	aaa	10a
12	aaaa	11a
⋮	⋮	⋮

具体的过程为：

（1）读入第一个字符a，并把a当成prefix，然后读入第二个字符b，并把b当成k，与a拼成prefix.k的形式，即ab。判断ab是否在串表中？不在，则可将代表词头的字符a（其代码为1）输出，并把ab放在代码为4的表项中，再将b当作词头。

（2）读入第三个字符a，并将其当作k，拼成词组ba，判断是否在串表中？不在，则输出b（代码为2），存ba→代码为5的表项中，a→prefix。

（3）读入第四个字符b，b→k，拼成词组ab，判断是否在表中？在，则不输出，ab→prefix。再读入第五个字符c，c→k，拼成词组abc，判断是否在表中？不在，则输出ab（代码4），存abc→代码为6的表项中，c→preflx。

（4）读入第六个字符b，b→k，拼成词组cb，判断是否在表中？不在，则输出c（代码为3），存cb→代码为7的表项中，b→prefix。

(5) 读入第七个字符 a,a→k,拼成词组 ba,判断是否在表中？在,不输出,ba→prefix。接着读入第八个字符 b,b→k,拼成词组 bab,判断是否在表中？不在,则输出 ba(代码为 5),存 bab→代码为 8 的表项中,b→prefix。

(6) 读入第九个字符 a,a→k,拼成词组 ba,判断是否在表中？在,不输出,ba→prefix。接着读入第十个字符 b,b→k,拼成词组 bab,判断是否在表中？在,不输出,bab→prefix。再读入第十一个字符 a,a→k,拼成词组 baba,判断是否在表中？不在,则输出 bab(代码为 8),存 baba→代码为 9 的表项中,a→prefix。

(7) 读入第十二个字符 a,a→k,拼成词组 aa,判断是否在表中？不在,则输出 a(代码为 1),存 aa→代码为 10 的表项中,a→prefix。

(8) 读入第十三个字符 a,a→k,拼成词组 aa,判断是否在表中？在,则 aa→prefix。再读入第十四个字符 a,a→k,拼成词组 aaa,判断是否在表中？不在,则输出 aa(代码 10),存 aaa→代码为 11 的表项中,a→preflx。

(9) 读入第十五个字符 a,a→k,拼成词组 aa,判断是否在表中？在,则 aa→prefix。再读入第十六个字符 a,a→k,拼成词组 aaa,判断是否在表中？在,则 aaa→prefix。再读入第十七个字符 a,a→k,拼成词组 aaaa,判断是否在表中？不在,输出 aaa(代码为 11),存 aaaa→代码为 12 的表项中,a→prefix。

依此类推,重复上述步骤,直至最后一个字符输入结束。

输入字符： a　b　ab　c　ba　bab　a　aa　aaaa
输出代码： 1　2　4　3　5　8　1　10　12

7.2.2 预测编码

预测编码(Predictive Coding)是通过消除统计相关冗余来实现数据压缩的重要手段,其理论基础是现代统计学和控制理论。通常来说,一些原始的离散信号之间往往存在着一定关联,这样就可以利用某些数学模式对这些关联进行相关数据运算,得出一个与当前实际传输数据相近的预测值,同时用实际要传输的数据减去这个预测值,然后对实际值和预测值的差(预测误差)进行编码。如果预测比较准确,误差信号会很小。因此,可以在同等精度要求的条件下利用较少的数码对源信号进行编码,以达到压缩数据的目的。换句话说,预测编码的任务是寻找一种尽可能接近信号统计特性的预测算法,去除信号的相关性,力图达到较好的压缩效果。由于在对差值编码时进行了量化,因此预测编码是一种有失真的编码方法。常见的预测编码有两种,分别为 DPCM 和 ADPCM,它们较适合用于声音和图像数据的压缩。

1. DPCM(Differential Pulse Code Modulation,脉冲调制编码)

PCM 又称为预测量化系统,它是将原始模拟信号经过时间采样,然后对每一样值进行量化,作为数字信号传输。DPCM 编码不对每一样值都进行量化,而是预测下一个样值,并量化实际值和预测值之间的差,达到压缩的目的。其工作原理如图 7-4 所示。

图 7-4 中差分信号 $d(k)$ 是离散输入信号 $s(k)$ 与预测器输出的估算值 $s_e(k-1)$ 之差,其中 $s_e(k-1)$ 是 $s(k)$ 的预测值,而不是样本的实际值。DCMP 系统是对这个差值 $d(k)$ 进行量化编码,用来弥补编码过程中产生的量化误差。其实,DCMP 系统

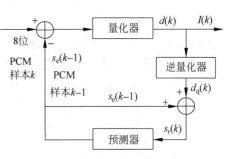

图 7-4 DPCM 编码系统

是一个负反馈系统,主要是为了避免量化误差的积累。其中重构信号 $s_r(k)$ 是由逆量化器产生的量化差分信号 $d_q(k)$ 与对过去样本信号的估算值 $s_e(k-1)$ 相加求和得到。它们的和也就是 $s_r(k)$ 作为预测器确定下一个信号估算值的输入信号。因为该系统在发送端和接收端都使用相同的逆量化器和预测器,这样接收端的重构信号 $s_r(k)$ 可以从传送信号 $I(k)$ 获得。解压时也使用同样的预测器,并将这一预测值和存储的已量化的差值相加,产生出近似的原始信号,基本恢复原始数据。在 DPCM 中,"1 位量化"的特殊情况称为增量调制。

DPCM 的关键点在于预测器和量化器的设计,一般情况下,一个好的预测器可以使许多预测值和实际值之间的差值很小,或为 0。因此,误差信号量化器所需的量化间隔通常比原信号所需的量化间隔少,可以用较少的位表示量化的误差信号,得到数据压缩。理论上,应该用线性或非线性技术使预测器和量化器同时达到最佳。但实际上,这是不容易做到的。因此,DPCM 系统的设计只能采用准最佳设计。

2. ADPCM(AdaptiveDifferential Pulse Code Modulation,自适应差分脉冲调制编码)

ADPCM 是利用样本与样本之间的高度相关性和量化阶段自适应来压缩数据的一种波形编码技术,是采用自适应量化或自适应预测进一步改善量化性能或压缩数据率的方法,其工作原理如图 7-5 所示。

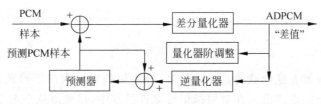

图 7-5 ADPCM 编码简化图

1) 自适应量化

在一定的量化级数下减少量化误差或在同样的误差条件下压缩数据率,根据信号分布不均匀的特点,随输入信号的变化而改变量化区间大小以保持输入量化器的信号基本均匀的能力。自适应量化必须有对输入信号的幅值进行估计的能力,有了估值才能确定相应的改变量。若估值在信号的输入端进行,称为前向馈送自适应;若在量化输出端进行,称为反馈自适应。信号的估值必须实现简单,占时间短,这样才能达到实时处理的目的。

2) 自适应预测

预测参数的最佳化依赖于信源的统计特性,要得到最佳预测参数显然是一件烦琐的工作。而采用固定的预测参数往往又得不到较好的性能。为了既能提高性能,又不至于增加太多的计算量,可以将上述方法折中考虑,采用自适应预测。

为了减少计算工作量,预测参数仍采用固定的,但此时有多组预测参数可供选择,这些预测参数根据常见的信源特征求得。编码时具体采用哪组预测参数需根据信源的特性来自适应确定。为了自适应选择最佳参数,通常将信源数据分区间编码,编码时自动地选择一组预测参数,使该区间实际值与预测值的均方误差最小。随着编码区间的不同,预测参数自适应变化,以达到准最佳预测。编码时根据选定的准则(如最小均方误差准则),每个编码区间自动地选取一组最佳的参数。DPCM 和 ADPCM 通常将每个取样的样值压缩到 3～4 位,比 PCM 用 8 位或 16 位可减少一半以上的存储空间。对于能量分布较大的系数分配较多的位数,采用较小的量化步长;反之,分配较少的位数,采用较大的量化步长,从而达到压缩的目的。

7.2.3 变换编码

预测编码的压缩能力是有限的,例如 DPCM 一般只能压缩到每样值 2~4 位,这就催生了变换编码。变换编码也是有失真编码的一种重要类型,它是在数据压缩前先对原始输入数据作某种正交变换,把图像信号映射变换到另外一个正交矢量空间(变换域),产生一组变换系数,然后再对这些变换系数进行量化压缩编码。通过这种变换后,一般数值较大的方差总是集中在少数系数中,然后再对这些系数进行量化压缩。通常可使用的变换都是线性的,如主要成分变换、傅里叶变换、阿达马变换、哈尔变换和离散余弦变换(DCT)等。多数情况下这些变换都是可逆的,但是变换编码后对图像进行压缩这一过程却是不可逆的。原因是在变换之后还需要进行量化压缩,为了取得满意的结果,某些重要系数的编码位数比其他的要多,某些系数干脆就被忽略了,所以就整体效果而言,变换编码是有损压缩或者说是不可逆编码。

变换编码主要由映射变换、量化及编码几部分组成,变换编码系统如图 7-6 所示。在发送端通过变换把原始信号中的各个样值从一个域变换到另一个域,具体来说在空间域、时间域和频率域三个域中进行变换,然后对变换后的数据进行量化与编码操作,将压缩(编码)后的数据通过信道传到接收端,在接收端首先对数据信号进行译码,然后再进行逆变换以恢复原来信号。

原始数据 → 映射变换 → 量化编码 → 信道 → 解码 → 逆变换 → 数据恢复

图 7-6 变换编码过程

这里应当明确映射变换处理的是什么信号,即原始数据是模拟信号还是数字信号?这个原始信号是模拟信号的取样值。在对模拟信号取样过程中,只要遵从奈奎斯特定理,这一过程则是可逆的,即可以恢复出原始信号,映射变换也是可逆的。

1. 最佳变换(K-L 变换)

数据压缩主要是去除信源的相关性。若考虑到信号存在于无限区间上,而变换区域又是有限的,那么表征相关性的统计特性就是协方差矩阵,协方差矩阵主对角线上各元素就是变量的方差,其余元素就是变量的协方差,且为一对称矩阵。当协方差矩阵中除对角线上元素之外的各元素统统为 0 时,就等效于相关性为 0。所以,为了有效地进行数据压缩,常常希望变换后的协方差矩阵为一对角矩阵,同时也希望主对角线上各元素随 i,j 的增加很快衰减。因此,变换编码的关键在于:在已知输入信号矩阵 X 的条件下,根据它的协方差矩阵去寻找一种正交变换 T,使变换后的协方差矩阵满足或接近为一对角矩阵。当经过正交变换后的协方差矩阵为一对角矩阵,且具有最小均方误差时,该变换称为最佳变换,也称为 Karhunen-Loeve 变换。可以证明,以矢量信号的协方差矩阵的归一化正交特征向量所构成的正交矩阵对该矢量信号所作的正交变换能使变换后的协方差矩阵达到对角矩阵。

K-L 变换虽然具有均方误差意义下的最佳性能,但需要预先知道原始数据的协方差矩阵,再求出其特征值。而求特征值与特征向量并非易事,在维数较高时甚至求不出来。即使能借助于计算机求解,也很难满足实时处理的要求,而且从编码应用来看还需要将这些信息传送给解码端,这是 K-L 变换不能在工程上广泛应用的原因。人们一方面寻求特征值与特征向量的快速算法,另一方面则寻找一些虽不是最佳,但也有较好相关性与能量集中性能,且实现起来很容易的一些变换方法,而常常把 K-L 变换作为对其他变换性能的评价标准。

如果图像信号是一个平稳随机过程,K-L 变换的效率最高,通过 K-L 变换之后,所有的系数都是不相关的,并且数值较大的方差仅存在少数系数中,这样就有机会在允许的失真度下把图像数据压缩到最小。虽然 K-L 变换是最佳正交变换方法,但是由于它没有通用的变换矩阵,因此对于每一个图像数据都要计算相应的变换矩阵。其计算量相当大,很难满足实时处理的要求,所以在实际中很少用 K-L 变换对图像数据进行压缩。

2. 离散余弦变换（Discrete Cosine Transformation,DCT）

把众多的正交变换技术(如傅里叶变换、沃尔什哈达玛变换、哈尔变换、斜变换、正弦变换、K-L 变换)做了比较之后,人们发现离散余弦变换编码 DCT 与 K-L 变换性能最为接近,而该算法的计算复杂度适中,又具有快速算的特点,所以在图像数据压缩中采用离散余弦变换编码的方法受到重视。由于 VLSI 技术的发展,结构有规律或易于并行的一些 DCT 算法已能用硬件实现,成为 H.261、JPEG 及 MPEG 等国际标准的主要环节。

DCT 属于正交变换,它将信号从空间域变换到频率域。在频率域中,大部分能量集中在少数几个低频系数上,而且代表不同空间频率分量的系数间的相关性大为减弱,仅用几个能量较大的低频系数就可以很好地恢复原始图像。对于其余那些低能量系数,可给予较大的失真,甚至将其置为 0,这是 DCT 能够进行图像数据压缩的本质所在。

DCT 用来把空间信息转变成"频率"或"频谱"信息,x 轴和 y 轴表示该信号在两个不同"维"上的频率。与傅里叶变换(FFT)一样,也有一个逆 DCT 函数(Inverse DCT,IDCT),它能把信号的频谱表达方式转换回空间表达方式。设数据域是 $M \times N$ 的矩阵$[f]$,变换域为 $M \times N$ 的矩阵$[C]$,则二维 DCT 的计算公式如下：

(1) 正变换(DCT)。

$$C(u,v) = \frac{4}{MN}E(u)E(v)\sum_{x=0}^{M-1}\sum_{y=0}^{N-1}f(x,y)\left[\cos\frac{2x+1}{2M}\cdot u\pi\right]\cdot\left[\cos\frac{2y+1}{2N}v\pi\right]$$

$$U = 0,1,\cdots,M-1$$
$$V = 0,1,\cdots,N-1$$

(2) 逆变换(IDCT)。

$$f(x,y) = \sum_{u=0}^{M-1}\sum_{v=0}^{N-1}E(u)\cdot E(v)\cdot C(u,v)\left[\cos\frac{2x+1}{2M}u\pi\right]\cdot\left[\cos\frac{2y+1}{2N}v\pi\right]$$

$$x = 0,1,\cdots,M-1$$
$$y = 0,1,\cdots,N-1$$

其中,$E(u),E(v) = \begin{cases} \frac{1}{\sqrt{2}} & \text{当 } u,v=0 \\ 1 & \text{其他} \end{cases}$

DCT 在一个 $N \times N$ 的像素值方阵中进行运算,产生 $N \times N$ 的频率系数方阵。这个公式可以用一段相当直观的代码来实现。要想编写实现这个函数的代码,首先要清楚一点：简单的查找表可以代替等式中的许多项,两个相乘的余弦运算项只需在程序开始时计算一次,然后存储起来以备后用。同理,在求和循环外面的 $C(x)$ 项也可以用查找表代替。计算 $N \times N$ 部分的代码如下：

```
for(i = 0; i<N; i++)
    for(j = 0; j<N; j++){
      temp = 0.0;
for(y = 0; y<N; y++){
    temp += Cosines[x][i] *
    Cosines[y][j] *
    pixel[x][y]
}
```

```
temp * = sqrt(2 * N) * Coefficients[i][j];
DCT[i][j] = INT_ROUND(temp);
}
```

大量实践研究表明，DCT 是仅次于最佳变换 K-L 变换的准最佳变换。由于它优良的能量集中性，在精度允许范围内无失真地通过逆变换恢复出原始信号，以及变换系数均为实系数，且拥有大量快速算法而获得了广泛的应用，几乎成了所有图像压缩系统必不可少的部分之一。将原始图像划分成许多 $N\times N$ 大小的块分别进行处理，不仅为空间域的自适应处理提供了条件，而且还可以降低计算量，减少存储容量。这种基于 $N\times N$ 的 DCT 是高质量图像编码器的主要特征之一。

7.2.4 分析-合成编码

这类编码方法突破了经典数据压缩编码理论的框架。它们实质上都是通过对原数据的分析，将其分解成一系列更适合于表示的"基元"，从中提取出若干具有更本质意义的参数，编码仅对这些基本单元或特征参数进行。而译码时则借助于一定的规则或模型，根据一定的算法将这些基元或参数再"综合"成原数据的一个逼近。例如，子带编码利用子带滤波器组对数据进行分析(分解到若干个相邻子频带处理)与综合；小波变换编码则采用了更强有力的非均匀分辨率对数据进行时间频率局部分析与综合；分形编码将数据预分解为若干分形子图并提取其迭代函数代码，恢复时则由该代码按规则迭代重构各子图；而各种基于模型或知识的方法也是在编码端通过各种分析手段提取所建模型的特征与状态参数，在解码端依据这些参数通过模型及相关知识生成所建模的数据。这些方法都是有失真压缩，但如果对于给定数据的基元或参数提取是有效的，而综合重建又是成功的，那么就不仅可以在一定的失真度准则下较好地逼近原始数据，更可能得到极高的数据压缩比。

1. 量化编码

量化编码按照一次量化的码元个数，可分为标量量化和矢量量化两种。所谓标量量化是将图像中每个样点的取值范围划分成若干区间，并仅用一个数值代表每个区间中所有的取值，每个样点的取值是一个标量，并且独立于其他样点的取值。所谓矢量量化(Vector Quantization，VQ)是将图像的每 n 个像素看成一个 n 维矢量，将每个 n 维取值空间划分为若干个子空间，每个子空间用一个代表矢量来表示该子空间所有的矢量取值。

从变换编码和预测编码的分析可以看出，预测和变换本身并没有给图像数据带来失真，失真是由量化所造成的。可见，量化过程是数据压缩的有效方法之一，也是图像压缩编码产生失真的根源之一，因此量化器的设计显得至关重要，既要获得尽可能高的压缩比，又要减少量化失真，保持尽可能好的图像质量，以此来寻找最佳量化器的设计方法。最佳量化器主要有两类设计方法：一类是客观准则下的设计方法，当量化器的分层总数 K 确定时，根据量化误差的均方值为最小的准则(MMSE)进行设计；另一类是主观准则下的设计，它使量化器的量化分层总数 K 最小，同时还保证量化误差不超过人的视觉可见度阈值，即不被人的眼睛所发觉。在 JPEG、H.261、MPEG 中均采用基于视觉特性的标量量化。

在标量量化里，每个样值的量化只和它本身的大小及分层的粗细有关，而和其他的样值无关。实际上图像的样值之间是存在着或强或弱的相关性的，将若干个相邻像素当作一个整体来对待，就可以更加充分地利用这些相关性，达到更好的量化效果。这就是矢量量化的基本思路。如果将一个像素当作一组，则此时的矢量量化就是标量量化。因此，也可以说标量量化是矢量量化的特殊情况。

矢量量化基于语义编码，它把图像的样值每 n 个作为一组，这 n 个样值可以看成一个 n 维空间。任何一组的 n 个样值都可以看成 n 维空间的一个点，或者说是 n 维空间的矢量。由于 n 维空间的每一维都是模拟量（或连续量），因此 n 维空间也是一个连续空间。尽管每一维的最大值是有限制的（图像亮度或色度的最大值），但它所包含的矢量数目是无穷多的。矢量量化要做的工作就是将此 n 维连续空间划分为有限个区间（这一过程相当于标量量化中的"分层"），在每个区间找一个代表矢量（这相当于标量量化中的"量化值"），凡是落在本区间的所有矢量都用该代表矢量来表示，即对空间频率及能量分布较大的系数分配较多位数，即采用较小的量化步长；反之，分配较少的位数，即采用较大的量化步长，从而达到压缩的目的，这就是矢量量化的基本方法。

根据香农的率失真理论，矢量量化的编码性能可以任意接近失真函数的理论极限，只要增加矢量的维数 K 即可。当 $K \to \infty$ 时，其码率与失真的关系可达到率失真界。矢量量化总是优于标量量化，这是因为矢量量化有效地利用了矢量中各分量间的 4 种相关性（线性依赖性、非线性依赖性、概率密度函数的形状和矢量维数）来去除冗余度。矢量量化的基本过程为：首先将实际数据流分成矢量块，例如对一幅图像进行矢量量化，矢量常常是一个小长方形或者正方形的像素；然后在压缩编码和解码端都有一个称为"码本"的表，它是模式的集合，该码本可以预定义，也可以动态改造；各矢量可参考码本表选择最佳匹配模式；一旦找到最佳匹配模式就将码本中对应的索引进行传送。

2. 小波变换（Wavelet Transform）编码

小波变换在静态图像压缩方面得到了较好的应用，其优点是在时域和频域都具有良好的局部特性，而且对不同频率成分的时域取样步长可调，高频部分对应小的取样步长，低频部分对应大步长，这是一种使用多尺度描述信号的分析方法。小波变换不一定要求是正交的，小波基不唯一。用小波函数表示的特点是其时宽与频宽的乘积很小，且在时间和频率轴上都很集中，也就是说，经过小波变换后的图像能量很集中，便于对不同的分量作不同的处理，达到较高的压缩比。这一特性对于图像处理特别有意义，就像从不同距离观察图像，远处看到的是较大的纹理，近处看其细节，这也正符合了人的视觉信息处理过程。

1989 年，Mallat 提出了多分辨分析的概念，把构造小波的方法统一起来。在塔型分解与重构的算法启发下，他给出了信号和图像分解为不同频率分量及其重构的 Mallat 算法。这一快速算法在小波分析中的地位相当于 FFT 在 Fourier 分析中的地位。

多分辨分析的基本思想是对信号的不断逼近，每一个逼近的层次都是对前一个逼近层次的修正，即增加细节信息。随着细节的不断加入，对信号的逼近越来越完美。多分辨正交小波分解不仅仅在统计上除去了很大一部分冗余度，同时提供了各分辨率下三个不同方向（水平、垂直和对角）的高频信息，这些信息的透明化为控制压缩中的误差带来了很大的方便。首先，小波分解把图像的细节分配到各个分辨率表达中，在不同分辨率反映不同层次细节信息，这与人的视觉过程有相似之处，因为人眼在识别一个物体时，首先是识别大的轮廓，然后在这些轮廓的基础上才去注意其中的细微变化。对一个物体完整的认识是由粗向细逐渐深入的细化过程，一般来说，大的轮廓变化对物体认识最为重要，因此在压缩中，对于反映大轮廓的低分辨率细节信号应尽量减少误差，因此它对恢复图像的质量是至关重要的。对于高分辨率细节信号根据具体应用要求适当引入一定的误差，从而获得较大的压缩比。此外，细节信号分为水平、垂直和对角三个方向，人的视觉系统对景物的认识也是有方向性的。通常人的视觉对于水平和垂直方向的变化最为敏感，而对于对角线 45°的变化最迟钝，其他角度的敏感程度居于其间。因此，在同一分辨率的三个细节信号中，水平和垂直信号在压缩时应尽量保证精度，而对角细节信号可以引入相对较大的误差。这样既能获得大的压缩比，同时又能保证恢复图像的质量。

近年来,用小波分析对图像数据压缩的方法很多,采用小波变换对图像数据进行压缩,压缩比为10∶1~100∶1。

3. 分形图像编码

分形(Fractal)编码是一种模型编码,它利用模型的方法对需要传输的图像进行参数估测。其独特新颖的思想已成为目前数据压缩领域的研究热点。它与经典的图像压缩编码方法相比,在思想上有了重大突破。突出特点是高压缩比、解压时的高速度及不受图像分辨率的影响。

分形是某种形状、结构的一个局部或片段,它有多种尺寸,但形状都是相似的。它指一类无规则、混乱而复杂,但其局部与整体又有相似性的体系,即自相似性体系。从数学意义上说,这种图形含有的信息内容很少,用来产生出这种图形的程序很短小,而制造出的图形却是无限的,并且这种图形中隐含着有序性或规律性。

尽管以DCT为代表的许多经典图像编码方法已进入实用化阶段,但经典图像编码方法也有其局限性,它没有充分利用人眼的视觉特性及自然景物的特点,所以用经典图像编码方法获得的压缩比不算很高。在经典的图像编码方法中,对图像是以纯数据的形式看待的,而不是结合图像内容自身固有的特点来处理的,这是一个很大的缺陷,不充分考虑图像内容的特点是不可能从本质上提高图像压缩比的。分形的方法是把一幅数字图像通过一些图像处理技术,如颜色分割、边缘检测、频谱分析和纹理变化分析等,分成一些子图像。子图像可以是简单的物体,也可以是一些复杂的景物。然后在分形集中查找这样的子图像。分形集实际上并不是存储所有可能的子图像,而是存储许多迭代函数,通过迭代函数的反复迭代恢复出原来的子图像。也就是说,子图像所对应的只是迭代函数,而表示这样的迭代函数一般只需几个数据即可,这就达到了很高的压缩比。

4. 子带编码

子带编码(Subband Coding,SBC)是一种以信号频谱为依据的波形编码方法,在发送端利用带通滤波器(BPF)把信号在频域内分割成若干个子带,每个子带的信号经过亚抽样,降低了抽样频率。然后对每一个子带单独使用一个编码器进行PCM或DPCM编码,每个编码器只与其子带内的信号统计特性相匹配,某些子带内的信号幅度较小,可以用较少的量化位,或者根据人眼的视觉特性,对于亮度变化缓慢的低频子带给以较多的量化位,对于亮度变化大的高频端子带给以较少的量化位数,从而有效地降低了传输的误码率。在接收端,将解码后的各子带信号合成,重新恢复原始信号。

在分割子频带时,可利用水平和垂直空间滤波器对图像信号进行二维正交镜像滤波,先用低通和高通滤波器将信号分成两个子频带,进行亚取样后,每个子频带再分别用高通和低通滤波器分成两个子带,得到4个子带,再将4个子带分成8个子带,依此类推。图7-7所示为子带编码的框架图,其中编码/译码器可以采用ADPCM、APCM或PCM等。

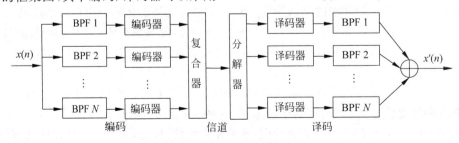

图7-7 子带编码的框架图

子带编码最先应用于音频的压缩,把音频信号分成子带后进行编码有不少优点。因为声音频谱的非平坦性,如果对不同子带合理地分配位数,就有可能分别控制各子带的量化电平数目及相应的重建误差,使码率更精确地与各子带的信源统计特性相匹配,而且调整不同子带的位赋值,可控制总的重建误差频谱形状,与声学生理—心理模型相结合,可将噪声谱按人耳的主观噪声感知特性来成形。此外,在中等速率编码系统中,各子带的量化噪声都束缚在本子带内,能避免能量较小频带内的输入信号被其他频段的量化噪声所遮盖。SBC 的动态范围宽、音质高、成本低,越来越受到重视。1985 年后,SBC 已应用于图像编码。它的复杂度与变换编码差不多,但客观质量高、主观效果好。

7.3 数据压缩国际标准

随着计算机硬件和网络技术的发展,多媒体信息的应用呈现出爆炸式的增长,为了适应用户终端的多样性及网络自身的传输特性,20 世纪 90 年代后期,一些国际标准化组织针对不同的多媒体数据制定了相应的数据压缩标准,并且获得了成功的应用。

7.3.1 音频压缩技术标准

数字音频压缩技术分为电话语音压缩、调幅广播语音压缩、调频广播和 CD 音质的宽带音频压缩等,它们的音频带宽分布范围如图 7-8 所示。

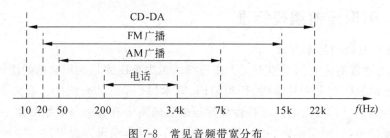

图 7-8 常见音频带宽分布

1. 音频数据压缩编码的基本方法

音频的基本压缩编码方法种类众多,不同用途的压缩标准不同。常见的压缩标准都遵循 ITU-T 制定的一组 G.7xx 标准协议,该协议主要有两种算法,即 mu-law 算法(美国使用)和 a-law 算法(欧洲及其他国家使用),两种算法成对数关系,但后者更适用于计算机进行处理。具体压缩标准及相关参数如表 7-6 所示。

表 7-6 常见的压缩标准表

标　　准	类　　型	码率(kb/s)	算法延时(ms)
G.711	A-Law/-Law	64	0
G.722	SB-ADPCM	64/56/48	0
G.723.1	MP-MLQ/ACELP	6.3/5.3	37.5
G.726	ADPCM	16/24/32/40	0
G.727	Embedded ADPCM	16/24/32/40	0
G.728	LD-CELP	16	0<2
G.729	CS-ACELP	8	15

2. 电话质量的语音压缩标准

电话质量语音信号的频率范围是 300Hz～3.4kHz，采用标准的 PCM 编码。当采样频率为 8kHz，量化位数为 8 时，所对应的数据传输率为 64kb/s。1972 年，CCITT 为电话质量和语音压缩制定了 PCM 标准 G.711，其速率为 64kb/s，使用非线性量化技术，主要用于公共电话网中。

3. 调幅广播质量的音频压缩标准

调幅广播质量音频信号的频率范围是 50Hz～7kHz，当使用 16kHz 的抽样频率和 14b 的量化位数时，信号速率为 224kb/s。采用子带编码方法，将输入音频信号经滤波器分成高子带和低子带两个部分，分别进行 ADPCM 编码，再混合形成输出码流，224kb/s 可以被压缩成 64kb/s，最后进行数据插入（最高插入速率达 16kb/s）。因此，利用 G.722 标准可以在窄带综合业务数字网（N-ISDN）中的一个 B 信道上传送调幅广播质量的音频信号。

4. 高保真立体声音频压缩标准

高保真立体声音频信号的频率范围是 50Hz～20kHz，采用 44.1kHz 采样频率，16b 量化，信号速率为每声道 705kb/s。目前，"MPEG 音频"是较成熟的高保真立体声音频压缩标准。MPEG 音频第一层和第二层编码是将输入音频信号进行采样，采样频率为 48kHz、44.1kHz、32kHz，经滤波器组将其分为 32 个子带，同时利用人耳屏蔽效应，根据音频信号的性质计算各频率分量的人耳屏蔽阈限，选择各子带的量化参数，获得高的压缩比。MPEG 第三层是在上述处理后再引入辅助子带，非均匀量化和熵编码技术，再进一步提高压缩比。MPEG 音频压缩技术的数据速率为每声道 32～448kb/s，适合于 CD-DA 光盘应用。

7.3.2 图像压缩编码标准

1. 图像压缩编码的基本方法

图像压缩方法既有失真压缩也有无失真压缩。无失真压缩是利用数据的统计特性来进行数据压缩，典型的编码有霍夫曼编码、行程编码、算术编码和 LZW 编码。有失真压缩不能完全恢复原始数据，而是利用人的视觉特性使解压缩后的图像看起来与原始图像一样，主要方法有预测编码、变换编码、模型编码、基于重要性的编码及混合编码方法等。

2. 图像压缩标准

对于静止图像压缩，已有多个国际标准，如 ISO 制定的 JPEG(Joint Photographic Experts Group)标准、JBIG(Joint Bilevel Image Group)标准及 ITU-T 的 G3 和 G4 标准等。

1) JPEG 压缩标准

JPEG 标准是一个用于灰度或彩色图像的压缩标准，包括无损模式和多种类型的有损模式，非常适用于那些不太复杂或一般取自真实景象的图像的压缩。可支持很高的图像分辨率和量化精度。它使用离散余弦变换、量化、行程和哈夫曼编码等技术，是一种混合编码标准。它的性能依赖于图像的复杂性，有损模式基于离散余弦变换和 Huffman 编码，有失真但压缩比大，通常压缩 20～40 倍时人眼基本看不出失真。对于一般图像将以 20∶1 或 25∶1 的比率进行压缩。无损模式基于 DPCM 编码，不失真但压缩比很小，常采用 2∶1 的比率压缩。对于非真实图像，例如卡通图像，应用 JPEG 效果并不理想。如果硬件处理的速度足够快，则数字动态视频可使用 JPEG 图像标准实现。由于 JPEG 不能充分利用帧间冗余，因此压缩性能有限。

无损压缩使用一个简单的预测器，预测器可以使用不同的预测方法来决定有哪些相邻的像素将被用于预测下一个像素。编码时，从实际值中减去预测值，得到一个差值，差值不作量化，直接进行熵编码（哈夫曼编码或算术编码），可保证无失真地恢复原始图像数据。

有损压缩基于 DCT 编码，先进行 DCT 正变换，再对 DCT 系数进行量化，并对量化后的直流系数和交流系数分别进行差分编码或行程编码，最后再进行熵编码。

2) JPEG 2000 压缩标准

为了满足人们对数字化多媒体图像资料越来越高的要求，JPEG 组织负责制定了新的 JPEG 2000 标准，它也是一种图像压缩格式。JPEG 2000 之所以相对于现在的 JPEG 标准有了很大的技术飞跃，是因为它放弃了 JPEG 所采用的以离散余弦变换算法为主的区块编码方式，而改用以离散小波变换算法为主的多解析编码方式。这种算法对于时域或频域的考察都采取局部的方式，子波在信号分析中对高频成分采用由粗到细渐进的时空域上的取样间隔，所以能够像自动调焦一样看清远近不同的景物，并放大任意细节，是构造图像多分辨率的有力工具。

7.3.3 视频压缩编码标准

视频编码标准可分为两大系列：国际标准化组织(ISO)的 MPEG-x 系列与国际电信联盟 ITU(CCITT)的 H.xxx 系列。H.xxx 系列主要是针对可视电话和电视会议、窄带 ISDN 等要求实时编解码与低延时应用提出的一个编码标准；MPEG-x 系列标准主要用于数字存储媒体的活动图像及其伴音的编码。

未压缩的视频信号具有十分巨大的数据量，我国与欧洲采用的电视制式 PAL 标准，其未压缩的数据量为 132.7Mb/s，相应的 NTSC 信号所需要的码流速率为 111.2Mb/s。而在视频会议与可视电话应用中，若采用较低解析度的图像格式(CIF 或 QCIF)与较低的帧率时，未压缩的码流速率为 18.2Mb/s 与 3Mb/s，至于高清晰度电视 HDTV 信号将要求达到 662.9～745.7Mb/s 的码流速率。现代的视频编码技术已经可以提供高达 100∶1 的压缩比，目前主流的视频编码标准如表 7-7 所示。

表 7-7 主流视频制式

视频格式	每帧像素数	图像纵横比	帧速率	像素位数	未压缩码速率(Mb/s)
NTSC	640×480	4∶3	29.97	16	111.2
PAL	576×576	1∶1	25	16	132.7
CIF	352×288	4∶3	14.98	12	18.2
QCIF	176×144	4∶3	9.99	12	3.0
HDTV	1280×720	16∶9	59.94	12	622.9
HDTV	1920×1080	16∶9	29.97	12	745.7

1. 运动图像压缩标准(MPEG-1)

MPEG(Motion Picture Experts Group)标准是 ISO/IEC 委员会针对全活动视频的压缩标准系列，包含 MPEG-1、MPEG-2、MPEG-4、MPEG-7、MPEG-21 等。该标准包括 MPEG 视频、MPEG 音频和 MPEG 系统三大部分。MPEG 视频是面向位速率约为 1.5Mb/s 的全屏幕运动图像的数据压缩；MPEG 音频是面向每通道位速率为 64kb/s、128kb/s、192kb/s 的数字音频信号的压缩；而 MPEG 系统则面向解决多道压缩视频、音频码流的同步和合成问题。

MPEG 应用的数字存储媒体包括 CD-ROM、DAT(数字录音带)、DISK(磁盘)、CD-R(可写光盘)、通信网络如 ISDN(综合业务数字网)和 LAN(局域网)等。视频压缩算法必须具有与存储相适应的特性，即能够随机访问、快进/快退、检索、倒放、音像同步、容错能力、延时控制小于 150ms、可编辑性及灵活的视频窗口格式等，这些特性就构成了 MPEG 视频编码压缩算法的要求和特点。

MPEG-1 标准是 1991 年制定的数字存储运动图像及伴音压缩编码标准,它规定了视频压缩数据码流的语法结构,这个语法把视频压缩数据码流分为 6 层,每层或者支持一种信号处理过程,或者支持一种系统功能。作为 MPEG 第一阶段的目标,MPEG-1 以 1.5Mb/s 的速率传输电视质量的视频信号,输入图像亮度信号的分辨率为 360～240,色度信号的分辨率为 180～120,每秒 30 帧。MPEG-1 标准有三个组成部分,即视频、音频和系统。系统部分说明了编码后的视频和音频的系统编码层,提供了专用数据码流的组合方式,描述了编码流的语法和语义规则。MPEG-1 最初用于 CD-ROM 视频应用开发,压缩比大约为 100∶1,对于单速 CD-ROM 这样的较低传输速率和窄带应用,MPEG-1 算是相当完善的,通过插值也可处理大于 352×240 的画面。

2. 通用视频图像压缩编码标准(MPEG-2)

MPEG-2 是一种既能兼容 MPEG-1 标准,又能满足高分辨率数字电视和高分辨率数字卫星接收机等方面要求的技术标准,它是由 ISO 的活动图像专家组和 ITU-TS(国际电信联 ITU 所属的电信标准化组)于 1994 年共同制定的,在 ITU-TS 的协议系列中被称为 H.262。制定 MPEG-2 的初衷是为了得到一个针对广播电视质量(CCIR601 格式)视频信号的压缩编码标准,但实际上最后得到了一个通用的标准,它能在很宽的范围内对不同分辨率和不同输出比特率的图像信号有效地进行编码。

MPEG-2 标准主要分为 4 部分。第一部分是系统,说明了 MPEG-2 的系统编码层,它定义了视频和音频数据的复杂结构和实现实时同步的方法;第二部分是视频,说明了视频数据的编码表示和重建图像所需要的解码处理过程;第三部分是音频,说明了音频数据的编码表示;第四部分是一致性测试,说明了检测编码位流特性的过程及如何测试上述三部分所要求的一致性。

MPEG-2 对 MPEG-1 做了重要的改进和扩充,主要表现在下面几个方面:

(1) 图像格式。MPEG-1 只能处理顺序扫描图像,而 MPEG-2 还能处理隔行扫描图像。在色差格式方面,MPEG-1 只支持 4∶2∶0 的模式,即色信号的取样模式无论在水平方向还是垂直方向上都是亮度信号样点数的 1/2。但 MPEG-2 可支持 4∶2∶2 和 4∶4∶4 模式,前者色信号的样点数在垂直方向上与亮度信号相同,只在水平方向上是亮度信号样点数的 1/2;后者色信号的样点数与亮度信号则完全相同。可以说,MPEG-2 几乎可处理所有的图像格式。

(2) 图像质量。由于能适应各种图像格式和具有高质量图像编码所需的技术,MPEG-2 可提供比 MPEG-1 更高的图像质量。

(3) 编码/解码的延迟。与 MPEG-1 一样,MPEG-2 可提供 I 图像帧、P 图像帧和 B 图像帧。另外,在原图像为隔行扫描的情况下,还可提供以帧为编码单位的帧构造和以场为编码单位的场构造(MPEG-1 只支持帧构造),即除了在低延迟模式下只取 I 和 B 图像帧外,在原图像为隔行扫描的情况下还可使用场构造这样的小延迟方式。

(4) 可伸缩的分层编码方式。这是 MPEG-1 所没有的功能。MPEG-2 提供 4 种可伸缩的分层编码方式:空间分层编码、时间分层编码、信噪比分层编码和数据分割编码。这几种分层编码既可单独使用,也可组合使用。

(5) 灵活性。MPEG-2 在编码器和解码器的构成方面有很大的自由度,但某种程度的制约也是必要的,因而引出了类(Profile)和等级(Level)的概念,以此来确定编码器和解码器的等级规范。

(6) 兼容性。MPEG-2 语法完全包含了 MPEG-1 语法,因此具有对 MPEG-1 的兼容性。另外,使用空间可伸缩可将 MPEG-1 的比特流与 MPEG-2 的比特流混合传送。

(7) 特技方式。MPEG-2 能够提供比 MPEG-1 更多的特技方式。

(8) 反复编码/解码对图像质量的影响。MPEG-2 提供了编码高质量图像的多种方法,能在反复进行编码和解码的情况下确保图像质量。

(9) 抗错能力。在比特流传送等过程出现错误时,MPEG-1 不能提供有效的消除错误的方法,而 MPEG-2 即使比特流在异步模式中传输,也可通过解码器提供消除错误的方法。

(10) 视窗。MPEG-2 可适应各种图形格式,如 NTSC 制式的 4∶3 显示和 HDTV 的 16∶9 图像,故可将 16∶9 图像的一部分与 4∶3 显示的信息混合在一起传送。

3. 低比特率音视频压缩编码标准(MPEG-4)

MPEG-4 于 1991 年 5 月被提出并于 1993 年 7 月得到确认,其初衷是制定一个通用的低码率(64kb/s 以下)的音频/视频压缩编码标准,并打算采用第二代压缩编码算法,以有效地支持低码率的应用。但是第二代压缩编码算法在 MPEG-4 工作组预定的时间(1977 年)内似乎还不够成熟,因而它的目标后来转向支持当时的 MPEG-1、MPEG-2 标准尚未支持的那些应用,即支持用于通信、访问和数字视听数据处理的新方法,如移动通信中的声像业务、与其他多媒体数据的集成和交互式多媒体服务等。

考虑到低损耗、高性能技术提供的机会和面临迅速扩展的多媒体数据库的挑战,MPEG-4 提供了灵活的框架和开放的工具集,这些工具支持一些新型的和常规的功能。MPEG-4 可使用户以多种形式实现音频和视频内容的交互性,以及以一种整体的方式融合人工的和自然的音频和视频信息。

与 MPEG-1 和 MPEG-2 相比,MPEG-4 最突出的特点是基于内容的压缩编码方法。它突破了 MPEG-1 和 MPEG-2 基于块、像素的图像处理方法,而是按图像的内容(如图像的场景、画面上的物体等)分块,即将感兴趣的物体从场景中截取出来,称为对象或实体。MPEG-4 便是基于这些对象或实体进行编码处理的。对每一个对象的编码形成一个对象层码流,该层码流中包含着对象的形状、尺寸、位置、纹理及其他方面的属性。一幅图像编码所形成的码流就是由一系列这样的对象层码流构成。"对象层"可以直接进行存取操作,例如可以有选择地只对其中的几个对象解码显示,或对其中的某个对象进行缩放、移位和旋转等操作后再解码显示,或增加原图像中没有的对象等。此外,MPEG-4 还具有高效压缩、基于内容交互(操作、编辑和访问等)及基于内容分级扩展(空域分级、时域分级)等特点。

为了具有基于内容方式表示的音视频数据,MPEG-4 引入了 AVO(Audio Video Object) 的概念。AVO 的构成依赖于具体应用和系统实际所处的环境,它可以是一个没有背景的说话的人,也可以是这个人的语音或一段背景音乐等,它具有高效编码、高效存储与传播及可交互操作的特性。以 AVO 为例,对于低要求应用情况下,它可以是一个矩形帧(即 MPEG-1 中的矩形帧),从而与原来的标准兼容;对于基于内容的表示且要求较高的应用情况,它可能是场景中的某一物体或某一层面,也可能是计算机产生的二维或三维图像等。当 AVO 被定义为场景中截取出来的不同物体时,它由三类信息来描述:运动信息、形状信息和纹理信息。MPEG-4 标准的视频编码就是针对这三种信息的编码技术。

在 MPEG-4 中,AVO 有着重要的地位,MPEG-4 对 AVO 的操作主要有:

(1) 采用 AVO 来表示听觉、视觉或者视听组合内容。

(2) 允许组合已有的 AVO 来生成复合的 AVO,并由此生成 AVO 场景。

(3) 允许对 AVO 的数据灵活地多路合成与同步,以便选择合适的网络来传输 AVO 数据。

(4) 允许接收端的用户在 AV 场景中对 AVO 进行交互操作。

与前面的标准不同,MPEG-4 标准不仅是针对一定比特率下的视频和音频编码,而且更加注重多媒体系统的交互性和灵活性。MPEG-4 支持如下基于内容的交互性功能:

(1) 基于内容的多媒体数据访问工具。MPEG-4 通过使用各种工具,提供基于音像内容的数据访问,例如索引、超链接、查询、浏览、上传、下载和删除等。

(2) 基于内容的处理和比特流编辑。MPEG-4 将提供 MPEG-4 语法描述语言(MSDL)和编码模式,以支持基于内容的处理和比特流编辑,且不需要转换代码。MSDL 的高度灵活性为今后的使用提供了足够的扩展。

(3) 自然和人工数据混合编码。MPEG-4 支持一种有效的方法,用于人工画面、对象与自然画面或对象的组合(如文本和图形的覆盖),并且具有对自然和人工音频和视频数据进行编码和处理的能力。MPEG-4 还支持解码器可控制的方法,该方法可将人工数据和原始音频与视频组合在一起且便于交互。

(4) 改进的时间随机访问。MPEG-4 提供一种有效的方法,可以在有限的时间内以较高的分辨率随机访问视听序列的部分内容(如帧或对象)。

(5) 多重并行数据流的编码。MPEG-4 提供对画面的多视图/声音进行有效编码的能力,在产生的基本流之间提供足够的同步信息。

4. MPEG-7

基于内容检索得以实现的一个关键性的步骤就是定义一种描述声像信息内容的格式,而此格式又是同信息的存储编码息息相关的,所以在 MPEG-4 即将完成之际,MPEG 专家组就将注意力转移到多媒体内容描述接口的编码方案,也就是 MPEG-7,称为多媒体内容描述接口(Multimedia Content Description Interface)。MPEG-7 将为各种类型的多媒体信息规定一种标准化的描述。这种描述与多媒体信息的内容一起,支持对用户感兴趣的图形、图像、3D 模型、视频和音频等信息及它们的组合的快速有效查询,满足实时及非实时应用的需求。MPEG-7 只规定信息内容描述格式,而不规定如何从原始的多媒体资料中抽取内容描述的方法。MPEG-7 也不对应用标准化,但可利用应用来理解需求并评价技术,它不针对特定的应用领域,而是支持尽可能广泛的应用领域。

MPEG-7 是针对存储形式(在线、脱机)或流形式的应用而制定的,并且可以在实时和非实时环境中操作。它的功能与其他 MPEG 标准互为补充。MPEG-1、MPEG-2、MPEG-4 是内容本身的表示,而 MPEG-7 是有关内容的信息。

在 MPEG-7 中考虑了全面的描述原则。在描述上,MPEG-7 允许不同的颗粒度,提供不同的鉴别级别。MPEG-7 支持各种类型的多媒体特征,如 N 维时空特征、客观特征、主观特征、产品特征、合成信息及概念等。

MPEG-7 的视觉描述允许有颜色、视觉对象、纹理、轮廓、形状、静止和动态图像、体积、空间关系、运动、变形、视觉对象的源和它的特性、模型等特征。MPEG-7 的听觉描述允许有频率轮廓线、音频对象、音色、和声、频率特征、振幅包络、时间结构、文本内容、声波近似位、原型声音、空间结构、声源和它的特性、模型等特征。

5. MPEG-21

尽管 MPEG 取得了种种成功,但在人们的信息交流中尚存有众多的不便之处,如不同网络之间的障碍、知识产权得不到有效保护等。不同的多媒体信息、网络、设备、协议和标准、分布在不同的地点等都给用户造成不能以统一的方式进行多媒体信息交互。如何通过一个综合标准来对上述不便之处加以协调,使多媒体业务畅通无阻,这就是 1999 年 10 月 MPEG 墨尔本会议提出的多媒体框架的概念,即 MPEG-21。

MPEG-21 的目标是定义一个交互式多媒体框架,跨越大范围内不同的网络和设备,使用户能够透明而广泛地使用多媒体资源。为此,需要了解框架中各成分的关系并明确其相互之间的间隙,然后形成综合标准以获得协调的多媒体内容管理技术,并进一步发展新规范,用以支持以下功能:通过网络或设备,存取、使用并交互多媒体对象;实现多种业务模型,包括在价值链中对版权和支付交易的自动管理;对内容使用者隐私的尊重。

MPEG-21 将形成一个开放的用于多媒体传送和消费的框架,这是内容的创建者和消费者都关注的焦点。这一开放的框架既为内容的创建者和服务的提供者给予平等的机遇,也方便了内容的消费者以交互的方式存取大量不同的内容。MPEG-21 的适用环境是不同的网络和终端,MPEG-21 的行为主体是广大用户,规范的动作是"使用",作用的客体是数字项,MPEG-21 作用的过程中形成了多媒体内容传送链和价值传送链。下面对这几个概念予以简单解释。

(1) 用户:用户是一个广义的概念,可以是世界各地的个人、消费者、团体、组织、公司、政府及其他标准化组织和主体。从技术上讲,MPEG-21 认为内容的提供者和消费者同样都是 MPEG-21 的用户。用户可以各种方式"使用"内容。

(2) 使用:MPEG-21 提供了一个多媒体框架供一个用户与另一个用户进行数字信息的交互,所涉及的各方均为用户。这里所指的相互作用即为对内容的"使用",包括内容创建、提供、存档、评价、增强、递送、聚集、传输、发表、零售、消费、定购、管制,以及上述事务的推进和管理等。

(3) 数字项:MPEG-21 的数字项是一个结构化的数字对象,是按照标准进行表达、标记并带有描述性的数据。数字项是数字资源及其相关内容(包括图像、图形、动画、数据文件、音频、视频等)的集合,是 MPEG-21 框架中传送和交易的最基本单元,是用户关联的目的。

(4) 多媒体内容传送链:包含内容创建、生产、传送和消费等诸多环节。为了支持上述功能,内容必须被标识、描述、管理和保护。内容的传输和递送是在异构终端和网络上进行的,在此过程中事件将会发生并且需要报告。这样的报告包括可靠的传送、个人数据的管理、用户隐私的优先考虑和对交易的管理。伴随着内容传送链的是抽象的价值传送链,表现在内容的传送过程中其价值也可能发生变化或转移。

MPEG-21 包括多项技术,其中最为主要的是以下几项:

(1) 数字项声明:用于声明数字项的一种统一而灵活的抽象和互操作机制。

(2) 数字项标识和描述:一种用于标识和描述任一实体的框架,不管它的属性、类型或粒度如何。

(3) 内容的管理和使用:一种接口和协议,用于保证通过内容分配和消费价值链来创建、制作、存储、传送和使用内容。

(4) 知识产权的管理和保护:确保内容在通过网络和设备时得到持久和可靠的保护。

(5) 终端和网络:为用户提供贯穿终端和网络所进行的交互、透明的内容存取能力。

(6) 内容表示:解决如何表示媒体资源问题,使得内容可以被无缝地传送和消费。

(7) 事件报告:多媒体框架和用户之间的一种法则和接口,利用它可以使用户准确地了解在框架中发生的所有可报告事件的性能。

6. 视频会议压缩编码标准(H.261)

H.261 是世界上第一个得到广泛承认并产生巨大影响的数字视频图像压缩编码标准,此后，国际上制定的 JPEG、MPEG-1、MPEG-2、MPEG-4、MPEG-7、H.262、H.263 等数字图像编码标准都是以 H.261 标准为基础和核心的。

H.261 是由 ITU-TS 第 15 研究组于 1988 年为在窄带综合业务数字网（N-ISTN）上开展速率为 P～64kb/s 的双向声像业务（可视电话、会议）而制定的，该标准常称为 P～64K 标准，其中 P 是取值为 1～30 的可变参数。P×64K 视频压缩算法也是一种混合编码方案，即基于 DCT 的变换编码和带有运动预测差分脉冲编码调制（DPCM）的预测编码方法的混合。

H.261 的目标是会议电视和可视电话，该标准推荐的视频压缩算法必须具有实时性，同时要求最小的延迟时间。当 P=1 或 2 时，由于传输码率较低，只能传输低清晰度的图像，因此只适合于面对面的桌面视频通信（通常指可视电话）。当 P≥6 时，由于增加了额外的有效位数，可以传输较好质量的复杂图像，因此更适合于会议电视应用。

H.261 只对 CIF 和 QCIF 这两种图像格式进行处理。由于世界上不同国家或地区采用的电视制式不同（如 PAL、NTSC 和 SECAM 等），因此所规定的图像扫描格式（决定电视图像分辨率的参数）也不同。因此，要在这些国家或地区间建立可视电话或会议业务，就存在一个统一的图像格式的问题。这也是 CIF 名称的由来。H.261 采用 CIF 和 QCIF 格式作为可视电话和会议电视输入格式。

H.261 可分为两种编码模式：帧内模式和帧间模式。对于内容变化缓慢的图像序列，如可视电话中的人头肖像，系统更多地处于帧间编码模式；对于画面内容变化剧烈的图像序列，系统将频繁地在帧内模式与帧间模式之间切换。

7. 视频会议压缩编码标准（H.262）

H.262 是 ITU 为基于 ATM 宽带网络的视频会议制定的国际标准。H.262 同 ISO 的 MPEG-2 完全一样。

8. 视频会议压缩编码标准（H.263）

H.263 视频编码同 H.261 一样采用了 DCT 与运动补偿（MC），为了适用基于 POTS 的视频会议。H.263 作了以下一些改进：

(1) 半像素（Half-Pixel）运动补偿，显著提高运动补偿算法块匹配的预测性能。
(2) 改进的游程编码。
(3) 减少一般性的位开销。
(4) 增加可选模式，包括允许运动矢量指向图像本身以外的范围。
(5) 采用算术编码取代游程编码或 HUFFMAN 编码。
(6) 增强的运动预测技术包括重叠块运动补偿。
(7) 采用双向预测图代替单纯的前向预测图。

H.263 支持 4CIF（704×576）与 16CIF（1408×1152）等多种图像格式，由于采用了以上技术，同 H.261 相比，在同样的图像质量下，编码数据流的速率只有 H.261 的一半。

9. 视频会议压缩编码标准（H.263+）

为了扩大 H.263 的应用范围并提高其压缩性能，在 H.263+ 中增加了一些可选项并保持后向兼容性，这些新增加的技术可分为两类：

1) 新增的四类图

分级图：可分级的视频编码可以提高基于异种网络的视频投递业务的性能，为此在 H.263+ 中增加了三种分级图以实现可分级的视频编码，其中 B 图提供时域的分组化，EI 图与 EP 图则用以实现空域上的分级化功能。

(1) B 图:有两个参考图,一个临时前导图与一个临时后续图。
(2) EI 图:包括一个临时的同步参考图。
(3) EP 图:有两个参考图,其中一个是 EP 图的临时前导图,另一个是临时参考图。
2) 新的编码模式
(1) 增强的帧内编码(Advanced Intra Coding,AIC)。在帧内宏编码中采用空域预测技术提高压缩性能。
(2) 去方块效应滤波器 DF。采用自适应滤波器处理图像的方块边界以减少最终重建图像中的方块效应。
(3) 切片结构(Slice Structured)。将图像中的部分宏块按一定规则编组,可以增强对误差的稳健性及减少通过分组网络时的延迟。
(4) 参考图选择(Reference Picture Selection,RPS)。允许从较临近的图中选取一帧作为临时参考图而不一定是最近的,采用这种模式可提高系统的稳健性。
(5) 参考图重采样(Reference Picture Resampling,RPR)。
(6) 简化的分辨率刷新(Reduced-Resolution Update,RRU)。当图像序列内容处于剧烈变化的阶段时,允许通过降低帧内图像内容分辨率来维持高的帧速率。
(7) 独立的分段解码(Independent Segment Decoding,ISD)。防止图像某一区域内的误差扩散到图像的其他区域,可提高系统的稳健性。
(8) 修正的量化方案(Modified Quantization,MQ)。

10. 视频会议压缩编码标准(H.264)

H.264 是由国际电联(ITU-T)与国际标准化组织(ISO)联合组建的联合视频组(JVT)制定的新数字视频编码标准,因此它既是 ITU-T 的 H.264,又是 ISO/IEC 的 MPEG-4 高级视频编码(Advanced Video Coding,AVC),而且它将成为 MPEG-4 标准的第 10 部分。因此,不论是 MPEG-4 AVC、MPEG-4 Part10 还是 ISO/IEC 14496-10,都是指 H.264。

H.264 是在 MPEG-4 技术的基础之上建立起来的,其编解码流程主要包括 5 个部分:帧间和帧内预测(Estimation)、变换(Transform)和反变换、量化(Quantization)和反量化、环路滤波(Loop Filter)、熵编码(Entropy Coding)。

H.264 最大的优势是具有很高的数据压缩比率,在同等图像质量的条件下,H.264 的压缩比是 MPEG-2 的 2 倍以上,MPEG-4 的 1.5~2 倍。如原始大小为 88GB 的文件,采用 MPEG-2 压缩标准,则压缩后的文件大小只有 3.5GB,压缩比为 25∶1;而采用 H.264 压缩标准,压缩后则为 879MB,从 88GB 到 879MB,压缩比达到 102∶1。H.264 为什么有那么高的压缩比? 低码率(Low Bit Rate)起了重要的作用,与 MPEG-2 和 MPEG-4 ASP 等压缩技术相比,H.264 压缩技术将大大节省用户的下载时间和数据流量收费,同时光存储设备 HD-DVD 和蓝光 DVD 均采用这一标准进行节目制作。

练习题

1. 名词解释
统计编码,预测编码,Huffman 编码
2. 选择题
(1) 衡量数据压缩技术性能好坏的重要指标包括(   )。
　　① 压缩比　　　　② 算法复杂度　　　　③ 恢复效果　　　　④ 标准化

　　　　A. ①③　　　　　B. ①②③　　　　C. ①③④　　　　D. 全部
(2) 下列( )是图像和视频编码的国际标准。
　　① JPEG　　　　② MPEG　　　　③ ADPCM　　　　④ H.261
　　　　A. ①②　　　　　B. ①②③　　　　C. ①②④　　　　D. 全部
(3) 图像序列中的两幅相邻图像,后一幅图像与前一幅图像之间有较大的相关,这是( )。
　　　　A. 空间冗余　　B. 时间冗余　　C. 信息熵冗余　　D. 视觉冗余
(4) 在 MPEG 中为了提高数据压缩比,采用了( )方法。
　　　　A. 运动补偿与运行估计　　　　　　B. 减少时域冗余与空间冗余
　　　　C. 帧内图像数据与帧间图像数据压缩　D. 向前预测与向后预测
(5) 在 JPEG 中使用的两种熵编码方法是( )。
　　　　A. 统计编码和算术编码　　　　　　B. PCM 编码和 DPCM 编码
　　　　C. 预测编码和变换编码　　　　　　D. 哈夫曼编码和自适应二进制算术编码
(6) 静止图像的相邻像素间具有较大的相关性,这是( )。
　　　　A. 知识冗余　　B. 时间冗余　　C. 空间冗余　　D. 视觉冗余

3. 填空题

(1) 在多媒体数据中主要存在_____、_____、_____、_____及视觉和听觉冗余等。

(2) 数字音频压缩技术分为_____、_____、调频广播和 CD 音质的宽带音频压缩等。

(3) 视频编码标准可分为国际标准化组织(ISO)的_____系列与国际电信联盟(ITU)的_____的_____两大系列。

4. 问答题

(1) 数据压缩的理由有哪些?

(2) 什么是数据冗余? 冗余有多少种? 分别是什么?

(3) 无损压缩编码指的是什么? 数据压缩具备哪两个过程?

(4) 简析 LZW 编码、统计编码及 Huffman 编码的异同。

(5) 采用 JPEG 压缩格式的静态图像具有哪些主要特点?

5. 计算题

结合表 7-8 给出的消息集及其相应概率,请利用 Huffman 编码对各个信号进行编码并计算其平均码长。

表 7-8　消息集及其相应概率

m_i	1	2	3	4	5	6	7
P_i	0.4	0.1	0.5	0.14	0.15	0.09	0.1

第8章 多媒体网络技术与应用

随着多媒体技术与网络技术、通信技术的日益融合,多媒体网络技术的应用领域得到快速的发展。多媒体网络技术主要包括多媒体网络构建技术和多媒体网络通信技术,典型的多媒体网络应用技术包括视频会议系统、视频点播和交互式电视系统、即时通信系统等。多媒体网络技术与应用将网络的分布性和多媒体信息的综合交互性有机融合为一体,提供了全新的信息服务手段,广泛应用于视频服务、信息检索、远程教育等领域。

8.1 多媒体网络信息概述

8.1.1 多媒体网络信息的基本特点

多媒体网络信息是基于网络的多媒体数据,是多媒体技术和网络技术的有机组合,它不仅具有多媒体本身的特性,还同时具有网络的特性。

1. 数据量巨大

与传统网络通信数据相比,多媒体数据量很大,对存储空间和传输带宽要求非常高。在多媒体数据存储和传输过程中,为了尽可能地减少数据量,通常要对所传输的数据进行压缩,而现在高倍率的压缩以损失原始数据信息量为代价,降低了信息本身的质量。在很多情况下就不得不用静态、慢速或小画面等办法来限制数据量,这也影响通信质量。因此,要真正实现多媒体通信必须加大带宽,使得通信网络能适应多媒体数据量的增长。目前,大型多媒体网络服务通常采用服务器集群、负载平衡等技术手段提高多媒体服务质量。

2. 实时性

多媒体中的声音、动画、视频等数据对多媒体传输设备的要求很高,即使带宽充足,如果通信协议不合适,也会影响多媒体数据的实时性。例如,在语音通信时,偶尔的误码不要去纠正效果要比由于纠错重发而发生的语音停顿要好得多。一般来说,电路交换方式延时短,但占用专门信道,不易共享;而分组交换方式则延时偏长,且不适于数据量变化大的业务使用。很显然,这将要求通信网、通信协议及高层协议能适应这种需求。

3. 同步性

同步性是指在多媒体通信终端上显现的图像、声音和文字是以同步方式工作的。例如,用户要检索一个重要历史事件的片段,该事件的运动图像(或静止图像)存放在图像数据库中,其文字叙述和语言说明却放在其他数据库中。多媒体网络终端通过不同传输途径将所需要的信息从不同的数据库中提取出来,并将这些声音、图像、文字同步起来,构成一个整体的信息呈现在用户面前,使声音、图像、文字实现同步,并将同步的信息送给用户。

4. 交互性

多媒体系统的关键特点是交互性。这就要求多媒体通信网络提供双向的数据传输能力,这种双向传输通道从功能和带宽来讲都是不对称的。

5. 协同工作

目前的通信网络状况是多网共存,在未来的通信系统中,多网统一、业务综合和多媒体化应是发展的重点。现有的各类信息网络,包括电话网、计算机网,甚至电视网、广播网和新型信息网将集成为一个网络,不同的业务在其上运行,以一个插口、一个号码和一个体系面对用户。为达到这个目标,就需要通过网络传输来实现各种多媒体信息的传输。

8.1.2 多媒体网络信息的传输特性

多媒体网络信息具有信息量大、类型复杂、实时性、分布性和交互性等特点,不同的媒体在传输过程中体现出不同的传输特性。常见媒体的传输特性如表8-1所示。

表8-1 常见媒体的传输特性表

媒体类型	最大延迟/s	最大时滞/ms	速率/(Mb/s)	可接受的误码率
数值	0.001~1	—	<10	0
图形、图像	1	—	2~10	$<10^{-2}$
话音	0.25	10	0.064	$<10^{-2}$
视频	0.25	10	100	$<10^{-3}$
压缩视频	0.25	10	2~20	$<10^{-9}$

由表8-1可以得出不同媒体的不同传输特性,由于数值是由0和1组成,在传输过程中如果出现任何错误,都会导致数值发生变化,故数值传输不允许出现任何错误。

对于图形、图像而言,丢失或错很少的位不会影响图形的整体效果,网络的延迟也不会造成太大的影响。平均速率要求不高,但具有很强的突发性,因此可能造成图像的断裂和分片显示现象。

语音和视频属于连续媒体。对于语音信号,它要求的速率较低,实时性要求较高,最大可接受延迟应小于0.25s。如果采用分组交换方式的话,组与组之间的最大延迟即最大时滞应不超过10ms,否则同样会产生话音的不连续现象。

8.1.3 多媒体网络信息传输的技术指标

衡量多媒体网络信息传输的技术指标主要包括传输延迟、传输误码率、信号失真和服务质量(Quality of Service,QoS)4种。

1. 传输延迟

传输延迟(Transmission Delay)是指从信息发送端发出的一组数据到达信息的接收端所需要的时间,它包含了信号在传输介质中的传输时间、数据在发送端和接收端的处理时间及信号在通信子网中的转发延迟,是用户端到用户端的延迟。对于实时的音视频在网络中传输时,要求单程的传输延迟小于500ms,通常在150ms左右。在交互式的多媒体应用系统中,系统对用户指令信息的响应时间要求在1~2s之间。

2. 传输误码率

误码率是指单位时间内从发送端到接收端传错的码元与所传递的总码元的比值,是衡量传输介质性能的重要指标。不同的传输介质误码率也不同,光纤的误码率小于 10^{-10},双绞线的误码率小于 10^{-8}。

通常情况下,对电话系统中的语音误码率要求小于 10^{-2},而未经压缩的 CD 音乐则要求小于 10^{-3};压缩视频要求误码率小于 10^{-9}。可见,媒体在不同的系统中所要求的服务质量不同。

3. 信号失真

信号失真是由于信号在传输时,传输延迟变化不定而引起的,有时称为延迟抖动。在音频应用系统中,信号失真可能产生刺耳的怪响声。而人眼对视频信号失真相对而言不是很敏感。为了克服信号失真,应注意避免传输系统的抖动、噪声的相互干扰和流量控制节点拥塞等现象的出现。

4. 服务质量

服务质量是衡量网络性能的重要指标。不同的信息在服务质量方面要求也不同,传统的数据传输服务与多媒体信息传输就存在明显的差别。例如,在传统的数据传输服务中,文件传输服务(FTP)和邮件传输服务(SMTP)在服务质量上要求确保内容的正确性和完整性,而对时间不做要求;多媒体信息某种程度上则刚好相反,如音视频信息,如不能在指定的时间内到达,有可能失去传输的意义。

8.2 多媒体网络和通信技术

8.2.1 多媒体网络的性能要求

对于实时性较强的多媒体网络应用,一旦多媒体网络信息开始传输,就必须以稳定的速率传送到目标设备,以保证其平滑地播放。因此要求多媒体网络具有高带宽、高质量、同步服务、高可靠性和组播能力。

1. 高带宽

多媒体通信网络必须有足够高的带宽。因为多媒体网络应用的内容传输、交互、共享都需要实时性强,所以只有高带宽才能保证多媒体网络应用的实现。

一般来说,数字图像信号的传输需要 2～15Mb/s 以上的速率,CD 音质的声音信号的传输需要 1Mb/s 以上的传输速率。

2. 高质量

多媒体通信网络必须满足多媒体信息通信的实时性和可靠性要求以保证服务质量。在许多具有实时性和交互性要求的多媒体应用中,交互过程中视频、音频数据的平滑、无停顿和无抖动的快速响应和呈现能使用户获得较强的真实感。因此,需要降低多媒体信息传输的延迟时间。

3. 同步服务

多媒体的同步服务要求包括媒体流内的同步和媒体流间的同步。媒体流内的同步是指某种媒体流必须连续、流畅。例如,音频不能断断续续,视频不能卡顿。媒体流间同步是指多媒体信息之间整体协调,例如声音与图像同步。多媒体通信网络必须正确反映多媒体信息之间的相互约束和相互关联的关系,考虑延迟和抖动等诸多因素,实现多媒体信息的同步回放。

4. 高可靠性

高可靠性是指多媒体信息的无差错传递。衡量多媒体网络可靠性的重要指标是误码率。

在不同的网络协议层,可以分别计算位差错率、帧差错率和分组差错率。通常采用循环冗余检测方式(CRC)来确定一段时间内发生的误码情况。

5. 组播能力

多媒体网络应用不仅需要点对点通信,更需要多点通信。为了利用现有资源向用户提供高效、稳定的服务,需要用到组播技术。组播技术把相同的数据传送至相关的地址,可以有效地缓解带宽的压力。

8.2.2 多媒体通信网络

多媒体通信网络的主要功能是传输大量数字化的多媒体信息,实现多媒体信息的处理、交换和通信,以达到共享的目的。宽带通信技术经历了三次通信革命,形成了电信网、有线电视网和计算机网三种网络融合和交叉的多媒体通信网络。

1. 基于电信网的多媒体信息传输

典型的电信网有综合业务数字网(Integrated Service Digital Network,ISDN)和非对称数字用户线路(Asymmetric Digital Subscriber Line,ADSL)两种。

1) ISND

ISDN 俗称一线通。它的实现使得电话局和用户之间依然采用一对铜线,也能够做到数字化,并向用户提供多种业务,除了拨打电话外,还可以提供诸如可视电话、数据通信、会议电视等多种业务,从而将电话、传真、数据、图像等多种业务综合在一个统一的数字网络中进行传输和处理。ISDN 只需一个入网接口,使用一个统一的号码就能从网络获得所需的各种业务,性价比较高。

2) ADSL

数字用户线路(Digital Subscriber Line,DSL)是以铜质电话线为传输介质的传输技术,它专门用于为用户提供访问 Internet 服务的数字化接入方案。根据信号传输速度和距离的不同及上下行速率对称性的不同,可以将 DSL 技术分为高速率数字用户线路(High-speed Digital Subscriber Line,HDSL)、对称数字用户线路(Symmetric Digital Subscriber Line,SDSL)、超高速数字用户线路(Very High Speed Digital Subscriber Line,VDSL)、非对称数字用户线路和速率自适应数字用户线路(Rate Automatic adapt Digital Subscriber Line,RADSL)等。

HDSL、SDSL 支持对称的速率传输。其中 HDSL 采用 2~4 对的铜质双绞线,传输距离为 3~4km;SDSL 采用 1 对铜线,传输距离为 3km。对称 DSL 技术适应于企业点对点的连接应用,例如文件传输、视频会议等,因为在这些应用中数据的上传和下载都是比较频繁的。

对于一般用户来说,下载的信息比上传的信息要多得多,因此常采用非对称 DSL 技术。例如 ADSL 技术采用一对铜线,在 3~5km 距离范围内实现 640kb/s~1Mb/s 的上行速率和 1~8Mb/s 的下行速率。

2. 基于计算机网的多媒体信息传输

1) FDDI

光纤分布式数据接口(Fiber Distributed Data Interface,FDDI)是为了满足用户对网络高速和高可靠性传输的需求而制定的网络标准。它使用光纤作为传输介质,使用令牌传递作为介质访问控制方法,实现了 100Mb/s 的可靠网络传输速度。在网络普遍为 10Mb/s 传输速率的时期被广泛应用于 LAN 的主干部分。

2) 以太网

以太网(Ethernet)是当今局域网采用的最通用的通信协议标准,它基本上由共享传输媒体(如双绞线、同轴电缆)和多端口集线器、网桥和交换机构成。计算机、打印机和工作站通过电缆、网络通信设备相互连接。以太网中所有的设备依次使用传输媒体,包含有目标地址的数据帧被发送到所有节点,每个节点的媒体访问控制层中网络接口卡(Network Interface Card, NIC)都采用全球唯一的 MAC 地址标识,使得只有目标节点才会接收到数据。为了防止多节点同时发送数据,以太网采用了载波监听多路访问/冲突检测方法(CSMA/CD)。

3) ATM

异步传输模式(Asynchronous Transfer Mode,ATM)技术是在电路交换方式和高速分组交换方式基础上发展起来的一种新技术。它继承了电路交换方式中速率的独立性和高速分组方式对任意速率的适应性,并针对两者的缺点采取有效的对策,以实现高速传输综合业务信息的能力。ATM 是一种高速分组传送模式,它将各种媒体的数据分解成每组长度固定为 53 字节的数据块,并添加地址、优先级等信头信息构成信元,通过硬件进行交换处理以达到高速化。所以不仅可用于通常的数据通信传送正文和图形,而且可用于传输声音、动画和活动图像,能满足实时通信的需要,非常适合多媒体通信。

4) 宽带 IP 网

为了在 Internet 上实现多媒体通信,新一代宽带 IP 网络在现有网络技术和网络传输技术的基础上通过 IP 相关技术实现。宽带 IP 网具有传输距离远、速度快、延迟低、实时性好、误码率低、接入方便灵活、可靠性等许多优点,具有可管理性和可扩充性,支持高速上网、带宽租用、虚拟专用网(VPN)、窄带拨号接入、视频、话音等各种多媒体业务。

宽带 IP 网的网络结构主要由核心层、汇聚层和接入层构成。其中核心层和汇聚层的设计是至关重要的,因为核心层网络要负责实施数据的高速转发,而汇聚层的主要任务是扩大核心层节点的业务覆盖范围,它要为核心层组织资源、管理资源,以利于实现 IP 多媒体业务的应用。宽带 IP 网络接入层的主要功能是通过其网络节点将不同地理分布的用户快速有效地接入骨干网。通过 LAN、xDSL、Cable Modem 与 HFC、LMDS 等高速接入技术,使得宽带 IP 多媒体通信网络可以成功地服务于分布式多媒体的应用。

3. 基于有线电视网的多媒体信息传输

1) HFC

由于光纤到户和光纤到路边(FTTC)的成本很高,一时难以实现。AT&T 公司于 1994 年年初提出混合光纤/同轴电缆(HFC),首先瞄准的是 CATV 市场。HFC 与传统的 CATV 网相比,其优点是可以在同一媒介中同时传输多种业务,包括 POTS、广播模拟电视、广播数字电视、VOD、高速数字数据等。HFC 电缆链路的理论容量极大,可用带宽达 1GHz。HFC 把总带宽分成下行和上行两部分。下行又称为正向通道,主要应用于模拟有线电视、电话和数据下行、数字电视、VOD 点播下行、个人通信及新业务,每种应用占用不同的频带。上行又称为反向通道。使用这样的带宽,HFC 能够传送数以百计的广播、VOD 信号、电话及频带很宽的双向数字链路(如接入 Internet)。

HFC 的每一台光网络单元可以为几百套住宅提供服务。用于接入 Internet 时,一个典型的 HFC 系统能为连到同一子系统的多个用户提供共享的 10~25Mb/s 的带宽。HFC 传输的是模拟信号,适用于提供分配性视像业务;而 FTTC 传输的是数字信号,适用于交互式和数字型业务。

2) Cable Modem

电缆调制解调器又名线缆调制解调器(Cable Modem),它是近几年来随着网络应用的扩大而发展起来的,主要用于有线电视网进行数据传输。Cable Modem 技术可以比标准的 V.90 电话 Modem 技术快 100 倍以上的速度接入 Internet。

Cable Modem 与以往的 Modem 在原理上都是将数据进行调制后,可在电缆的一个频率范围内传输,接收时进行解调。传输机制与普通 Modem 相同,不同之处在于它是通过有线电视 CATV 的某个传输频带进行调制解调的。而普通 Modem 的传输介质在用户与交换机之间是独立的,即用户独享通信介质。Cable Modem 属于共享介质系统,其他空闲频段仍然可用于有线电视信号的传输。Cable Modem 彻底解决了由于声音图像的传输而引起的阻塞,其速率已达 10Mb/s 以上,下行速率则更高。

Cable Modem 也是组建城域网的关键设备,混合光纤同轴网(HFC)主干线用光纤,小区内用树形总线同轴电缆网连接用户,在 HFC 网中传输数据就需要使用 Cable Modem。

8.2.3 多媒体网络通信的关键技术

多媒体网络通信中的关键技术是多媒体网络提供多媒体服务的重要基础,主要包括多媒体信息加工处理技术、多媒体实时传输技术、多媒体同步技术。在构建多媒体网络通信系统过程中,常常采用标准化的多媒体网络通信协议标准。

1. 多媒体信息加工处理技术

由于多媒体技术中要处理大量的数据,包括音频、视频、静态图像和动态图像等,信息量大,结构复杂,实时性要求高,这就要在存储和传输等方面必须进行相关的信息加工处理。特别是对信源压缩编码和信道压缩编码提出了较高的要求。正如前面所讲,信源压缩编码主要的技术有无损压缩、有损压缩和混合压缩等,具体的如哈夫曼、预测编码和变换编码等技术;信道编码方面有诸如差分码和裂相码等相关技术。总的来说,数据压缩、解压缩、存储技术和处理速度等几个关键指标也是信息加工处理系统的核心问题。

2. 多媒体实时传输技术

由于多媒体网络是基于网络进行大量数据的传输,这就要求网络能提供多媒体通信和多媒体资源共享的基本功能。为了保证大量用户同时在线获得高质量的音频和视频等多媒体信息,这对多媒体网络提出了很高的要求,在传输方面承担着很大的压力,其中实时传输成为首当其冲要解决的问题。前面已分析过不同类型的媒体在存储和通信方面的开销,在信号数字化之后,数据量的差别也较大,因此对实时传输的要求也不同。下面以音视频的实时传输为例进行论述。

1) 音视频的实时传输

音频信息在数字化之后的数据量相对视频而言较小一些,普通声音质量要求的带宽约为 64Kb/s,即使是高保真(HiFi 标准)的要求也只有 704Kb/s,为了保证音频信息的质量,多数多媒体网络采用 ADPCM(Adaptive Differential Pulse Code Modulation)编码调制技术。在目前的网络系统中对以上的要求均比较容易实现,理论上完全可以提供高质量的音频信息。在音频信息实时传输过程中需根据不同的底层网络系统采用不同的传输协议和数据交换技术来传输大小适中的数据包,应根据不同的业务和具体条件采用合适的延迟限制,但不能超过 0.25s。

2) 视频信息的实时传输

视频信息数字化后数据量很大,这要求传输系统有较高的性能。不经压缩的视频信息如果以 30 帧/秒的帧速率播放的话,大约需要 240Mb/s 的传输速率,这就给传输带来很大的困难。所以对于视频信息要达到实时性的目的,除了进行压缩外,还需相关协议的支持。例如,依据视频的特点与人眼的特性,可以容许视频数据帧偶尔发生错误或丢帧情况,直接用相邻帧代替而不是要求信息源重发数据帧,从而节省时间开销,提高视频传输的实时性。

当然,使用合理的传输协议也是至关重要的。对于在传输层仅支持 TCP 和 UDP 的网络系统,尽可能使用 UDP 协议传输视频信息,因为 UDP 协议的工作特性能更好地满足视频传输要求。首先,UDP 是无连接服务,减少了 TCP 三次会话握手的时间开销;其次,UDP 在传输层不进行检错和纠错问题,而将这些任务交给高层处理,大大减轻了网络负担,而有效地利用了用户主机的闲置运算资源;最后,UDP 与 TCP 不同的是,UDP 不仅支持一对一,同时支持一对多的通信模式,即同一份数据包可以通过复制发往不同的目的地,从而在很大程度上减轻了视频服务器的负荷和网络传输负担,进一步保证了视频传输的实时性要求。其实 UDP 并不是唯一的选择,随着流媒体技术的发展,作为专门为交互式话音、视频和仿真数据等实时媒体应用而设计的轻型传输协议 RTP 受到越来越多的重视,被广泛应用于各种多媒体传输系统中。

实际上,保证视频传输的实时性,不仅要做到以上分析的一般情况,对于具体的条件还要做具体分析。例如,对于窄带的网络环境中应用视频会议系统,由于每一帧相对运动较少,动作幅度和速度都不会很大,在网络带宽受限的情况下可以适当减少每秒钟的帧数目,只要在视觉可以接受的范围内都是可以考虑的。既保证了视频会议对实时性的高要求,又不影响应用的效果。

3. 多媒体同步技术

多媒体同步技术始终贯穿着多媒体技术发展的进程,其原因在于多媒体是多种媒体在时间和空间方面的有机组合,故各种媒体之间的时空关系显得尤为重要。解决多媒体时空同步问题有很多方法,比较常见的有反馈法、时间戳法和缓冲法。

1) 时间戳法

此方法是在采集相关的各种媒体数据时,通过分析它们之间的内部时间关系,在数据上标上与时序相关的时间戳标识,具有相同时间戳的媒体数据要求同时传输和播放。在实际的实现过程中,一般设定一个主媒体和一个或多个从媒体,从媒体以主媒体为参考点,以达到各种媒体的同步。该方法是多媒体同步技术中较为常用和有效的方法。

2) 缓冲法

缓冲法主要的思想是通过在相关的发送和接收系统中设置一定大小的缓冲空间,当数据传输较快时,将其放入缓冲区中,防止淹没现象的发生;当数据传输较慢时,从缓冲区中取出数据,防止影响正常的播放速度,保证整个过程的流畅和稳定性。

3) 反馈法

反馈法不仅用于媒体数据,同时也适用于普通的数据同步和流控问题。其主要思想是通过将已收到的数据情况通知发送方,发送方依据接收方反馈回来的信息确定要传输的数据位置和数量,从而达到稳定的传输状态。众所周知的 TCP 协议中使用的滑动窗口机制,其原理就是如此。所以,反馈法主要解决单媒体同步问题。

4. 多媒体通信协议标准化

针对不同的多媒体通信网络,为了实现多媒体通信应用,制定了不同的多媒体通信协议标准。这些标准大都涉及多媒体信息的处理方法,多媒体信息压缩/解压缩的编码方法,多媒体信息的实时传输和同步技术,多媒体信息传输的控制技术等。

在电信网络上,如 PSTN、ISDN 上的多媒体通信的协议包括 H.320、H.323 和 H.324 标准。在 8.3 节将对这些协议进行详细描述。

在 IP 网络上,支持实时视听数据传输的协议构成了多媒体应用协议套,其中最重要的协议包括以下 7 种:

(1) 实时传输协议(Real-Time Transport Protocol,RTP)。位于应用层和 UDP 之间,用于传输包括声音和视频等实时数据的协议。

(2) 实时控制协议(Real-Time Control Protocol,RTCP)。与实时协议一起工作的传输控制协议,用于在发送者和接收者之间交换控制实时数据传输的消息。RTCP 每隔一定时间传送内含控制消息的数据包,用于测定向接收者传送信息的质量。

(3) 实时流播协议(Real-Time Streaming Protocol,RTSP)。网上传输实时的、现场的或存储的声音、视频和动画的控制协议,允许用户控制播放方式,如快播、慢播和暂停。

(4) 资源保留协议(Resource Reservation Protocol,RSVP)。为"带宽按需调配"开发的传输协议,允许应用程序请求保留专用的带宽,可保障某种程序的服务质量。

(5) 会话启动协议(Session Initiation Protocol,SIP)。在 IP 网上建立呼叫的协议。SIP 借助 HTTP 和 SMTP 等协议,为多媒体应用定义了分布式结构,用于网上多个用户之间发起、管理和结束任何形式的通话,包括电视、声音、文字、聊天、互动游戏和虚拟现实。SIP 与 H.323 类似,但比较简单,使用的资源也少,因此有可能会替代 H.323。

(6) 会话描述协议(Session Description Protocol,SDP)。描述流媒体初始化参数的格式,如会话通告和邀请参与会话。可与实时传输协议和会话启动协议连用。

(7) 会话通告协议(Session Announcement Protocol,SAP)。用于向参与多目标广播(Multicast)的潜在主机发布广播会话消息。在主机中执行 SAP 协议的程序可监听公认的多目标广播地址,并接收和组织广播源发送的所有广播通告。SAP 发布的广播通告使用会话描述协议定义的格式,而实际的广播会话使用实时传输协议。

8.3 多媒体通信系统

随着计算机网络技术、多媒体技术的飞速发展,多媒体通信技术为满足人们在网络上传播、获取多媒体信息的需要提供了可能,逐渐发展成为企业、学校增强经济效益和社会效益的重要辅助工具。本节将介绍多媒体应用系统的一些典型代表,主要有可视电话、视频会议系统、视频点播/交互式移动电视系统、IP 电话、即时通信系统等方面的应用与发展。

8.3.1 可视电话

人们一直追求在模拟电话线路上实现视听通信,初期的可视电话产品需要使用 ISDN 电话线以高于普通模拟电话线的速率来传输电视图像和声音。随着 28.8kb/s 调制解调器的出现,使得许多可以在模拟电话线上使用的第一代可视电话产品出现,但随之带来了不同可视电话产品协同工作的问题。

国际电信联盟采纳的可视电话标准 H.324,指定了一种普通的方法,用来在用高速调制解调器连接的设备之间共享电视图像、声音和数据。H.324 是第一个指定在公众交换电话网络上实现协同工作的标准,为下一代可视电话产品的市场增长打下了基础。

1. 可视电话系列标准

H.324 系列是一个低位速率多媒体通信终端标准。它主要包括:

(1) H.263:电视图像编码标准,压缩后的速率为 20kb/s。

(2) G.723.1：声音编码标准，压缩后的速率为 5.3kb/s(用于声音＋数据)或者 6.3kb/s。

(3) H.223：低位速率多媒体通信的多路复合协议。

(4) H.245：多媒体通信终端之间的控制协议。

(5) T120：实时数据会议标准(可视电话应用中不一定是必需的)。

H.324 使用 28.8kb/s 调制解调器来实现可视电话呼叫者之间的连接，调制解调器的连接一旦建立，H.324 终端就使用内置的压缩编码技术把声音和电视图像转换为数字信号，并且把这些信号压缩成适合模拟电话线的数据速率和调制解调器连接速率的数据，通过控制协议控制数据的传输，通过复合协议将多路数据进行整合。

2．可视电话产品类型

采用 H.324 标准的可视化电话机类型主要有以下几种：

(1) 标准型可视电话：在普通的移动和非移动型电话机上安装摄像机和 LCD 显像器。

(2) 基于 TV 的可视电话：在电视机上加入多媒体电话终端，使用电视机作为可视电话的电视显示器。

(3) 基于 PC 的可视电话：在普通 PC 上配置图像数字化卡和声音卡，用彩色显示器显示图像，用计算机内部的处理器对图像和声音进行压缩解压缩，并且用 28.8kb/s 或者 56K 调制解调器连接其他的可视电话终端，最后在 PC 上安装执行 H.324 系列标准的可视电话软件，这样就可以使得 PC 具备可视电话终端的功能。

3．可视电话系统结构

H.324 多媒体可视电话系统结构如图 8-1 所示。该系统由 H.324 多媒体电话终端、PSTN 网络、多点控制设备(MCU)和其他的输入输出设备组成。

(1) 多点控制设备。

对网络上的多个 H.324 多媒体电话终端之间进行多点通信，也可与综合业务数字网上的可视电话系统和移动无线网络上的可视电话系统等多媒体通信系统进行联用。

(2) 公用电话交换网络。

公共交换电话网络是一种常用旧式电话系统。人们日常生活中常用的电话网，是一种以模拟技术为基础的电路交换网络。

(3) 调制解调器(V.34/V.8)。

调制解调器的功能包括两种，一种是把来自"多路复合/多路分解(H.223)"模块的同步多路复合输出数据位流转换成能够在 PSTN 网络上传输的模拟信号；另一种功能是把接收到的模拟信号转换成同步数据位流，然后送给"多路复合/多路分解(H.223)"模块进行分解。"调制解调控制(V.25ter)"用于自动应答设备和自动呼叫设备的通信过程。V.34/V.8 是在 PTSN 网络上启动数据传输会话过程的协议。

(4) 多路复合/多路分解。

它提供两种功能：一种功能是把要传输的电视、声音、数据和控制流信息复合成单一的数据位流；另一种功能是把接收到的单一位流分解为各种媒体流。此外，它还执行逻辑分帧、顺序编号、错误检测、通过重传校正错误等。

(5) 电视编译码器。

使用 H.263 或者 H.261 标准对电视图像进行编码和解码。

(6) 声音编译码器。

使用 G.723.1 标准对来自麦克风的声音信号进行编码，然后传输到对方，并对来自对方的声音进行译码,输出到喇叭。图 8-1 中的"接收通道延时"模块用于补偿电视信号的延时,以维持声音和电视的同步。

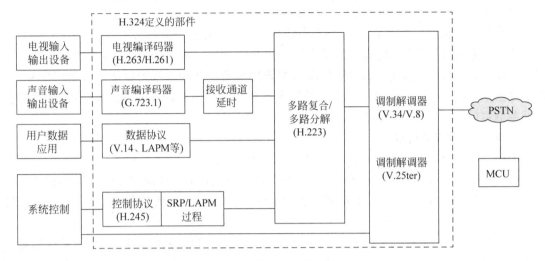

图 8-1 可视电话系统结构

(7) 数据协议(V.14、LAPM 等)。

此协议为所支持的数据应用协议标准,例如电子白板、T.120 实时数据会议标准等。

(8) 控制协议(H.245)。

H.245 是多媒体通信控制协议,提供了 H.324 终端之间的通信控制。它定义了流程控制、加密、抖动管理及用于启动呼叫、磋商双方要使用的特性和终止呼叫等信号。此外,它也确定了哪一方是发布各种命令的主控方。

(9) 输入输出设备。

输入输出设备包括电视输入输出设备、声音输入输出设备、数据应用设备(如计算机)、PSTN 网络接口和用户系统控制、用户界面和操作等模块。

8.3.2 视频会议

视频会议系统是通过网络通信技术来实现的虚拟会议,使地理上分散的用户可以共聚一处,通过图像、声音、视频等多种方式交流信息,从而使人们能远距离进行实时信息交流与共享,开展协同工作。图 8-2 给出了一个企业视频会议系统的界面。

视频会议系统已经有几十年的发展历史,大致可分为三个发展阶段:第一阶段是基于数字通信网如 SDH、DDN 等的视频会议系统,以 H.320 系统为典型代表;第二阶段是基于 ISDN、ADSL 网络的视频会议系统;第三阶段是基于 LAN 和 Internet 的视频会议系统,以 H.323 系统为技术代表。

从功能来看,视频会议有音频通信、视频通信和数据通信三大功能。从应用来看,会议电视可以应用于技术交流、教学培训、例行会议、汇报工作、传达精神、军事指挥、现场直播、采访新闻、远程医疗、实时股评等场合。

1. 视频会议系统的类型

按照视频会议系统功能的实现方式来分类,可分为基于硬件、基于软件和基于网络的三种视频会议系统。

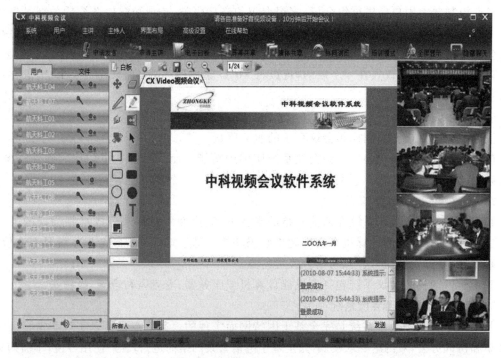

图 8-2 电视会议系统显示界面

1) 基于硬件的视频会议系统

基于硬件的视频会议系统使用专门的硬件设备来实现视频会议,系统造价较高,对网络要求高,需要专线来保证网络通信,但系统使用简单,维护方便,视频质量较好。

基于硬件的视频会议系统主要由视频会议终端、MCU(多点控制器)、信道(网络平台通信系统)、控制管理软件和配件组成,如图 8-3 所示。

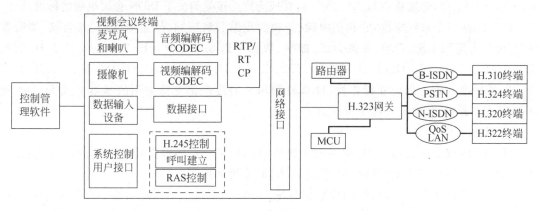

图 8-3 基于硬件的视频会议系统结构

视频会议终端的主要功能是完成视频、音频信号的采集、编辑处理及显示输出,视频、音频信号的压缩编码和解码,将符合国际标准的压缩码流经线路接口送到信道,或从信道上将标准压缩码经线路接口送到终端。此外,终端需要形成通信的各种控制信息,包括同步控制和指示信号;定义并形成远端摄像机的控制协议、帧结构、呼叫规程及多个终端的呼叫规程、加密标准、传输密钥及密钥的管理标准等。视频会议终端包含桌面、机顶盒和会议室三种类型。

多点控制器为用户提供群组会议、多组会议的连接服务,是视频会议系统的关键设备。其主要功能是对视频、语音及数据信号进行切换,通过 MCU 把某会场发言者的图像信号切换到所有会场,可以混合处理多个同时发出的语音信号,并选出最高的音频信号,切换到其他会场。在实际应用中,如果会议点在 4 个以内,可以将 MCU 集成到终端;如果超过 4 个,则需要考虑使用专门的 MCU 设备。

信道是视频会议系统用来通信的线路,如 PSTN、ISDN、DDN、LAN、WAN、IP 和卫星网等。信道的性能直接影响到视频会议系统的服务质量。

控制管理软件为用户提供视频会议系统使用的功能界面。通过它协调使用硬件资源,实现视频会议的组织和实施。它也可以提供视频会议的加密、解密功能。

2) 基于软件的视频会议系统

基于软件的视频会议系统在通信网络的支持下,完全使用软件来完成视频会议的硬件功能,主要是借助高性能的计算机来实现硬件解码功能。基于软件的视频会议系统具有造价低、便于移动、部署方便、维护量小、易于升级等特点。

基于软件的视频会议系统包括高性能计算机或服务器、麦克风和音响、摄像头。

3) 基于网络的视频会议系统

基于网络的视频会议系统是完全基于因特网而实现的。其特点是可以实现非常强大的数据共享和协同办公,对网络要求极低,完全基于电信公共网络的运营,客户使用方便,不需购买软硬件设备,只需交费即可,视频效果一般。利用模拟的闭路有线电视系统可实现单向视频会议。

2. 视频会议系统的国际标准

与视频会议系统有关的重要标准是 H 系列和 T 系列标准。H 系列标准是专门针对交互式电视会议业务的,而 T 标准则是针对其他媒体的管理功能。

1) H.320 协议

H.320 协议是用于 ISDN 上的群视会议标准,是 1990 年通过的第一套国际标准协议。它支持 ISDN、E1 和 T1,带宽从 64kb/s~2Mb/s,并成为广泛接受的关于 ISDN 会议电视的标准。

H.320 是一个系统标准,它包括视频、音频的压缩和解压缩、静止图像、多点会议、加密等特性,可分为通用系统、音频、多点会议、加密、数据传送 5 个部分。H.320 主要包括 H.221、H.230、H.261、H.263、G.711、G.721、G.722、G.728、H.231、H.243、H.244、H.281、H.233、H.234 等标准。为了保证互操作性,H.320 要求所有终端都支持通用的基本方式 H.261 视频和 G.711 音频,其他方式都是可选的。

2) H.323 协议

H.323 协议是一种基于 IP 网络的多媒体通信标准。它能够支持实时性的语音、图像和数据通信。"IP 网络"主要指以太网、快速以太网、令牌环网。

H.323 描述了将实时语音、图像数据传输到 PC 和视频电话中所需要的设备和服务。它采用先进的 TCP/IP 技术,提供多层次的多媒体通信,可以建立点播型、交互式多媒体会议。在共享数据的同时,用户之间具有视听功能。H.323 参考了其他 ITU-T 标准,提供系统和组件描述、呼叫模型描述及呼叫信号处理。

H.323 系列是一个高速率多媒体通信终端标准,视频采用 H.261 和 H.263 为编/解码标准,H.261 为 P×64kb/s 下的音/视频业务的视频编码解码器,H.263 为低速率通信的视频编码解码器。音频方面除了采用 G.711、G.722、G.728 外,还包括 G.723。信道使用 H.225 帧格式,通信呼叫由 H.245 进行控制。

3) T.120 系列标准

ITU-T.120 是用于数据和图形会议的国际标准。它支持点到点及多点数据和图形会议，具有一系列非常复杂、灵活和有效的功能，包括支持非标准的应用协议。

T.120 与网络无关，在 ISDN 上使用 H.320，在 LAN 上使用 H.323，在 POTS 话音/数据调制解调器上使用 H.324 的终端都可参加同一个 T.120 会议。

T.120 本身不包括音频和视频，但能与 H 系列多媒体标准协调工作。在基础设施上定义了 T.120 应用协议，例如 T.126 用于静止图像传输和注释，T.127 用于多点二进制的文件传送。

8.3.3 视频点播/交互式电视系统

视频点播（VOD）和交互式电视（ITV）同属于交互视频服务。从电信部门角度可以把交互视频服务看成一种业务，称为 VOD，用户终端既可以是电视机加机顶盒，也可以是一台个人计算机。从广播电视的角度把交互视频服务看成是一种电视系统，称为 ITV，用户的终端是电视机，并需要一种称为机顶盒的交互设备。

1. VOD 和 ITV 概述

VOD 是综合了计算机技术、通信技术、电视技术而迅速新兴的一门综合性技术。它利用了网络和视频技术的优势，将多媒体信息集成起来，为用户提供具有实时性、交互性、自主性功能的多媒体点播服务系统。VOD 系统可以增加用户与节目之间的交流。

ITV 成功地将传统电视和因特网结合在一起。它既拥有传统电视的群众基础，又具有因特网的强大交互能力。ITV 保留了传统的观看习惯，又可自主地按需获取各种网络服务，包括视频服务、数字图书馆服务、多媒体信息服务等，实现了语音、数据、图像等多媒体信息实时、交互的传送和播放。

2. VOD 和 ITV 的系统结构

VOD 和 ITV 都是具有媒体服务器和网络交换机的多层次结构，主要包括视频源、视频存储和分配设备、节目交换和路由设备、系统管理软件、通信设备和用户端设备。

图 8-4 所示是 VOD 系统的一般结构。VOD 系统主要由视频服务端、传输网络和用户终端设备组成。在这种系统中，多媒体数据要经过压缩、存储、检索，并通过网络传送到目的地，然后解压缩，并在接收设备上同步演播。

1）视频服务端系统

视频服务端系统用于管理视频资料源及其视频服务系统，主要由视频服务器、档案管理服务器、内部通信子系统和网络接口组成，如图 8-5 所示。

视频服务器主要由存储设备、高速缓存、控制管理单元、网络接口及视频库管理软件等组成，其目标是实现对媒体数据的压缩和存储，以及按请求进行媒体信息的检索和传输。对于交互式的 VOD 系统，服务端系统还需要实现对用户实时请求的处理、访问控制、VCR 功能（如快进、暂停、重播）的模拟。

档案服务器主要承担用户信息管理、计费、影视材料的整理和安全保密等任务，它们承担视频服务器与用户之间的会话管理和 VOD/ITV 系统

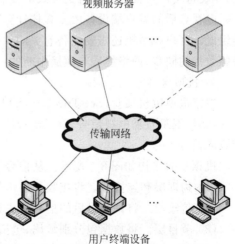

图 8-4　VOD 系统结构

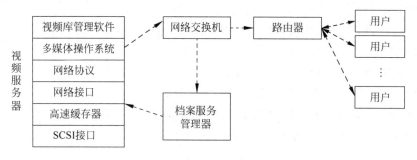

图 8-5 VOD 的服务系统

的服务管理。内部通信子系统主要完成服务器间信息的传递、后台影视材料和数据的交换。网络接口主要实现与外部网络的数据交换,并提供用户访问的接口。

2) 网络系统

网络系统主要包括主干网络和本地网络两个部分。用于建立这种服务系统的网络物理介质主要是 CATV 的同轴电缆、光纤、双绞线和无线网。用户可以利用双绞线连接 ADSL 的用户线,使用同轴电缆连接 Modem 设备,也可以使用光纤同轴电缆混合 HFC 接入方式或光纤用户环路 FTTC(FTTB)接入方式来连接网络系统。

广电部门一般采用 HFC 技术,在 CATV 系统中播放节目。采用的网络技术主要是快速以太网、FDDI 和 ATM 技术。

3) 客户端系统

根据不同的需求和应用场合,VOD 提供了 NVOD、TVOD 和 IVOD 三种点播方式。

(1) NVOD(Near Video-On-Demand)称为就近式点播电视。这种电视点播方式是多个视频流一次间隔一定的时间启动发送同样的内容,一个视频流可能被许多用户共享。

(2) TVOD(True Video-On-Demand)为真实点播电视,它真正支持即点即放。视频服务器为每个点播即时传送所要的视频内容,无论点播内容是否相同。一旦视频流开始播放,就要连续不断地播放下去,直到结束为止。

(3) IVOD(Interactive Video-On-Demand)是交互式点播电视。它不仅可以支持即点即放,还支持用户对视频流进行交互式的控制。这种点播操作如同使用传统的录像机。

电视点播的客户端设备由多媒体计算机、Cable、Modem 或电视机、机顶盒、视频点播遥控器组成。客户端系统还需要配备有关的软件,解决连续媒体播放时的媒体流缓冲管理、声音与视频数据的同步、网络终端与演播中断的协调等问题。

4) 机顶盒

数字电视机机顶盒(Set Top Box,STB)主要用来扩展电视机的功能。它可以把地面数字电视信号、卫星直播电视信号、有线电视网数字信号及因特网数字信号转换成模拟电视机可以接收的信号。

机顶盒的结构如图 8-6 所示。从信号处理和应用操作上看,机顶盒包含以下部分:

(1) 物理层和连接层。将接收到的信号调制成方便处理的信号。

(2) 传输层。将调制以后的信号分成视频、音频和数据包。

(3) 节目层。将数据包分别解码,包括 MPEG-2 视频解码、MPEG/AC-3 音频解码。

(4) 用户层。包括服务信息、节目表、图形用户界面、浏览器、遥控、条件接收、数据解码。

(5) 输出接口。包括模拟视音频接口、数字视音频接口、数据接口、键盘及鼠标等。

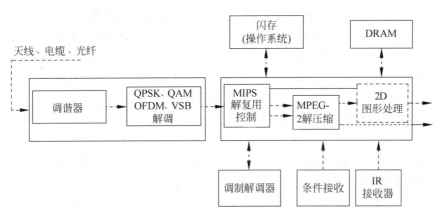

图 8-6 机顶盒的结构

8.3.4 IP 电话

IP 电话是在 IP 网络进行的呼叫和通话,而不是在传统的公众电话交换网络进行的呼叫和通话。只要收发双方使用同样的专有软件,或者使用与 H.323 标准兼容的软件,就可以进行自由通话。通过 Internet 电话服务提供者,用户可以在 PC 与 IP 电话之间,或 IP 电话与 IP 电话之间通过 IP 网络进行通话。

1. IP 电话通话过程

IP 网络传送声音的基本过程如图 8-7 所示。

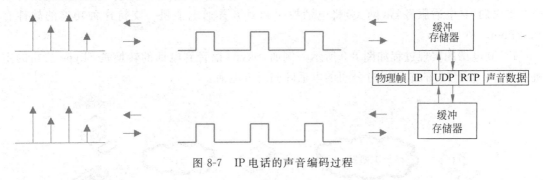

图 8-7 IP 电话的声音编码过程

来自麦克风的声音在声音输入装置中转换为数字信号,生成"编码声音样本"输出。这些输出样本以帧为单位(如 30ms 为一帧)组成声音样本块,并复制到缓冲存储器。

IP 电话应用程序估算样本块的能量。静音检测器根据估算的能量确定这个样本块是作为"静音样本块"处理还是作为"说话样本块"处理。

如果样本块是"说话样本块",就选择一种算法对它进行压缩编码,算法可以是 H.323 推荐的任何一种声音编码算法或者 GSM 算法。

在样本块中插入样本块头信息,然后封装到用户数据包协议(UDP)套接接口(Socket Interface)成为信息包。

信息包通过物理网络传送,通话的另一方接收到信息包之后去掉样本块头信息,使用相应的解码算法重构声音数据,写入到缓冲存储器。再从缓冲存储器中把声音信号输出到声音输出设备,转换成模拟信号,完成一个声音样本块的传送。

IP 电话和 PSTN 电话的主要差别在于它们的交换结构。PSTN 电话是在线路交换网络上为每对通话都分配一个固定的带宽，通过中央局建立连接，然后双方就可进行通话。使用IP电话时，用户输入的电话号码转发到位于专用小型交换机PBX和TCP/IP网络之间最近的IP电话网关上，IP电话网关查找通过Internet到达被呼叫号码的路径，建立呼叫。IP电话网关把声音数据装配成IP信息包，在TCP/IP网络上传送IP信息包。对方的IP电话网关接收到IP信息包后，还原信息并通过小型交换机转发给被呼叫方。

2．IP电话的三种类型

1）PC到PC

通话双方同时利用计算机连上Internet，然后利用多媒体处理软件实现声音的传送。这种方式需要应用软件的支持，适用的软件有NetMeeting、Skype等。

软件将从麦克风收集的声音通过声卡转换成数字信号，并压缩后通过网络将这些信号传送到接收方一端，再由接收方PC上的软件将所收到的信号解压缩，通过声卡转换为模拟信号后由音箱或耳机播放，从而完成整个通话过程，如图8-8所示。

图8-8　IP终端与IP终端之间的通话

2）PC到电话

这种方式与"PC到PC"技术比较接近，通话时一方利用PC连上Internet，然后通过商业公司提供的IP电话服务器（网关）将电话拨叫到对方普通电话机。支持这种功能的软件有Net2Phone和Skype。

PC到电话的实现过程如图8-9所示。例如，Skype语音到电话的转换是Skype公司的主机完成，Skype公司的主机通过公司的电话呼叫对方电话。

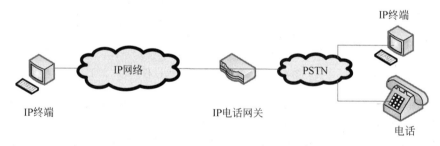

图8-9　IP终端与电话终端之间的通话

3）电话到电话

电话到电话可分为三种应用形式：第一种是通话双方将电话与PC相连，用户通过操作电话进行单点到单点的通信。第二种是通信双方通过上网账号和专用的IP电话设备进行拨叫和通话功能。第三种是由IP服务提供商提供的IP电话服务，主要用于长途通信，在通话双方的IP网络接入点配置有电话接入功能的网关，进行IP信息包和声音之间的转换及控制信息的传输。用户在使用的时候，在电话号码前面加上一串特服号码，再直接拨打对方的电话号码。

8.3.5 即时通信系统

即时通信系统是指使用因特网技术,允许人们实时地传输文本、语言、视频和数据文件等信息软硬件系统。早在 1996 年,美国在线(American On Line,AOL)就率先开展了即时通信业务,不过用于收费服务。同年,一名为 Mirabilis 的以色列先驱者发布了命名为 ICQ 的免费即时通信服务,对 AOL 的业务构成了极大的威胁。1998 年,AOL 决定发布自主的免费业务并收购了 ICQ。几年来,即时通信(Instant Messaging,IM)市场迅速发展,新的软件层出不穷。现在最著名的包括 QQ、MSN。

1. 即时通信系统的基本流程

Internet 中实现通信主要依赖于 TCP/IP。通信双方根据对方的 IP 地址和端口号就可以互发数据包来实现通信。用户利用 Internet 实现通信,首先每个用户应该有一个唯一的标识,用于在 Internet 中作为确认用户的标志。由于实际应用中用户每次与 Internet 相连所使用的 IP 地址和端口号一般是不固定的,因此不能用 IP 地址作为用户的标识。用户的标识必须用专门的机制产生。为了能够保证用户可以互相发现,每个用户在使用即时通信时,首先要将自己的标识和所使用的 IP 地址和端口号(定位信息)进行发布,也就是把定位信息放在一个所有用户均可以找到的地方(常规的即时通信系统采用固定的服务器,但也可以不依赖固定的服务器)。用户通过查询获得其他用户的标识和 IP 地址、端口号,从而建立用户之间的联系,实现通信。用户之间的通信既可以由服务器转发,也可以进行点到点的直接通信。

2. 即时通信系统的结构

即时通信系统主要分为服务器端、客户端和注册数据库三大部分,如图 8-10 所示。

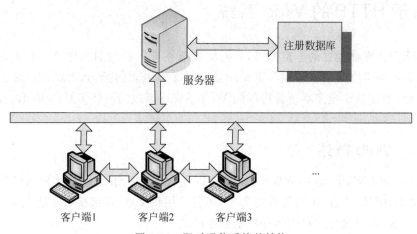

图 8-10 即时通信系统的结构

软件主要包括节点命名和信息资源命名模块、节点定位模块、通信模块及其他具体的功能服务模块等部分。

即时通信系统的核心功能模块如下:
(1) 节点命名模块实现对节点的命名,从而为区分不同用户创造条件。
(2) 共享信息资源命名模块实现对用户提供的可共享文件信息资源命名。
(3) 节点定位模块实现不同在线用户在 Internet 上位置的确定。
(4) 通信服务接口模块是即时通信系统的核心功能模块和具体功能模块之间的接口。具体功能服务模块的实现在通信服务接口中映射为一组 API 的调用。

即时通信系统为用户提供的具体功能服务模块如下：

(1) 聊天服务实现用户之间直接通信和好友上线提醒。

(2) 信息资源索引提供位于在线用户计算机上的共享文件索引。

(3) 节点索引提供在线用户索引。

(4) 系统互联提供一个开放的接口，以便与非本系统用户互连。

(5) 代理服务为不能直接建立通信的用户提供代理。

(6) 可以根据需要为用户扩展新功能，如电子白板、在线游戏等。

3．即时通信的协议及采用的编码

目前即时通信主要有 4 种协议：即时信息和出席协议（Instant Messaging and Presence Protocol，IMPP）、出席和即时信息协议（Presence and Instant Messaging Protocol，PRIM）、针对即时消息和出席平衡扩展的回话初始化协议（SIP for Instant Messaging and Presence Leveraging Protocol，SIP/SIMPLE）及扩展的消息和出席协议（Extensible Messaging and Presence Protocol，XMPP）。

由于即时通信系统一般是在原有视频会议（H.323 或 SIP 系统）基础上发展起来的，因此从理论上说，视频会议系统采用的音视频编码协议均可以直接移植到即时通信系统中。只是早期的视频会议系统采用的视频编码技术主要采用的是 H.261 或 H.263 协议，近年来随着MPEG-4 和 H.264 编码标准的不断完善，越来越多的视频通信开始采用新的编码方式，其中包括即时通信系统。音频编码采用比较多的是 PCMA 律和 μ 律、GSM 及 G.723.1。音视频编码首先采用 RTP 协议封装，然后基于 UDP 方式传输。

8.4 基于 HTTP 的 Web 系统

随着网络上多媒体信息的丰富发展，如何将散落在世界各地的多媒体信息有效地组织并进行传递成为网络多媒体信息管理的重要问题。超文本概念的提出，万维网技术及超文本传输协议的出现，使得基于超文本传输协议的 Web 系统逐渐成为网络多媒体应用的重要应用领域之一。

8.4.1 Web 概述

万维网（World Wide Web，WWW）是一种以超文本方式组织信息的特殊的网状结构框架，它支持文本、图像、声音、影视等数据类型，而且使用超文本、超链接技术能把全球范围内的信息链接在一起，所以也称为超媒体环球信息系统。

Web 中的信息资源主要由 Web 页构成。Web 页采用超文本格式，可以含有多种类型的超链接，以便指向其他文档、Web 页或特定标记位置。Internet 上无数个 Web 页和超链接组成了交叉结构的巨大信息网。

1．Web 的体系结构

Web 系统采用客户端/服务器体系结构，其中包括 Web 服务器、服务器软件和客户端。

Web 服务器是基于 Internet 传输协议和快速信道的高性能计算机，它的任务是根据用户要求提供所需要的多媒体信息。目前的 Web 服务器具有支持 Internet 上分布式超文本的访问、Internet 的音频和视频服务、通信和协作服务、动态地组织用户所需的信息与数据库的应用操作等许多功能。

服务器软件就是 Web 服务器的管理软件,常见的有 IIS(Microsoft Internet Information Server)、PWS(Microsoft Personal WebServer)、Apache HTTP Server 等。

Web 客户端可以是一般的 MPC,通过客户端上的浏览器访问来自 Web 服务器的多媒体信息内容。常见的浏览器软件有 Internet Explorer、FireFox 等。

2. 基于 HTTP 的 Web 系统工作过程

超文本传输协议(Hypertext Transfer Protocol,HTTP)是 WWW 浏览器和 WWW 服务器之间的应用层通信协议,是基于请求/响应模式的(相当于客户端/服务器),主要用于从 WWW 服务器传输超文本到本地浏览器。它不仅保证计算机正确快速地传输超文本文档,还确定传输文档中的哪一部分,以及哪部分内容首先显示(如文本先于图形)等。目前主要使用 HTTP1.1 版本。

总体来说,基于 HTTP 的 Web 系统工作过程是 Web 服务器存储和管理超文本文档和超链接,并响应 Web 客户端浏览器的连接请求,向 Web 客户端浏览器发送多媒体信息。

1) 客户端

Web 系统中的每一页面都可以含有与其他相关页面的链接,这些页面可能跨越很远的距离分散在不同的机器上,用户可以跟随一个链接到所指向的页面。页面通过浏览器的程序对其进行访问,浏览器取来所需的页面,解释它包含的文本和格式化命令,并以适当的格式在屏幕上展示。

2) 服务器端

每个服务器站点都有一个服务器监听端口,用于查看是否有从客户端传来的连接请求。在连接建立以后,每当客户发出一个请求,服务器就发回一个应答,传送相应的页面信息,然后释放连接请求。Web 系统的工作原理如图 8-11 所示。

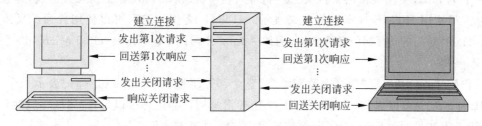

图 8-11　Web 系统的工作原理

具体包括以下的工作步骤:

(1) 浏览器确定 URL(Uniform Resource Location,统一资源定位器),即要访问的页面,如 Http://www.edu.cn。

(2) 浏览器向域名服务器(Domain Name System,DNS)询问 www.edu.cn 的 IP 地址。

(3) 域名服务器以主机地址作应答。

(4) 浏览器与 IP 地址对应的远程计算机的相应端口建立一条 TCP 连接。

(5) 浏览器发送 GET 命令获取远程计算机上的主页面 index.html。

(6) www.edu.cn 服务器发送文件 index.html。

(7) 释放 TCP 连接。

(8) 浏览器显示 index.html 中的正文和图像。

总之,基于 HTTP 协议的 Web 系统的信息交换过程可以总结为建立连接、发送请求信息、发送响应信息、关闭连接。

3. Web 的超媒体体系

Web 的超媒体体系是以 Web 系统为基础，通过超链接组织在一起的全球多媒体信息系统。这些多媒体信息可以存在于多个文档或数据库中，也可以存在于一个或多个服务器中。

超文本(Hypertext)是把一些信息使用超链接(Hyperlink)技术，根据需要连接起来的信息管理技术，人们可以通过一个文本的链指针打开另一个相关的文本。超文本系统由节点和链组成，包含多媒体的超文本称为"超媒体"。

链接是指向另一部分信息(可以是在文本内部，也可以是外部的文本)的指针，附加有链接的一个信息段称作锚或锚点，超文本组织原理如图 8-12 所示。

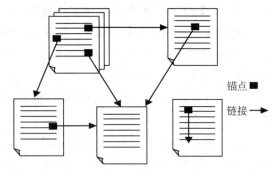

图 8-12　超文本组织原理

8.4.2　HTML

如上所述，Web 系统采用超媒体体系的思想，基于 HTTP 协议、URL 技术将分布在全球的多媒体信息组织起来，为用户提供相互关联，检索方便的多媒体信息资源。为了让网络多媒体信息资源有一个统一的描述标准，万维网协会提出了 HTML 语言规范。

1. HTML 概述

超文本标记语言(HyperText Makeup Language，HTML)是一种专门用来创作 Web 页面文件的描述语言，是组织网络多媒体信息的重要语言，它所创建的文件也称为 Web 网页。

一个 HTML 文档通常由文档头、文档名称、表格、段落和列表等文档元素构成，并且每种文档元素都使用 HTML 规定的标记来表示。HTML 文档的编写可以使用普通的文本编辑器，也可以用专门的 HTML 文件软件，例如 Adobe 公司的 Dreamweaver 和 Microsoft 公司的 FrontPage 等。

HTML 标记由"<"、"格式名称"和">"三个部分组成。如<table>标记表示一个表格。HTML 标记之间可以嵌套，形成 HTML 文档标记结构。标记还可以包含"属性"，属性具有属性值，用于附加说明该标记的特征，例如颜色、字体、对齐方式等。

HTML 文件以.htm 或 html 为扩展名保存后，可用浏览器打开查看。

2. HTML 文件的基本结构

每个 HTML 文档都是由标记<html>开始，以</html>结束。整个 HTML 文件由文档头和文档体组成。文档头用<head>标记开始，用</head>标记结束。文档体由<body>标记开始，用</body>标记结束。HTML 文档的基本结构如下：

```
< html >
< head >
    <title>…</title>
</head>
< body >
正文内容
</body>
</html>
```

(1) <html>标记：在<html>…</html>之间的文件内容是用 HTML 标记表示的。
(2) <head>文档头标记：在<head>…</head>之间包含的是 HTML 文档头信息。
(3) <title>文档标题标记：在<title>…</title>之间包含的是具体的 HTML 文档标题，字符数通常不超过 64 个，在浏览器的标题栏中显示相应的内容。
(4) <body>正文标记：在<body>…</body>之间是 HTML 文档的正文部分，它包含在浏览器窗口中要显示的文档内容。

除此之外的 HTML 标记，如排版标记、列表标记、表格标记、表单标记、图像和多媒体标记、超链接标记等都放在<body>和</body>标记之间。

3. 超链接标记

超文本概念中的链接通常称为超链接，在 HTML 语言中用<a></a>标记表示。使用超链接，可以将文档中的文本或图像与另一文档、文档的一部分或者另一幅图像链接在一起，其基本格式是<a href="URL">…</a>。

URL 是识别 Internet 上任何一个文件地址或资源地址的标准表示方法。Web 系统采用 URL 来指定在其他服务器上文档的位置。一个信息资源在网络上的 URL 地址通常由以下三个部分组成。

(1) 请求服务的类型。用来说明使用什么网络协议来存取资源，如 WWW 服务程序使用 HTTP 协议，文件传送使用 FTP 协议。
(2) 网络上的主机名。
(3) 服务器上的文件名。

例如，在<a href="http://www.microsoft.com/index.html">中指定了超链接的目标 URL 地址，http 表示使用的网络协议是 HTTP 协议，双斜线(//)之后的 www.microsoft.com 是表示存放信息的主机名，这是 Microsoft 公司的一个 Web 服务器，index.htm 是服务器上的一个 HTML 文件。

上述 URL 地址是一个绝对的路径，该 URL 所指向的文档不在本地机器上。如果超链接所指向的文档在本地机器上，可以采用相对路径的方式来表示 URL 地址，格式为<a href="index.html">，表明 index.html 文件和链接标记所在的文件保存在本地机器的同一目录下。

新建文本文档，在文档中输入以下内容：

```
<html>
<head>
    <title>超链接的实现</title>
</head>
<body>
    <p>超链接示例</p>
    <p><a href="ex2.html">相对链接</a></p>
    <p><a href="http://www.jsut.edu.cn">绝对链接</a></p>
    <p><a href="mailto:hcg@jsut.edu.cn">电子邮件</a></p>
</body>
</html>
```

将文档另存为 ex1.html，操作过程如图 8-13 所示。
在浏览器中显示图 8-14 所示的样式。
浏览器标题栏中的文字由标记<title>指定，标记<p>表示一个段落，第一个超链接为相对链接，单击"相对链接"，链接到与本文档同一目录下的 ex2.html 文件；第二个超链接为

图 8-13 保存 ex1.html 文件

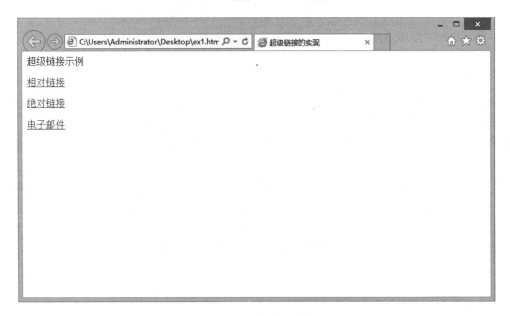

图 8-14 插入超链接

绝对链接,单击"绝对链接",链接到学校网站,默认访问首页;单击"电子邮件",调用电子邮件程序,并在"收件人"栏中自动填写 hcg@jsut.edu.cn,可以向该地址发送电子邮件。

4. 多媒体标记

在网页中可以嵌入多媒体元素,例如图像、声音、动画和视频。

1) 图像

在 HTML 文档中插入图像文件的格式如下:

< img src = "ImageName"></img>

<img>标签的 src 属性指定图像的位置,该位置可以采用相对和绝对的 URL 地址。

新建文本文档,在文档中输入以下内容:

```
< html >
< head >
    < title >插入图像</title >
</head >
< body >
    <p>图像:</p>
    < img src = "image1.jpg" width = "120" height = "130" align = "left" border = "0" alt = "蝴蝶"/>
</body >
</html >
```

将该文件保存为 ex2.html,在浏览器中显示如图 8-15 所示的样式。

图像 image1.jpg 的 width、height 属性指定了图像的显示宽度和高度,align 属性确定图像的对齐方式,border 属性确定图像边框的厚度,alt 属性对图像进行说明,当鼠标移到图像之上时出现关于该图像的说明。

图像也可以作为整个网页文档的背景,语句如下:

```
< body background = "ImageName">
```

图 8-15 插入图像

<body>标记的 background 属性指定图像文件,浏览器将用该图像文件平铺整个网页。

2) 音视频

在 HTML 文档中插入音视频文件的方式有两种:一种是在网页中嵌入播放器进行播放;另一种是在浏览器的外部打开播放器进行播放。

第一种方式的方法如下:

```
< html >
< head >
    < title >链接音频或视频文件</title >
</head >
< body >
    <p>< a href = "sound1.wav">播放声音</a ></p >
    <p>< a href = "clock.avi">播放视频</a ></p >
</body >
</html >
```

将该文件保存为 ex3.html,在浏览器中显示如图 8-16 所示的样式。单击相应的超链接,浏览器将调用本地机器上的播放器进行声音或视频文件的播放。

第二种方式的方法如下:

```
< html >
< head >
    < title >嵌入音频</title >
</head >
< body >
    < embed src = "sound1.wav" autostart = "true" width = "350" height = "150"
```

```
        loop = "true" type = "audio/mpeg">…</embed>
    </body>
</html>
```

将该文件保存为 ex4.html,在浏览器中显示图 8-17 所示的样式。

图 8-16 插入音视频链接

图 8-17 嵌入音频

<embed>标签的 width 和 height 属性分别制定了播放器的宽和高。autostart = "true"表明音频在打开网页时自动播放,loop = "true"表明音频循环播放。

嵌入视频文件的方法和音频相同,只需将音频文件修改为视频文件即可。

声音也可以作为整个网页文档的背景音乐,语句如下:

< bgsound src = "URL" loop = "100">

<bgsound>标记的 src 属性指定背景音乐的文件名地址,loop 属性表示背景音乐的循环次数。

8.4.3 XML

随着网络应用越来越广泛,仅仅靠 HTML 单一文件类型来处理千变万化的文档和数据已经力不从心,而且 HTML 本身语法十分不严密,严重影响网络信息传送和共享。作为下一代 Web 应用的数据传送和交互工具的 XML 便应运而生。

1. 什么是 XML

XML(Extensible Markup Language)是由 W3C 联盟于 1998 年发布的一种标准,它较好地解决了 HTML 存在的许多问题。与 HTML 相似,XML 也是用标记来描述数据,HTML 的标记是固定的,只能使用,不能修改;XML 则不同,它没有预先定义好的标记可以使用,而是根据应用和设计的需要自行定义标记。

XML 分别对结构和数据内容进行描述,从而能够体现数据之间的关系。XML 主要有以下的特点:

(1) XML 具有文档类型定义,因而具有独特的数据描述特点。

(2) 多元化的属性定义。

(3) 灵活的数据利用功能。

2. XML 数据结构定义

不同的企业团体要进行数据交换,因此都定义了各自的数据结构。XML 数据的结构、元素的名称、元素的数据类型及元素关系的设计符合了这样的需求,用 XML 为特定企业团体设计的XML数据结构在XML领域称为Schema,也就是说,Schema是一种描述信息结构的模型,而描述Schema的语言则称为Schema语言。

1) Schema语言

早期的XML Schema语言是文档类型定义(Document Type Definition,DTD)。2001年后,W3C重新制定了XML Schema规范。XML Schema和DTD一样,负责定义和描述XML文档的结构和内容模式。它可以定义XML文档中存在哪些元素和元素之间的关系,可以使用多个Schema来复合使用XML名字空间,可以用XML语法描述,并且可以详细定义元素和属性的数据结构。XML Schema本身也是一个XML文档,因此与DTD相比,数据量增大了很多。

2) Schema描述

Schema中主要包括三种部件:元素、属性和注释。这三种基本的部件还能组合成其他部件,例如类型定义部件、组部件和属性组部件。

元素的语法格式为:

<标签>文本内容</标签>

例如:

<name>huangchunguo</name>

属性提供元素的进一步说明,它必须出现在起始标记中。例如,<distance unit="meters">2000</distance>,其中unit属性说明了距离的单位是米。

3. XML文档

XML文档可以直接用"记事本"编辑,也可以用Dreamweaver编辑,保存XML文档的扩展名必须是.xml。XML文件必须以XML声明作为第一行,声明前不能有空白、其他指令或注释,以<? xml开始,以? >结束。XML保存的编码必须和其指定的编码一致(默认情况下是UTF-8),下面给出一个XML文档案例。

```
<?xml version="1.0" encoding="gb2312">
<address>
<name>
    <first-name>王</first-name>
    <last-name>新华</last-name>
    <title>女士</title>
</name>
<city province="bj">北京</city>
<street>东城区域前门</street>
<postal-code>100080</postal-code>
</address>
```

从此范例不难看出,XML文档与HTML文档类似,由标记、元素和属性三个部分组成。标记是尖括号之间的文本,包括开始标记和结束标记,如<postal-code>和</postal-code>。元素是开始标记、结束标记及位于两者之间的所有内容。在XML文档中,<name>元素有<title>、<first-name>和<last-name>三个属性。属性是一个元素开始标记中的名称,即用引号引起的值。在此范例XML文档中,province是元素<city>的属性。

8.4.4 IIS

因特网信息服务(Internet Information Services,IIS)是由微软公司提供的基于Microsoft Windows操作系统的Web服务组件。Windows默认安装完成后,该组件并没有安装。因此,

Web 服务器环境必须进行单独安装与配置。IIS 的安装与配置相对简单，下面以 Windows 7 为例简单说明其过程。

(1) 选择"开始"→"控制面板"→"程序"命令，如图 8-18 所示。

图 8-18　控制面板

(2) 单击"程序和功能"下的"启用或关闭 Windows 功能"，如图 8-19 所示。

图 8-19　程序和功能

(3) 在打开的"Windows 功能"窗口中展开 Internet Information Services 选项，按照图 8-20 所示进行设置。注意，打√的选项下面为全选，方框的下面按照图中展开选项，并在选项上打√选择。单击"确定"按钮，进入系统安装设置，需要等待几分钟。安装成功后，窗口会消失并提示"Windows 已完成请求的更改"，单击"关闭"按钮。

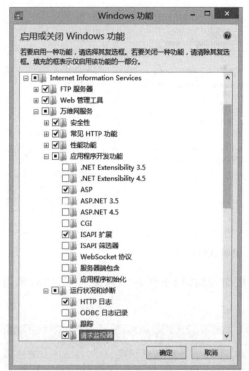
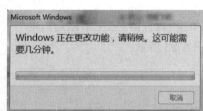

图 8-20　设置 Windows 功能

(4) 回到控制面板，单击"系统和安全"下的"管理工具"，双击"Internet 信息服务（IIS）管理器"，弹出"Internet Information Services（IIS）管理器"窗口，如图 8-21 所示。

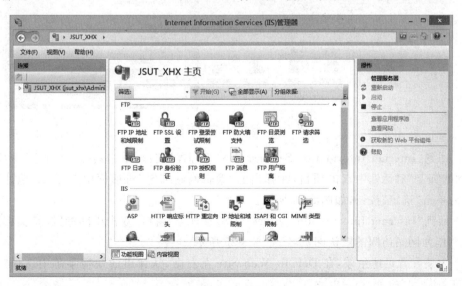

图 8-21　IIS 管理器

(5) 单击左侧"连接"下的倒三角标识▷·, 展开并单击 Default Web Site 节点, 然后单击右侧"操作"下的"基本设置"选项, 弹出"编辑网站"对话框, 如图 8-22 所示。

图 8-22　编辑默认网站

(6) 单击"物理路径"文本框后边的"…"按钮, 选择网页所在的目录名下, 然后单击"确定"按钮, 如图 8-23 所示。

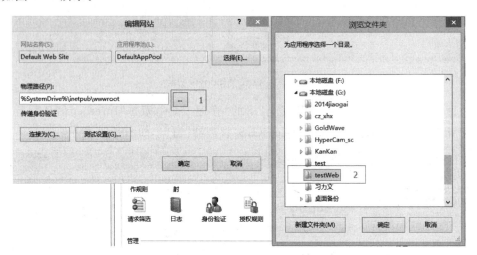

图 8-23　设置网站的物理路径

(7) 回到"Internet Information Services(IIS)管理器"窗口, 单击右侧的"绑定"选项, 在弹出的"网站绑定"对话框中双击项目, 在弹出的"编辑网站绑定"对话框中选择"IP 地址"和"端口", 然后单击"确定"按钮, 如图 8-24 所示。

(8) 回到"Internet Information Services(IIS)管理器"窗口, 双击中间的"默认文档", 添加默认文档作为网站访问的默认网页名, 如图 8-25 所示。

(9) 为使配置迅速生效, 在 Default Web Site 上右击, 从弹出的快捷菜单中选择"管理网站"→"重新启动"命令。

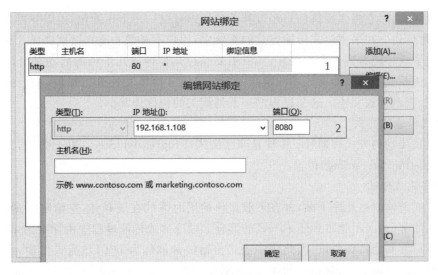

图 8-24　设置网站的 IP 地址和端口

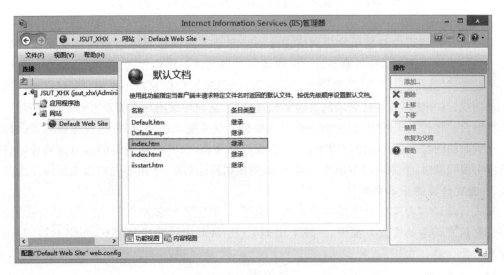

图 8-25　设置网站的默认文档

8.5　流媒体技术

流媒体技术是多媒体技术和网络传输技术的结合,是宽带网络应用发展的产物。在流媒体技术出现之前,人们要播放网络上的电影或 MP3 音乐时,必须先将整个影音文件下载并存储在本地计算机上,然后才可以播放,这种下载播放方式带给用户糟糕的体验。流媒体是指在网络中使用流式(Streaming)传输技术进行传输的连续时基媒体数据流,如音频数据流或视频数据流,而不是一种新媒体。它实现了媒体数据的边下载边播放,使用户获得无须等待的连续观看体验。

8.5.1　概述

流媒体实现的关键技术是流式传输。流式传输技术就是以流的方式在网络中传输音频、视频和多媒体文件,它将多媒体信息经过特殊的压缩分成一个个压缩包,由服务器向用户计算机连续、实时传送。在采用流式传输方式的系统中,用户不必像非流式播放那样等到整个文件全部下载完毕后才能看到当中的内容,而只需要经过几秒钟或几十秒的启动延时即可在用户计算机上利用相应的播放器对压缩的视频或音频等流式媒体文件进行播放,剩余的部分将继续进行下载,直至播放完毕。这个过程的一系列相关的包称为"流"。

1. 流式传输的方式

实现流式传输的方式有两种:一种是顺序流式(Progressive Streaming)传输,另一种是实时流式(Real-time Streaming)传输。

1) 顺序流式传输

顺序流式传输就是顺序下载,并在下载文件的同时播放在线媒体,在给定时刻,用户只能播放已下载的部分,而不能跳到还未下载的部分。顺序流式传输过程中由标准的 HTTP 服务器发送而不需要其他特殊协议,因此顺序流式传输经常被称为 HTTP 流式传输,它比较适合传输高质量的短片段多媒体内容,如片头、片尾和广告。由于文件播放的部分是无损下载的,因此这种方式保证了视频播放的最终质量,但用户需要经历较大的延迟。

2) 实时流式传输

实时流式传输可以根据用户的网络连接的速度动态地调整媒体信息的传输速度,因此它需要专门的流媒体服务器和传输协议。流媒体服务器允许对媒体发送进行更多级别的控制,因而系统设置、管理比标准的 HTTP 服务器更复杂;传输协议包含 RTSP 或 MMS(Microsoft Media Server)协议,这些协议在有防火墙时有时会出现问题,从而导致用户不能观看到实时内容。

实时流式传输是实时传送,特别适合现场事件。支持随机访问,用户可快进或后退,以观看前面或后面的内容。在其传输过程中,为了匹配连接带宽,会将出错丢失的信息忽略掉,当网络拥挤或出现问题时,图像质量会很差。因此,需要根据具体需求,采用不同的流式传输方式。

2. 流式传输的基本原理

流式传输的实现需要合适的传输协议。由于 TCP 需要较多的开销,故不太适合传输实时数据。在流式传输的实现方案中,一般采用 HTTP/TCP 来传输控制信息,而用 RTP/UDP 来传输实时流信息。

图 8-26 说明了从 Web 浏览器中点播流媒体节目的流式传输过程。

(1) 当用户选择某一流媒体服务后,Web 浏览器与 Web 服务器之间使用 HTTP/TCP 交换控制信息,以便把需要传输的音/视频流从流媒体服务器中检索出来。

(2) Web 服务器从流媒体服务器中取出客户所选的音/视频流及相关信息。

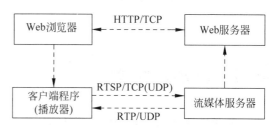

图 8-26 流式传输的过程

(3) 客户端上的 Web 浏览器启动客户端程序(即播放程序),使用 HTTP 从 Web 服务器检索到的相关参数对客户端程序进行初始化。这些参数可能包括目录信息、音/视频的编码类型或与检索相关的服务器地址信息。

(4) 客户端程序及流媒体服务器运行实时流控制协议(RTSP),以交换传输音/视频数据流所需的控制信息。RTSP 起到一个遥控器的作用,用于客户端对流媒体服务器的远程控制,控制媒体数据流的暂停、快进、慢进或回放等。

（5）流媒体服务器使用 RTP/UDP 将音/视频流传输到客户端程序，一旦音/视频流到达客户端，客户端程序即可播放输出。

3. 流媒体文件格式

流媒体文件格式是支持采用流式传输及播放的媒体格式。经过数字化的多媒体信息通常采用第 7 章所述的方法分别进行压缩编码，形成压缩媒体文件。压缩媒体文件为了进行流式传输，还必须经过特殊编码，使其适合在网络上边下载边播放。将压缩媒体文件编码成流媒体文件需要添加一些附加信息，如计时、压缩和版权信息。表 8-2 列出了常见的流式文件类型。

表 8-2　常见的流式文件类型

文件扩展名	媒体类型	公司名称
.asf	Advanced Streaming Format	Microsoft
.wmv	Windows Media Video	Microsoft
.wma	Windows Media Audio	Microsoft
.rm(.rmvb)	Real Video/Audio	Real Networks
.ra	Real Audio	Real Networks
.rp	Real Pix	Real Networks
.rt	Real Text	Real Networks
.swf	ShockWave Flash	Adobe
.qt	QuickTime	Apple

表 8-2 中所列的流媒体文件格式分别属于流媒体技术三大技术公司所定义的文件格式。

Microsoft 公司 Windows Media 的核心是 ASF。.asf 格式也是一种流行的网上流媒体格式。此外，Microsoft 公司还提出了 .wmv 和 .wma 等新的流媒体格式。

.rm 和 .ra 格式分别是 Real Networks 公司开发的流式视频 Real Video 和流式音频 Real Audio 文件格式，主要用来在低速率的网络上实时传输活动视频影像。客户端通过 RealPlayer 播放器进行播放。.rmvb 是 .rm 格式的升级版。

.swf 格式是基于 Adobe 公司 ShockWave 技术的流式动画格式，是用于 Flash 软件制作的一种格式。客户端安装 ShockWave 的插件即可播放。

4. 流媒体系统的组成

一个最基本的流媒体系统必须包括编码器（Encoder）、流媒体服务器（Server）和客户端播放器（Player）三个模块，如图 8-27 所示。模块之间通过特定的协议互相通信，并按照特定格式互相交换文件数据。

其中，编码器的功能主要是对输入的原始音视频信息进行压缩编码并转换成合适的流格式文件。编码器一般有两种工作模式：一种是在非实时应用中，多媒体数据编码生成流媒体文件，存储在磁盘阵列中；另一种是在现场直播中，编码器要根据网络状况和用户的终端能力进行实时的码率自适应编码，多媒体数据一边被编码一边被流媒体服务器传输给用户。

流媒体服务器负责将编码数据封装成 RTP 数据包发送到网络中。每次从节目中获取一帧数据，然后分成几个 RTP 数据包，并将时间戳和序列号添加到 RTP 包头，属于同一帧的数据包具有相同的时间戳。一旦达到数据包所应播放的时间后，服务器便将这一帧的音/视频数据包通过单播、组播或点播的方式发送出去，然后再读取下一帧数据。在媒体传输期间，服务器必须与客户的播放器保持双向通信，以便响应客户的播放控制请求。

客户端获得 RTP 音/视频数据包后，先将它放入一个缓冲队列等待并按照序列号排序。客

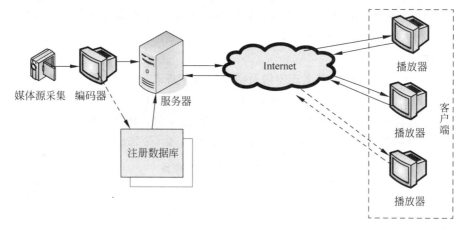

图 8-27　设置网站的默认文档

户端每次从队列头部读取一帧数据,从包头的时间戳中解出该帧的播放时间,然后进行音/视频同步处理。同步后的数据将送入解码器进行解码,解码后的数据被送入一个循环读取的缓存中等待。一旦该帧的播放时间达到,就将解码数据从缓存中取出,送入播放模块进行显示或播放。

8.5.2　Windows Media 流媒体开发

Windows Media 流媒体开发的过程包括流媒体文件的生成、编辑、发布等内容,主要涉及 Windows Media Server 组件和 Windows Media Encoder 软件。

1. Windows Media 流媒体的生成

Windows Media Encoder 是 Microsoft 公司开发的一种工具,主要功能是将实况或预先录制的音视频转为 Windows Media 格式的流媒体文件。本节案例采用 Windows Media Encoder 9 中文简体版。Windows Media 流媒体的生成主要有从视频采集卡中捕获音视频、将已有视频文件转换为流媒体、从计算机屏幕上捕获音视频和实时广播 4 种方法。从视频采集卡中捕获音频或视频的步骤如下。

(1) 在 Windows 中安装并打开 Windows Media Encoder,默认情况下出现"新建会话"对话框,如图 8-28 所示。

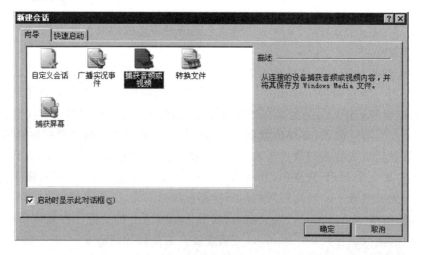

图 8-28　"新建会话"对话框

(2)在"向导"选项卡中选择"捕获音频或视频"选项,单击"确定"按钮,出现"新建会话向导"对话框,如图 8-29 所示。

(3)在对话框中选择"视频"、"音频"设备,单击"下一步"按钮,在出现的如图 8-30 所示的对话框中选择存放流媒体文件的位置。

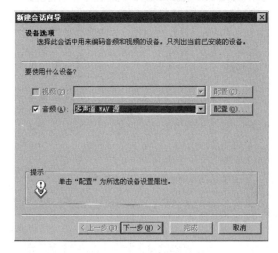

图 8-29 "新建会话向导"对话框

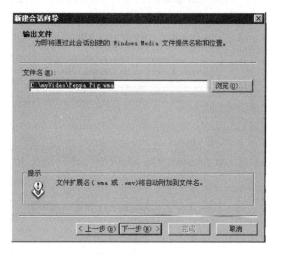

图 8-30 选择存放文件的位置

(4)单击"下一步"按钮,出现图 8-31 所示对话框。如果所生产的文件用于流式处理,可以选择"Windows Media 服务器(流式处理)"选项;如果生成的文件是在普通的网页上供用户下载,可以选择"Web 服务器(渐进式下载)"选项;如果生成的文件是供其他各种硬件设备(如机顶盒、无线手持设备和 DVD 播放机)播放,可以选择"Windows Media 硬件配置文件"选项。

(5)选择"Windows Media 服务器(流式处理)"选项,单击"下一步"按钮,出现图 8-32 所示对话框。多比特率编码就是编码的媒体流中包含不同比特率编码的多个流(音频、视频和脚本),当多比特率 Windows Media 文件传输时,由 Windows Media 服务器和 Windows Media Player 选择最适合当前带宽状况的流,在客户端播放时,用户将接收到与其当前网络连接速度相符的媒体流,这就是智能流技术。

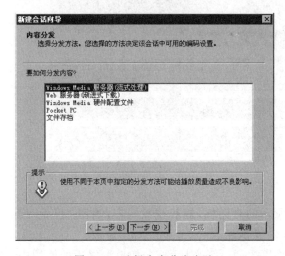

图 8-31 选择内容分发方法

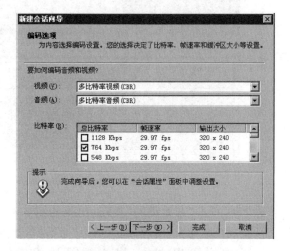

图 8-32 选择编码方式

(6) 选择所需的比特率,单击"下一步"按钮,出现如图 8-33 所示的对话框。

(7) 输入的信息可以在使用 Windows Media Player 播放时启用字幕查看到。单击"下一步"按钮,出现如图 8-34 所示的对话框。

图 8-33 编辑显示信息　　　　　　　　图 8-34 显示会话设置

(8) 检查会话设置,若有问题,单击"上一步"按钮,重新设定;若没有问题,单击"完成"按钮,出现图 8-35 所示对话框。

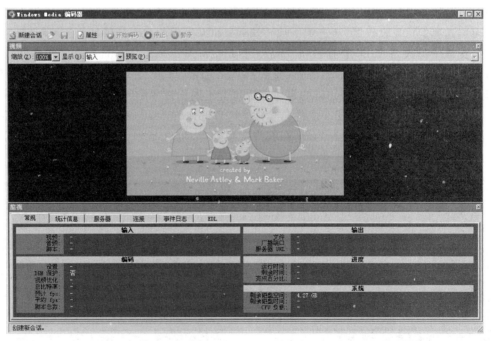

图 8-35 Windows Media 编码器操作界面

(9) 单击"开始编码"按钮,出现如图 8-36 所示的对话框,捕获视频内容;单击"停止"按钮,完成视频捕获,出现"编码结果"对话框,如图 8-37 所示。

(10) 关闭 Windows Media 编码器,出现如图 8-38 所示的对话框。如果在以后的使用中还想用到同样的设置,单击"是"按钮,将设置好的会话保存为.wme 文件,以便今后继续使用。

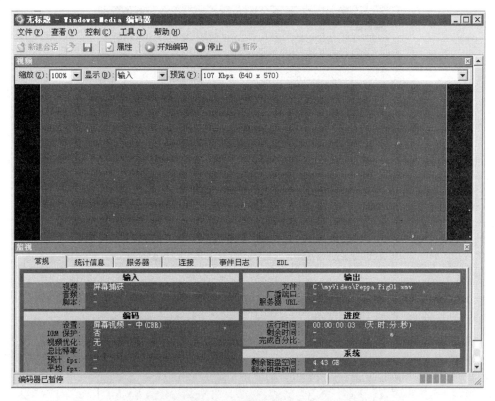

图 8-36　捕获视频内容

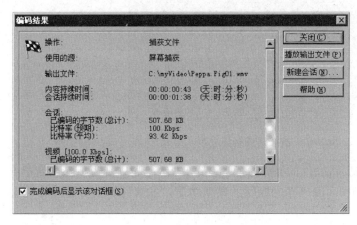

图 8-37　"编码结果"对话框

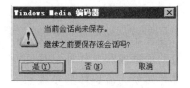

图 8-38　保存会话对话框

文件格式转换在很多场合下经常使用，应用 Windows Media 会话向导可以非常方便地将 ASF、AVI、BMP、JPG、MPG、MP3、WAV 等文件转换成 WMV 或 WMA 文件。将现有的视频文件转换成流媒体文件格式的步骤如下：

（1）在如图 8-39 所示的"新建会话"对话框中选择"转换文件"选项，出现如图 8-40 所示的"新建会话向导"对话框。

（2）选择源文件和输出文件，一直单击"下一步"按钮，进行编码选择、显示信息编辑等操作，其内容基本同上。最后单击"完成"按钮，返回主界面，单击"开始编码"按钮，系统开始转换文件。

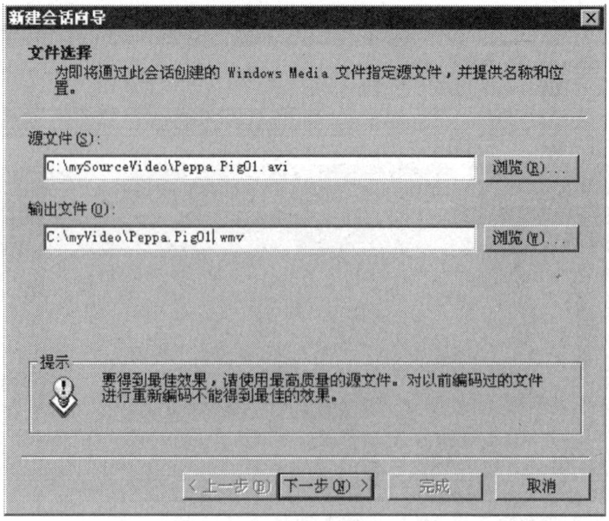

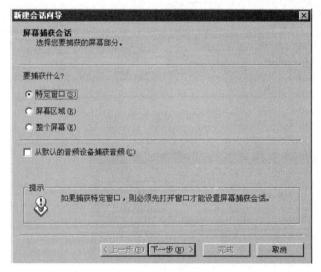

图 8-39　转换文件向导

图 8-40　捕获屏幕向导

在制作软件教程类课件时,需要将软件的操作过程捕获下来,然后配以解说。除了使用专门的屏幕捕获软件外,Windows Media 编码器也提供了该项功能。捕获计算机屏幕操作和解说并转换为流媒体的步骤如下:

(1) 在图 8-28 所示"新建会话"对话框中选择"捕获屏幕"选项,出现如图 8-40 所示的"新建会话向导"对话框。

(2) 选择"特定窗口"单选按钮,单击"下一步"按钮,出现如图 8-41 所示的对话框。

(3) 选择要捕获的窗口,一直单击"下一步"按钮,最后单击"完成"按钮,返回主界面。单击"开始编码"按钮,系统切换到要捕获的窗口,将相应的操作过程记录为视频文件。若选中"从默认的音频设备捕获音频"复选框,可以在记录操作过程的同时捕获解说。

(4) 按照同样的方法,可以捕获整个屏幕或指定区域的操作过程,并保存为视频文件。

广播实况事件可以对音视频内容进行实时编码,然后传递到 Windows Media 服务器,由服务器发送出去,实现音视频的直播。广播实况事件的操作步骤如下:

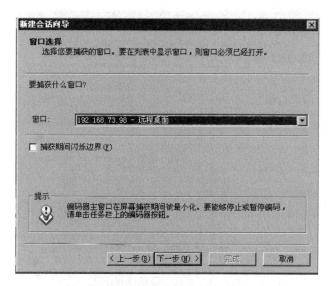

图 8-41　选择捕获窗口

(1) 在图 8-28 所示"新建会话"对话框中选择"广播实况事件"选项,出现"新建会话向导"对话框。

(2) 选择广播的"视频"、"音频"设备,单击"下一步"按钮,出现如图 8-42 所示的对话框。

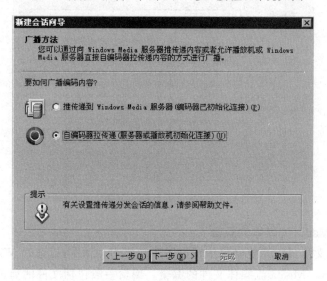

图 8-42　选择广播方式

(3) 选择广播方法为"自编码器拉传递"(服务器或播放机初始化连接),单击"下一步"按钮,出现如图 8-43 所示的对话框。

(4) 选择默认端口 8080,单击"下一步"按钮,出现如图 8-44 所示的对话框。

(5) 选择音/视频编码,一直单击"下一步"按钮,最后单击"完成"按钮,返回主界面。然后单击"开始编码"按钮,系统开始直播,但需要安装并设置好 Windows Media Server,并启动广播发布点。这部分内容在后面的流媒体发布部分详细讲解。

注意:在用拉方式建立视频广播点时,在 Windows Media 编码器创建好会话后没有单击"开始编码"按钮,服务器中的 pull 发布点启动会出错。

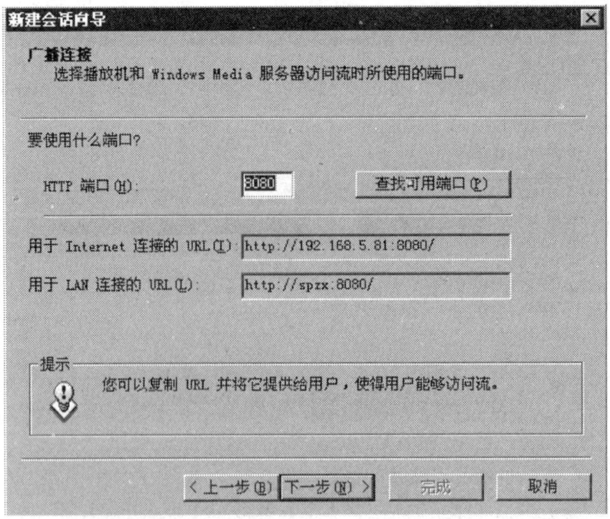

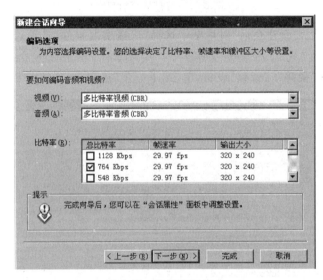

图 8-43 设置广播端口和地址

图 8-44 选择编码方式

2. Windows Media 流媒体的编辑

生成的流媒体文件可能需要经过编辑以后才能使用,此时可以通过 Windows Media 文件编辑器实现 Windows Media 流媒体文件的编辑。编辑一般包括文件的剪裁、标记和添加脚本命令。除此之外,还可以使用 ASF Tools 实现流媒体文件的拼接、剪裁、修复、提取音频和格式转换等更高级的编辑功能。剪裁文件的步骤如下:

(1) 在 Windows Media 文件编辑器中打开需要剪裁的流媒体文件,如图 8-45 所示。

(2) 在预览窗口中单击"播放"按钮,播放至相应位置时单击"标记切入"按钮设定剪裁文件的起点,单击"标记切出"按钮设定剪裁文件的终点,如图 8-46 所示。

(3) 选择"文件"→"另存并索引"命令,保存剪裁后的文件。

给流媒体文件添加标记的操作步骤如下:

(1) 预览视频播放到需要插入标记的时间点,单击"标记"按钮,出现如图 8-47 所示的"标记"对话框。

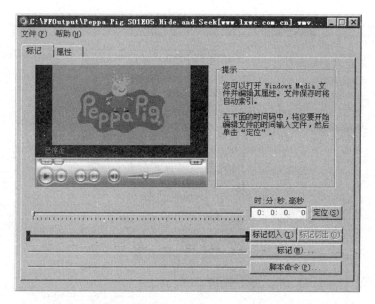

图 8-45　Windows Media 文件编辑器

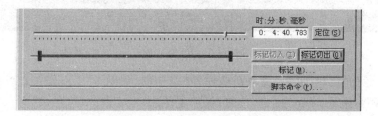

图 8-46　设定剪裁文件的起点和终点

（2）单击"添加"按钮，出现"标记属性"对话框，如图 8-48 所示。

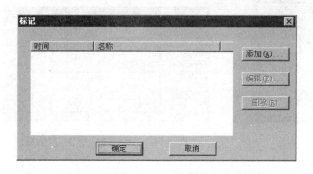

图 8-47　"标记"对话框

图 8-48　"标记属性"对话框

（3）在流媒体文件对应的时间点处设置名称，如 read。单击"确定"按钮，返回主界面，保存文件。

（4）用 Window Media Player 打开该文件，选择"查看"→"文件标记"命令，可以看到添加的标记 read，如图 8-49 所示。单击"文件标记"，流媒体文件会跳转到标记对应的时间点往后播放。

给流媒体文件添加脚本的操作步骤如下：

（1）预览播放到需要添加脚本的时间点，单击"脚本命令"按钮，出现如图 8-50 所示的"脚本命令"对话框。

图 8-49 Windows Media Player 播放带有标记的流媒体文件

(2)单击"添加"按钮,出现"脚本命令属性"对话框,如图 8-51 所示。在"参数"文本框中输入要链接的网站地址,单击"确定"按钮,保存文件。

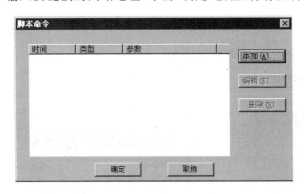

图 8-50 "脚本命令"对话框

图 8-51 "脚本命令属性"对话框

(3)在 Windows Media Player 中选择"工具"→"选项"命令,在出现的"选项"对话框的"安全"选项卡中选中"如果提供了脚本命令,请运行它们"复选框,如图 8-52 所示。

(4)运行视频文件,播放到指定的时间(图 8-51 中时间为 11.1 秒)时跳出浏览器窗口,链接到设置的网址。

3. Windows Media 流媒体的发布

Windows Media 流媒体的发布通过 Windows Media Server 实现。在 Windows Server 2003 中,Windows Media Server 的安装不是默认的选项,需要通过控制面板添加安装,安装后需要启动并配置 Windows Media Services 服务,再根据应用需要建立不同类型的流媒体发布点。本节主要介绍如何创建点播发布点和广播发布点。安装 Windows Media Service 的步骤如下:

（1）安装 Windows Media Services。在 Windows Server 2003 中选择"开始"→"控制面板"→"添加或删除程序"→"添加/删除 Windows 组件"命令，出现图 8-53 所示"Windows 组件向导"对话框。

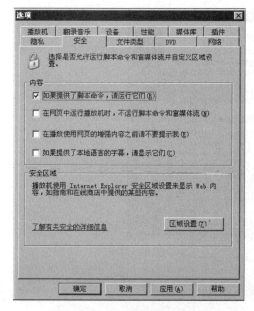

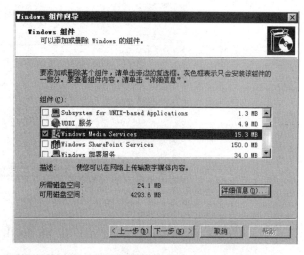

图 8-52　设置"选项"对话框　　　　　　图 8-53　Windows Media Services 安装界面

（2）选择 Windows Media Services 选项，单击"下一步"按钮进行安装，安装完毕后选择"开始"→"程序"→"管理工具"→Windows Media Services 命令，启动 Windows Media Services 服务器，如图 8-54 所示。

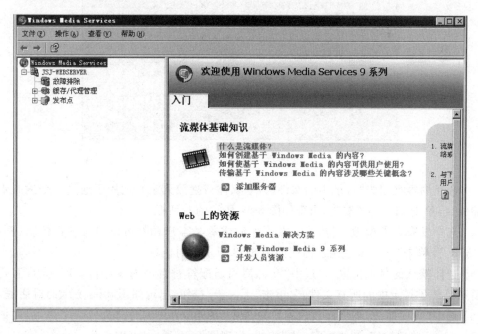

图 8-54　打开"Windows Media Services"

创建点播发布点的操作步骤如下。

(1) 右键单击"发布点",在弹出的快捷菜单中执行"添加发布点(向导)"命令,出现欢迎页面,单击"下一步"按钮,出现如图 8-55 所示的"添加发布点向导"对话框。

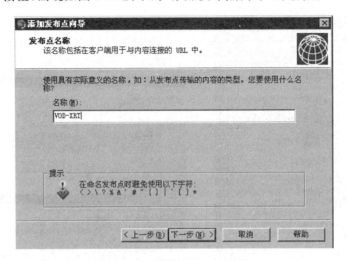

图 8-55　"添加发布点向导"对话框

(2) 输入发布点的名称,单击"下一步"按钮,出现图 8-56 所示对话框。

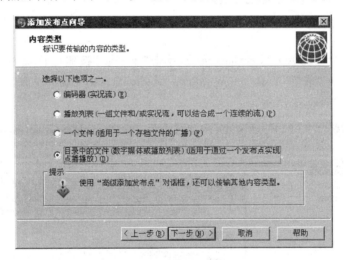

图 8-56　选择内容类型

(3) 选择内容类型为"目录中的文件(数字媒体或播放列表)(适用于通过一个发布点实现点播播放)",单击"下一步"按钮,出现如图 8-57 所示的对话框。

(4) 选择发布点类型为"点播发布点用于创建每个客户端都可以对流进行控制(例如,快进)的方案。",单击"下一步"按钮,出现如图 8-58 所示的对话框。

(5) 选择默认的目录位置,并选中"允许使用通配符对目录内容进行访问(允许客户端访问该目录及其子目录中的所有文件)",单击"下一步"按钮,出现如图 8-59 所示的对话框。

(6) 选中"无序播放(随机播放内容)"复选框,单击"下一步"按钮。选择"是,启用该发布点的日志记录"单选按钮,单击"下一步"按钮,出现图 8-60 所示对话框。

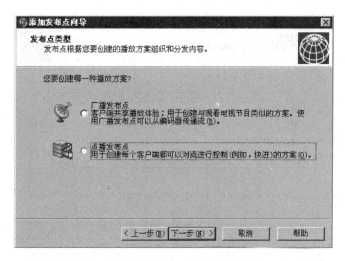

图 8-57　选择发布点类型

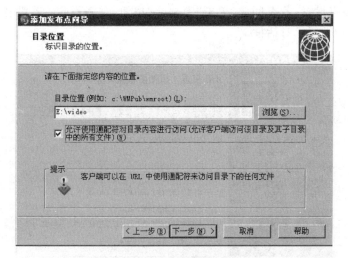

图 8-58　选择目录位置

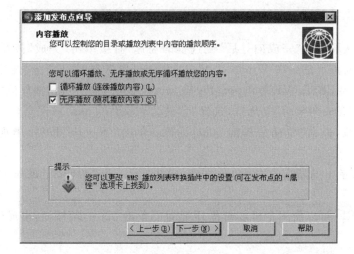

图 8-59　选择播放类型

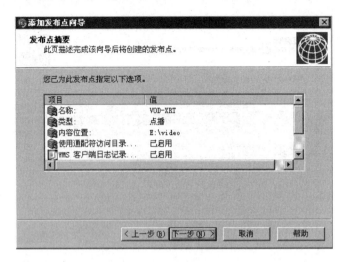

图 8-60 发布点属性

(7) 检查发布点设置,若有问题,单击"上一步"按钮,重新设定;若没有问题,单击"下一步"按钮,出现图 8-61 所示对话框。

图 8-61 "添加发布点向导"对话框

此时可以直接取消对"完成向导后"复选框的勾选,直接单击"完成"按钮,成功添加名为 VOD-XRT 的发布点。然后在 Windows Media Player 中选择"文件"→"打开 URL"命令,并输入 mms://JSJ-WEBSERVER/Peppa.Pig05.wmv,单击"确定"按钮播放流媒体文件。

也可以选中"完成向导后"复选框,选择"创建公告文件(.asx)或网页(.htm)"单选按钮,再单击"完成"按钮,弹出"单播公告向导"对话框。单击"下一步"按钮,出现图 8-62 所示对话框。

(8) 选择"目录中的所有文件"单选按钮,单击"下一步"按钮,出现如图 8-63 所示的对话框。

(9) 输入 URL(可以使用主机名或者 IP 地址),单击"下一步"按钮,出现如图 8-64 所示的对话框。

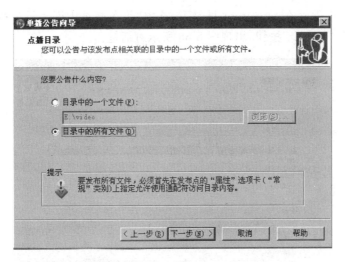

图 8-62　创建单播公告向导

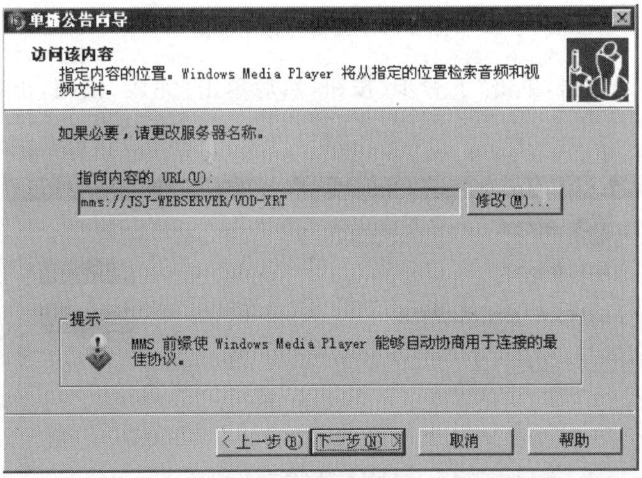

图 8-63　输入 URL

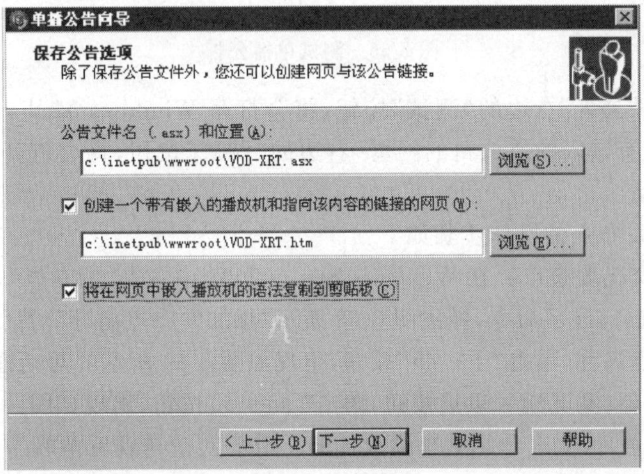

图 8-64　创建网页并保存

(10) 创建网页,保存在 wwwroot 目录下,选中"将在网页中嵌入播放机的语法复制到剪贴板"复选框,单击"下一步"按钮,出现图 8-65 所示对话框。

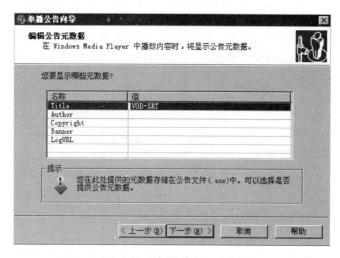

图 8-65　编辑公告元数据

(11) 编辑公告元数据,单击"下一步"按钮,然后单击"完成"按钮,出现如图 8-66 所示的对话框。

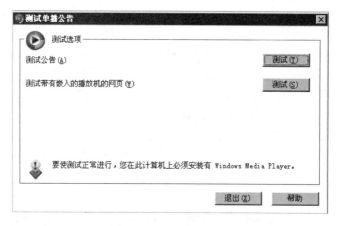

图 8-66　测试单播公告

(12) 单击"测试公告"右边的"测试"按钮,将会打开 Windows Media Player 播放流媒体文件;单击"测试带有嵌入的播放机的网页"右边的"测试"按钮,将会打开播放流媒体文件的网页,如图 8-67 所示。

创建实况广播发布点的操作步骤如下:

(1) 建立广播实况发布点。在 Windows Server 2003 中右击"发布点",在弹出的快捷菜单中选择"添加发布点(向导)"命令,弹出图 8-68 所示"添加发布点向导"对话框。

(2) 输入发布点名称,单击"下一步"按钮,出现如图 8-69 所示的对话框。

(3) 选择"编码器(实况流)"单选按钮,单击"下一步"按钮,出现如图 8-70 所示的对话框。

(4) 选择"广播发布点 客户端共享播放体验;用于创建与观看电视节目类似的方案。使用广播发布点可以从编码器传递流。",单击"下一步"按钮,出现如图 8-71 所示的对话框。

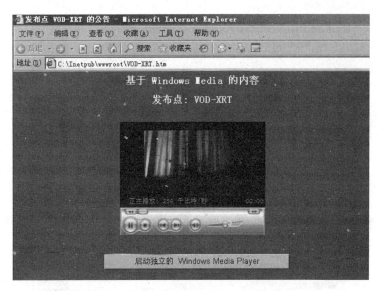

图 8-67　VOD 发布点测试

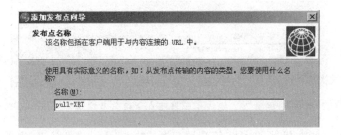

图 8-68　建立广播实况发布点

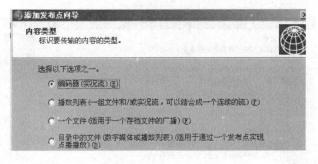

图 8-69　选择内容类型

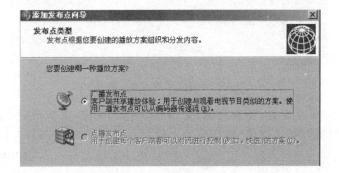

图 8-70　选择发布点类型

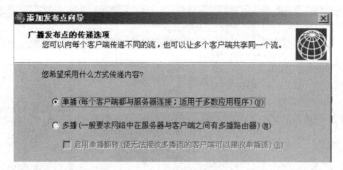

图 8-71　选择传递方式

（5）选择"单播（每个客户端都与服务器连接；适用于多数应用程序）"单选按钮，单击"下一步"按钮，出现如图 8-72 所示的对话框。

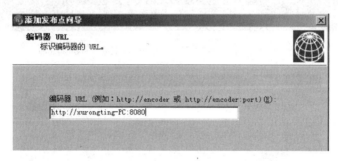

图 8-72　输入编码器所在主机名及端口号

（6）输入编码器所在机器的主机名及端口号，单击"下一步"按钮，完成添加发布点向导，如图 8-73 所示。

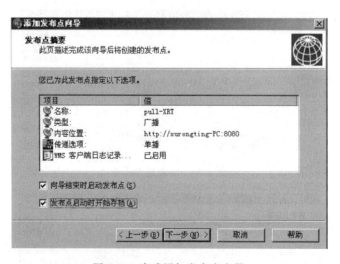

图 8-73　完成添加发布点向导

（7）检查广播发布点设置，若有问题，单击"上一步"按钮，重新设定；若没有问题，单击"下一步"按钮，同样询问是否创建"创建公告文件（.asx）或网页（.htm）"，后续设置步骤和点播发布点的创建一样。也可直接单击"完成"按钮，成功添加名为 pull-XRT 的广播发布点。

8.5.3 Real 流媒体开发

与 Windows Media 流媒体项目开发的过程类似,Real 流媒体开发也包括流媒体的生成、编辑和发布。

Real 流媒体的标准文件格式是以 rm 为扩展名的 Real 音频和 Real 视频,其他类型的多媒体文件可以使用 Real 的编码软件转换成 Real 格式的流媒体。

1. RM 文件的生成

RealProducer 是 Real 流媒体制作流程中最关键的软件,使用 RealProducer 可以生成 Real 格式的流媒体文件,也可以将其他格式的多媒体文件转换成 Real 流媒体,还可以在编码的同时立即发送到 Helix Server 进行直播。

(1) 打开 RealProducer Plus 11,选择"文件"→"新建工作"命令,在图 8-74 所示主界面左侧"输入文件"文本框右侧单击"浏览"按钮,出现 Select Input File 对话框。

图 8-74 RealProducer Plus 11 主界面

(2) 在 Select Input File 对话框中选择要转换的文件,单击"打开"按钮,导入文件后的界面如图 8-75 所示。

(3) 选择"文件"→"添加文件目的地"命令,出现"另存为"对话框,设定编码后的文件名和存放地址,单击"保存"按钮,返回到主界面。

(4) 单击"编码"按钮开始编码,在主界面上方的"输入"、"输出"区域中可以看到编码效果,如图 8-76 所示。

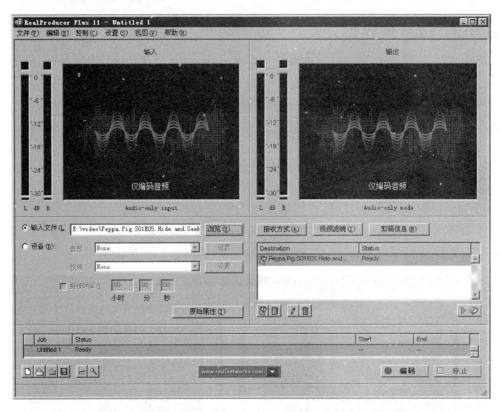

图 8-75 导入要转换的文件

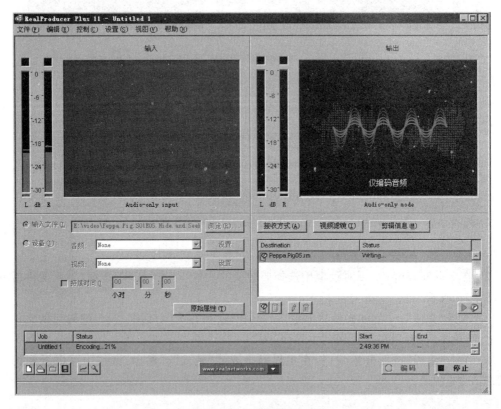

图 8-76 编码过程

2. Real 流媒体的编辑

在 RealMedia Editor 中可以对 RM 文件进行分割、合并及添加标题、制作者等信息。也可以使用 SMIL 语言手工编写代码对流媒体进行组合、布局、裁剪。

(1) RM 文件的分割

选择"文件"→"编辑 RealMedia 文件"命令,打开 RealMedia Editor。选择"文件"→"打开 RealMedia 文件"命令,在弹出的"打开 RealMedia 文件"对话框中选择要分割的 RM 文件,单击"打开"按钮,打开要分割的 RM 文件,如图 8-77 所示。

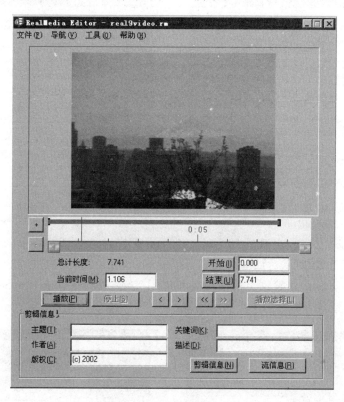

图 8-77 打开要分割的文件

(2) 单击"播放"按钮,播放到合适的位置后单击"停止"按钮。单击"开始"按钮,将当前位置确定为开始点。单击"播放"按钮继续播放,播放到合适位置后单击"停止"按钮。单击"结束"按钮,将当前位置确定为结束点(也可以拖动标线到相应位置,然后单击"开始"按钮和"结束"按钮确定开始点和结束点)。

(3) 选择"文件"→"保存 RealMedia 文件"命令,保存这段截取的 RM 文件。

(4) 选择"文件"→"追加 RealMedia 文件"命令,在出现的对话框中选择其他 RM 文件,单击"打开"按钮。

(5) 选择"文件"→"RealMedia 文件另存为"命令,保存合并后的 RM 文件。

(6) 选择"工具"→"剪辑信息"命令,出现图 8-77 中对话框。在对话框中可以直接修改标题、作者等信息。

3. Real 流媒体的发布

Helix Server 是发布 Real 格式流媒体的专用服务端软件,安装 Helix Server 需要安装文件和软件使用许可文件。安装文件可以在 Real 的官方网站上下载,在下载之前需要填写表单,许可被发送到表单中填写的 E-mail 中。在 RealNetworks 公司的网站上提供了一种免费的许可文件供用户使用。

安装完成后启动 Helix Server,运行 Helix Server Administrator,在打开的窗口中可以实现点播功能,同 Helix Producer 一起可以实现直播功能。

(1) 双击安装文件,单击 Next 按钮,出现如图 8-78 所示的对话框,要求输入许可文件的路径。

(2) 浏览确认许可文件后单击 Next 按钮,出现如图 8-79 所示的对话框。

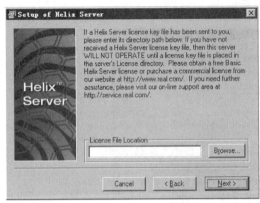

图 8-78 输入许可文件　　　　　　　　　　图 8-79 接受协议对话框

(3) 单击 Accept 按钮,出现选择 Helix Server 安装目录对话框。输入安装目录后单击 Next 按钮,出现图 8-80 所示对话框。

(4) 输入 Helix Server 管理员的用户名和密码(该密码在登录 Helix Server 管理器时需要),单击 Next 按钮,出现图 8-81 所示对话框。

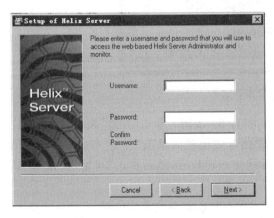
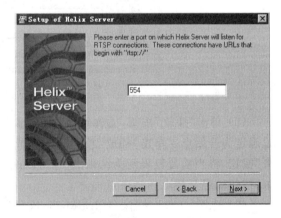

图 8-80 Helix Server 的用户名和密码　　　　图 8-81 设置 RTSP 端口

(5) RTSP 端口主要用于 Helix Server、RealPlayer、QuickTime Player 之间的通信,是最重要的、最常用的端口。接受默认值 554,单击 Next 按钮,出现如图 8-82 所示的对话框。

(6) HTTP 端口用于连接 Helix Server 和网络浏览器之间的通信,这个端口默认值为 80,如果安装了 IIS 的话会发生冲突,因此建议将端口修改为 8080,单击 Next 按钮,出现图 8-83 所示对话框。

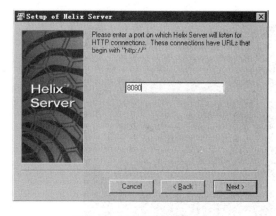

图 8-82 设置 HTTP 端口

图 8-83 设置 MMS 端口

（7）MMS 端口主要用于 Helix Server 和 Windows Media Player 之间的通信，保留其默认值 1755，单击 Next 按钮，出现图 8-84 所示对话框。

（8）Admin 端口用于 Helix Server 和 Helix Server 管理软件之间的通信，基于安全的考虑，这个端口是随机产生的，因此要记住该值。单击 Next 按钮，出现如图 8-85 所示的对话框。

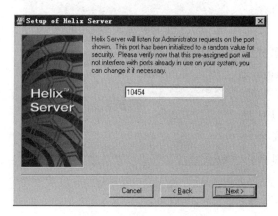

图 8-84 设置 Admin 端口

图 8-85 将 Helix Server 作为 NT 操作系统的服务安装

（9）默认将 Helix Server 作为 NT 操作系统的服务安装，可以为 Helix Server 的启动、关闭带来方便。单击 Next 按钮，出现图 8-86 所示对话框。

（10）所有的设置在图中显示，如果设置不对，可以单击 Back 按钮返回重新设置。单击 Finish 按钮，完成 Helix Server 的安装。

（11）安装 Helix Server 后，首先要初始化软件。选择"开始"→"程序"→Helix Server→Helix Server 命令，出现图 8-87 所示的命令行窗口。

图 8-86 设置汇总

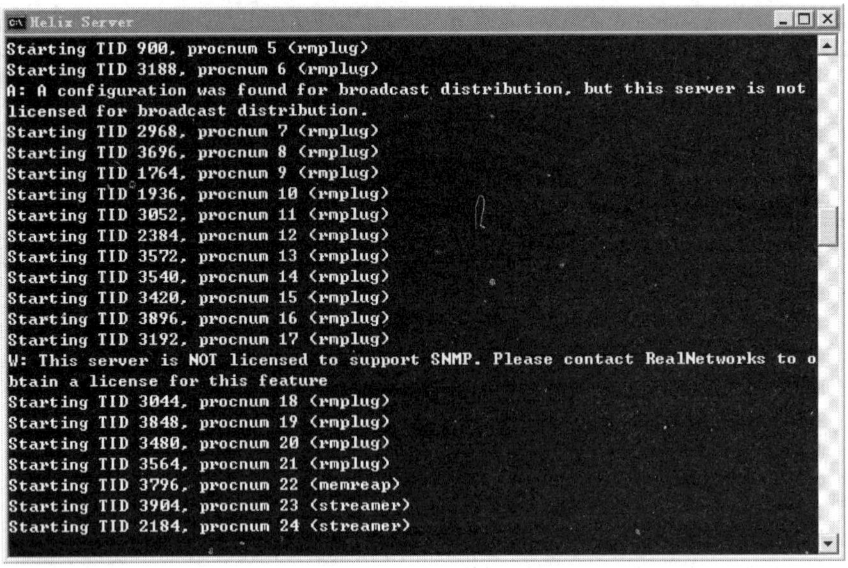

图 8-87 初始化软件

(12) 选择"开始"→"程序"→Helix Server→Helix Server Administrator 命令,出现如图 8-88 所示的登录对话框。

(13) 输入安装 Helix Server 时设置的用户名和密码,单击"确定"按钮,出现如图 8-89 所示的 Administrator 界面。

(14) 选择"服务器设置"→"端口"命令,可以对服务器的端口进行重新设置。此外,还可以实现安全设置、日志监控、广播设置和内容管理功能。下面可以通过 RealPlayer 直接点播 RM 文件。

图 8-88 登录对话框

(15) 将要点播的 RM 文件放置在 Helix Server 默认的文件夹 C:\Program Files\Real\Helix Server\Content 下。

(16) 在 RealPlayer 中选择"文件"→"打开"命令,出现"打开"对话框。

(17) 输入 rtsp://127.0.0.1/ real9video.rm.,单击"确定"按钮,在 Real 播放器中播放指定的文件。

也可以通过 Web 网页点播 RM 文件。

(1) 编写 HTML 页面文件 dianbo.html,在该文件中输入下面的 HTML 语句:

```
< a href = "http://localhost: 8080/ramgen/real9video.rm">播放</a>
```

(2) 运行 HTML 文件,单击其中的超链接"播放",系统弹出 RealPlayer 播放器,播放指定的 RM 文件。

也可以通过在网页上嵌入流媒体的方式来播放 RM 文件。

(1) 编写页面文件 dianboWeb.html,在该文件中输入下面的 HTML 语句:

```
< html >
```

```
< head >
< title >播放流媒体</title >
</head >
< body >
```

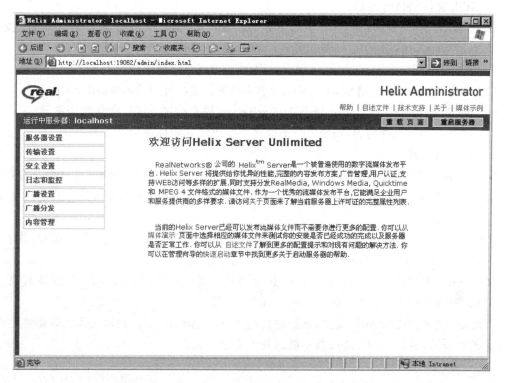

图 8-89　Helix Server Administrator 界面

下面是播放器窗口代码：

```
< embed src = "webVideo.rpm" width = "320" height = "240" controls = "imagewindow" console = "one" autostart = "true">
< br >
```

下面是播放控制器代码：

```
< embed src = "webVideo.rpm" width = "320" height = "240" controls = "imagewindow" console = "one">
</body >
</html >
```

（2）编写 RPM 文件 webVideo.rpm。新建 RPM 文件，在里面输入以下内容：

http://127.0.0.1/real9video.rm

8.5.4　SMIL 实现 Real 流媒体

流媒体技术的出现使得用户能够一边播放一边下载，获得了良好的多媒体交互体验。但是两个或多个流媒体的传输却无法管理和协调，而这对于几个不同多媒体元素之间的同步是极其重要的。因此，W3C（World Wide Web Consortium）组织提出了同步多媒体集成语言（Synchronized Multimedia Integration Language，SMIL），可以实现在 Web 页面上同步显示各种多媒体元素。SMIL与HTML的语法格式非常相似,由一套已经规定好的且非常简单的标记组成,用来规定多媒体片段(包括声音文件、视频文件、动画、图片、文字等)在什么时候、在什么地方、以什么样的方式播放。

1. SMIL文件的执行过程

要使SMIL发挥最佳性能,除了需要RTSP协议外,还需要在服务器端提供相应的支持。下面以Real Networks公司的Helix Server为例,描述SMIL文件的执行过程。

(1) Web浏览器向Helix Server提交使用HTTP传送SMIL文件的请求。

(2) Helix Server响应请求,将SMIL文件的URL交给客户端的RealPlayer。

(3) RealPlayer使用RTSP协议向Helix Server提交传递SMIL文件的请求。

(4) 根据SMIL文件内容,RealPlayer请求并接收流式媒体剪辑。

2. SMIL语法基础

SMIL和HTML语言的语法格式非常相像。SMIL文件由文件头和文件体两部分组成。文件头包含的是SMIL文件的基本信息,文件体包含的是文件播放流媒体及它们之间的播放时序和链接信息。

文件头由<head>…</head>定义,里面定义文件的附加基本信息,例如版权、作者、标题等。文件头中主要包含<meta>和<layout>两个子元素。

文件体由<body>…</body>定义,包含同步元素<pre>、<seq>,一些媒体对象元素<img>、<video>和超链接元素<a>、<anchor>等。

下面是一个简单的SMIL文件(下面的代码可以用记事本编写,在输入代码时需要注意在英文状态下编辑,因为SMIL播放器不能识别中文字符)。

```
<smil>
<head>
    <meta name="copyright" content="Your Name" />
    <layout>
    <!-- layout 标记 -->
    </layout>
</head>
<body>
<!-- 媒体标记 -->
    <img src="image1.jpg"/>
</body>
</smil>
```

从上例中可以看出SMIL的基本语法结构:

(1) SMIL程序以<smil>开始,以</smil>结束。

(2) 整个程序由body和head两个部分组成,其中body是必须有的,而head部分可以视具体情况省略。

(3) 标记和属性要求小写。SMIL语言就是由标记组成的。每一行都是标记,而标记基本上都有属性。例如<img src="image1.jpg"/>中,<img>是标记,而src是属性,image1.jpg是src的属性值。

(4) 有些标记必须有一斜杠作为结束标记。在SMIL中,如果标记不是配对标记(例如<smil></smil>、<head></head>、<body></body>等),那么必须有一斜杠作为结束标记(例如<img src="image1.jpg"/>)。

(5) 属性值必须用双引号括起来。例如 src="image1.jpg"。注意：SMIL 文件中出现的文件名必须和服务器上的文件名一致，其路径一定要正确，否则 SMIL 播放器找不到该文件。

(6) SMIL 文件的拓展名为 *.smil 或者 *.smi。文件名必须是以数字、字母开始的，可以有下划线。

(7) 附加信息写在 < head ></head> 之间。关于源代码的版权、作者、标题、基地址等说明在 <head></head> 中说明，其基本格式是 <meta name="" content=""/>。例如：

```
< meta name = "author" content = "litterone"/>
< meta name = "title" content = "I want to learn SMIL"/>。
```

(8) 用 <! --…--> 进行注释。

3. SMIL 实现 Real 流媒体组合示例

SMIL 最重要的功能就是组织流媒体演示。由 SMIL 组织的流媒体演示包括以下三种类型：

- 顺序组合。在顺序播放情况下，流媒体文件会一个接着一个播放，直到演示结束。在顺序播放时需要使用 SMIL 中的 <seq> 标记。
- 平行组合。平行组合中流媒体是同时播放的，需要使用 <par> 标记。
- 独占组合。一次只有一个流媒体在播放称为独占组合，这种组合方式主要用来作互动演示，需要使用 <excl> 标记。

(1) 应用 SMIL 实现 Real 音频流媒体顺序组合。

可以使用 <seq>…</seq> 制作流媒体音频文件的顺序播放组合，例如：

```
< smil xmlns = "http://www.w3.org/2001/SMIL20/Language">
< head >
    < meta name = "title" content = "sequenceof audio clips"/>
    < meta name = "author" content = "alice"/>
    < meta name = "copyright" content = "alice"/>
</head>
< body >
    < seq >
        < audio src = "../../audio_1.rm"/>
        < audio src = "../../audio_2.rm"/>
        < audio src = "../../audio_3.rm"/>
    </seq>
</body>
    </smil>
```

(2) 应用 SMIL 实现 Real 视频流媒体顺序组合。

视频顺序组合和音频的不同之处在于多了播放窗口布局设计，例如：

```
< smil xmlns = "http://www.w3.org/2001/SMIL20/Language">
< head >
    < meta name = "title" content = "sequenceof videos"/>
    < meta name = "author" content = "alice"/>
    < meta name = "copyright" content = "alice"/>
    < layout >
        < root - layout - width = "240" height = "140" backgroundcolor = "white"/>
        < region id = "video_region"/>
    </layout >
</head>
< body >
    < seq >
        < video src = "../../video_1.rm" region = "video_region"/>
```

```
            <video src = "../../video_2.rm" region = "video_region"/>
            <video src = "../../video_3.rm" region = "video_region"/>
        </seq>
    </body>
</smil>
```

(3) 应用 SMIL 实现 Real 流媒体平行组合。

流媒体文件需要使用平行组合。例如：

```
<smil xmlns = "http://www.w3.org/2001/SMIL20/Language">
    <head>
        <layout>
            <root-layout-width = "240" height = "160" backgroundcolor = "white"/>
            <region id = "video_region" height = "160"/>
            <region id = "text_region" height = "20" bottom = "0" left = "10"/>
        </layout>
    </head>
    <body>
        <par>
            <video src = "../../video_1.rm" region = "video_region"/>
            <textstream src = "videosubtitles.rt" region = "text_region" fill = "hold"/>
        </par>
    </body>
</smil>
```

本例中，用标记<par>…</par>将一个流媒体视频和一个 RealText 文件分别放置在两个区域中同时播放。

(4) 应用 SMIL 实现 Real 流媒体互动组合。

互动组合需要使用<exel>…</exel>标记。和<seq>…</seq>标记一样，<excl>组合中一次也只能播放一个流媒体文件。但与<seq>不同的是，<excl>中的流媒体文件播放不是按照固定的排列顺序，而是根据 SMIL 命令确定。本例使用<excl>标记创建互动效果，在播放窗口中共有 4 个区域，一个视频播放区域和三个按钮区域。当用户单击按钮时，视频播放区域就会显示对应的视频。源代码如下：

```
<smil xmlns = "http:///www.w3.org/2001/SMIL20/Language">
    <head>
        <meta name = "title" content = "video selection through an exclusive group"/>
        <meta name = "author" content = "alice"/>
        <meta name = "copyright" content = "alice"/>
        <layout>
            <root-layout-width = "310" height = "160" backgroundcolor = "white"/>
            <region id = "video_region" width = "260" height = "160" left = "10" top = "10"/>
            <region id = "buttons" width = "40" height = "160" right = "10"/>
            <region id = "button_1" height = "40" top = "10" fit = "fill"/>
            <region id = "button_2" height = "40" top = "60" fit = "fill"/>
            <region id = "button_3" height = "40" top = "110" fit = "fill"/>
        </layout>
    </head>
    <body>
        <par>
            <img src = "button1.gif" id = "button1" region = "button_1" fill = "hold"/>
            <img src = "button2.gif" id = "button2" region = "button_2" fill = "hold"/>
            <img src = "button3.gif" id = "button3" region = "button_3" fill = "hold"/>
```

```
            < excl dur = "indefinite" restartDefaul = "always">
                    < video src = "../../video_1.rm" begin = "button1.activateEvent" region = "video_
region"fill = "remove"/>
                    < video src = "../../video_2.rm" begin = "button2.activateEvent" region = "video_
region" fill = "remove"/>
                    < video src = "../../video_3.rm" begin = "button3.activateEvent" region = "video_
region" fill = "remove"/>
            </excl>
        </par>
    </body>
</smil>
```

练习题

1. 名词解释

流媒体，PSTN，HFC，XML

2. 单项选择题

(1) 超文本的三个基本要素是(　　)。
① 节点　　　② 链　　　③ 网络　　　④ 多媒体信息
A. ①②④　　　B. ②③④　　　C. ①③④　　　D. ①②③

(2) 下列格式中(　　)不支持在网页中嵌入。
A. GIF　　　B. JPEG　　　C. PSD　　　D. PNG

(3) 下列扩展名中(　　)不是流媒体视频文件格式。
A. ASF　　　B. RMVB　　　C. TGA　　　D. MOV

(4) 下列叙述中正确的是(　　)。
① 节点在超文本中是信息的基本单元
② 节点的内容可以是文本、图形、图像、动画、视频和音频
③ 节点是信息块之间连接的桥梁
④ 节点在超文本中必须经过严格的定义
A. ①③④　　　B. ①②　　　C. ③④　　　D. 全部

(5) 下面说法中不正确的是(　　)。
A. 视频会议系统是一种分布式多媒体信息管理系统
B. 视频会议系统是一种集中式多媒体信息管理系统
C. 视频会议系统的需求是多样化的
D. 视频会议系统是一个复杂的计算机网络系统

(6) 在流媒体协议集中一般采用 UDP 传输协议，其主要原因是(　　)。
A. 降低传输协议的 CPU 执行开销　　　B. 降低上层通信协议设计的复杂度
C. 降低传输可靠性需求　　　D. 降低流媒体播放器的实现难度

3. 填空题

(1) VOD 的中文含义是_____，英文全称是_____。
(2) 多媒体通信网络主要有电信网、_____和_____三种。
(3) 流媒体的传输方式主要有_____和_____两种。

（4）多媒体网络通信中的关键技术主要包括_____、_____和_____。
（5）解决多媒体时空同步问题常用的方法有_____、_____和缓冲法。
（6）衡量多媒体网络信息传输的技术指标主要包括_____、传输误码率、_____和_____4种。

4．问答题

（1）可视电话系统包括哪些主要的部件？这些部件的功能分别是什么？
（2）基于HTTP的Web系统包括哪些组件？请描述Web系统的工作过程。
（3）流媒体系统是由哪些组件构成的？常见的流媒体文件格式和对应播放器有哪些？
（4）简述主要的IP网络多媒体通信的协议及其功能。
（5）搭建Helix Server流媒体服务器，比较与Windows Media Services的差异。

第9章 多媒体应用系统的设计与开发

在信息系统领域,因多媒体应用系统具有丰富的表现力、生动的视听觉和音响效果,大大增强了信息的吸引力。多媒体应用系统的设计与开发不仅涉及软件设计和软件工程等方面的基本原理,同时也涉及美术、教育、传播及心理等多方面的基础知识。因此,它是一个综合性知识及能力要求较高的实践领域。

9.1 多媒体应用系统设计原理

从软件开发的角度来看,多媒体应用系统的设计仍然属于软件工程的范畴,应该按照软件工程的开发流程来设计与实现。

9.1.1 软件工程概述

1. 软件工程的定义

软件工程将软件的开发看作一种系统工程,从系统的角度,用工程化的原理和方法对软件进行计划、设计、开发和维护。其目标是利用较少的时间、较低的成本获得满足客户需求的、未超出预算的、按时交付的和没有错误的软件产品。为实现这个目标,需要在软件生产的各个阶段运用恰当的设计方法、技术和辅助工具。

2. 软件生命周期

一个软件从提出开发要求、操作、维护到报废为止的整个时期称为软件生命周期。通常人们把整个软件生存周期划分为若干阶段,使得每个阶段有明确的任务,使规模大、结构复杂和管理复杂的软件开发更容易控制和管理。

根据软件生命周期,软件开发的活动分为核心活动和支持活动。核心活动主要涉及软件开发及运行的主流程,支持活动涉及对软件开发的管理。核心活动包括系统分析、结构设计、编码实现、测试和维护5个阶段。

1) 系统分析

系统分析的任务是确定软件开发工程必须完成的总目标;确定工程的可行性,导出实现工程目标应该采用的策略及系统必须完成的功能;估计完成该工程需要的资源和成本,并且制定工程进度表。系统分析通常进一步划分成三个阶段,即问题定义、可行性研究和需求分析。

2) 结构设计

结构设计包括总体设计和详细设计两部分。总体设计主要是设计出实现目标系统的几种可能的方案,制定出实施最佳方案的详细计划,同时设计出程序的体系结构,即确定程序由哪些模块组成及模块间的关系。详细设计是把解法具体化,设计出程序的详细规格说明,即对各个模块进行详细设计,确定实现模块功能所需要的算法和数据结构。

3) 编码实现

编码实现的关键任务是写出正确的、容易理解的、易维护的程序模块。程序员应该根据目标系统的性质和实际环境选取一种恰当的高级程序设计语言,把详细设计的结果翻译成用特定语言书写的程序,并且仔细测试编写出每一个模块。

4) 测试

测试的关键任务是通过各种类型的测试使软件达到预定的要求。最基本的测试是集成测试和验收测试。集成测试是根据设计的软件结构,把经过单元测试检验的模块按某种选定的策略装配起来,在装配过程中对程序进行必要的测试。验收测试是指按照规格说明书的规定,由用户对目标系统进行验收。必要时还可以再通过现场测试或平行运行等方法对目标系统进一步测试检验。

5) 维护

维护的关键任务是通过各种必要的维护活动使系统持久地满足用户的需要。实际上每一项维护活动都应该经过提出维护要求、分析维护要求、提出维护方案、确定维护计划、修改软件设计、修改程序、测试程序及复查验收等一系列步骤。

软件开发中的管理也是必不可少的。软件管理通过估算软件规模和工作量来制定进度计划、组织人员,并按此计划追踪、报告、协调完成项目,确保软件质量。

9.1.2 多媒体软件开发模型

软件开发模型是描述软件开发过程中各种活动如何执行的模型,它确定了软件开发中各阶段的次序关系、活动准则,便于各种活动的协调、人员之间的有效通信,有利于活动重用和活动管理。在软件工程发展的过程中出现了多种模型,其中最常用的是瀑布模型和螺旋模型。这些模型主要是针对面向过程的程序设计而建立的。随着面向对象程序设计的快速发展,新的模型和建模工具不断涌现出来,比较有代表性的是统一建模语言(Unified Modeling Language,UML)。现在有些多媒体开发工具已经开始支持面向对象的设计方法,如 Authorware 7 等。

1. 瀑布模型

瀑布模型(Watefall Model)也称为生命周期法,是结构化方法中最常用的开发模型,它把软件生命周期中的过程按照自上而下、相互衔接的固定次序排列,包括需求分析、结构设计、编码实现、测试和维护,如图 9-1 所示。该模型的特点是各阶段的任务依次完成,不能并行,因此适合需求明确或变更很少的项目。

2. 螺旋模型

鉴于瀑布模型的缺点,1988 年科学家布恩(Boehm)提出了螺旋模型(Spiral Model),如图 9-2 所示。螺旋模型以原型开发方法为基础,沿着螺线自内向外旋转,每旋转一圈都要经过制订计划、风险分析、实施工程及客户评价等活动,并开发原型的一个新版本,经过若干次螺旋上升的过程得到最终系统。

螺旋模型不同于瀑布模型之处是以演示(Showing)代替传统说明方式,这非常适合于逻辑问题与动态展示的多媒体应用系统设计。其优势是开发周期短、效率高、软件产品的可重用和移植性好、版本升级方便。

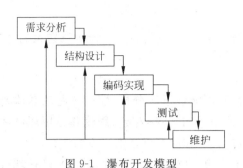

图 9-1 瀑布开发模型　　　　图 9-2 螺旋开发模型

9.1.3 多媒体应用系统开发步骤

多媒体应用系统的开发是指多媒体应用系统开发人员在多媒体素材基础上,借助多媒体软件开发工具制作及编写多媒体应用系统的过程。它也采用模块化思路和从上至下的开发设计过程,开发流程与传统软件工程有很多相似之处。但由于多媒体应用系统更侧重于多媒体信息的传播,因此其设计开发的具体形式会有所不同。多媒体应用系统开发步骤包括计划准备阶段、设计实施阶段和应用维护阶段,其中选题策划、需求分析和人员组织是软件开发的计划准备阶段,设计实施阶段包括具体的软件设计、素材制作和编程开发,应用维护阶段是把软件产品公开发行并不断改进和维护,如图 9-3 所示。

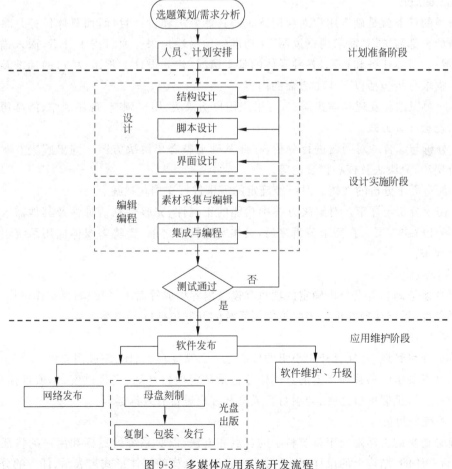

图 9-3 多媒体应用系统开发流程

1. 计划准备阶段

计划准备阶段是多媒体软件系统开发的第一个阶段，它可进一步分为选题策划、需求分析和人员组织三个阶段。

1）选题策划

选题策划是指对多媒体软件开发的必要性和可能性进行分析，明确选题的总体要求和适用范围。其中，总体要求和适用范围对系统的使用目的、使用对象、用途和适用环境做出了明确要求。可行性分析主要从技术可行性、经济可行性和操作可行性三方面进行。

（1）技术可行性是指对待开发系统的功能、性能和限制条件进行分析，明确在现有的限制范围内、现有的技术人员支持下、现有的技术下和现具备的资源条件下能否实现本系统。

（2）经济可行性是指对投资和人员等开发成本进行估算，对于其所能取得的效益进行评估，对其潜在的市场前景进行预测，分析该系统是否能够取得良好的经济效益。在评估中也要考虑到经济效益之外的社会效益。

（3）操作可行性也称为环境可行性，包括法律可行性和操作使用可行性。法律可行性是考虑系统开发过程中可能涉及的违反法律的问题，操作使用可行性包括系统使用单位人员素质及单位制度等因素能否满足系统操作方式的要求。

选题确定后，应提交可行性分析报告书，其中包括引言、用户分析报告、现有系统的分析、成本效益分析报告及系统内容分析报告等。

2）需求分析

该阶段的任务就是确定用户对应用系统的具体要求和设计目标，而具体任务是将用户对应用系统的全部需求用"需求规格说明"文档准确地描述出来。通过需求分析，深入描述系统的功能、特点、具体任务和目标，各种媒体的基本情况，建立设计的规范、接口的标准及开发的风格等。需求分析包括以下4个方面的内容：

（1）问题识别。发现和描述需求，可采用用户访谈法、用户调查、现场观摩、阅读历史文档和联合讨论会5种方式。

（2）分析与综合。对问题进行分析，在此基础上整合出解决方案。列出解决方案的常用策略有分层法、分段法及核心扩展法等。

（3）编写需求分析的文档。对已经确定的需求进行文档化描述。

（4）需求分析与评审。对解决方案中功能的正确性、完整性和清晰性及其他需求给予评价，形成最佳解决方案。在需求分析之后，具体实施开发之前，要将多媒体应用系统项目开发小组建立起来。

3）人员组织

根据选题策划和需求分析确定的项目规模及内容构成等需求，组织项目制作机构，确定开发软硬件条件，做好计划安排。多媒体应用系统的开发包括以下几类人员：

（1）项目管理人员。

也称为项目经理，是项目开发小组的核心之一。从立项、创作、完成到交付，项目经理负责整个项目开发的组织和管理。他的具体任务包括制定项目计划、安排进度、作项目预算、分配资源、安排人员、把握项目进度、与项目组成员和客户进行有效沟通等。

（2）系统分析员。

系统分析员的工作是应用系统科学的观点和方法，以对系统的目标和用户的特征分析为基础，进行总体的、结构上的设计，包括哪些内容用什么样的媒体形式来表示、任务的分配及进度的控制等。

(3) 创作专家。

创作专家在多媒体软件系统的创意、场景、情节及角色等多方面的设计过程中起到主导作用。他的具体任务包括构思创意、创造角色、设计场景、设置情节、帮助开发组构建并理解多媒体节目的内容、对项目开发策略进行指导等。

(4) 艺术指导。

多媒体软件系统相比一般的软件系统在表现界面上要求更高,因此需要艺术指导。它的主要任务是设计并创作出符合应用产品目标、风格和格调的视觉素材。

(5) 多媒体制作人员。

多媒体制作人员是根据系统分析员和创作专家所提供的设计思想、作品内容和设计结构进行模块具体创作实施的人员。可以细分为图形图像设计师、音视频创作师、动画创作师、脚本编写师、项目测试员、文字编辑员和程序员等。

2. 设计实施阶段

多媒体应用系统的设计实施是指系统的设计、编辑与编程,详细分为结构设计、脚本设计、界面设计、素材采集与编辑、集成与编程 5 个阶段。

1) 结构设计

结构设计也称为总体设计,即将需求转化为数据结构和软件的系统结构。它主要包括设计软件的结构、确定系统由哪些模块组成,以及每个模块之间的关系。它采用结构图来描述程序的结构,多媒体软件系统通常有 4 种典型的结构。

(1) 线性结构。模块内容是按照规定的先后顺序执行,用户可以控制前进、后退、暂停、到最前页或最后页,用户选择较少。

(2) 树形结构。根据用户选择分支进行,如果想看其他分支内容,需退出当前分支。

(3) 网状结构。用户可随意在应用系统的内容中穿行,不受预定路径的限制。

(4) 复合结构。用户自由选择,但受关键信息的线性展示或层次结构中逻辑组织的限制。

结构设计的具体内容包括:

(1) 确定目录主题。确定系统的入口点,即确定主要模块和主题内容。

(2) 选择层次结构。按照前面分析的 4 种典型结构,确定每个模块和主题内容之间的层次关系及其对项目显示信息顺序的影响。

(3) 交叉跳转的确定。明确各模块和内容主题之间的跳转,编程实现或采用超媒体结构(如热字或图标等)实现。

2) 脚本设计

脚本设计是对各模块和主题内容所涉及的信息内容进行详细、规范的规划和设计,详细描述这些内容的制作顺序、策略及目标等。多媒体脚本设计的要求包括以下几个方面:

(1) 规划出各项内容显示的顺序和步骤,描述期间的分支路径和衔接的流程。

(2) 必须注意系统的完整性和连贯性,每一段的完整性也不可忽视。

(3) 既要考虑到整体结构,又要善于运用声、画、影、物的多重组合,以达到最佳效果。

(4) 描述系统的交互性和目标性。

(5) 注意根据不同的应用系统运用相关领域的知识和指导理论。例如对用于教育或培训的应用系统,就要特别强调先进的教学理论和教学方法的实施,突出人机交互设计,同时还要考虑教育心理学,如认知理论的运用。

制作脚本的过程是一般先勾画出软件系统的结构流程图,划分层次与模块;然后就每一模块的具体内容,选择使用多媒体的最佳时机,设计各种媒体信息的表现形式和控制方法,包括正文、图片、图像、动画、视频及必要的配音,以及对背景画面与背景音乐的要求等;最后以帧为单位制作成脚本卡片,每一帧的脚本中都应该包括脚本的编号、显示的主题、屏幕的布局、链接关系的描述(导航设计)、操作的方式(交互设计)、各按钮的激活方式及排列位置等。

3) 界面设计

这里的界面设计主要指多媒体应用系统的屏幕设计或称为计算机平面显示的设计,包括版面布局、颜色和多媒体元素的巧妙安排等。界面设计决定了应用系统的整体视觉风格,因此要力求做到美观、均衡、有创造性,要能快速地吸引用户的注意力并准确传递信息。

4) 素材采集与编辑

素材的采集与编辑包括文字的录入、图表的绘制、音频的编辑、视频的采集与编辑等。在进入实际制作阶段前,素材都需要准备好,包括采集各种媒体信息,更重要的是要根据需求分析和设计要求将这些素材做好预处理,需考虑诸如项目和用户的具体需求、存取速度、要求显示的质量及要求播放的效果等多种因素。

另一方面,素材的处理需要选择好的工具和方法改善开发过程,并能实现工程化,尽量使素材可重复使用,但要注意公共素材的版权纠纷等。

5) 集成与编程

按照脚本设计和结构设计中的具体设计与要求,将已经处理过的各种媒体素材组织起来,按照一定的规则和方法有机地集成到相应的信息单元中,形成一个完整的多媒体系统。在此之前应根据需要选择多媒体编程语言或者是采用多媒体著作工具进行集成。一般采用螺旋模型中的快速原型法,即在系统设计阶段采用少量典型素材,对交互性进行"模拟"制作,得出初始原型,然后与用户沟通确认,获得意见之后再进行进一步的设计制作。

3. 应用维护阶段

产品发布之前必须进行严格的测试,发布之后还需要对产品进行必要的维护。

1) 测试

测试的目的是发现软件系统中存在的问题,改正错误,修补漏洞,主要包括下面 4 个部分。

(1) 单元测试。查找软件中的错误,包括文字错误、配音错误及编程错误等。首先对每一个独立的元素进行测试,然后再对每个单独模块进行测试。

(2) 功能测试。系统集成之后,一方面要注意程序集成之后对各模块内部是否会产生新的影响;另一方面要反复试验,检验各个模块是否都能按照预期目标实现其功能,是否遗漏了某些模块。

(3) 效果测试。在完成以上两步测试后,运行程序看是否能够达到预期的视听觉效果。查看系统作为一个整体,是否能够有效地运行。

(4) 验收测试。由业务专家或用户进行,以确认产品能真正符合用户业务上的需要。

对软件程序模块的测试方法有许多,最通用、最简单的方法是"走代码(Walk-Through)"法,即静态地阅读设计书和源代码,对有逻辑分支部分,每个分支均至少走过一遍来检查错误,并记录下来。

2) 发布

多媒体作品发布的方式有网络发布和光盘出版两种主要的方式。网络发布就是把软件复制到相应的服务器上,设置好服务器网络地址让用户方便访问。光盘出版发行则需进行母盘刻录,然后批量复制。发行之前需要优化程序文件组织结构,进行包装设计等。

3) 维护

软件可维护性是指纠正软件系统出现的错误和缺陷,以及为满足新的要求而进行的修改、扩充和压缩的容易程度。软件系统发布后的维护包括改正性维护、适应性维护、完善性维护和预防性维护4种。其中预防性维护是指在发布多媒体软件系统之前,需要对软件作品的功能性、可靠性、可用性、经济性、维护性及通用性进行评估和优化。在维护的过程中如果需要修改程序,则应防止副作用产生,在修改后的程序提交用户之前需要进行充分的确认和测试。

9.2 多媒体教学软件的制作

多媒体教学软件是根据课程教学大纲的教学要求,用文本、图形/图像、音频、视频及动画等多种媒体与超文本结构去展现教学内容,并且用计算机技术进行记录、存储与运行的一种教学软件。

9.2.1 多媒体教学软件的特点

多媒体教学软件的主要特点表现为信息载体的多媒性、集成性、交互性和超链性。

(1) 多媒性。多媒体教学软件实现了教学信息载体的多样化或多维化,实时地处理文本、图形、图像、音频、视频及动画等多种媒体信息。

(2) 集成性。多媒体教学软件的集成性是指信息多通道统一获取和合成,统一组织和存储。把单一、分散及不同类型的素材经过处理,集合成多媒体。

(3) 交互性。多媒体教学软件利用图形交互界面,提供友好的人机交互操作。学习者可根据自己的情况选择相应的学习路径和学习内容。另外,软件还能对学生测试结果进行分析、评判,并反馈结果。

(4) 超链性。多媒体教学软件的非线性和超链接的网状结构能实现知识点之间的超链接,使学习信息的组织更符合人类非线性的思维方式和人类自身的认知规律。

9.2.2 多媒体教学软件的类型

根据内容组织与作用,可将多媒体教学软件分为课堂演示型、教学指导型、自主学习型、模拟操作型、训练练习型、资料工具型和教学游戏型等。

(1) 课堂演示型。这种类型主要用于展示教学内容提要,演示在课堂教学中难以看到的各种现象、运动过程和规律、反映问题解决的全过程。教学程序基本属于直线式顺序教学,用于辅助各科的课堂教学。

(2) 自主学习型。具有完整的知识结构,能反映一定的教学过程和教学策略,提供相应的形成性练习题与参考答案,以供学生进行学习评价。

(3) 网络学习型。这种类型可以在局域网或广域网上使用,使更多的学习者参与学习。

(4) 智能学习型。这种类型用人工智能技术编制而成,能根据不同学习者掌握的知识和技能情况,建立有针对性的教学策略,确定要传递给学习者解决的问题,评价学习者的行为和学习情况。

(5) 模拟操作型。借助计算机模拟仿真和虚拟现实技术,再现一个真实情景,让学习者进行模拟实验操作、模拟训练器材操作和模拟技能操作。

(6) 训练练习型。这种类型主要是面向学习者呈现问题,由学习者练习作答,软件给予适当的即时反馈,强化训练学生某一方面的知识和能力。

(7) 资料工具型。包括各种电子工具书、电子字典、各类文本库、图像库、动画库、视频库和声音库等资料,以及面向学科的专用平台型软件。

(8) 教学游戏型。这种类型主要基于学科知识内容,寓教于乐,通过游戏的形式引发学生对学习的兴趣,帮助学生更好地掌握学科知识。

9.2.3　多媒体教学软件的开发过程

多媒体教学软件的开发过程包括系统规划、教学设计、系统设计、脚本编写及开发制作5个步骤,如图9-4所示。下面以高等数学多媒体教学系统为例来说明开发过程。

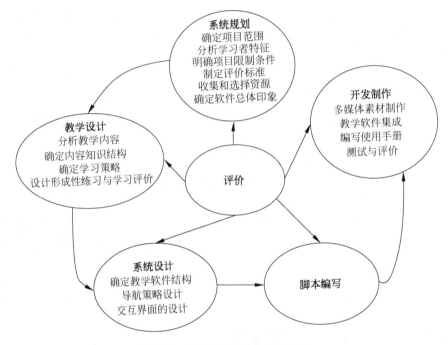

图 9-4　多媒体教学软件开发过程

1. 系统规划

在系统规划阶段,项目组按步骤编写一系列书面材料,以便与用户沟通,并最终确定作为内部工作的依据。规划主要包括确定项目的目的、分析学习者特征、明确项目限制条件、制定评价标准、选择收集资源和确定软件总体印象等。

(1) 确定项目的目的,也就是学习者完成该教学软件的学习后应掌握的知识、技能及应形成的能力、态度等,以及划定项目教学内容范围。高等数学多媒体教学系统要求能够为教师提供课堂教学资源和教学支持,学习者学完之后能够掌握高等数学基本原理,会运用基本原理解决典型问题,具有比较熟练的运算能力、抽象概括能力及逻辑思维能力。

(2) 分析学习者特征就是从教学软件制作需要和可用性出发,分析学习者的一般特征、与学科内容学习相关的特征及计算机操作技能等特征。例如,某地方本科院校开发的高等数学多媒体教学系统中,学习者特征分析如表9-1所示。

表 9-1　学习者特征分析表

分析项目	描　　述
对象	普通高中毕业统招生和职业高中毕业单招生
一般特征	基本素质参差不齐,有着足够的精力和热情;现代化设施配备相对丰富,喜欢方便自学的学习资源,但又因此容易分散学习的注意力
动机水平	学习目的明确,渴望专业知识和专业技能的提高;通过学习提高解决工作中实际问题的能力,获取学历证书
先决知识、技能	具备初等数学知识
学习特征	学习意志力欠强,学习理论知识的兴趣不高;理解问题、分析问题的能力和自学能力亟待提升
计算机基础	基本的计算机操作技能

(3) 明确项目限制条件是指要求明确教学软件设计、开发的工作条件和限制因素,如计算机配置、预算、时间、版权等因素。

(4) 制定评价标准是指项目组与用户协商,对项目预期质量进行描述,以便用户监督,并作为质量管理的依据。其评价内容一般包括学科内容、学习动机、界面交互和导航、教学属性和隐性特征。

(5) 选择收集资源是指收集和选择与教学软件开发相关的、与学科内容或教学设计和开发相关的基本信息资源和辅助材料。

(6) 确定软件总体印象是指对教学软件的目的、内容、结构、顺序及屏幕布局等进行粗略的表述,一般选用简单图形或文本框等示意各种媒体元素,做出几个有代表性的页面。

2. 教学设计

多媒体教学软件的教学设计主要包括分析教学内容、确定教学内容知识结构、选择学习策略、设计形成性练习等。

(1) 分析教学内容是指依据规划中的教学内容范围,进一步结合学习者分析、与项目目标的联系程度(相关性、重要性、难度)、项目开发限制条件(如时间限制、计算机设备、开发人员能力)确定教学软件的具体内容。利用任务和概念分析法把教学内容分解成有逻辑联系的构成部分,为下一步确定教学软件的顺序和细节设计做准备。

例如在高等数学多媒体教学系统中,微积分部分的教学内容分析如图 9-5 所示。系统的内容模块包括各章节的多媒体教案、习题详解、综合训练、实验教学演示、实验案例库、数学家与数学历史介绍及附录系统等模块。

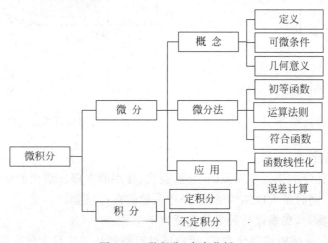

图 9-5　《微积分》内容分析

(2) 选择学习策略是按照教学理论对教学内容进行综合,其中包括明确学习类型和顺序,绘制初步的学习流程图。一般来说,学习或教学类型形成了不同的教学软件类型。例如在高等数学多媒体教学系统中,教学对象为大学生,教学内容主要包括概念学习和规则学习,因此可以采用"呈现信息、指导、练习、评价"的学习流程,如图 9-6 所示。

3. 系统设计

多媒体教学软件的系统设计包括确定教学软件结构、导航策略设计和交互界面的设计。

1) 结构设计

结构设计常采用流程图的方式来表现软件功能结构,用链接结构图来表示教学内容知识框架和超链接结构设计。教学内容知识框架是各个教学单元、知识点的相互关系及呈现方式,由封面、菜单、单元主页和功能模块等组成。超链接结构包括各教学单元之间的进入、返回和跳转的链接设计。

高等数学多媒体教学系统开发的结构流程如图 9-7 所示,其教学内容知识框架和链接结构如图 9-8 所示。

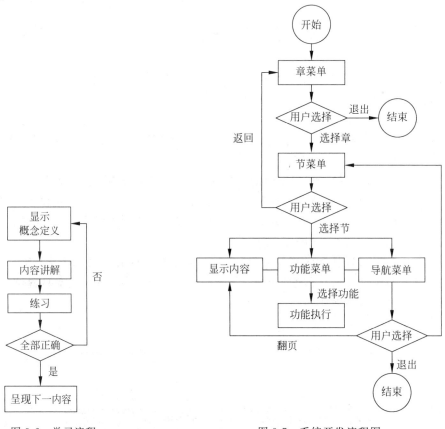

图 9-6　学习流程　　　　　　　　图 9-7　系统开发流程图

2) 导航策略设计

导航设计是指程序的执行和对象的生成、查找、使用的次序。周到的导航设计能够避免出现用户的迷路现象,同时给人以结构清晰、条理明确的良好感觉。

根据不同应用场合,导航设计的方法包括以下 7 种:

(1) 分层导航。采用树形目录方式,用户可以沿路径从顶层目录依次向下层浏览,直至找

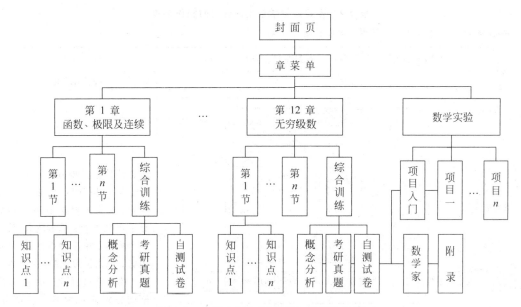

图 9-8 教学内容知识框架和链接结构图

到自己所需信息。

(2) 超链接导航。采用非线性链接方式,用户单击超链接中的节点,跳跃到相应信息。一般需要显示目前所处位置信息。

(3) 地图导航。画出作品导航地图并预先设置热区,用户在各个区域之间跳转。

(4) 跳转导航。设置前进和后退等跳转,让用户回顾已经阅读的信息。

(5) 搜索导航。建立搜索功能,用户输入关键字即可获取指定信息。

(6) 索引导航。索引是指将信息按照指定的顺序排列,例如按字拼音的顺序排列,用户按索引规则查找信息。

(7) 书签导航。用户可在重要内容处设置书签,以后要浏览这些重要内容,只要单击书签名即可。

导航设计应该简洁,按钮名称通俗易懂,不能喧宾夺主,不能占用过多页面空间。高等数学多媒体教学系统的导航主要包括章节分层导航、内容显示页的超链接导航和跳转导航。

3) 交互界面设计

交互界面设计是指将屏幕呈现和页面设计的美观协调,交互操作简单,包含屏幕设计和交互设计两部分。交互方式主要包括菜单、按钮、图标、热键、窗口和对话框。高等数学多媒体教学系统的交互主要包括分层导航中的按钮交互、超链接导航中的菜单交互和功能按钮的窗口方式。

4. 脚本编写

脚本编写又称为故事板,是对教学软件的每一屏(页)的详细描述,它的内容包括教学软件呈现的信息、呈现信息的顺序与方式、控制转移方式及制作的技术说明。表 9-2 是高等数学多媒体教学系统中一个页面的故事板。

教学软件中的语言素材,如旁白解说、对话及演讲等,如其文字较多,则需要事先写好文字脚本。视频素材则需要编写分镜头制作脚本和文字脚本。

表 9-2　多媒体教学系统的分页面制作脚本

多媒体教学软件名称：高等数学多媒体教学系统

页面名：实数与区间	文件名：实数与区间1	编号：1-1-1
交互画面：		配音：背景音乐《梁祝》
（所处位置／导航菜单项（点击弹出）／信息呈现区／系统导航　恢复 缩小 放大　返回 快退 前进 后退 快进　全屏 手写笔 Word）		多媒体信息呈现方式： 单击信息呈现区，分要点展示内容；单击内容要点，在本页面显示详细内容；单击放大，放大显示内容；单击缩小，缩小显示内容；单击恢复，初始化文本大小；单击前进、后退、快进、快退渐变分别显示内容下一部分、上一部分、最后部分、第一部分
超链接结构方式： (1) 在"函数"页面中单击"实数与区间"按钮进入当前页面； (2) 在当前页面单击"要点"，逐条显示内容要点； (3) 在当前页面的"系统导航"菜单中选择菜单项，进入所选的页面； (4) 通过单击当前页面的"返回"按钮，返回"函数"页面		

5．开发制作

开发制作阶段是把设计阶段的策划转变为具有教学功能的运行流畅的程序，其主要任务包括对所有多媒体素材的制作、必要的程序编制、把素材按照软件结构集成在程序中使软件程序运行正常、编写技术手册和用户文档等、对软件进行测试与总结性评价等。

1) 多媒体素材制作

对文本、图像、动画、视频和声音等多媒体素材进行编辑处理。在制作过程中需要考虑素材大小、清晰度和与教学内容相关程度，并保证素材内容的科学性要求。

2) 教学软件集成

分析软件集成工具的特点，选择合适的集成工具和开发平台。在教学软件集成的过程中，遵循"先结构、后内容"的原则，即首先确定流程图和故事板，然后编程集成，把已完成的素材插入程序。同时需要做好软件集成的管理，可以在故事板中注明素材使用情况，并做好版本控制。

3) 编写使用手册

用户使用手册一般包括软件名称、制作者和版权等基本信息、重要提示、导言、教学软件运行环境、计算机及外部设备配置、教学软件启动程序、内容概要及使用选项等。

4) 测试与评价

测试包括项目组测试和学习者测试两种。项目组测试是指由教学软件设计与开发者、学科专家通过试运行来测试，测试依赖教学软件评价表和教学软件项目标准。测试时，尽量测试每个交互元素，设想学习者使用时可能的各种正常的和反常的操作，保证测试的全面性。学习者测试是指在实验环境下全面检验教学软件性能和教学效果的有效方法，它包括选择学习者、说明试用过程、测试学习者已有知识、观测学习者使用教学软件、与学习者座谈和测验学习效果6个步骤。

总结性评价是在实际使用情境中进行的评价,检验学习者使用软件的反应和态度、学习成绩和评价学习者在预期环境中的行为变化,即检验学习者使用软件后能否达到预期的学习目标。

9.3 多媒体作品设计美学基础

利用多媒体技术开发的产品讲求美观、实用,并且应符合人们的审美观念和阅读习惯,这就是开发多媒体产品过程中的艺术审美要求。通过绘画、对两个或两个以上色彩的运用与搭配、设计多个对象在空间的摆放关系等具体的艺术手段,可以增加多媒体产品的人性化和美感。这就是美学中常说的三种艺术表现手段:绘画、色彩构成和平面构成。

(1) 绘画是美学的基础。通过手工绘制、计算机绘制和图像处理,使线条和色块具有了美学的意义,从而构成了图画、图案、文字及形象化的图形。

(2) 色彩构成是美学的精华。色彩历来是人们最为敏感的部分,研究两个以上的色彩关系、精确到位的色彩组合、良好的色彩搭配是色彩构成的主要内容。

(3) 平面构成又叫版面构成,是美学的逻辑规则,主要研究若干对象之间的位置关系。

9.3.1 平面构图规则

平面构图是平面构成的具体形式,遵循一定的构图规则。

按照画面基本元素变化、布置与搭配引起的视觉效果不同,可以将基本元素在画面上的变化、布置和搭配进行如下分类:

(1) 按照位置分,有上下、左右、水平、垂直和倾斜、纵深等。
(2) 按照形态分,有长短、粗细、曲直、方圆、整齐和随意、二维和三维等。
(3) 按照布局分,有疏密、均衡、对称和不对称等。
(4) 按照布光分,有明暗、阴影和深浅层次等。
(5) 按照用色分,有色彩的明度、色度、纯度及其面积、形状和位置等。
(6) 按照纹理、质感分,有粗糙和光滑、褶皱、镜面及透明感等。

在平面构图中,基本元素变化、布置及搭配的构图艺术规则主要分为三类:

(1) 将同类视觉要素中的差异进行比较,形成一种视觉反差的美(对比)。
(2) 维持实(虚)形态的量感在画面上的均衡,形成一种视觉上平衡的美(均衡)。
(3) 用统一的规则作为变化的"度",形成一种视觉构图的美(变化)。

1. 对比

对比主要用于主体与背景之间、各形体之间和形体内各部位之间,旨在突出主题、比较差异或美化画面。按照画面上出现的视觉要素不同,可将对比划分为各种类型,如大小对比、疏密对比、曲直对比、亮暗对比和形状对比等,亮暗对比如图9-9所示。

2. 均衡

均衡用来说明构图在稳定状态时各部分"力"的分布态势(这里的"力"实际是指重量感)。画面均衡感是视觉追求的一种心态,不均衡就会觉得不稳定,总希望从反方向加一个"力"使之平衡,如图9-10所示。

画面的重量感一般的规律是:

数量多比少重;面积大重;距离视觉中心近的物体重,画面右半侧比左半侧重;规则转折形态的物体比随意转折形态的物体重;物体运动的前方或画中人物注视的前方重;冷色调比暖色调重;深色物体比浅色物体重;教学内容的重难点重;画面上醒目或刺激的内容重;动比静重;浓比淡重;实比虚重;人造物比自然物重。

对称是均衡的一种特殊形态,是指图形或物体对某个点或线在大小、形状和排列上具有一一对应的关系,如图9-11所示。

 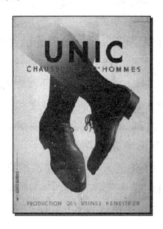 

图9-9　亮暗对比　　　　　图9-10　虚实均衡　　　　　图9-11　对称构图

均衡的另外一种比较特殊的形态是呼应。呼应是指两个以上形体之间通过"呼唤"与"响应"的关系来达到画面上的均衡。根据画面的内容和表现方法,大体分为形态呼应、内容呼应和色彩呼应等几种形式。

3. 变化

变化是为避免构图形式或画面布局过于单调、死板而增添的一些变异。变化要遵循一定的规律,有规律的变化才能显示出有序与和谐,如图9-12所示。

4. 点的构图规则

当某种形体在画面上的面积与背景相差悬殊,是画面上众多数量形体中的个体时,形体常被视为"点"。在多媒体课件中,为呈现教学内容的需要,通常采用一些抽象虚拟的"点"。

图9-12　变化构图

(1) 画面几何中心沿中垂线向上约2/5处是视觉中心,观看位于该处的教学内容可以减轻视觉疲劳。

(2) 画面上只有一个景物或若干景物集中在一处时,无论它的大小和位置,都会成为注视中心。也就是说,画面背景洁净、素雅,画面上的教学内容将更为注目。

(3) 在一个点的群集中,个别点在色彩、明暗或形态上的变异会增强其注目性,如图9-13所示。

图9-13　点的形态变化

（4）画面上两个点的大小相当、位置较近会吸引观者在两者间往返移动，有利于对两者进行比较，如图9-14所示。

5．线的构图规则

在画面艺术中，线分为抽象几何形态与具体写实形态两类。两者在画面的表现形式及传递信息和美感的方式也不同。

写实形态的线常以图片的形式表现，不同的形态有不同的艺术效果。图9-15所示竖直挺拔的形态显示雄伟和阳刚的艺术风格，图9-16所示为水平坐落的形体给人平稳、安定的视觉效果。图9-17所示为弯曲线条给人柔美、流畅的视觉动感，图9-18所示斜线用来表现画面的深度。

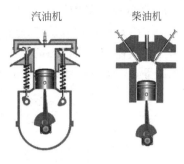

图 9-14　点的对比

图 9-15　竖线构图

图 9-16　水平线构图

图 9-17　曲线构图

图 9-18　斜线构图

几何形态的线在画面上常以"线条图形"的形式出现，不仅能勾画教学对象的外部轮廓，也能描绘教学设备的内部构造和工作原理。这样，对教学内容可以删繁就简、突出重点，可以对抽象化的概念和难点进行说明，可以深入教学对象内部，由表及里。图9-19所示是游标卡尺线条图形。

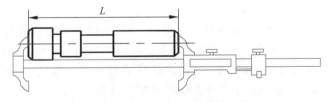

图 9-19　游标卡尺线条图形

6. 面的构图规则

面主要是通过形态及其属性(色彩、肌理及影调)来传递信息和美感的,通常包含抽象的几何形态和具体的写实形态两类。前者一般由计算机软件绘制,如图9-20所示的机械零件和几何制图等;后者一般用数码相机拍摄或扫描仪扫描,如图9-21所示的机床图等。

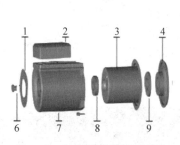

图9-20　计算机绘制机械部件

图9-21　写实形态

在多媒体艺术作品中,图形以形传义,因此应该真实与艺术性并重,计算机绘制的图形要求尽可能准确、逼真。对于数码相机拍摄的图像则要求取景、用光及拍摄尽可能突出主题、展现亮点。

7. 点和线群集的构图规则

线条之间的关系包括平行、相交、直线或曲线(包括圆和椭圆)之间的相切及许多直线呈放射状态等。如果按照视觉习惯将这些线进行排列或者交叠,会产生奇妙的艺术图案(形成了面),如图9-22所示。

通过改变点和短线的间距与搭配关系,可以生产种类繁多的虚线。例如国庆60周年大阅兵,群众摆成方阵图案,毛衣上用各色绒线编织成的各种花纹等。通过改变点的大小、形态和密度分布,也可以构成具有艺术感的虚面,如图9-23所示。

图9-22　线条群集

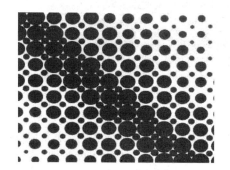

图9-23　点群集

8. 空间的构图规则

空间指的是烘托、陪衬画面上主体的呈现环境,一般情况下是指主体与背景的关系,有时也指诸多主体之间或主体内部各部分之间的关系。画面的空间主要指呈现主体和背景之间的关系。从呈现艺术角度来看,画面上的背景与主体关系包括背景独立于主体存在及由主体演绎出背景。无论哪一种,背景相对于主体都应处于陪衬地位。

对于烘托主体的背景,其上一般有与被烘托对象匹配的内容;对于单纯美化环境的背景,其上也可以有装饰画面的图案或者只有变化的色彩、灰度等,一般要求满足审美心理。在这类情况下,对背景的共同要求是不能喧宾夺主,如图9-24和图9-25所示。

图9-24　背景的细节冲淡了主体花　　　　　图9-25　装饰图

由主体演绎出来的背景是指背景并非客观存在的实体,而是观看者通过自己的视觉经验和心理效应联想出来的。例如,一张空白纸上画一架飞机会使人联想到其背景必然是天空。在此类情况下,可通过形体与边框大小的关系来显示画面空间的辽阔与拥挤,如图9-26所示。通过调整背景图案与边框的位置关系来拓宽画面的视野,如图9-27所示。需要注意边框对有方向性形体的制约,如图9-28和图9-29所示。

图9-26　边框与形体　　　　　图9-27　背景边框图案与文字

图9-28　运动画面参照　　　　　图9-29　运动画面的广阔

在平面画面上表现三维空间的方法包括透视、遮挡、明暗或阴影、虚实及利用斜线或曲线的变化等,如图9-30所示。

在平面画面上表现4维空间的方法包括:

(1) 通过人、动物、车辆或机械等在运动过程中的姿态来表现运动。

(2) 通过人的面部表情来表现动感。

(3) 通过特定的运动环境来表现在该环境中的运动。

(4) 通过外加辅助图形或文字来表示主体的活动。

其中第 4 类方法常用于多媒体教学作品中。例如在小球自由落体运动中加入辅助图形表明其各个不同的运动阶段等，如图 9-31 所示。

图 9-30 表现三维空间

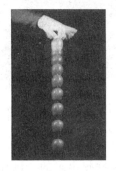
图 9-31 表现四维空间

9.3.2 色彩构成与视觉效果

色彩构成是指为了某种目的，把两个或两个以上的色彩按照一定的原则进行组合和搭配，以此形成新的色彩关系。在画面的诸多基本元素中，色彩格外受到重视，人们对常见的色彩习以为常，形成了相关的视觉经验，其中包括一些典型色彩特点及搭配方面的知识，以及由某些色彩引起的心理效应。

1. 典型色彩的特点和搭配

1) 色彩的心理效应

色彩的直接感觉是指色彩的物理刺激直接导致的心理体验，又称为"色彩的感觉"。

观看者对色彩产生的心理感受主要是由色彩联想导致的。所谓色彩联想是指通过色彩联想到与该色彩相关的经验及该经验的属性（情感、象征和感觉等）。

表 9-3 中列出了大多数色彩的直接感觉和色彩的象征意义。

表 9-3 色彩的心理效应

颜色	直接联想	象征意义
红	太阳、旗帜、火、血	热情、奔放、喜庆、幸福、活力、危险
橙	柑橘、秋叶、灯光	金秋、欢喜、丰收、温暖、嫉妒、警告
黄	光线、迎春花、梨、香蕉等	光明、快活、希望
绿	森林、草原、青山	和平、春意盎然、新鲜、可行
蓝	天空、海洋	希望、理智、平静、忧郁、深远
紫	葡萄、丁香花	高贵、庄重、神秘
黑	夜晚、没有灯光的房间	严肃、刚直、恐怖
白	雪景、纸张	纯洁、神圣、光明
灰	乌云、路面、静物	平凡、朴素、默默无闻、谦逊

色彩的选用依据色彩的心理效应，以体现不同的应用场合和表达的中心内容。

(1) 严肃、正式的场合，例如国际会议、教学环节及科学技术讲座等，前景文字可采用白色或黄色等明度高的颜色,背景则采用明度低的颜色,并以冷色为主,如蓝色或紫色。为了增加标题的醒目程度和条理性,可把颜色鲜明的色块、圆点或图形等放置在标题前面。

(2) 活跃的场合,例如广告及商品介绍等,前景要富于变化,主要体现在文字的字体、字号、颜色、排列方式等方面。就颜色而言,文字的颜色要富于变化,例如采用一字一色,或者采用渐变色。背景则多采用经过处理的照片,把照片的明度和纯度降低,色调也要进行适当的调整。

(3) 喜庆的场合,例如婚礼、各种盛事、电影发布、举办音乐会海报等,色彩的运用以鲜艳、热烈、富于情感为主。世界各国对喜庆的颜色有着不同的习惯和理解。例如我国民间用红色表现热烈的气氛。喜庆用色通常具有明度高、色相清晰、纯度高的特征。

2) 色彩的基本搭配

(1) 红色。

大面积红色可在心理上造成温暖、喜庆和庄严的感觉。利用红与绿互补的特点,在大面积绿色中用少许红色点缀,能收到赏心悦目的视觉效果。红色用于文本呈现时,要注意易读性问题,具体来说,红色文字字号不能太小,且与背景色的明度差要大。采用红色背景时,字色用高明度黄、白色的效果较好。

(2) 绿色。

采用降低纯度或纯度渐变的绿背景,可以产生清新、明亮的感觉。在这样的背景上配深蓝、深紫、红或黑字,视觉效果较好。在网页上采用深绿与橙黄、咖啡色相配合;或用暗绿做辅助色,配合深灰、深蓝色,都会有协调的感觉。

(3) 黄色。

光感最亮,有前移扩张的感觉,但缺乏深度。较少用于背景色,在黄底上用蓝青字,效果不太理想。在深、暗色(如蓝、红、黑色)背景上用黄字效果好,而且纯黄比浅黄效果更佳。

(4) 蓝色和青色。

两者容易分辨细微变化,呈现文字可读性好。都有后退、收缩的感觉,显的有厚度和深度,做背景色分别显的深沉和淡雅。青色由蓝和绿混合而成,比蓝色淡且亮,在蓝底上采用青、黄、白色字,可以产生清新、明亮的感觉。

(5) 黑、灰、白色。

无彩色,只有明度属性,可与任何色彩搭配。

文字色彩选用的易读性规则要求:"亮底配暗字"或者"暗底配亮字",即字色与底色明度差大于50灰度级。实践表明,白、浅灰背景配红、黑、深蓝色字;黑、深灰背景配黄、青、浅绿色字;亮灰字需采用黑、暗蓝、暗紫底色。

2. 颜色搭配经验

色彩搭配没有绝对化的公式,但对于多媒体设计师来说,要想在做设计的过程中任意发挥,运用自如,可以借鉴以下的颜色搭配经验。

(1) 用一种色彩。这里是指先选定一种色彩,然后调整明度或者饱和度产生新的色彩,用于同一版面。这样的页面看起来色彩统一,有层次感,而且高雅,如图9-32所示。

(2) 用两种色彩。大面积使用一种色彩,然后选择它的对比小面积使用,有锦上添花的效果,整个页面色彩丰富但不花哨。例如,在大面

图9-32 一种色彩

积的黄色上配上小块的紫色可令画面生动,也可用冷色和暖色互相对比互相衬托,使两种颜色相映成趣,如图 9-33 所示。

(3) 如果拿不准配色,可使用一个色系的颜色,即同一色相的色彩。例如浅红、浅蓝、浅绿;或者土黄、土灰、土蓝,让整个版面形成一种高雅的"灰"调,如图 9-34 所示。

图 9-33　两种色彩

图 9-34　浅红、浅蓝搭配

(4) 当颜色不好搭配的时候就考虑用黑色或白色。因为黑色和白色是极色,不带任何色彩倾向,与任何颜色配在一起都不会不协调,如图 9-35 所示。

(5) 尽量让版面内的颜色呼应,这样画面的整体性强,容易形成统一的效果。呼应的元素可以是文字,也可以是图形,在复杂的版面设计的时候这种方法尤其有效。

在配色的时候,以下几点应尽量避免:

图 9-35　白灰和任何颜色图像都搭配

(1) 画面出现过多的颜色,没有一个统一的色调。

(2) 背景过于复杂,主题不够突出,喧宾夺主。

(3) 同一版式内的字体颜色超出三种或更多。

色彩搭配的规律远不止上面提的这些,在实际运用的时候要具体问题具体分析、综合考虑、全面分析,可通过观看优秀的网页设计、多媒体界面设计或大师的设计作品进行学习、领悟,以积累经验。

9.3.3　多媒体元素的美学基础

多媒体艺术作品是由多种多媒体元素来表现的,因此每种多媒体元素的美学都会影响到作品的最终艺术效果,各种多媒体元素美学的综合、协调和优势互补能够使多媒体艺术作品更加优秀。

1. 文字美学

文字一直用于在书本教材上表述内容,将文字从纸质介质搬上屏幕,它依然能够起到表义准确、画龙点睛的作用,其艺术形式和表意仍然是分离的,但表达方式、呈现方式和呈现介质发生了变化。在多媒体艺术作品中的文本多采用提纲,甚至关键词的形式进行表述。文字具有动感性,更新速度快,可与更多的媒体配合,从而优化知识信息传递的效率。

在多媒体应用系统中,文字起着主题提示和承载媒体内容的作用。一个好的多媒体作品,其文字字体的种类、大小,笔画的粗细,字间距,行距,颜色的明度、纯度、色相都要精心设计。下面主要讨论字体的选择、大小的确定、字符间距行距及文字颜色选择的一般规则。

1)文字特征元素美学

(1)不同的字体、不同的情感、不同的应用场合。

做设计常用的中文字体主要有宋体、仿宋体、黑体、楷体、隶书、魏碑、行楷、琥珀、彩云和幼圆等。英文字体包括 Arial、Old Style、Times New Roman。选择什么样的字体,一方面要根据字体本身传达的气质特点,另一方面要根据设计的需要。表 9-4 是常见中文字体的笔画特点、情感特征及适用的场合。

表 9-4 文字特征元素美学

字体名称	字体笔画特点	情感特征	适用场合
宋体(标宋、中宋、书宋、细宋)	字形方正,笔画有粗细变化,横细竖粗,末端有修饰("字脚"或"衬线"),点、撇、捺、钩等笔画有尖端	工整大方	主要用于书刊或报纸的正文部分
仿宋体	字体清秀挺拔,粗细均匀,起落笔有钝角,横画向右上方倾斜,点、撇、捺、挑、勾尖锋较长	字形秀美、挺拔	适用于排印副标题、诗词短文、书刊的注释引文及艺术作品中的说明等
黑体(粗黑、大黑、中黑、细黑、圆头黑)	笔画单纯,粗细一致,黑体起收笔呈方形,圆头黑体起收笔呈圆形	结构严谨,庄严有力,朴素大方,视觉效果强	适用于醒目位置,如标题
楷体	笔画富于弹性,横、竖粗细略有变化,横画向右上方倾斜,点、撇、捺、挑、勾尖锋柔和	亲切,易读性好,中国文化韵味强	广泛用于学生课本、通俗读物、批注、书籍、信函等文化性说明文字
隶书	素朴,笔画厚重,结构严谨	人文气息浓郁	多用于版式中的标题
魏碑	笔画苍劲有力,图案效果强	大气而有气势	不直接用于正文,用于有文化内涵的标题
行楷	笔画厚重,转角自然朴实	有很强的现代感	适用于标题
美术字体(如综艺体、琥珀体等)	或方正坚实,或圆润活泼	个性化特色明显	适用于标题以活跃版面
Arial	笔形粗壮有力	朴素端庄,美术效果强	常用作标题
Roman	类似于中文宋体	清秀、明快	常用于正文

一般来说,版面字体种类的多少根据版面设计的需要来定。字体用得少,容易形成高雅的格调;字体用得多,给人以快乐、活泼的印象。而在设计多媒体作品中,常常充分利用字体象形的特点,将原有字体的坡度、弯度、空白空间和厚度等结构进行调整,并适当变形,形成艺术感强的标志,如图 9-36 所示。

图 9-36 形变字体

(2)字体的大小。

文字作为设计中的构成元素,在画面中所占空间的大小直接影响画面的构成关系。笔画厚重又比较大的文字往往给人以面的感觉。小的文字给人以点的感觉,成行的文字给人以线的感觉。因此,调整文字的大小就是调整画面的构成关系。

字体的大小决定对比的强弱,大小相差越大,对比越强烈。图9-37所示是某企业的标志,简单的几行大小不同的字体就塑造出丰富的构成关系。

图9-37 字体大小对比案例

(3)字符间距。

字符间距指的是一个字符与另一个字符之间的水平距离,字符间距小,线的感觉强;字符间距大,每个字母都成了单独的一个图形。在设计中,根据需要调整字符间距可以表现出不同的视觉效果。正文的正常间距应以大多数人的阅读习惯为准,字号小、无抗锯齿的文字如果没有适当的字符间距,将更加难以阅读。

(4)文字的行距。

行距是指一段文字间任意两行之间的距离。行距越小,越能让整段文字形成块面的感觉;行距越大,越能让整段文字形成平行线的效果。在设计过程中设置行距有两方面的考虑:一方面是阅读,另一方面是所表现出的构成关系要符合设计的美学要求。

行间距过窄,缺少一条明显的水平空白带导引视线,阅读时上下文字间容易相互干扰;反之,过大的空白带破坏了各行之间的延续性,长时间观看会引起眼睛疲劳。实践表明,在空间允许的情况下,字号与行间距的比例以4∶5为宜。除了常规比例外,行距还与主题内容有关。一般娱乐性、抒情性的多媒体画面,通过加宽行距来体现轻松、舒展的情绪。另外,一行中合适的字符数对阅读效果也有一定的影响。有时出于版式的装饰效果,加宽行距。另外,为增强版面的空间层次与弹性,可采用宽、窄并存的表现方法,如图9-38所示。

(5)字的颜色。

字体的颜色可以使画面变得更加引人注目。字体用什么颜色要根据整个版面色调来定,一方面要考虑和整个版面色调统一,另一方面要方便阅读,营造出高雅的氛围。一般来说,一个版面中字的颜色不宜过多,颜色尽量选用和画面相协调或相呼应的颜色。文字的颜色要从对比统一的角度出发,既要突出所表现内容,又要使画面美观。字体颜色设计和色彩搭配遵循色彩构成美学规则。

2)文字的艺术规则

上面讨论的文字特征元素各自具有一定的设计规则,当文字的这些特征元素综合起来并和图像背景组合在一起呈现的时候,应遵循文字美学的一般艺术规则。

(1)字体等特征元素的搭配。

在将书本教材改编成多媒体教材时,需要特别注意文字字体、字号和间距等特征元素的变化、布置和搭配,如图9-39所示。

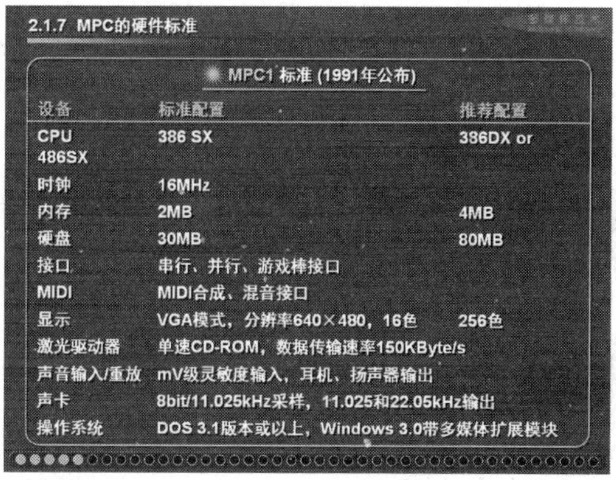

图 9-38　文字间距案例 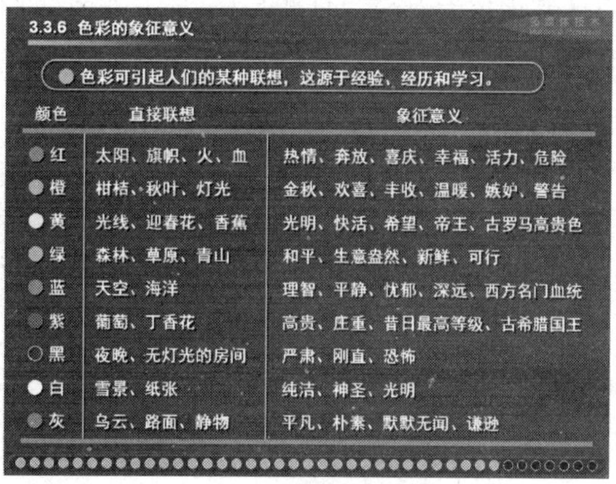　　　　　　　　　图 9-39　字体整体搭配效果

如果在此基础上对文字的色彩进行合理的设置，把不同的文字内容以有区别的颜色进行强调，效果更好。

（2）文字与图形、声音的配合。

画面上文字的背景图形一般分为无内容背景和有内容背景。其中无内容背景可与任何文字配合，但需注意不能影响文字的清晰度和易读性。有内容背景需要再注意不能喧宾夺主。为了避免这种情况，可在背景上"铺盖"一层透明背景，或者给文字加上对比色的轮廓。在选择背景图形时，其内容最好与文本内容相呼应。

背景还分为无动感背景和有动感背景，有动感背景会使得标题文字更加生动，对正文文字则会起到干扰作用。如图 9-40 所示，蓝底白字，字易读且清晰，右侧的动感烟雾使得画面活泼、文字生动，第三行的白色透明矩形条使得该文字突出。

此外，在需要字幕与语音同步变化的场合，例如给字幕配解说，可采用语音与文本变化的色彩配合，起到控制视线扫描的作用，如同卡拉 OK 字幕一样。

（3）图文运动优势互补。

标题字幕可采用文本运动，而正文内容较少采用或尽量不采用。文字运动一般包括横向运动、纵深运动、多层叠加运动和动画字幕等多种形式。标题字幕可随意选择运动形式，正文文字的运动一般采用横向运动、渐进渐出等平衡感强的运动形式。例如，在讲授书法艺术或书写演示的多媒体教材中，可采用按笔序制作动画的表现形式，如图 9-41 所示。

图 9-40　背景文字效果案例

图 9-41　文本字体效果案例

在以文本为画面主体的情况下，不论主体还是背景运动都应遵循突出主体的艺术规则。背景运动的变化面积、幅度、频度及背景色彩都要适度控制，以免喧宾夺主。也可充分利用图形运动的优势，突出主体。例如中央电视台新闻联播的片头，文本"新闻联播"和"地球"的运动

幅度都比较大,但其"日新月异、天下新闻"的主题体现的很好。在多媒体课件中,可采用图动文静、图静文动的呈现方式表述主题内容,如图9-42所示。

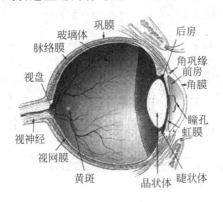

(a) 鼠标滑过指定区域,显示指定文字

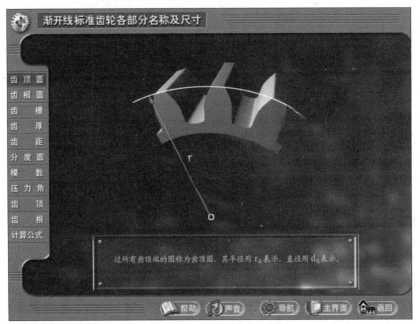

(b) 模型图动态变化,说明文字固定在图下显示

图9-42 文字主体构图案例

2. 图像美学

图像是多媒体演示画面的主体,在图像处理过程中融入美学设计思想,使图像具有美感和丰富的表现力,能给人们留下深刻的印象。为了提高图像的美感,应从图像的真实性、图像的情调、图像的构图和色彩构成4个方面考虑。

图像的真实性是指图像能够清晰、准确地表现自然景物和设计思想。因此,图像的分辨率、明度和对比度要设置恰当,在对图像进行处理时要特别注意不损坏图像本来面目,在保存图片时要明确图像压缩对图像清晰度的影响关系。

图像的情调是指为表达人们的心情而创造出来的某种意境。在表现图像情调时可进行各种艺术化的处理,例如图像去色表现黑白艺术,图像色调偏黄表现怀旧情感等。

图像构图与色彩构成前面已有论述,此处不再赘述。

3. 声音美学

声音美学源于课堂教学和影视领域，是多媒体的重要组成部分。随着教育信息技术的发展，声音的表现形式有了很大的扩充，同影视声音相比，它侧重于呈现系统的教学内容，受到交互功能的影响，与之配合的媒体较多，因此需要重新认识声音媒体在教学领域中的地位和作用。

1) 声音呈现艺术

多媒体声音在多媒体作品中可以起到配合画面呈现教学内容、增加画面生机和在二维画面上表现三维空间的作用。声音主要包括语言、音乐和音响效果三种形式，其中语言解说能够和文本一样表达准确的概念和理论；背景音乐可以传递与教学内容相关的感情；音响可以增强真实感或吸引注意力。下面对这三种声音表现形式的特点及运用规则进行讨论。

（1）解说的呈现。

解说可以是配合文本的解说、配合图形的解说和配合实际操作或练习的解说。

在配合文本的解说中，如果讲演的内容不够通俗易懂，言语表达存在欠缺或者需要确保知识信息准确表达或留作资料时，需要给解说配上字幕，如名人学术报告和数学推导等。在文字教材中，给文字配上解说，常有全文照读、读要点或重点、对关键词或提示句进行反复讲解几种形式。

在配合图形的解说中，常在图形的关键部位设置热区，当鼠标移动上去会显示相应文字，并配以相应的解说。如在讲授 PC 的安装时，每操作一步均有解说说明板卡或连线的名称、用途和注意事项等。又如，学习者练习后，正确或错误需用解说加以评判。

解说需要注意音色、语调、速度及节奏等，一个好的解说发言准确、用词简练、逻辑性强、有节奏感，并且具有鲜明的韵律特色。解说也要注意文学表达与逻辑的艺术。解说与画面配合时，需要及时准确，充分发挥其表意准确的优势；与文本配合时，需考虑同步的关系，是逐字、逐句、逐段，还是整个画面的同步方式；解说与其他种类声音配合时，应遵循突出主体的艺术规则。一般来说，解说在背景音乐的烘托下可以起到渲染气氛、延伸意境的作用。例如，用古筝演奏一首古曲，配合朗读或讲解一首古诗，需要按照解说内容选择乐器、乐曲旋律及配合方式，选择相关的音响类型。又如，在讲解内燃机的吸气过程和压缩过程时，若有气流和爆炸的音响配合，其真实感便会油然而生。

（2）背景音乐的呈现。

背景音乐的运用是目前多媒体教学软件中的薄弱环节。存在的问题主要有：背景音乐的使用没有考虑画面的内容是否需要，也没有考虑教学内容的特点；没有预先考虑音画的匹配，没有总体上构思各段音乐之间和音乐与解说之间的统一协调；没有妥善处理交互对配音的影响。背景音乐的基本元素包括旋律、节奏、音色、力度、音区、和声、复调和调式等。它运用的场合包括：

① 片头的主题音乐。需选择有力度和新鲜感的音乐。

② 片尾的结束音乐。长度与播放长度相等，节奏最好和画面改变的速度同步。

③ 画面背景音乐。在主菜单或子菜单等待时时间不能预知，同时由于交互性使其"支离破碎"，可选择较短的音乐长度，循环播放，并设置"静音"按钮。

④ 每章（节）的教学内容都应有一首与之适配的主题旋律。

在有文本说明和解说的画面，解说结束后，一般可以用播放音乐的方式来延伸解说内容的意境。

（3）音响的呈现。

多媒体作品中的音响呈现要求具有艺术的真实性，要根据画面内容的要求，并且要与其配合默契。常用于给动画媒体配上音响，例如为画面中热区设置的一些按钮或菜单，当鼠标单击它们时，除了在形态和色调局部变化的动画视觉基础上，还应在按钮被按下时给予音响配合。在多媒体教学软件中，要学会忽略与教学内容中工作原理或操作要领关系不大的声音，例如讲解篮球技巧与规则的多媒体教学软件中强调的是传球和投篮等形体动作，不必配合相应的音响（如击球声、脚步声等）。

2）声音美学的主要原则

在使用音乐素材的时候，要从多媒体作品整体出发，综合考虑实用性和艺术性，从总体和局部筹划多媒体教材的声音。同时，在设计过程中要注重借鉴优秀电影的配乐经验，取长补短，充分表现声音信息应有的功能。

（1）根据作品题材从总体上设计声音。

在多媒体作品的声音设计过程中，要了解、分析多媒体作品所涉及知识体系的特点，进而设计出适合表现这种知识体系的声音。例如表现军事题材的声音一般是管弦乐器、鼓乐等，表现体育题材的声音一般是明快的音乐，表现艺术题材的声音一般是古典音乐，表现自然科学题材的声音一般是轻音乐等。

（2）根据作品内容从局部上设计声音。

为了充分和准确地体现声音的作用，需要对多媒体素材的内容进行分析，确立内容应由哪类声音表达。找出哪些情景和内容适合用声音来表现、用什么类型的声音来表现及声音与其他媒体表现方式的关系。如知识类多媒体演示的解说应客观确切，平实舒展，不夸张，不渲染，朴实自然。再如一些思想道德教育类型的媒体素材，解说不仅仅是解释、说明、概括、补充，还应有深化、渲染和烘托作用，解说的语气、基调和节奏应随着感情的起伏而变化。

（3）从声音种类的功能和相互关系上设计声音。

解说、音乐和音响是声音的三大元素，因其功能不同在传递教学信息时所起到的作用也不相同。

解说是按照实物陈列的顺序、作品的内容结构或画面推移的顺序进行的，它应该根据主题的需要去挖掘画面内在的含义，是作品或画面内容的扩充、延伸、概括与升华。解说应当给画面之外更多的信息，尤其是那些无形的信息，和画面有一定内在联系，但又不能直接看出来的信息。在操作的程序上，应当先编好作品，然后根据作品完成的具体情况，再考虑解说词的处理和安排。

音乐可安排在开头和结尾，或者中间有视频、动画、文本和较长时间解说的段落里。开头的音乐应短小精悍，突出主题，有较强的震撼效果，用来唤醒学习者的视听器官，调整精神状态，把注意力集中于学习活动。结尾的音乐应轻松舒缓，对总结、概括、提示所学内容或介绍教材制作群体起到一定的衬托作用即可。

音响效果在多媒体艺术中主要用来模拟再现真实环境或用于知识点转换提示。如在用于军事演练的多媒体教材中，通过引入枪炮声、飞机声、坦克声、爆炸声和喊杀声来营造形象逼真的战场氛围，可使演练者产生身临其境的感觉，从而加快思维速度，提高学习效率，在这种音响效果下所学到的知识要比没有战场氛围条件下学到的知识扎实得多。

人声、音乐和音响在表达知识信息时应分清主次关系，主次不清就会降低声音的应有效果。在同一知识模块和知识点中的声音，通常解说是主要的，音乐、音响是次要的。在处理声音的主次关系时还应遵循以下三个原则：

① 唯一原则。即同一时间里，只能以一种声音为主。在对某一知识信息表达时，将多种声音结合起来可能会达到很好的听觉效果，但不能同时强调每一种声音的作用，而必须以一种声音为主，才能使听者集中精力接收信息。

② 比例原则。即在两种以上声音同时出现时,主次声音的音量比例要恰当。如果音量均等,不仅会使声音缺乏层次、主次不清,还会使听者在接收知识信息时难以确定哪些声音信息是主要的,哪些是次要的。

③ 限制原则。即在一般情况下,在同一时间最好只使用两种声音,在同一时间里运用多种声音易造成画面声音过于嘈杂,声音信息过于拥挤,使听者难以承受,从而降低了以声音方式接收信息的效率。

4．动画美学

1) 运动画面的组成

运动画面主要包括电视画面和计算机画面。

(1) 电视画面。

电视画面的基本元素包括画面内部运动和外部运动。内部运动指的是用摄像机记录下的运动和变化的内容,在制作多媒体教学内容时要研究运动和变化的规律,考虑被拍摄体和周围环境在拍摄过程中有哪些因素发生变化,哪些变化是教学重点等,根据教学要求设计好摄像机位置等。一般要求该运动画面能够反映运动的全过程,而且可适当将内容重点放大,突出显示。

外部运动是通过移动摄像机的机位或镜头变焦形成画面内容相对画框的移动。此运动画面又包含运动镜头(推、拉、摇、移、跟、升降镜头等),景别组接(将不同景别的镜头按内容呈现需要进行选择编辑)。

(2) 计算机画面。

计算机画面的基本元素包括那些使计算机图形(包括画面上的主体、背景及色彩、肌理、影调)产生变化、运动的技术手段。

2) 运动画面的基本元素

多媒体运动画面的基本元素是计算机画面与电视画面基本元素的组合。它包括各种运动镜头、各种景别及组接技术、计算机动画制作手段及广义蒙太奇艺术。

3) 运动画面的艺术规则

(1) 突出主题原则。

该原则确保运动画面在整个播放过程中,它的主题内容成为观者的注视中心。常用的方法包括:

① 将主体置于画面的视觉中心或明显的位置。

② 使主体相对画面上的烘托、陪衬景物,处于异色、异质或鲜明的状态。

③ 尽可能避免烘托、陪衬的景物遮挡主体,或者转移视线。

④ 用旋转的运动画面来突出主体。例如,主体不动,摄像机沿主体周围轨道慢慢移动;或者画框不动,物体在旋转台上运动。

(2) 优势互补原则。

优势互补包括整体与局部的配合、实物和内部结构的配合、菜单页面与返回页面的配合等常见表现手法。例如《嫦娥奔月》电视片中,计算机动画与电视画面的配合运用遵循了"优势互补、分工合作"的原则。真实的嫦娥火箭传递了主体信息,虚拟的嫦娥火箭运行轨道图有利于解释整体概念。

此外,在同一画面中,不同媒体配合也要遵循优势互补原则。以示波器为例,荧光屏上真实波形显示效果,配合计算机绘制的面板上各旋转按钮的热区操作,由于视频、动画这两类媒体及交互功能的分工合作,发挥各自优势,使得学习者操作自如,感觉真实。

(3) 动静一体原则。

在运动画面上,静止媒体有利于看清细节或等待思考,而运动媒体有利于生动反映教学内容或给画面增添活力。两者成为一体,在看清细节的基础上增添动感。例如,在介绍内燃机的内部结构时,内燃机的内部结构图片采用静止的形式,以让学习者看清内部结构,在局部活动的部件处采用动画,如凸轮、曲轴等。

9.4 多媒体著作工具

多媒体著作工具又称为多媒体开发平台或多媒体创作工具,是指能够集成处理和统一管理多媒体信息,使之能够根据用户的需要生成多媒体应用系统的编辑工具。

9.4.1 多媒体著作工具的种类

多媒体著作工具根据不同的标准有不同的分类。按照使用范围可分为专用多媒体著作工具(如几何画板)和通用多媒体著作工具(如 Authorware 和 Director 等);按照编程语言支持程度可以分为基于传统程序设计语言的多媒体著作工具(如 Ark 创作系统等)和基于脚本编程语言的多媒体著作工具(如 Flash 等);按照创作方法和结构特点可分为基于卡片或者页面的著作工具、基于图标或流程图的著作工具、基于时间的著作工具及网络多媒体著作工具。

1. 基于卡片或者页面的著作工具

在这类著作工具中,多媒体素材根据需要按照书籍的页面或者一叠卡片来组织,从书籍和卡片目录中可以获得大量的页面或卡片,每一张卡片上可以有丰富的图、文、声、像等信息。著作工具允许将这些页面或卡片按照有组织的序列链接在一起,按照这种结构化的导航模式,可以快速地跳转到任何页面。这种著作方法的优点是便于组织与管理多媒体素材,就像阅读一本书,形象、直观。这类工具有 PowerPoint、ToolBook、hyperCard 等。

2. 基于图标或流程图的著作工具

在这类著作工具中,多媒体元素和交互事件都用不同的图标表示,这些图标被组织成一个结构化架构或过程,把需要的媒体或控制按流程图的方式放在相应的位置即能实现可视化的编程。这类工具适宜表达复杂的导航结构,主要以 Authorware 为代表。

3. 基于时间的著作工具

在这类著作工具中,用时间轴来表示整个多媒体事件中各种媒体出现的时间顺序,并用这种方式控制各种媒体数据的播放,达到控制节目制作的目的。这种过程就像导演在制作一部影片,规定好每个时间坐标上的画面与情节,最适合安排与时间表有明确关系的媒体数据。功能更强大的基于时间的著作工具允许编程来决定跳转到序列的某一个位置,这样最终增强了导航和交互式的控制能力。这类工具有 Flash、Action、Director 等。

4. 网络多媒体著作工具

多媒体技术和网络技术的结合导致网络多媒体应用系统的普遍应用,网络视频会议、网络视频点播、网络医疗诊断和网络教学等得到迅速发展。但网络多媒体应用系统创作核心目前主要还是以网页制作为主。这类著作工具通过专业语言 HTML 来格式化各种元素在呈现界面上的展示,它本身并不具备多媒体元素的编辑特征。由于软件技术的飞速发展,可视化网页开发工具已成为重要的发展趋势,例如 Dreamweaver、Microsoft Blend、Silverlight 等。同时,许多多媒体著作工具随着版本的升级,也加强了对网络方面的支持功能。

9.4.2 常用多媒体著作工具介绍

1. Authorware

基于图标的多媒体著作工具 Authorware 是美国 Macromedia 公司研制的,它提供了基于图标和面向对象的编程环境,具有高效的多媒体管理机制和丰富的交互方式,还提供了标准应用程序接口来扩充其功能。它是一套图标导向式的多媒体编辑制作系统,无须传统的计算机语言编辑,只要通过对图标的调用来编辑一些程序走向的流程图,即可将文字、图形、图像、声音、动画和视频等各种多媒体项目汇集在一起,赋予其人—机交互功能,就可达到多媒体软件制作的目的。

1) Authorware 的工作界面

Authorware 7.0 的工作界面如图 9-43 所示。

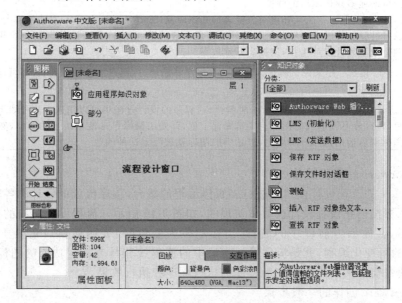

图 9-43　Authorware 主界面窗口

2) Authorware 的图标功能

Authorware 的图标栏包含十多个图标,每个图标用来创作交互式应用程序中的一个模块或一种媒体基本单元,实现一项特定功能。每个图标被拖曳到流程设计窗口中的流程线上并被选择后,该图标的相关属性就可以在其属性面板中进行详细的设置。各图标功能如表 9-5 所示。

表 9-5　Authorware 图标详解

媒体编辑		"显示"图标:在显示设计图标中,用户可以在其展示窗口中输入文本或装载图片对象,还可以使用工具箱中的工具来创建正文,或绘制、编辑文字、图像、图形等对象
		"移动"图标:可以移动显示对象以产生特殊的动画效果,被移动的对象可以是图片、文字、动画及电影等,共有 5 种移动方式可供选择
		"擦除"图标:可以用各种效果擦除显示在展示窗口中的任何对象
		"电影"图标:在程序中插入数字化电影文件(包括.AVI、.FLC、.DIR、.MOV、.MPEG 等格式),并对电影文件进行播放控制
		"声音"图标:用于在多媒体应用程序中引入音乐及音效,并能与移动图标和电影图标并行,可以做成演示配音
		DVD 图标:用于将 DVD 信息数据引入程序,控制 DVD 的播放

续表

媒体组织	![群组]	"群组"图标：在流程线中能放置的图标数有限，利用它可以将一组图标合成一个复合图标，方便管理
	![导航]	"导航"图标：当程序运行到此处时会自动跳转到其指向的位置。它通常与框架图标结合使用
	![框架]	"框架"图标：为程序建立一个可以前后翻页的控制框架，配合导航图标可创建超文本文件
	![决策]	"决策"图标：实现程序中的循环，可以用来设置一种判定逻辑结构。当程序执行它时，将根据用户的定义而自动执行相应的分支路径
	![等待]	"等待"图标：可以设置等待一段时间，也可设置在操作人按键或单击鼠标后，程序才继续运行
交互编程	![交互]	"交互"图标：可轻易实现各种交互功能，是 Authorware 最有价值的部分，提供多种交互方式，如按钮、下拉菜单、按键、热区等交互模式。拖动各个图标到其右侧放开时，系统弹出选择对话框，供开发者选择不同的交互模式。另外，在交互图标中也可以插入图片和文字
	![计算]	"计算"图标：执行数学运算和 Authorware 程序。例如给变量赋值和执行系统函数等，利用计算图标可增强多媒体编辑的弹性
	![KO]	KO 图标：在程序中插入知识对象标志。知识对象(Knowledge Object)有非常强大的功能，它使得没有经验的开发者能够轻松和快速地完成一般的设计任务，也可以使有经验的开发者用它来自动生成重复性设计工作，以提高开发效率
其他	![标志旗]	"标志旗"图标：用来调试程序。白旗插在程序开始地方，黑旗插在结束处，这样可以对流程中的某一段程序进行调试
	![标志色]	"标志色"图标：图标调色板共 16 种颜色，在程序的设计过程中可以用来为流程线上的设计图标着色，以区分不同区域的图标。要给图标上色，首先用鼠标单击流程线上的图标，然后再用鼠标在图标调色板内选择一种颜色，被选中的图标就被涂上这种颜色

3）Authorware 的流程设计

Authorware 的流程设计窗口是进行多媒体编程的舞台，程序流程的设计和各种媒体的组合都是通过图标按钮在流程设计窗口中实现的，如图 9-44 所示。流程设计窗口的顶部是设计程序的标题栏，会显示当前程序的名称，当标题栏为蓝色时，表明该窗口正处于激活状态。Authorware 的可视化编程，就是流程设计窗口中的流程线和具有特定功能的图标，它们使编程人员可以通过窗口中的内容来判断程序的执行顺序和执行效果。

4）Authorware 创作的一般步骤

Authorware 创作步骤如图 9-45 所示。

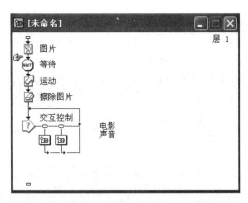

图 9-44 Authorware 流程设计窗口

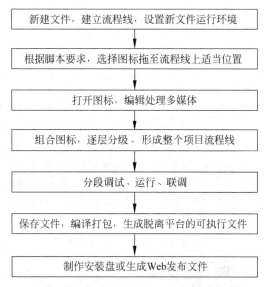

图 9-45 Authorware 创作流程图

用 Authorware 制作好一个多媒体应用程序后,最后的工作就是把文件打包生成可执行文件。打包的形式分为两种:一种是打包成独立的.EXE 文件,直接运行;另一种是打包成为一个.a7r 格式文件,用 Authorware 的播放器播放。.EXE 文件小,.a7r 文件因为带了播放器,所以文件较大。

打包的操作步骤如下:

(1) 选择"文件"→"发布"→"发布设置"命令,出现"一键发布"对话框,如图 9-46 所示。

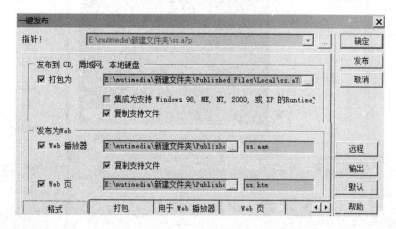

图 9-46　Authorware 作品发布设置窗口

(2) 选中"发布到 CD,局域网,本地硬盘"选项区域中的"打包为"复选框,单击"打包为"复选框右侧的"…"按钮,在出现的"打包文件保存为"对话框的"保存在"下拉列表中选择保存的位置,在"文件名"文本框中输入保存的文件名,单击"保存"按钮,回到"一键发布"对话框。

(3) 选择"集成为支持 Windows 98/ME/NT/2000/XP 的 Runtime"和"复制支持文件"复选框。

(4) 如果需要同时生成网络可发布的文件,选中"发布为 Web"选项区域中的"Web 播放器"复选框,并设置好相关参数。

(5) 打包的参数设置完毕,单击"确定"按钮。

(6) 选择"文件"→"发布"→"一键发布"命令,等待出现发布成功"信息"对话框。

打包之后可以在指定的文件夹中找到发布成功的文件。如果需要移植到别的机器上播放时,需要把 EXE 文件和整个文件夹中的支持文件都复制过去才能正常地播放。

2. Director

Adobe 公司的 Director 软件是一款复杂而且功能强大的基于时间的多媒体著作工具。使用 Director 不但可以创作多媒体教学光盘,还可以创建活灵活现的网页、多媒体的互动式简报及制作出色的动画。Director 允许创作者将图像、文字、声音、音乐、视频甚至三维物体联合成具有交互性的"电影"。同时,它还提供了多种发布作品的方式,可以 CD-ROM 的形式来传播作品,也可以流媒体的形式在网络上发布。

1) Director 的工作界面

Director 的工作界面包括菜单栏、工具栏、工具面板、舞台窗口、演员窗口和总谱窗口等。图 9-47 所示为 Director 11.5 的主界面。

(1) 舞台(Stage)窗口。

与电影提供的导演舞台一样,舞台窗口是为设计人员提供排演各种媒体演员表演或合成

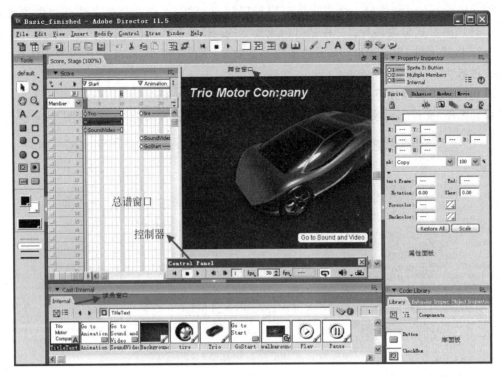

图 9-47　Director 11.5 主界面窗口

影片片段的地方。因为 Director 开发是"所见即所得",所以舞台上演员(演员调到舞台上称为精灵)的表现将直接影响表演效果。

(2) 演员(Cast)窗口。

对演员窗口应了解演员表、演员、编辑器和精灵等有关概念。

① 演员表与演员。

演员窗口实际是所有演员的列表,也管理着 Director 所有的演员。演员可以是位图、矢量图形、文本、脚本、声音、Flash 影片、QuickTime 影片和 AVI 视频等,所谓的演员表就是把这些素材集中到一起,受数据库管理。演员表分为两种：一种是只用于一部电影的内部演员表；另一种是可由任意电影共享的外部演员表。图 9-48 所示是 Director 自带的例子 Basic_finished.dir 内部演员表。

② 编辑器。

演员表中的演员一般都由相应的编辑器来编辑,也可以通过选择"编辑"→"属性"→"编辑器"命令来指定编辑器。通过双击演员(或按 Ctrl+3 组合键)可以启动默认编辑器。虽然演员的类型不同,但它们却有不少相通的属性,通过这些属性可以很方便地在影片中对其进行调用和编辑。表中每个演员都有编号和自己的名字,用于区别和调用演员。

③ 演员与精灵。

演员可以直接拖到舞台或总谱中,这时被称为精灵,即演员登上舞台扮演一个角色就成为精灵。多次拖动一个演员到舞台上可以产生多个精灵,修改一个精灵的某些属性不会影响其他精灵和该演员,但如果修改该演员就一定会导致由它产生的精灵的改变。

(3) 总谱(Score)窗口。

总谱窗口相当于电影中剧本的分镜头安排表,有时也称为分镜表窗口或编排表。总谱决定演员的出场顺序(不包含跳转时),管理着所有的事情。通过总谱和脚本把演员们有机组织在一起,创造出绚丽多彩的影片。可以看出总谱窗口主要由纵轴和横轴组成,纵轴部分叫通道,通道中存放的是某演员表中的演员对象;横轴部分叫帧,帧中包含着在电影播放的某个时刻参加表演的演员状态,它按照从左到右的顺序向前播放。纵轴和横轴的交点叫单元,单元存放的是精灵,精灵通过关键帧控制演员状态,它按照从左到右的顺序向前播放,如图 9-49 所示。

图 9-48　Director 演员窗口

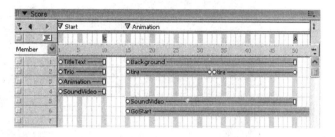

图 9-49　Director 总谱窗口

(4) Lingo 语言。

Lingo 是面向对象的事件触发机制,主要用于对动画进程的控制和实现友好的交互功能。Lingo 语言语法接近英语,是实现 Director 非线性进程的重要工具。

2) Director 创作步骤

用 Director 制作电影动画的一般步骤如下:

(1) 电影总体规划与结构设计即进行系统设计。

(2) 准备演员。运行 Director,调出"演员"窗口,根据影片需要检查演员素材是否已在演员表中,凡不存在的要准备。演员可从外部引入,也可用图形窗口、域窗口、文本窗口创作和修饰。注意,Director 图像处理功能一般,最好使用专业软件处理的图像素材。

(3) "电影"场景编排。即在舞台窗口或总谱窗口中逐一放置所需演员。在舞台窗口中设计位置、大小和形状等,在总谱窗口中安排演员出场次序和时间等。

(4) 细节刻画。直接在总谱表中或用 Lingo 编程的方法对表演效果进行详细设计,如表演细节、动作转换、过渡方式、情节控制和同步协调等。

(5) 效果调试与播放。可以通过工具面板中的播放按钮来查看初步的效果,还可以用"控制"菜单中的命令实现,及时修改和调整表演内容。

(6) 生成"电影"项目。在所有的制作完成后,就可以进行打包输出.EXE 文件了。首先保存这个 Director 源文件,然后选择"文件"→"生成项目"命令,在出现的"搜寻"对话框中选择要打包的文件名,单击"创建"按钮,选择需要打包的目录,取好文件名,最后单击"确定"按钮即可。

3. Flash

随着网络应用的飞速发展,多媒体产品在网络上的应用已经越来越普遍。网络多媒体产品的制作,首要解决的一个问题就是有限的带宽和庞大的多媒体数据量传输之间的矛盾。因此,网络多媒体著作工具须具有优良的数据压缩方法和数据传输方式。

Adobe 公司的 Flash 软件也是一款基于时间的多媒体著作工具,但 Flash 更加关注将丰富多媒体内容向网络传播。Flash 动画是以矢量图形为基础的动画制作软件,具有独特的时间片段分割(Timeline)和重组(MC 嵌套)技术,有机地结合了 ActionScript 的对象和流程控制,因此它的文件体积小巧、使用简便,特别适合网上传输。同时,它输出的.SWF 格式文件支持流媒体技术,可使用户在浏览动画时边下载边播放。通过使用 Flash 播放器的插件,Flash 可以传达的决不仅仅是简单的静态 HTML 页面。图 9-50 所示为 Flash CS4 启动之后的主界面窗口。

图 9-50　Flash CS4 主界面

9.5　多媒体作品的发布

多媒体作品制作完成后,需要发布以实现多媒体作品的传播。多媒体作品发布的方式主要是光盘发布和网络发布,其中网络发布的功能大多集成在多媒体著作工具之中,因此本节简要介绍多媒体光盘发布的方法。

由于光盘容量适中,成本低,性能可靠,便于携带,因此多媒体作品通常保存在光盘中。多媒体光盘制作中需要掌握自启动文件的制作和光盘刻录方法。

1. 自启动文件的制作

光盘自启动文件的原理是当光盘插入驱动器后,驱动器发出信号,通知 Windows 系统驱动器中有光盘。随后,Windows 系统寻找光盘中是否有 Autorun.inf 文件,该文件提供自动启动信息,是光盘自启动的关键文件。若光盘中无 Autorun.inf 文件,结束启动过程,Windows 系统不再理会光盘;若 Windows 系统发现光盘中有 Autorun.inf 文件,则执行该文件中的命令。

典型的 Autorun.inf 文件包含下列语句:

```
[Autorun]              //说明行,说明此后的命令均为自动启动命令
Open = Autorun.exe     //通知系统执行光盘中名为 Autorun.exe 的自动执行文件
Icon = Mycd.ico        //本光盘使用 Mycd.ico 图标文件中的图标
```

启动光盘自动运行的文件命令通常有两种,分别为 Open 和 Shellexecute。如果自动执行的不是应用程序,而是打开某一个文件(如 index.htm),则第二条语句修改为 Open = start index.htm 或 Shellexecute = index.htm。如果没有找到合适的图标文件,也可以将第三条语

句修改为 Icon=Autorun.exe,0。

2．光盘模拟刻录

1）建立目录结构

编写好 Autorun.inf 文件后,还应建立目录结构,将图标文件、Autorun.inf 文件及光盘自动运行文件放在根目录,而将多媒体作品的相关文件放在相应文件夹中,如图 9-51 所示。

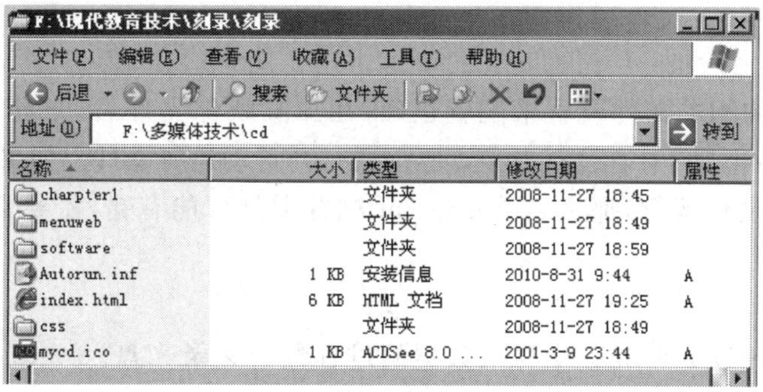

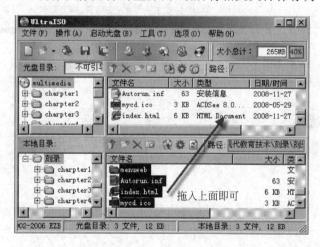

图 9-51　目录结构图

2）制作映像文件

完成上述操作之后,便可制作光盘映像 ISO 文件,常用的软件有 WinISO 和 UltraISO 等。图 9-52 所示为 UltraISO 制作映像文件的主界面,最后将相关文件保存为 ISO 文件。

图 9-52　UltraISO 操作界面

3）模拟测试

制作好 ISO 文件后,需要测试该多媒体作品是否能自动运行及相关联接是否正确,常用的软件有 Daemon Tools、Qemu Simple Boot 等。下面以 Daemon Tools 为例讲解具体的操作过程。

（1）启动 Daemon。加载 Daemon 后,它的图标 将出现在任务栏的右边区域。

（2）右击任务栏中的 Daemon 图标,将出现图 9-53 所示的级联菜单,设置驱动器数量（通常设置数量为 1）。

（3）在上述操作的基础上再进行映像文件的安装,操作如图 9-54 所示,将已经制作好的映像文件进行加载。

图 9-53　设置驱动器　　　　　　　　　　图 9-54　安装映像文件

（4）如果光盘的相关文件及目录配置正确，在加载映像文件后，光盘文件便能够自动运行。也可以在"我的电脑"中通过双击光盘驱动器打开自动运行文件。如果上述两种途径均不能使光盘自动运行文件运行，那么 Autorun.inf 配置文件可能有错，需要重新配置，直至测试成功为止。

3. 光盘刻录

向 CD-R 或者 CD-RW 光盘中写入数据的过程称为刻录光盘。Nero 系列刻录软件适用于多种型号的刻录机，工作稳定。图 9-55 所示为 Nero StartSmart 8.0 启动后的主界面，可选择刻录何种光盘，如 CD/DVD 等。功能图标提供各种刻录功能，如数据刻录、盘对盘刻录、音乐刻录和光盘镜像等。

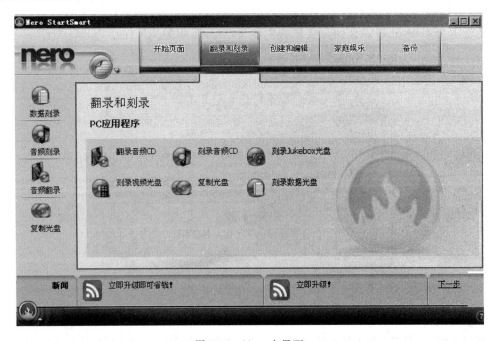

图 9-55　Nero 主界面

其中数据刻录用于向光盘中写入各种数据，多媒体光盘采用的就是这种刻录方式。刻录光盘的操作步骤如下：

（1）插入光盘，DVD-R 和 CD-R 两者容量不同，且需要不同刻录机的支持。

（2）在欢迎界面中的光盘选择框中选择对应的光盘。

（3）在功能图标中选择"数据"图标。

（4）单击"制作数据光盘"按钮，出现图 9-56 所示"刻录数据"窗口。

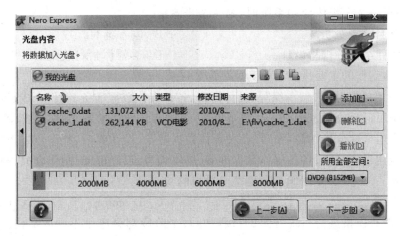

图 9-56 刻录数据界面

（5）打开 Windows 资源管理器，直接拖动整理好的文件或文件夹到"刻录数据"窗口中，或在"刻录数据"窗口中添加文件或文件夹。

（6）单击"下一步"按钮，在出现的对话框中选择确定"当前刻录机"，输入光盘名称，然后选择"刻录速度"及"刻录份数"，如图 9-57 所示。其中刻录速度要根据使用刻录机的速度而定。单击"刻录"按钮开始光盘刻录。

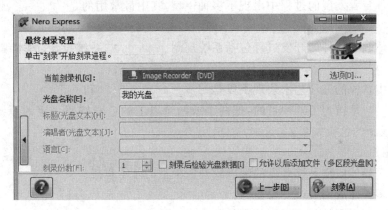

图 9-57 刻录界面

练习题

1. 名词解释

多媒体著作工具，多媒体教学软件

2. 选择题

（1）Authorware 多媒体创作软件的特点是（　　）。

① 基于流程线和图标的开发环境　　② 开发过程可视化
③ 具有丰富的函数和程序控制能力　　④ 使用者完全不需要编制任何程序

A. ②③④　　　　B. ①③④　　　　C. ①②③　　　　D. ①②③④

(2) 在创作一个多媒体应用系统时,第一个步骤是(　　)。
　　A. 项目需求分析　　　　　　　　B. 剧本编写
　　C. 软件结构分析与设计　　　　　D. 多媒体素材收集加工
(3) 多媒体创作的主要过程可分为(　　)。
　　A. 应用目标分析、脚本编写、设计框架、各种媒体数据准备、制作合成、测试
　　B. 应用目标分析、设计框架、脚本编写、各种媒体数据准备、制作合成、测试
　　C. 应用目标分析、脚本编写、各种媒体数据准备、设计框架、制作合成、测试
　　D. 应用目标分析、各种媒体数据准备、脚本编写、设计框架、制作合成、测试
(4) 下列(　　)多媒体创作工具是基于时间的。
　　A. Authorware　　　B. IconAuthor　　　C. Director　　　D. Delphi
(5) 采用瀑布模型进行系统开发的过程中,每个阶段都会产生不同的文档。下面关于产生这些文档的描述中,正确的是(　　)。
　　A. 外部设计评审报告在概要设计阶段产生
　　B. 集成测试计划在程序设计阶段产生
　　C. 系统计划和需求说明在详细设计阶段产生
　　D. 在进行编码的同时,独立地设计单元测试计划

3．填空题

(1) 在软件工程发展的过程中出现了多种模型,其中最常用的是_____、快速原型开发模型和_____。

(2) 多媒体教学软件的开发过程包括系统规划、_____、系统设计、脚本编写、开发制作5个步骤。

(3) 美学中常说的三种艺术表现手段是_____、_____和_____。

(4) _____是指为了某种目的,把两个或两个以上的色彩按照一定的原则进行组合和搭配,以此形成新的色彩关系。

4．问答题

(1) 简述多媒体应用系统开发的螺旋式开发模型的基本思想。
(2) 简述多媒体应用系统开发步骤。
(3) 点、线、面构图的基本规则分别是什么?
(4) 多媒体著作工具的类别及其基本特点是什么?
(5) 简要描述多媒体元素美学所涉及的基本原则。
(6) 简述多媒体应用系统脚本设计的过程。
(7) 某多媒体电子出版物的开发步骤包括(A)总体策划、(B)脚本设计、(C)系统的测试与优化、(D)选题的论证与筛选、(E)形成产品、(F)系统集成、(G)媒体资源的组织和编辑。
请根据电子出版物的创作流程,将(A)～(G)的开发过程按正确顺序排列。

附录 实验指导

实验 1 调查 MPC 外设性能指标及市场行情

1．实验目的

（1）提高文献检索能力，提升信息素养。

（2）熟练掌握"百度"和"微软必应"等搜索引擎的使用方法。

（3）掌握 MPC 外设的市场发展行情及选购性能指标。

2．实验条件

（1）硬件环境：MPC。

（2）软件环境：Windows XP/Windows Server 2003/Windows 7、IE 8.0 以上版本。

3．实验内容

（1）通过网络及图书等文献查找 MPC 的发展历史。

（2）通过网络及图书等文献查找 CPU、系统总线、声卡、显卡、扫描仪、打印机、显示器、主板、内存、数码相机、数字摄像机等市场行情及购买的主要性能指标。

（3）配置一台经济实惠且能满足学习需要的组装机，列出清单及报价。

4．操作提示

（1）首先要掌握"百度"和"微软必应"等搜索引擎的使用方法。

（2）将 CPU、系统总线、声卡、显卡等的主要性能指标以表格的形式列出来。

（3）一台组装机的基本配置包括 CPU、主板、内存、硬盘、机箱、电源、键鼠、显示器，上网查资料列出这些配件最经济实惠的品牌、型号及价格。

5．思考题

（1）数码照相机和扫描仪中的关键部件是什么？采用了哪些新技术？

（2）计算机处于关机状态时，如何从光盘驱动器中取出光盘？

（3）观察液晶显示器，是否有对比度调整按钮？为什么？

实验 2 电子书的制作

1．实验目的

（1）熟练掌握搜索引擎的使用方法及检索技巧，进行文字素材的搜索。

（2）掌握常用下载软件的分类及使用方法，掌握学术文章的下载方式及相关网站。

(3) 了解常用的电子书文件格式、阅读方法及制作方法。

2. 实验条件

(1) 硬件环境：MPC。

(2) 软件环境：

① Windows XP/Windows 7、IE 8.0 以上版本。

② 迅雷、腾讯 QQ 旋风、BitComet 等下载软件。

③ Adobe Reader、CAJViewer、SSReader 超星阅读器。

④ epub、desktop author、FlashPaper 等电子书制作工具。

3. 实验内容

(1) 通过网络及图书等文献查阅多媒体技术的发展历史和发展趋势。

(2) 通过豆丁网、百度文库及谷歌图书馆查阅多媒体发展历史的文本文件。

(3) 通过中国知网、超星及万方等学术期刊网站查阅多媒体发展历史的文章。

(4) 将上述找到的文章分别制作成为.chm、.pdf、.swf 等格式的电子书。

4. 操作提示

(1) 首先要上网查资料，比较常用的几种电子书制作工具的功能和特点。

(2) 根据要制作的内容，选择合适的制作软件。

5. 思考题

(1) epub、desktop author、FlashPaper 三种电子书制作工具各自的优缺点及使用方法是什么？

(2) 常用的电子书阅读器有哪些？

实验3　音频素材的获取与语音识别

1. 实验目的

(1) 掌握从网络上下载所需要音频素材的方法。

(2) 掌握从 CD 和 VCD/DVD 中获取声音片段的方法。

(3) 学会使用 Windows 自带的"录音机"进行声音文件的录制。

(4) 掌握使用专业软件进行声音文件的录制及不同音频文件格式的转换方法。

(5) 掌握 Office 自带语音输入模块及其他语音输入软件的使用方法，进行语音输入。

2. 实验条件

(1) 硬件环境：MPC、耳机、话筒、光驱、双工的声卡及素材光盘。

(2) 软件环境：

① Windows XP/Windows Server 2003/Windows 7、IE 8.0 以上版本。

② GoldWave、暴风影音、MS Office 2007。

3. 实验内容

(1) 使用 Media Player、GoldWave 或者其他软件获取 CD、VCD/DVD 中的声音片段，并以.wav 格式进行保存。

(2) 利用话筒使用 Windows 自带的"录音机"和 GoldWave 分别录制一段2分钟左右的诗歌朗诵片段，并以.wav 格式进行保存。

(3) 利用 GoldWave 软件将上述获取的音频文件分别转换成.mid、.mp3、.mov、.wma 等格式的音频文件。

(4) 利用话筒语音在 MS Office 中实现听写模式和命令模式的操作。

4．操作提示

(1) 从 CD 中获取音频文件，要先了解采样频率的基本知识，采样频率越高，音质越好，数据量也越大。

(2) 使用 Windows 自带的"录音机"和 GoldWave 软件录制声音，要观察录制参数对音质的影响，掌握录制声音的基本技巧。

(3) 在实际制作中，为了减少 WAV 格式的音频文件数据量，通常使用 Windows 的"录音机"降低采样频率。

5．思考题

(1) 在录制声音时，如果发生录不到声音的现象，应如何解决？

(2) 能不能做改变声音时间长度的操作？

(3) 音频文件的数据量与哪些因素有关？

实验 4　GoldWave 的使用

1．实验目的

(1) 学会使用 GoldWave 进行音频文件的合成、合并、编辑和修改等基本操作。

(2) 学会使用 GoldWave 进行音频文件的特效合成。

2．实验条件

(1) 硬件环境：MPC、耳机及话筒。

(2) 软件环境：

① Windows XP/ Windows Server 2003/Windows 7、IE 8.0 以上版本。

② GoldWave 及相关的素材库。

3．实验内容

(1) 利用 GoldWave 中的批处理功能对 3～5 首 MP3 歌曲进行合并、格式转换等操作。

(2) 利用 GoldWave 中的混合功能将 2～3 声音片段进行合成，将一首诗歌朗读片段与一段背景音乐合并成一首配乐诗朗诵。

(3) 使用 GoldWave 的"效果"菜单中的各种命令对音乐文件或歌曲进行编辑和删减，并尝试各种音效，如混音、淡入淡出、偏移、机械化、倒转及快速、慢速播放等。

4．操作提示

(1) 音频编辑操作，首先要设置 GoldWave 软件的工作状态。

操作步骤如下：

① 在音频编辑器中选择"选项"→"保存"命令，打开"保存选项"对话框，选中"记忆最后会话所使用的文件夹"和"内存"单选按钮，如图 1 所示。

② 选择"选项"→"窗口"命令，打开"窗口选项"对话框，按照图 2 所示进行设置。

(2) 音频合成练习，强调合成的观念、素材的加工方法、操作的技巧性和个人的创意。

图1 "保存选项"对话框　　　　　图2 "窗口选项"对话框

5．思考题

（1）合成声音对素材有哪些要求？

（2）音频编辑改变了原来的声音效果，它的利与弊在哪里？

实验5　图形/图像素材的获取及图文教程的制作

1．实验目的

（1）学会从网络上或 VCD/DVD 中获取图形图像素材的方法。

（2）掌握屏幕截图的方法。

（3）掌握扫描仪的使用方法。

（4）掌握文字识别的方法。

2．实验条件

（1）硬件环境：MPC 和扫描仪。

（2）软件环境：

① Windows XP/Windows Server 2003/Windows 7、IE 8.0 以上版本。

② SnagIt 软件及相关的素材库。

3．实验内容

（1）从网上或者素材库搜索抗战胜利70周年大阅兵的精彩画面。

（2）使用 Print Screen 热键及 SnagIt 软件进行截取 Word 编辑界面中的菜单栏、光标、级联菜单抓拍等操作，并对其进行标注。

（3）利用扫描仪扫描选定的图片并进行保存。

（4）利用扫描仪扫描选定的书本文字并进行识别，保存成.txt 文件。

（5）利用 SnagIt 制作一个有关 Word 2007 基本操作的简易图文教程。

4. 操作提示

(1) SnagIt 软件的功能包括图像获取、截取文本、捕获视频和图像处理。

(2) 利用 SnagIt 制作 Word 2010 基本操作的简易图文教程,要使用 SnagIt 捕获视频的功能。

5. 思考题

(1) 获取图形、图像有哪些途径?

(2) 隔行扫描与逐行扫描分别怎么设置?

实验 6 Photoshop 的使用

1. 实验目的

(1) 掌握 Photoshop 的基本操作。

(2) 学会使用 Photoshop 对图片进行编辑处理。

(3) 熟悉 Photoshop 的特效及滤镜的使用方法。

2. 实验条件

(1) 硬件环境:MPC。

(2) 软件环境:

① Windows XP/Windows Server 2003/Windows 7、IE 8.0 以上版本。

② Photoshop CS6 及相关的素材库。

3. 实验内容

(1) 对给定的曝光过度、曝光不足及有红眼的照片进行处理。

(2) 制作一个 Photoshop 教程网站的 Logo 及一个"多媒体技术与应用"的印章。

(3) 以西湖近景为背景,制作一个波光粼粼的效果,并通过抠图将其他图片上的海鸥和自己的照片放置在该背景的适当位置,实现图片的合成。

4. 操作提示

(1) 抠图可使用魔术棒、自由套索等选择工具,先选择背景层,再反向选择海鸥图片和自己的图片。

(2) 使用工具箱中的文字工具为图片添加说明。

(3) Logo 的制作可使用 Photoshop 的自定形状工具制作外形,然后再使用图层样式功能来渲染效果。

(4) 图像处理要养成"先选择图层、后进行处理"的习惯,避免错误地修改图像对象。

5. 思考题

(1) 图像有哪些基本属性?

(2) 要保留图层,采用什么格式的文件?

(3) 只有一个图层的图像与普通图像有什么区别?

(4) 当参与合成的图像模式不一致时能否直接合成?

实验 7 SWiSH Max 的使用

1. 实验目的

(1) 掌握基本的文字动画制作技巧。

(2) 能进行动画的打开、关闭输入及简单动作的控制。

2．实验条件

(1) 硬件环境：MPC。

(2) 软件环境：

① Windows XP/Windows Server 2003/Windows 7、IE 8.0 以上版本。

② SWiSH Max 软件及相关的素材库。

3．实验内容

(1) 以选定图片为背景制作"欢迎您使用 SWiSH Max 教程"的动画。

(2) 在上述动画的基础上制作播放、暂停、退出、关闭及连接等按钮，能进行背景音乐的播放、暂停、停止等操作，并能通过连接按钮登录指定网站。

(3) 制作一个能输入用户名和密码的登录页面，并能实现不同场景之间的切换。

4．操作提示

(1) 播放、暂停、退出、关闭及连接等按钮的制作是 SWiSH Max 的广义按钮，可以画形状，也可以输入文本，最后要在按钮上添加动作脚本。

(2) 登录页面的设计，首先要在 SWiSH Max 中绘制动画对象，再设置动画特效。

5．思考题

(1) 可以添加声音的 SWiSH 动画文件格式有哪些？

(2) 希望重新编辑 SWiSH 动画文件时，要采用什么文件格式保存？

(3) 怎样把声音添加到 SWiSH 动画中？

实验 8　COOL 3D 的使用

1．实验目的

(1) 掌握 COOL 3D 的基本操作。

(2) 熟悉 COOL 3D 的旋转、变形等建模操作。

2．实验条件

(1) 硬件环境：MPC。

(2) 软件环境

① Windows XP/Windows Server 2003/Windows 7、IE 8.0 以上版本。

② COOL 3D 及相关的素材库。

3．实验内容

(1) 以选定图片为背景制作"欢迎您使用 COOL 3D 教程"火焰立体字。

(2) 制作一个可口可乐的易拉罐及一个带有欢度中秋字样的大红灯笼。

(3) 制作火柴点燃蜡烛的动画，要求火柴火焰由小到大，移动到蜡烛上，点燃蜡烛，火柴熄灭并冒出青烟，然后蜡烛开始燃烧。

4．操作提示

(1) 动态文字动画的制作方法是：

① 单击"插入文字"按钮，输入文字。

② 设置动画的帧数、关键帧，并在关键帧的地方对文字进行缩放、旋转和位移处理。

(2)大红灯笼可利用车床物件工具制作。制作方法是在对象工具栏中单击车床物件,进入车床物件编辑,然后绘制灯笼形状。在绘制过程中可随时利用预览工具预览效果。如果做好后觉得不合适,还可以通过"控制面板"对"车床物件"进行编辑。

5. 思考题

(1)在 COOL 3D 中如何添加关键帧?

(2)对于一段三维物体动画,若在两个关键帧分别使用不同的颜色设置,那么在两个关键帧之间会有什么变化?

(3)想一想,在加 Glow 和 Lighting 特效时,如果加入的顺序不一样,图像的效果会有什么不同?

实验 9　视频素材的获取及视频教程的制作

1. 实验目的

(1)掌握从网络或者素材库获取视频文件的方法。

(2)掌握不同格式的视频文件的转换方法。

(3)掌握简易视频教程的制作方法。

2. 实验条件

(1)硬件环境:MPC 和视频采集卡。

(2)软件环境:

① Windows XP/Windows Server 2003/Windows 7、IE 8.0 以上版本。

② Camtasia Studio、格式工厂、暴风影音及相关的素材库。

3. 实验内容

(1)从网上或者素材库搜索中华人民共和国抗战胜利 70 周年大阅兵的视频文件。

(2)使用 WinMPG Video Convert 将上述阅兵视频文件分别转换成 .rm、.rmvb、.mp4 等不同格式的文件。

(3)将给定视频磁带中的视频文件通过视频采集卡采集到计算机中。

(4)利用 Camtasia 软件制作一个能自动生成三级目录结构的 Word 文档的视频教程。

4. 操作提示

Camtasia 软件录制视频操作步骤如下:

(1)单击"菜单功能区"按钮,出现录制功能面板。

(2)进入录制输入源,设置为 Webcam Off(关闭摄像头)、Audio On(打开录音麦克风),并调节好录音音量。

(3)单击录制按钮 开始录制。

(4)按 F10 键结束录制。

5. 思考题

(1)中国采用什么视频制式?每秒播放多少帧?

(2)视频与动画有哪些异同?

(3)如何将制作好的视频文件输出?

(4)常见的视频文件格式有哪些?它们的特点分别是什么?

实验 10　Premiere 的使用

1．实验目的
（1）掌握 Premiere 的基本操作。
（2）熟悉 Premiere 视频编辑处理的基本方法。

2．实验条件
（1）硬件环境：MPC。
（2）软件环境：
① Windows XP/Windows Server 2003/Windows 7、IE 8.0 以上版本。
② Premiere、暴风影音及相关的素材库。

3．实验内容
（1）根据个人爱好，通过网络或者素材库准备视频素材若干。
（2）将上述视频素材片段进行合成与合并操作，并在不同片段之间加入切换效果，如淡入淡出。同时使用运动特技，实现一个屏幕显示 4 个视频窗口的画中画效果。
（3）为上述画中画效果的视频增加适当的背景音乐，音乐的音量起点由小到大，最后由大到小，同时加入字幕。

4．操作提示
（1）在使用 Premiere 软件进行视频处理时，系统中不要同时打开其他程序，也不要运行任何软件；否则，运行效率很低，速度慢。
（2）将要合成的两段视频拖曳到时间线上，注意两段视频之间不要留空白。
（3）选择一个过渡效果拖曳到两段视频之间。
（4）在 Effect Controls 窗口设置过渡效果。
（5）选择 File→New→Title 命令，打开字幕编辑窗口添加字幕。
（6）添加音乐背景要将音乐拖曳到 Timeline 窗口的音频轨道上。

5．思考题
（1）能否使用 Premiere 软件把声音添加到动画中？
（2）在加工视频影像时，应该怎样避免声音与画面不同步？
（3）如果原视频带有声音，怎样把视频中的音频去掉？

实验 11　Authorware 的使用

1．实验目的
（1）掌握 Authorware 的基本操作。
（2）学会利用 Authorware 开发多媒体课件。

2．实验条件
（1）硬件环境：MPC。
（2）软件环境：
① Windows XP/Windows Server 2003/Windows 7、IE 8.0 以上版本。

② Authorware 及相关的素材库。

3．实验内容

（1）根据个人爱好，通过网络或者素材库准备图片、声音及视频素材若干。

（2）根据准备的素材开发一个具有"文字说明"、"图片展示"、"Flash 动画"、"视频介绍"等功能的"世界移动大会"课件。

（3）制作一个简易的计算机组装课件，能进行计算机的模拟安装等练习，提供选择、填空和判断等练习题，并能进行正误判断及实现简单的统计。

4．操作提示

（1）选择 File→Import and Export→Import Media 命令，搜索到要导入的图片后导入图片。

（2）选择 File→Import and Export→Import Media 命令，导入音乐。

（3）计算机组装课件中可以加入菜单，菜单的设计是通过在流程线的 Introduction 组的后面添加一个组图标（Map Icon）来设计。

5．思考题

（1）在 Authorware 中，图标和流程线分别起什么作用？

（2）Authorware 提供了 14 种设计图标，这些图标主要用来做什么？

（3）Authorware 有代码编辑功能吗？

实验 12　VOD 点播系统的实现

1．实验目的

（1）熟悉主流的流媒体服务器软件的配置。

（2）掌握 VOD 点播系统的制作。

2．实验条件

（1）硬件环境：MPC。

（2）软件环境：

① Windows XP/Windows Server 2003/Windows 7，IE 8.0 以上版本。

② Windows Media Services、Helix Server 及相关的素材库。

3．实验内容

（1）安装并配置 Windows Media Services。

（2）安装并配置 Helix Server 服务器。

（3）制作一个 VOD 点播系统，能实现远程视频文件的点播。

4．操作提示

配置 Windows Media Services 的步骤如下：

（1）选择"开始"→"所有程序"→"控制面板"→"添加删除程序"→"添加/删除 Windows 组件"命令。

（2）选择 Windows Media Services 选项，单击"下一步"按钮，完成安装。

（3）选择"开始"→"程序"→"管理工具"命令，执行 Windows Media Services。

（4）建立发布点。

5．思考题

(1) 什么是流媒体？流媒体的工作原理是什么？

(2) 什么是超文本、超文本系统和超媒体？

(3) 什么是 VOD 点播？

实验 13　流媒体作品的制作

1．实验目的

(1) 掌握 Windows Media Encoder、RealProducer 软件的使用。

(2) 掌握从视频采集卡中捕获音频或视频的方法。

(3) 掌握在网页中链接流媒体的方法。

(4) 能够在网络中播放流媒体。

2．实验条件

(1) 硬件环境：MPC。

(2) 软件环境：

① Windows XP/Windows Server 2003/Windows 7、IE 8.0 以上版本。

② Windows Media Encoder、RealProducer 软件及相应素材库。

3．实验内容

(1) 准备好音视频文件。

(2) 使用 Windows Media Encoder、RealProducer 将音视频文件转换为流媒体。

(3) 安装并设置流媒体服务器。

(4) 使用流媒体服务器进行视频点播。

4．操作提示

(1) 在计算机中安装流媒体服务器。

(2) 录制音视频文件。

(3) 使用 Windows Media Encoder、RealProducer 将音视频文件转换为流媒体。

(4) 将流媒体文件放入发布目录中。

(5) 制作网页，添加流媒体播放链接。

(6) 在网络中测试流媒体的播放。

5．思考题

(1) 将视频信号分别编码为 Real 流和 Windows Media 流。

(2) 安装并配置一台流媒体服务器。

(3) 设计并实现一个流媒体点播网站。

实验 14　多媒体应用系统光盘的制作

1．实验目的

(1) 学会编写光盘自动运行文件——autorun.inf 文件。

(2) 掌握 ISO 文件的制作及掌握光盘刻录的方法。

2．实验条件

（1）硬件环境：MPC、光盘刻录机及空白光盘。

（2）软件环境：

① Windows XP/Windows Server 2003/Windows 7、IE 8.0 以上版本。

② DVDFab 虚拟光驱软件、UltraISO 软件及相应素材库。

3．实验内容

（1）编写 autorun.inf 文件，制作.ico 图标文件。

（2）整理各种素材、程序并设置光盘文件目录结构。

（3）利用 UltraISO 将资源制作成.iso 文件，然后利用 Demon 虚拟光驱软件进行测试。

（4）利用 UltraISO 等刻录软件制作自动运行的光盘文件。

4．操作提示

浏览数据光盘的文件就像普通的硬盘文件一样，向光盘中添加文件像从硬盘中复制文件一样，只需将文件拖动到"光盘"窗口中即可。可以使用制作向导制作光盘，制作过程如下：

（1）准备数据。

（2）将空白光盘插入刻录机。

（3）启动 UltraISO，选择合适的光盘类型。

（4）使用制作向导，按提示一步步完成刻录。

5．思考题

（1）CD 光盘有哪些标准？它们的主要区别是什么？

（2）VCD 和 DVD 使用什么样的视频标准？指标是什么？

（3）DVD 有哪些标准？用途是什么？

参 考 文 献

[1] 陈寿菊. 多媒体艺术与设计[M]. 重庆:重庆大学出版社,2007.
[2] 戴善荣. 数据压缩[M]. 西安:西安电子科技大学出版社,1990.
[3] 鄂大伟. 多媒体技术及应用[M]. 3版. 北京:高等教育出版社,2007.
[4] 龚沛曾. 多媒体技术及应用[M]. 北京:高等教育出版社,2009.
[5] 黄纯国,殷常鸿. 多媒体技术与应用[M]. 北京:清华大学出版社,2011.
[6] 黄景碧,黄纯国,罗凌. 多媒体技术与应用[M]. 北京:清华大学出版社,2013.
[7] 何薇. 计算机图形图像处理技术与应用[M]. 北京:清华大学出版社,2007.
[8] 贺雪晨,周自斌,朱世交. 多媒体技术实用教程[M]. 3版. 北京:清华大学出版社,2013.
[9] 胡晓峰,吴玲达,老松杨. 多媒体技术教程[M]. 3版. 北京:人民邮电出版社,2005.
[10] 姜丹. 信息论与编码[M]. 合肥:中国科学技术大学出版社,2001.
[11] 李泽年. Fundamentals of Multimedia[M]. 北京:机械工业出版社,2004.
[12] 刘光然,杨虹,陈建珍. 多媒体技术与应用教程[M]. 2版. 北京:人民邮电出版社,2009.
[13] 刘惠芬. 数字媒体设计[M]. 北京:清华大学出版社,2006.
[14] 卢官明,潘沛生. 多媒体技术及应用[M]. 北京:高等教育出版社,2006.
[15] 鲁宏伟,汪厚祥. 多媒体计算机技术[M]. 4版. 北京:电子工业出版社,2013.
[16] 林福宗. 多媒体技术教程[M]. 北京:清华大学出版社,2009.
[17] 马华东. 多媒体技术原理及应用[M]. 北京:清华大学出版社,2008.
[18] 唐波. 计算机图形图像处理基础[M]. 北京:电子工业出版社,2011.
[19] 殷常鸿,崔玲玲. 多媒体技术应用教程[M]. 北京:北京大学出版社,2012.
[20] 雍俊海. 计算机动画算法与编程基础[M]. 北京:清华大学出版社,2008.
[21] 游泽清. 多媒体画面艺术设计[M]. 2版. 北京:清华大学出版社,2013.
[22] 朱洁. 多媒体技术教程[M]. 2版. 北京:机械工业出版社,2011.
[23] 赵子江. 多媒体技术应用教程[M]. 7版. 北京:机械工业出版社,2014.
[24] 赵英良,董雪平. 多媒体应用技术实用教程[M]. 北京:清华大学出版社,2006.
[25] 赵淑芬. 多媒体技术教程[M]. 北京:清华大学出版社,2012.
[26] 钟玉琢. 多媒体技术基础及应用[M]. 北京:清华大学出版社,2009.

教 学 资 源 支 持

敬爱的教师:

感谢您一直以来对清华版计算机教材的支持和爱护。为了配合本课程的教学需要,本教材配有配套的电子教案(素材),有需求的教师请到清华大学出版社主页(http://www.tup.com.cn)上查询和下载,也可以拨打电话或发送电子邮件咨询。

如果您在使用本教材的过程中遇到了什么问题,或者有相关教材出版计划,也请您发邮件告诉我们,以便我们更好地为您服务。

我们的联系方式:

地　　址: 北京海淀区双清路学研大厦 A 座 707

邮　　编: 100084

电　　话: 010-62770175-4604

课件下载: http://www.tup.com.cn

电子邮件: weijj@tup.tsinghua.edu.cn

教师交流 QQ 群: 136490705

教师服务微信: itbook8

教师服务 QQ: 883604

(申请加入时,请写明您的学校名称和姓名)

用微信扫一扫右边的二维码,即可关注计算机教材公众号。

扫一扫
课件下载、样书申请
教材推荐、技术交流